Linguistik des ökologischen Diskurses

Symbolae Slavicae

Begründet von Wolfgang Gesemann und Helmut Schaller.

Herausgegeben von Thede Kahl, Helmut Schaller
und Motoki Nomachi.

Band 39

Martin Henzelmann

Linguistik des ökologischen Diskurses

Untersuchungen zu Kommunikationsformen in Ökologie und Umweltschutz in der Russischen Föderation

PETER LANG
Berlin - Bruxelles - Chennai - Lausanne - New York - Oxford

Bibliografische Information der Deutschen Nationalbibliothek
Die Deutsche Nationalbibliothek verzeichnet diese Publikation in der Deutschen Nationalbibliografie; detaillierte bibliografische Daten sind im Internet über http://dnb.d-nb.de abrufbar.

ISSN 0170-852X
ISBN 978-3-631-90118-2 (Print)
E-ISBN 978-3-631-90119-9 (E-PDF)
E-ISBN 978-3-631-90120-5 (EPUB)
DOI 10.3726/b20770

Verlegt durch:
Peter Lang GmbH, Berlin, Deutschland

info@peterlang.com http://www.peterlang.com

Inhaltsverzeichnis

1. Vorwort

Ökologische Fragestellungen sind bislang noch relativ selten Gegenstand sprachwissenschaftlicher Betrachtungen, obwohl sich in den letzten Jahren eine klare Tendenz zur Relevanz von Themen wie Umwelt, Natur und Klima in vielen gesellschaftlichen Bereichen erkennen lässt. Darin ist der Entstehungshintergrund der vorliegenden Monographie zu sehen, bei der es sich um die etwas gekürzte Fassung meiner Habilitationsschrift handelt, die im Dezember 2022 an der Technischen Universität Dresden angenommen wurde.

Die Tragweite ökologischer Phänomene geht deutlich über naturwissenschaftliche Erkenntnisse und Zusammenhänge hinaus. So sind soziale und kulturelle Komponenten wichtig, wenn beispielsweise Nutzflächen in unmittelbarer Nähe von Naturschutzgebieten erschlossen werden und einerseits Arbeitsplätze bringen, andererseits aber auch die Zerstörung lokaler Ökosysteme nach sich ziehen. In diesem Spannungsfeld ist gleichermaßen zu beobachten, dass Sprache gezielt eingesetzt wird, um etwa Protest oder Zustimmung zum Ausdruck zu bringen, sie wirkt aber auch auf anderen Ebenen regulierend wie etwa in der umweltschutzrelevanten Gesetzgebung.

Bei der vorliegenden Arbeit handelt es sich um eine Studie, die die Interaktion unterschiedlicher Themenkreise der Ökologie in der Russischen Föderation aus linguistischer Perspektive untersucht und dabei auf vier große Komponenten eingeht: Diskurslinguistik, Rechtslinguistik, Konstruktionsgrammatik und visuelle Linguistik. Diese Bereiche wurden ausgewählt, weil sie verdeutlichen, dass verschiedene Ansätze eine mannigfaltige Projektionsfläche für linguistische Untersuchungen bieten, die bislang noch nicht mit Fragen aus dem ökologischen Diskurs in der Russischen Föderation synthetisiert wurden. Sie können in ihrer Wechselwirkung mit kulturwissenschaftlichen, historischen, politischen, ökonomischen, biologischen und zahlreichen anderen Faktoren in Relation gesetzt und beschrieben werden. Dadurch ergibt sich eine multiple Perspektive auf ökologische Themenkomplexe, die gezielt die Frage aufgreift, welche Rolle der russischen Sprache in bestimmten Domänen zukommt und wie sie somit gebrauchsbasiert analysiert werden kann. Die Arbeit möchte aufzeigen, wie verschiedene sprachwissenschaftliche Richtungen und Interessen innerhalb eines konkreten und sehr komplexen Diskurses miteinander koordiniert und in einer „inneren Interdisziplinarität" zusammengeführt werden können. Dazu werden kulturspezifische, gesellschaftsrelevante, politische und diskursinhärente Konstellationen aufgegriffen und anhand von Fallbeispielen erörtert.

Die Untersuchung ist wie folgt strukturiert: Zunächst werden einige Hintergrundinformationen beleuchtet, die notwendig sind, um die Bedeutung der Ökologie in der russischen Gesellschaft einzuordnen. Es schließen sich linguistische Analysen an, die in einem ersten Teil auf die Forschungstradition der Ökolinguistik eingehen, die eine Sprache und ihre stetige Weiterentwicklung analog zu einem Ökosystem betrachtet. Weiterhin werden die zentralen Aspekte der Diskurslinguistik beschrieben und einige Diskursakteure identifiziert, die die Einbindung einer ökologischen Thematik in Kommunikationsstrategien in den Vordergrund rücken. Es wird davon ausgegangen, dass umweltrelevante Fragestellungen sehr verschieden gewichtet werden können und dass dementsprechend gezielt semantische und lexikalische Isotopien auftreten. Anschließend wird die Rechtslage in der Russischen Föderation und ihre sprachliche Modellierung ausgewertet. Sie offenbart zahlreiche Schnittmengen zur westeuropäischen Jurisprudenz, muss aber vor dem Hintergrund einer eigenständigen russischen Rechtstradition interpretiert werden. Die russische Rechtssprache wird in den Ausführungen als Schutzinstrument für das Ökosystem angesehen. Um die Verflechtungen zwischen Grammatik und Lexik zu ergründen, die sich aus der Rezeption ökologisch relevanter Phänomene ergeben, wird die Konstruktionsgrammatik als kognitive Modellierung eines Ökosystems exemplarisch aufgearbeitet. Schließlich wird die Visualisierung von Sprache analysiert, die im öffentlichen Raum zur Wahrnehmung und Strukturierung von Naturphänomenen beiträgt. In diesem Teil wird es neben semantischen auch um semiotische Aspekte gehen.

Insgesamt möchte die Untersuchung einen Beitrag zur bislang wenig erforschten Problematik des ökologischen Diskurses und seiner polydimensionalen Struktur in der Russischen Föderation sowie seinen multiplen Erscheinungsformen aus sprachwissenschaftlicher Sicht leisten. Sie möchte gleichermaßen für das Forschungsgebiet sensibilisieren, zur Theoriebildung beitragen und aufzeigen, welche thematischen Vertiefungen künftigen Studien vorbehalten sein können.

Für die zahlreichen konstruktiven Gespräche und die wichtigen kritischen Anmerkungen möchte ich mich in erster Linie bei Prof. Dr. Holger Kuße von der Technischen Universität Dresden herzlich bedanken. Des Weiteren gilt mein besonderer Dank Herrn Prof. Dr. Dr. h.c. Thede Kahl von der Friedrich-Schiller-Universität Jena, der mir nicht nur mit wertvollen Hinweisen zur Seite stand, sondern auch die Veröffentlichung des Manuskripts in der Reihe „Symbolae Slavicae" entscheidend befürwortete. Prof. Dr. Milivoj Alanović von der Universität Novi Sad in Serbien sei ebenfalls mein ausdrücklicher Dank für seine inspirierenden Denkanstöße ausgesprochen.

2. Zur Methodik der vorliegenden Studie

Die vorliegende Untersuchung greift zentrale Punkte auf, die im Zusammenhang mit ökologischen und ökopolitischen Fragen stehen und verbindet sie mit linguistischen Ansätzen. Dazu wird zunächst auf unterschiedliche Konstellationen eingegangen, die ähnlich wie bei Warnke/Spitzmüller (2008: 8, im Folgenden kursiv hinterlegt) in einem konkreten Diskurs ausgewertet werden können. Nach einer Einführung in die für Russland spezielle Verortung der umweltrelevanten Thematik sowie der Rolle der Diskurslinguistik werden *Handlungen von Diskursakteuren* vorgestellt, die den russischen ökologischen Diskurs mitgestalten und es wird ausgewertet, wie diese Akteure auf kommunikativer Ebene vorgehen. In diesem Zusammenhang wird eine Auswahl relevanter Akteure zusammengestellt, die sich auf der Annahme gründet, dass diese Gruppen oder Erscheinungen in unterschiedlicher Form Narrative des Ökologischen in ihre Kommunikationsstränge einflechten. Zu den ausgewählten Diskursakteuren werden jeweils unterschiedliche Daten zusammengetragen, auf deren Grundlage exemplifizierte Schlussfolgerungen gezogen werden. Dabei steht nicht immer die Frage nach Quantität im Raum, sondern es wird gezielt nach Einzelphänomenen gesucht, die in einem größeren Kontext reflektiert werden müssen. So werden sieben verschiedene Akteure, ihre umweltbezogenen Handlungsfelder und die daraus resultierenden Versprachlichungen ergründet und in Relation zueinander gesetzt. Verflechtungen und Konflikträume, die sich innerhalb einzelner Teildiskurse konstituieren, werden beleuchtet.

Weiterhin wird die bei Warnke und Spitzmüller erwähnte *Raumstrukturierung* unter einem juristischen Gesichtspunkt erfasst. Es wird davon ausgegangen, dass das Recht im Allgemeinen und das Umweltrecht in der Russischen Föderation im Speziellen als zentrales Organ der sprachlichen Raumstrukturierung fungiert. Daher wird ein Korpus bestehend aus nationalen russischen und internationalen Rechtsdokumenten zusammengestellt, aus dem hervorgeht, wie sich die konkrete Umsetzung ökologischer Raumgestaltung entlang sprachlicher Muster konfiguriert. Sprache wird im rechtsverbindlichen Rahmen als Schutzinstrument eines Ökosystems verstanden.

Der ökologische Raum wird aber nicht nur durch seine Akteure oder durch normative Dokumente strukturiert, sondern auch auf kognitiver Ebene. Aus diesem Grund werden einige Ansätze aus der Konstruktionsgrammatik aufgegriffen, die es ermöglichen, Sprache als kognitive Modellierung eines Ökosystems zu theoretisieren. Es werden einige Beispiele auf ihre Bedeutung im ökologischen Rahmen untersucht und dabei der Versuch unternommen, die konstruktionsgrammatischen Annahmen mit praktischen Beispielen zu verknüpfen.

Ein zentraler Punkt sind zudem *visuelle Kommunikate*, die als Implementierung mannigfaltiger diskursspezifischer und juristischer Sachverhalte im öffentlichen Raum dienen. Durch eine Visualisierung werden Personen, die ein definiertes Gebiet betreten auch dann zu Diskursteilnehmern, wenn sie sich möglicherweise gar nicht mit einem konkreten Diskursphänomen auseinandersetzen. Anhand von ausgewählten Beispielen, die sich u.a. auf empirische Beobachtungen stützen, werden daher multiple Ansätze gewählt, um die Interaktion von Texten und Bildmaterial im weitesten Sinne texttheoretisch und praxisorientiert zu modellieren. Die Trilogie der von Warnke und Spitzmüller eingeführten Eckpfeiler zur Diskursanalyse, bestehend aus *Handlungen von Diskursakteuren*, *Raumstrukturierung* und *visuellen Kommunikaten*, wird dabei als Fundament für eine Analyse interaktionaler Parameter erachtet und um eine konstruktionsgrammatische Komponente erweitert, die eine Theoretisierung an der Schnittstelle von textlinguistischen, grammatischen und semiotischen Komponenten ermöglicht. Diese Aspekte werden stets im Zusammenhang mit naturrelevanten Phänomenen in der Russischen Föderation betrachtet und figurieren als Kernelemente des spezifisch russischen ökologischen Diskurses.

Die Studie möchte zur Theoriebildung dieser komplexen ökologischen Sachverhalte aus linguistischer Perspektive beitragen. Weiterhin setzt sie sich das Ziel, den Niederschlag ökologischer Debatten in Russland multidimensional zu dokumentieren und im Rahmen der sprachwissenschaftlichen Slavistik à jour zu bringen.

Reflektieren wir aber zunächst einmal die Frage, welchen Stellenwert Ökologie und Umweltschutz in der Russischen Föderation einnehmen, um dann aufzuzeigen, wie man mit umweltrelevanter Thematik in der Sprachwissenschaft umgeht.

3. Ökologie, Umweltschutz und Umweltprobleme in Russland

3.1 Ökologie, Umweltschutz und Linguistik

Im globalen Maßstab scheint sich immer deutlicher ein Bewusstsein dafür herauszubilden, wie wichtig der Umgang mit natürlichen Ressourcen, unterschiedlichen Ökosystemen und den natürlichen Lebensräumen von Flora und Fauna ist. Firmen werden weltweit aufgefordert, nachhaltig zu produzieren und umweltbewusst zu handeln. Regelmäßig versammeln sich in zahlreichen Ländern Jugendliche in der Bewegung *Fridays for Future* (kurz *FFF*), die für einen verantwortungsvollen Umgang mit der Natur demonstrieren und so auf ihre Zukunft aufmerksam machen. Dies ist Grund genug zu hinterfragen, in welchen Sphären des öffentlichen Lebens die Umwelt überhaupt eine Rolle spielt und welche sprachlichen Realisierungsmöglichkeiten sich dafür in der Russischen Föderation bieten.

Russland ist aus geographischer Perspektive betrachtet eines der vielfältigsten Länder der Erde. Die längsten Flüsse der Welt durchlaufen das Land, eine faszinierende Flora und Fauna erstreckt sich vom Japanischen Meer bis an die Ostseeküste, die klimatischen Bedingungen liegen zwischen denen am Arktischen Ozean und den Subtropen, ausgedehnte Wald- und Steppengebiete gehören ebenso zum Landschaftsbild wie die höchsten Gipfel Europas im Kaukasus. Diese einzigartige Vielfalt gilt es zu schützen, aber auf welcher Grundlage geschieht das?

Umweltschutz hat in den modernen westlichen Gesellschaften einen vergleichsweise hohen Stellenwert. In Schutzgebieten gelten strenge Auflagen, die Fehlverhalten eindämmen sollen und von vorn herein regeln, welche Aktivitäten erlaubt sind und welche nicht. Zahlreiche gesellschaftliche und politische Bewegungen bestehen auf dem Grundsatz, Ressourcen nicht in erster Linie aufgrund wirtschaftlicher Interessen zu erschließen, sondern vielmehr nach alternativen Lösungen zu suchen, die das ökologische Gleichgewicht gewährleisten. In der EU werden diese Forderungen heutzutage stärker denn je überprüft, aber wie gestaltet sich die Lage in Russland? Sind die Gesetze zum Umweltschutz effektiv, oder haben sie vermeintlich deklarativen Charakter und werden als wenig praktikabel erachtet? Wie agiert die couragierte Zivilgesellschaft, die sich der realen Probleme annimmt und nach konkreten Verbesserungsvorschlägen sucht?

Wie in jedem Land der Erde gibt es auch in der Russischen Föderation Umweltprobleme, die teilweise ein gravierendes Ausmaß erreichen und deren Hintergründe nicht ohne Weiteres durchsichtig erscheinen. So berichtete die Tagesschau über einen Umweltskandal in der Tundra, der Ende Mai 2020 dazu führte, dass aus einem Kraftwerkstank 21.000 Tonnen Dieselkraftstoff ausliefen und die umliegenden Ökosysteme erheblich verschmutzten (Ruck 2020). Bekannt sind auch die verheerenden Einschnitte in die natürlichen Lebensräume seltener Tier- und Pflanzenarten, die die Olympiastätte Soči im Zuge von Baumaßnahmen der „grünen Spiele" hinnehmen musste. Für diejenigen, die in erster Linie Profit aus natürlichen Ressourcen wie der Landschaft oder Bodenschätzen schlagen wollen, scheint Umweltschutz eher ein Hindernis als ein Gut zu sein, und das gilt nicht nur für Russland. Dort gibt es aber auch ein Netzwerk von Akteuren, die mit wenig Geld, hohem Aufwand und zum Teil unter widrigen Bedingungen dazu beitragen, dass die Grundidee des Naturschutzes in die Praxis umgesetzt werden kann, dass Maßnahmen durchgeführt oder rechtswidrige Großprojekte gestoppt werden.

Mit Fragen der Umwelt hängen aber weit mehr Themen als Wirtschaftswachstum, Schutzgebiete und Protestaktionen zusammen. So lässt sich beispielsweise der Klimawandel nicht auf eine bestimmte Personengruppe reduzieren, da er weltweit als Herausforderung gilt[1], er bringt aber sehr wohl neue Aufgaben im Hinblick auf Arbeitstechnologien und Ressourcennutzung mit sich, so dass beispielsweise Wirtschaftsunternehmen und Tourismusverbände angemessen darauf reagieren müssen. Verbraucher sehen sich mit der Frage konfrontiert, ob und wie sie ihre Lebens- und Konsumgewohnheiten ändern sollen, um möglicherweise einen Beitrag zum Naturschutz zu leisten, welche gesundheitlichen und finanziellen Perspektiven sie dadurch erwarten können, wie sich eine Energiewende[2] realistisch vollziehen kann und wie das die kommende Generation beeinflussen wird. Wasserknappheit, Hungersnöte, Armut und sogar Kriege werden in diesen Kontext eingeordnet und lassen erahnen, wie wichtig in der Praxis der Umgang mit der Natur und ihren Ressourcen ist, die unseren täglichen Bedarf decken sollen.

---

1 Zum Klimawandel, seinen Auswirkungen und die Kontroversen um das Thema siehe etwa bei Omphalius/Azakli (2008), Plöger/Böttcher (2015), Rahmstorf/Schellnhuber (2019) oder Bieling (2020).

2 Dieses Thema wird in den Studien von Bernd Hirschl (2008), Hermann-Josef Wagner (2010), Felix Ekardt (2014) und im Sammelband unter der Herausgeberschaft von Johannes Varwick (2013) umfassend aufgearbeitet.

Die komplexen ökologischen Zusammenhänge wurden im Rahmen unterschiedlicher Projekte aufgegriffen. So wurde mit der Erstellung einer sog. *Fuzzy Cognitive Map* modellieret, wie umfassend sich ein am Klimawandel orientiertes Netzwerk von Akteuren und Problemstellungen gestaltet[3]. Diese *Fuzzy Cognitive Map* setzt sich zum Ziel, die Zusammenhänge zwischen Phänomenen wie Biodiversität, Ökosystemen, Resilienz sozialer und natürlicher Systeme oder die Zusammenhänge zwischen Biodiversität und Öffentlichkeit zu modellieren, wenngleich multidimensionale Interpretationen denkbar sind (etwa erforderliche Schutzmaßnahmen oder der Dienstleistungssektor in Ökosystemen uvm.). Dieses Konstrukt bildet symbolisch die Wechselwirkungen ab, die sich – ganz allgemein gesprochen – zwischen den Bedürfnissen menschlichen Lebens und der Existenz von Naturräumen ergeben. Ein Musterschema entstand im Zuge einer Sommerschule, die sich der computergestützten Modellierung der Problematik widmete und die Fragestellung ergründen wollte, „What factors will lead to a change in the natural environment and how will that effect human well-being" (alle Details dazu sind auf der Homepage beschrieben, auf die in Fußnote 3 verwiesen wird). Je größer ein Faktor optisch abgebildet ist, desto wichtiger ist sein Inhalt in Bezug auf die Fragestellung. Die *Fuzzy Cognitive Map* ist eine von mehreren Optionen der Visualisierung und wird als *aggregated social map* bezeichnet, da sie unterschiedliche Konzepte als Punkte darstellt, die wiederum für relevante Kriterien oder Konstellationen stehen.

In einem Musterbeispiel wurden 226 Konzepte identifiziert, welche vor allem die Zusammenhänge zwischen Wohlstand auf der einen und Klimawandel auf der anderen Seite skizzieren und somit aufzeigen, welche Herausforderungen und Lebensrealitäten Einflüsse auf beide Phänomene haben. Beispielsweise wird dargestellt, dass der menschliche Wohlstand vor allem mit der Bevölkerung selbst in Wechselwirkung steht, dass aber auch andere Größen wie der Tourismus oder die Verhältnisse im Wald des Amazonas eine Auswirkung darauf haben. Der Tourismus wiederum steht in Wechselwirkung mit Faktoren wie Kaufkraft, wirtschaftlichen Möglichkeiten oder dem Interesse an anderen Orten, während die Verhältnisse im Amazonas von der Nutzung der Region oder Bebauungsvorhaben abhängen. So werden unterschiedliche Aspekte

---

3 Eine visuelle Darstellung findet sich unter http://www.fcmappers.net/joomla/index.php?option=com_content&view=article&id=72:peyresq-2009-alter-net-summer-school&catid=38:past-projects&Itemid=37. Alle Quellen, in denen auf Internetauftritte verwiesen wird, wurden sorgsam geprüft. Es kann dennoch nicht ausgeschlossen werden, dass sich Modifikationen ergeben haben, vgl. die Anmerkung im Kapitel zu den angefügten Internetquellen.

untereinander vernetzt, die ihrerseits zwischen Wohlstand und Klimawandel angesiedelt und jeweils an weitere Faktoren gekoppelt sind. Der Vorteil dieser Darstellung besteht darin, sämtliche Interaktionen gebündelt zu visualisieren (in diesem Fall 226 Komponenten, die ineinandergreifen). Es ist allerdings unmöglich, sich im Rahmen einer Studie mit all diesen Faktoren und Wechselwirkungen zu befassen, so dass hier eine Auswahl getroffen werden muss, die an eine individuelle Konstellation angepasst ist und zudem Raum für sprachwissenschaftliche und kultursemiotische Ansätze bietet. Bereits die weiträumige Verzahnung von Mechanismen, die anhand dieser Problematik illustriert wurden, zeigt, dass es ein illusorisches Unterfangen wäre, die Gesamtheit aller beteiligten Personen und Sachverhalte abzubilden, die am Themenkreis partizipieren. Aus diesem Grund wird in der vorliegenden Studie auch nur eine selektive Auswahl kommentiert, die in unterschiedlicher Intensität Einflussgrößen auf das Diskursfeld der Ökologie motiviert.

Gewiss kann es nicht das Ziel der vorliegenden Untersuchung sein, die rechtlich beabsichtigten Formulierungen auf daraus abgeleitete und tatsächlich realisierte Handlungsstrategien, geschweige denn auf die Umsetzung und den Zusammenhang zwischen Gesetz und Realität hin zu bewerten. Es soll vielmehr vorgestellt werden, welche Teilbereiche es gibt, in die der Themenkreis der Naturproblematik aus linguistischer Perspektive einfließt. Es ist aufschlussreich, den administrativen Rahmen zur Handhabung umweltpolitischer Sachverhalte zu betrachten, bevor konkrete Analysen mit einem sprachwissenschaftlichen Fokus angeschlossen werden.

3.2 Die umweltpolitische Administration in Russland

Das Ministerium für Ökologie und natürliche Ressourcen der Russischen Föderation (*Министерство природных ресурсов и экологии Российской Федерации*, kurz *Минприроды России*) ist das zentrale Organ in der Russischen Föderation, welchem grundsätzliche Umweltfragen obliegen. Seine Aufgaben sind in den Bereichen Umweltschutz, Nutzung natürlicher Ressourcen und ökologischer Unversehrtheit angesiedelt. In seiner heutigen Form besteht es seit dem Jahre 2008 und ist strukturell wie folgt aufgebaut (nachzulesen unter http://www.mnr.gov.ru/about/#structure): Es gibt einen Minister, aktuell Aleksandr A. Kozlov, der durch einen Erlass des Präsidenten bestimmt wird, und der sechs Stellvertreter hat. Das Ministerium führt seine Arbeit in 13 unterschiedlichen Departements durch, die für konkrete Aufgabenfelder zuständig sind (etwa für die staatliche Politik zur Handhabung der besonders zu schützenden Gebiete, die Wasser- und Forstwirtschaft, die

Tab. 1: Schutzgebiete und ihre Bedeutung nach Černych 2014.

Bezeichnung	***Bedeutungsebene***
Государственные природные заповедники	*Föderale Bedeutung*
Национальные парки	*Föderale Bedeutung*
Природные парки	*Regionale Bedeutung*
Государственные природные заказники	*Regionale oder föderale Bedeutung*
Памятники природы	*Regionale oder föderale Bedeutung*
Дендрологические парки и ботанические сады	*Regionale oder föderale Bedeutung*
Иные категории ООПТ	*nicht definiert*

Rechtsabteilung oder den Pressedienst). Sie werden im Wesentlichen von den Stellvertretern des Ministers geleitet. Hinzu kommen sechs Föderale Behörden und Dienste, die dem Ministerium untergeordnet sind, so etwa die Föderale Behörde für Forstwirtschaft oder die Föderale Behörde für Wasserwirtschaft.

In Russland existieren unterschiedliche Kategorien von Naturschutzgebieten, die allgemein unter den „Besonders geschützten Naturgebieten und Objekten Russlands" (*Особо охраняемые природные территории и объекты России*, kurz *ООПТ*) summiert werden. Sie werden direkt vom Ministerium verwaltet und lassen sich in Unterkategorien aufteilen. Diese Struktur wurde bereits im föderalen Gesetz mit dem Titel „Об ООПТ" (1995, mit Änderungen 2013) festgelegt, welches die entsprechenden Gebiete als nationales Gut definiert (ab hier aus Černych 2014: o. S., bei ihm Kapitel 2). Die ranghöchste Kategorie kommt demnach staatlichen Naturschutz- und Biosphärenreservaten (*государственные природные заповедники*) zu. Dem folgen Nationalparks (*национальные парки*), Naturparks (*природные парки*), staatliche Naturschutzgebiete bzw. Wildgehege (*государственные природные заказники*), Naturdenkmäler (*памятники природы*), dendrologische Parks und botanische Gärten (*дендрологические парки и ботанические сады*) und weitere Kategorien (*иные категории ООПТ*). Unterschieden wird weiterhin danach, ob ein Schutzgebiet föderale, regionale oder lokale Bedeutung erfährt. Nach den Angaben von Černych ergibt sich daraus die Konstellation in Tabelle 1.

Dmitrij Černych (2014: o. S., Unterpunkte bei ihm in Kapitel 2) umreißt weiterhin die Herausbildung der einzelnen Struktureinheiten, die hier in Anlehnung an seine Studie kurz nachgezeichnet werden sollen. Als zu Beginn des 20. Jahrhunderts erste Erwägungen getroffen wurden, Naturschutzgebiete auf dem Territorium der heutigen Russischen Föderation zu errichten, verfolgte man zwei verschiedene Strategien im Umgang mit den staatlichen Naturschutz- und Biosphärenreservaten. Die erste bestand im Wesentlichen darin, Wildtieren einen Schutzraum zu bieten und wissenschaftliche Untersuchungen durchzuführen, während die zweite darauf abzielte, ein bestimmtes Gebiet mit der darin vorkommenden Flora und Fauna möglichst im Originalzustand zu erhalten. 1929 wurde dann die Leitlinie vorgeschlagen, staatliche Naturschutz- und Biosphärenreservate sollten drei Hauptfunktionen erfüllen, nämlich den authentischen Artenbestand in einem definierten Gebiet zu schützen, wissenschaftliche Forschungen zu ermöglichen und für den kulturellen Mehrwert des Naturschutzes zu werben. 1958 kam dann der Vorschlag auf, ein ganzes Netzwerk von Naturschutzgebieten ins Leben zu rufen, was aber nicht realisiert wurde. Erst nach dem Fall des Eisernen Vorhangs kam es zu einer administrativen Neuausrichtung, die im Gesetz aus dem Jahr 1995 kulminierte und im weitesten Sinne auch heute noch Gültigkeit besitzt. Demzufolge sind Staatliche Naturschutz- und Biosphärenreservate gegenwärtig klar definierte und streng geschützte Räume, in denen jegliche ökonomische oder sonstige Nutzung der vorhandenen Ressourcen untersagt ist, es sei denn, es gibt dazu entsprechende gesetzliche Regelungen[4]. Černych spricht weiterhin davon, dass die Umsetzung der Schutzmaßnahmen von zahlreichen Spezialisten bemängelt wird und dass sie letztlich oftmals an der Lebensrealität scheitern. Es fehle an finanzieller Unterstützung, so dass sich die Erhaltung der notwendigen Infrastruktur nur durch legalen Erkundungstourismus aufrechterhalten ließe (Černych 2014: o. S.). Demgegenüber existiert aber auch die Ansicht, dass die Umwelt um jeden Preis geschützt werden sollte, unabhängig von sämtlichen Schwierigkeiten, und dass Tourismus dabei nicht förderlich ist.

Die National- und Naturparks in Russland sind nach einem international üblichen Muster strukturiert (Černych 2014: o. S.). Es handelt sich demnach bei Nationalparks um ausgedehnte Territorien, die eine unikale Landschaft

4 Hier verweist der Autor auf den ukrainischen Ökologen Vladimir Borejko, welcher sechs Prinzipien zusammenstellt, die zu unterschiedlichen Zeitpunkten von russischen Umweltschützern vorgetragen wurden und die ein streng geschütztes Gebiet kennzeichnen sollten (hier frei nach Borejko, übernommen aus den Ausführungen von Černych): 1. Völlige Unversehrtheit und Unantastbarkeit, 2. Zeitlich unbeschränktes Funktionieren, 3. Ausschließliches Nutzungsrecht, 4. Durchführung von Langzeitstudien, 5. Schutz der unberührten Natur um der Natur willen selbst, und 6. Verantwortlichkeit des Staates, Fürsorge für sämtliche Schutzmaßnahmen zu tragen.

beheimaten sowie eine einmalige Flora und Fauna beherbergen, in denen weiterhin eine eingeschränkte Ressourcennutzung möglich ist, in denen die Einhaltung spezieller Vorschriften durch Schutzpersonal geprüft wird und in denen Erholungs- und Bildungsurlaub genehmigt ist. Aus der Kombination dieser Parameter ergibt sich, dass heute weltweit drei verschiedene Typen von Nationalparks existieren. Der erste Typ wird als klassischer bzw. nordamerikanischer bezeichnet. Er charakterisiert sich durch weiträumige Flächen und unikale Landschaftsbilder. Der zweite Typ wird als europäischer Typ bezeichnet, seine Ausdehnung ist wesentlich geringer als die des ersten Typs und die Auslastung dadurch stärker. Beim dritten Typ handelt es sich um ein Reservat riesigen Ausmaßes mit einer exotischen Flora und Fauna, bei dem man auch vom afrikanischen Typ spricht.

Auf dem gegenwärtigen Gebiet der Russischen Föderation existieren seit 1983 Nationalparks, nämlich der Nationalpark Losinyj Ostrov (*Национальный парк Лосиный Остров*) nahe bei Moskau und der Nationalpark Soči (*Сочинский национальный парк*). Laut russischer Rechtslage wird innerhalb der Nationalparks unterschieden zwischen räumlichen Zonen, die unzugänglich sind und autark bleiben, und anderen Zonen, in denen unter Einschränkungen und Auflagen eine Teilnutzung möglich ist, die den kulturellen Wert des Gebiets vermitteln und Erholungszwecken dienen. Gleichzeitig ist damit ausdrücklich die Aufgabe verbunden, eine entsprechende Infrastruktur zu errichten und den Zugang für die interessierte Öffentlichkeit zu gewährleisten. Gerade dann, wenn Nationalparks sich in der Nähe von größeren Städten befinden, wird der Tourismus unter Umständen zu einer enormen logistischen Herausforderung und zur Belastung für das Ökosystem. Černych fasst die grundlegenden Unterschiede zwischen Naturschutz- und Biosphärenreservaten und Nationalparks, die sich im Wesentlichen an der Frage orientieren, wie welche Flächen zu nutzen sind, wie folgt zusammen (frei nach Černych 2014)[5]:

1. Es wird unterschiedlich definiert, wo ein vollkommenes Verbot der Flächennutzung mit dem Ziel des Artenschutzes greift.

5 Im Prinzip kann davon ausgegangen werden, dass die Handhabung dieser Maßnahmen in den Naturschutz- und Biosphärenreservaten strenger ausgelegt wird als in den Nationalparks, denn letztere müssen auf Grund der Rechtslage zumindest in Teilen der Öffentlichkeit zugänglich sein. Für Naturschutz- und Biosphärenreservate ist dies jedoch nicht obligatorisch vorgesehen, sondern bedarf einer entsprechenden gesetzlichen Regelung (s.o.).

2. Es wird unterschiedlich definiert, wo geführte Studienexkursionen genehmigt sind.
3. Es gibt sehr unterschiedliche Möglichkeiten der Raumnutzung für Sport und Tourismus, auch aus wirtschaftlicher Sicht.
4. Es gibt unterschiedliche Möglichkeiten der Errichtung von Kulturdenkmälern und ihrer Pflege sowie den dazugehörigen Aktivitäten.
5. Der Umgang mit landwirtschaftlichen Nutzflächen durch die Anwohner muss berücksichtigt werden.
6. Der Zugang zu dem Gebiet für kleine Völker Russlands, die ihre traditionelle Lebensweise durch Nutzung der vorhandenen Ressourcen gestalten, ist zu berücksichtigen.

Die Interaktion aus diesen sechs genannten Punkten lässt in der Praxis erkennen, dass sich in Russland drei verschiedene Gruppen von Nationalparks entwickelt haben: Erstens diejenigen, die in ihrem Zentrum streng geschützt und unzugänglich sind und nach außen hin bis an ihre Peripherie zugänglicher werden, weshalb man von der konzentrierten (*концентрический*) Gruppe spricht. Zweitens existieren Schutzgebiete, die als linear (*линейный*) bezeichnet werden, da sich ihr Territorium entlang der Küste oder eines großen Flusses erstreckt. Die dritte Gruppe ist die polyzentrische (*полицентрический*), sie kommt in Russland am häufigsten vor und ist dadurch gekennzeichnet, dass sie sich in bereits erschlossenen Gebieten ohne nennenswerte landschaftliche Besonderheiten befindet.

Einem Naturpark wird in Russland eine regionale Bedeutung beigemessen. Er dient ökologischen sowie Erholungs- und Bildungszwecken, für die eine entsprechende Infrastruktur bereitzustellen ist, wo aber auch gewisse Einschränkungen gelten, um den Umweltschutz zu gewährleisten. Eine dauerhafte Nutzung und ungehinderter Zutritt sind jedoch grundsätzlich möglich, ebenso wie die Bewirtschaftung von Flächen, etwa durch Anwohner.

Staatliche Naturschutzgebiete existieren bereits sehr lange und wurden zu Beginn des 20. Jahrhunderts in Russland dadurch definiert, dass sie zeitlich begrenzte Schutzräume darstellten. Somit waren sie zeitweilig den Naturschutz- und Biosphärenreservaten gleichgestellt. Heutzutage werden sie als Räume definiert, die wesentlich zum Schutz und zur Regenerierung bestimmter Gebiete und zur Unterstützung der ökologischen Balance beitragen (Černych 2014: o. S., Unterkapitel 2.4). Insgesamt treten fünf Formen staatlicher Naturschutzgebiete auf, in denen unterschiedliche Schwerpunkte des Naturschutzes gelegt werden können:

1. Gebiete mit Naturlandschaften, die es als solche zu schützen und zu erhalten gilt,
2. Gebiete mit botanischen und zoologischen Objekten, in denen seltene und aussterbende Arten vorkommen und die es zu schützen und zu erhalten gilt,
3. paläontologisch relevante Gebiete zum Schutz fossiler Objekte,
4. hydrologisch bedeutsame Gebiete, deren Gewässer einen wesentlichen Beitrag zur Aufrechterhaltung des Ökosystems leisten, sowie
5. geologisch relevante Gebiete, die einen Beitrag zur Erhaltung lebloser Naturvorkommnisse leisten.

Die ersten staatlichen Naturschutzgebiete wurden in Russland errichtet, um die Population von Jagdtieren zu erhöhen und bereits ausgestorbene Arten wieder anzusiedeln. Im Großen und Ganzen dienen sie dazu, den Umweltschutz umzusetzen. Es ist denkbar, dass innerhalb eines entsprechenden Naturschutzgebiets bestimmte Einschränkungen vorliegen, etwa in Bezug auf die Baumrodung, Jagd oder Fischfang. In der Praxis lassen sich ernsthafte Schwierigkeiten erkennen, denn es gibt kein fest angestelltes Wachpersonal, welches sich angemessen um die Angelegenheiten vor Ort kümmern könnte, und zudem ist illegaler Baumschlag ein riesiges Problem, das Černych auf die unscharf formulierte Gesetzeslage und die sich daraus ergebenden Widersprüche zurückführt[6].

Naturdenkmäler sind dadurch gekennzeichnet, dass sie sich von der Mehrheit ihrer Artgenossen durch spezielle Auffälligkeiten unterscheiden (etwa ein bestimmter Baum in Höhe, Umfang oder Alter im Vergleich zur Durchschnittspopulation, aber auch seltene Baumarten, Alleen, Felsen, Höhlen oder Quellen). Bereits in den 1920er Jahren erfreute sich die Auswahl derartiger Naturdenkmäler in Russland großer Beliebtheit, so dass etwa 250 Objekte zusammengestellt wurden, von denen zahlreiche noch heutzutage existieren. Rechtlich können diese Objekte natürlichen oder künstlichen Ursprungs sein, sie können je nach Bedürfnis streng (etwa im Falle von touristischer Frequentierung oder in Verbindung mit ökonomischen Faktoren) oder auch gar nicht bewacht sein. Naturdenkmäler sind weit verbreitet und leisten einen Beitrag zur Erhaltung kleiner oder einzelner Elemente komplexer Landschaften, auch

---

6 So gilt beispielweise der Waldbestand als geschützt, gleichzeitig greift laut Gesetz die legale Nutzbarmachung des Baumbestands zur Deckung ökonomischer Bedürfnisse. Dmitrij Černych spricht davon, dass bereits eine genauere geographische Eingrenzung der staatlichen Naturschutzgebiete zur Verbesserung der Lage beitragen würde (Černych 2014: o. S., Unterpunkt 2.4).

wenn laut Černych (2014: o. S., Unterpunkt 2.5) ihr effektiver Schutz in Russland oftmals nicht gewährleistet werden kann.

Unter dendrologischen Parks und botanischen Gärten versteht man speziell angelegte Räume, die eine Ansammlung an bestimmten Gewächsen beinhalten. Sie dienen dem Schutz und der Veranschaulichung der Artenvielfalt und können in drei Funktionalbereiche unterteilt werden (Ausstellung, wissenschaftlich-experimentelle Nutzung und administrative Nutzung).

Seit der Gesetzesänderung aus dem Jahre 2013, durch die Kur- und Erholungsorte aus der Liste besonders geschützter Territorien komplett gestrichen wurden[7], wurde nun die Änderung eingeführt, weitere zu schützende Objekte zu benennen. Diese wurden zwar in einer früheren Gesetzesfassung exemplarisch aufgelistet (etwa Gartenanlagen, Küstenabschnitte oder Flusssysteme), jedoch wurde auch diese Auflistung wieder entfernt, so dass es gegenwärtig auf föderaler Ebene recht unklar ist, welche Objekte tatsächlich in die entsprechende Kategorie aufgenommen werden können (in der regionalen Gesetzgebung werden hingegen Beispiele genannt). In der Praxis wurden seither zahlreiche Objekte erstellt, die unter die Definition weiterer besonders geschützter Objekte fallen (Černych 2014: o. S.).

Die Entwicklung in den letzten zwei Jahrzehnten ist im Hinblick auf die Gesamtzahl aller geschützten Gebiete schwer zu ermitteln, was u.a. mit der Zählweise und der sich ändernden Zahl anderer zu schützender Objekte zusammenhängt. Für das Jahr 2003 stellt Nikolaj Sobolev eine Übersicht zusammen, die aufzeigt, wie viele föderale, regionale und lokale Schutzgebiete in Russland insgesamt existieren und wie sich ihre Ausdehnung gestaltet (Angaben nach Sobolev 2004: 15):

---

7 Weder der Zeitpunkt noch der Sinn dieser Gesetzesänderung lassen sich ohne die damals kurz bevorstehenden Olympischen Spiele in Soči plausibel erklären, s. dazu in der vorliegenden Ausarbeitung im Kapitel 6.2. Zudem wurde aus dem Föderalen Gesetz über natürliche Gesundungsressourcen, Erholungsorte und Kurorte (*Закон о природных лечебных ресурсах, лечебно-оздоровительных местностях и курортах*) an allen Stellen, die sich auf die entsprechenden geographischen Räume beziehen, konsequent der Zusatz „*природный*" gestrichen (Černych 2014: o. S., Unterpunkt 2.7).

Tab. 2: Besonders geschützte Naturgebiete und Objekte Russlands.

Bedeutungsebene	***Anzahl***	***Fläche (in 1000 ha) insgesamt***	***davon Festland***	***Anteil an der Staatsfläche der Russischen Föderation***
Föderal	*334*	*57.359*	*48.054*	*2,8 %*
Regional	*12.159*	*124.684*	*122.681*	*7,2 %*
Lokal	*2.613*	*5.490*	*5.490*	*0,3 %*

Auf der Homepage des Ministeriums für Ökologie und natürliche Ressourcen finden wir unter http://www.mnr.gov.ru/activity/oopt/ eine aktuelle alphabetische Liste mit der Gesamtheit aller staatlichen Naturschutz- und Biosphärenreservate, staatlichen Naturschutzgebieten und Nationalparks. Hier sind insgesamt 212 staatliche Schutzgebiete aufgezählt. Die Differenz zu den Angaben von Sobolev liegt u.a. daran, dass bei ihm auch andere als die vom Ministerium gelisteten Schutzräume in die Zählung einfließen. Die aktuellen Zahlen aus den letzten zehn Jahren belegen zudem, dass eine quantitative Zunahme an staatlichen Naturschutz- und Biosphärenreservaten sowie an Nationalparks beobachtet werden kann. Diese sind bei der Föderalen Statistikbehörde wie folgt angegeben (Auszug aus den statistischen Angaben unter https://www.gks.ru/folder/11194):

Tab. 3: Naturschutz- und Biosphärenreservate und Nationalparks in Russland (2010–2019).

Jahr	***Anzahl der Naturschutz- und Biosphärenreservate***	***Anzahl der Nationalparks***
2010	101	40
2011	102	41
2012	102	42
2013	102	44
2014	103	47
2015	103	48
2016	103	50
2017	105	52
2018	110	56
2019	108	63

Für die oben aufgezeigten Arten von Schutzgebieten lässt sich festhalten, dass sie entweder auf föderaler, auf regionaler oder auf lokaler Ebene einen Sonderstatus erhalten, durch den in jedem Fall ihre Flora und Fauna geschützt werden soll. Für die meisten Schutzgebiete ist in unterschiedlicher Form der Zugang aus wissenschaftlich begründetem oder privatem Interesse bzw. zwecks Erholung und sportlicher Betätigung gestattet. Der Rechtsrahmen ist für die unterschiedlichen Formen von Schutzzonen jedoch sehr uneinheitlich definiert, so dass nicht immer klar ist, welche Maßstäbe für konkrete Fragestellungen anzusetzen sind. Die Tabelle 4 zeigt auf, welche grundsätzlichen Problemfelder sich daraus in der Praxis ergeben:

Tab. 4: Die rechtliche Eindeutigkeit von Naturschutzräumen in Russland.

Bezeichnung	***Eindeutige Raumabgrenzung***	***Klare Statusdefinition***	***Umsetzbare Schutzmaßnahmen***
Государственные природные заповедники	*ja*	*ja*	*möglich*
Национальные парки	*ja*	*ja*	*möglich*
Природные парки	*ja*	*ja*	*möglich*
Государственные природные заказники	*nicht unbedingt*	*nein*	*schwierig*
Памятники природы	*ja*	*nein*	*weitestgehend schwierig*
Дендрологические парки и ботанические сады	*ja*	*ja*	*teils schwierig*
Иные категории ООПТ	*teils schwierig*	*nein*	*nur eingeschränkt möglich*

Eine eindeutige Raumbegrenzung ist zwar in den meisten Fällen vorgesehen, sie ist aber unter Umständen dehnbar oder nicht vorgegeben und für Objekte, die in die Kategorie „Weitere" fallen, kann sie gar nicht flächendeckend angegeben werden. In dieser Kategorie kommt es vielmehr auf die individuelle Beschaffenheit der entsprechenden Referenz an, so dass hier die einzig handhabbare Option eine offen gehaltene Abgrenzung zu sein scheint. Daraus ergibt sich aber gerade auch für Objekte dieser Kategorie die Schwierigkeit, Schutzmaßnahmen zu konzipieren, die ihren Bestand oder ihre Beschaffenheit garantieren sollen (etwa die permanente Unversehrtheit eines bestimmten Baumes oder einer einzelnen Pflanze). Im Prinzip ist in dieser Kategorie nur eine erhöhte Vorsorge möglich, wenn es um Objekte geht, die von touristischem Interesse sind und daher von Einzelpersonen überwacht werden bzw. für die Eintrittsgelder verlangt werden (etwa einzelne Höhlen mit touristischer

Infrastruktur). Im Unterschied dazu werden etwa Nationalparks generell mit Personal ausgestattet, welches konkrete Aufgaben zur Aufklärung und Schutzmaßnahmen vor Ort ausführt.

In ihrer räumlichen Struktur sind die Naturschutzgebiete Russlands sehr unterschiedlich verteilt. Im Jahr 2003 wurden die dazu vorliegenden Daten in einer Studie zusammengetragen (Pleines/Schröder 2005: 9). So befanden sich 41 % aller staatlichen Naturschutzgebiete und Nationalparks Russland im Föderationskreis Sibirien und 33 % im Föderationskreis Ferner Osten. Demnach ist der Anteil an den entsprechenden Territorien im asiatischen Teil des Landes mit Abstand am höchsten, auf den Föderationskreis Volga entfallen nur 3 % aller Naturschutzräume (Pleines/Schröder 2005: 9). In diesem Föderationskreis liegt auch die Republik Tatarstan, um die es vor allem in den Kapiteln 9 und 10 gehen wird.

3.3 Zur Bedeutung der russischen Umweltpolitik

In Bezug auf umweltpolitische Fragen sind zunächst einmal die recht zahlreichen bilateralen und internationalen Abkommen hervorzuheben, die der Staat nach 1990 geschlossen hat, um sich dem Umweltschutz im globalen Maßstab zu verpflichten. Gleichzeitig werden damit viele Widersprüche der russischen Innen- und Außenpolitik in Verbindung gebracht: So unterzeichnete Russland allein in den 1990er Jahren über 30 bilaterale und 25 multilaterale Verträge zum Umweltschutz (Funke 2005: 261, Newell/Henry 2017: 10), wobei kritische Stimmen vermuten, dass sich das umweltpolitische Engagement des Landes im Kern aus seinem Interesse an der weltweiten Ausübung von *Soft Power* erklärt, da Russland sich in Umweltfragen eher passiv verhält und auch nicht die Aarhus-Konvention[8] unterzeichnet hat, und dies trotz entsprechender Forderungen im eigenen Land (Newell/Henry 2017: 10). Zwar wurde das Kyoto-Protokoll ratifiziert und ist seit 2005 gültig, die Umsetzung verläuft aber sehr zäh und man zeigt vergleichsweise wenig Interesse daran, die Erderwärmung zu begrenzen, wo es unter bestimmten Umständen möglich wäre. Erst 2015 meldete

8 In dem 1998 unterzeichneten Dokument ist in Artikel 1 vorgesehen, dass alle Bürger ein Anrecht auf angemessenen Umweltschutz haben sollen und dass ihnen zu diesem Zweck „jede Vertragspartei das Recht auf Zugang zu Informationen, auf Öffentlichkeitsbeteiligung an Entscheidungsverfahren und auf Zugang zu Gerichten in Umweltangelegenheiten in Übereinstimmung mit diesem Übereinkommen" gewährleistet. Insgesamt geht es darum, den Einwohnern mit möglichst hoher Transparenz in Bezug auf Umweltangelegenheiten zu begegnen und ein umfassendes Informationsangebot zur Verfügung zu stellen (siehe Volltext unter http://www.unece.org/env/pp/treatytext.html).

sich Russland dann auf der Pariser Klimakonferenz wieder entschieden zu Wort, als Vladimir Putin konkrete Ziele für sein Land verkündete[9]. Newell und Henry (2017: 11) gehen sogar davon aus, dass auch hier das Interesse eher an einer internationalen Wahrnehmung als Weltmacht sowie an politischen und wirtschaftlichen Vorteilen bestand, denn Russland konnte seither einige wichtige Fragen zu seinen Gunsten mitgestalten. Gleichzeitig ist das Land darauf angewiesen, durch internationale Kooperationen auch geltende Standards zu beachten, was zwar Nebeneffekte wie eine neue Form der Bürgerbeteiligung an bestimmten umweltpolitischen Fragen ermöglicht, aber in der Praxis kaum Netzwerke zwischen Vertretern von Wirtschaftsinteressen und der Zivilbevölkerung erkennen lässt (Newell/Henry 2017: 11).

Die Autoren verweisen schließlich auch darauf, dass Umweltschäden in Russland geographisch sehr unterschiedlich verteilt sind. Demnach ist vor allem die arktische Region auf Grund von Ölförderung, Stationierung militärischer Anlagen und Mineralschmelze überdurchschnittlich hoch belastet, und Unternehmen, die vor Ort aktiv werden, setzen sich nur unzureichend mit Fragen des Umweltschutzes auseinander (Newell/Henry 2017: 12).

Seit dem Zerfall der Sowjetunion spielen Probleme im Umgang mit dem Ökosystem der Russischen Föderation im nationalen Maßstab eine wichtige Rolle, sei es im Hinblick auf neu zu erschließende wirtschaftliche Ressourcen, Tourismus oder Verwaltung. In ihrem Überblick stellen Joshua Newell und Laura Henry dar, welche Herausforderungen dies mit sich brachte und wie der Staat darauf reagierte (ab hier weiter nach Newell/Henry 2017). Zunächst verweisen sie auf die Fülle an Publikationen, die sich bestimmten Fehlentwicklungen im Umgang mit der Umwelt nach 1991 widmen. Dazu gehören etwa Studien zur Luftverschmutzung und Wasserverunreinigung, aber auch zur Ressourcenverschwendung auf Grund von unwirtschaftlicher Verarbeitung. Heutzutage dürfte in erster Linie die Gas- und Ölförderung ein wichtiges Thema sein. Im Gegensatz dazu wird aber nur wenig über die Bedeutung und den Umgang mit der russischen Wildnis berichtet, die die größten Wildgebiete der Welt beheimatet. Gerade die wirtschaftliche Entwicklung des Landes ist hochgradig von der Nutzung von Rohstoffen abhängig, was nicht nur die aktuelle Situation im Hinblick auf die Ölförderung zeigt, sondern bereits in der Zarenzeit und in der Sowjetunion ausgesprochen bedeutsam war. Interessant sind jedoch die daraus resultierenden Konsequenzen:

---

9 Kritiker bemängelten, dass das angegebene Ziel Putins in Wirklichkeit völlig legal einen dramatischen Anstieg der Emissionswerte bedeuten würde, da die Angaben im Verhältnis zu den 1990er Jahren berechnet wurden (Newell/Henry 2017: 10).

> One of the ironies associated with the sheer inefficiency of the Soviet command economy, which caused horrendous pollution and environmental degradation in accessible areas, is that large areas of wilderness remain intact. During both the Soviet era and the present day, the state has simply lacked the technology and capital to build the infrastructure necessary to extract natural resources in many of these areas [...] (Newell/Henry 2017: 3)

Daraus schließen die Verfasser des Beitrags, dass Umweltschutz in der Russischen Föderation immer an die Frage der wirtschaftlichen Entwicklung und an das politische System gekoppelt ist. Daher wurden weitreichende Schritte unternommen und geltendes Recht regelmäßig an die Gegebenheiten angepasst, die das Zusammenwirken von Umweltschutz, Politik und Wirtschaft aufeinander abstimmen sollten, wenngleich die Einbindung des Landes in weltwirtschaftliche Strukturänderungen zusätzliche Herausforderungen mit sich brachte. Die Autoren sprechen weiterhin davon, dass zwei zentrale Themen die Handhabung mit ökologischen Sachverhalten in Russland bestimmen, nämlich erstens die Legislative[10], und zweitens die staatliche Administration (Newell/Henry 2017: 4). Während sie festhalten, dass die Gesetzeslage zwar insgesamt gute Absichten aufzeigt, fassen sie aber auch zusammen, worin in der Praxis ein großes Defizit zu erkennen ist:

> But large gaps exist between Russia's formal environmental laws on the books and state agencies' capacity to and interest in carrying them out. (Newell/Henry 2017: 4)

Daher gelten Implementierung und Umsetzungsstrategien der Gesetze oftmals als verbesserungswürdig, so dass später sogar noch Dmitrij Medvedev als Präsident die Ineffizienz der Gesetze bemängelte – eine Feststellung, die nach wie vor gültig zu sein scheint[11]. In den 1990er Jahren ging es aber in erster Linie

10 Die gesetzgebenden Änderungen, die sich im Zuge der Umstrukturierungen nach 1991 auf ökologische Fragen auswirken sollten, thematisiert Andrew Bond in einem Artikel. Demzufolge trat am 19.12.1991 ein von Präsident Jelzin unterzeichnetes Gesetz zum Schutz der Umwelt in Kraft, mit dem man der Umweltzerstörung der sowjetischen Zeit entgegenwirken und neue Handlungsstrategien ermöglichen wollte (Bond 1992: 463). Er beruft sich auf naturwissenschaftliche Studien, aus denen hervorgeht, dass der neuen Gesetzgebung drei wesentliche Aufgaben zukommen müssten: Erstens eine Abgrenzung der Gerichtsbarkeiten von Regierungen auf allen Ebenen von der Föderationsebene bis hin zu lokalen Akteuren, zweitens die Durchführung von Maßnahmen in verschiedenen Phasen des wirtschaftlichen Entwicklungsprozesses, sowie drittens ein Beschluss von Umweltschutzstrategien für bestimmte Wirtschaftssektoren (Bond 1992: 464).

11 Ein Beispiel dafür ist die Landschaftsplanung rund um Soči im Zuge der Olympischen Winterspiele 2014. Ungeachtet dessen, dass sich einzigartige Naturschutzgebiete des

darum, neue administrative Befugnisse zu regeln und Instanzen zu schaffen, die bestimmte Vorgaben festlegen und kontrollieren. Diese waren in ihrer Anfangsphase durch mangelnde Effizienz, Korruption und Interessenkonflikte gekennzeichnet, so dass in den ersten Jahren nach der Perestrojka ein mangelhaftes und inadäquates Verhalten sämtlicher verantwortlicher Instanzen kritisiert wurde[12].

In administrativer Hinsicht hat sich die Lage in der Russischen Föderation seit 1991 dreimal grundlegend geändert. Zunächst wurde ein Ministerium für Ökologie gegründet, in dem der Umweltaktivist und Biologe Aleksej Jablokov als Jelzins Berater tätig war[13]. Dass es sich bei der Institution um ein Ministerium handelte, verweist auf die Bedeutung, die ihr anfänglich noch zukam, allerdings hielt diese nicht lange an. Bereits 1996 entschied sich Boris Jelzin, den politischen Einfluss, den Umweltpolitiker haben sollten zu reduzieren, indem er das Ministerium auflöste und stattdessen ein Staatliches Komitee für Ökologie ins Leben rief. Die Gründe dafür dürften u.a. in der damaligen schwachen ökonomischen Situation des Landes zu suchen sein, die offenbar wenig Spielraum für eine strenge Handhabung des Umweltschutzes, sondern vielmehr Optionen zur Verbesserung der wirtschaftlichen Lage erforderte. Eine konsequente Umsetzung von Schutzmaßnahmen durch ein Ministerium hätte u.U. den Ausbau bestimmter Wirtschaftszweige verlangsamt, was möglicherweise als

---

nördlichen Kaukasus in unmittelbarer Nähe der Stadt befinden, spielte der Umweltschutz bei der Realisierung des Prestigeprojekts kaum eine Rolle. Erforderliche umweltbehördliche Kontrollen und Befragungen der Anwohner wurden kurzerhand ausgesetzt (Newell/Henry 2017: 14). Die getroffenen Maßnahmen dürften teilweise verheerende Folgen für das lokale Ökosystem nach sich ziehen, siehe dazu auch im Folgenden.

12 Dies wird aber auch mit der Intransparenz der Gesetze begründet, zudem seien die über 4000 Rechtsdokumente kaum nachvollziehbar aufeinander abgestimmt. Sie seien zu komplex und drohten zu häufig umfassende Strafen an, die aber auf Grund mangelhafter Überprüfung in der Praxis kaum verhängt werden konnten, weshalb die Gesetzeslage insgesamt als ineffizient betrachtet wird. Es sei oft unklar, was überhaupt gelte und wie es gelingen könne, die Regeln einzuhalten (Newell/Henry 2017: 5 mit Verweis auf eine Analyse der Weltbank).

13 Jablokov erlangte 1993 durch einen Bericht Bekanntheit, in dem er die Versenkung russischen Atommülls dokumentierte. Die New York Times schrieb damals, Moskau habe gegen internationale Verpflichtungen verstoßen und hoch radioaktiven Müll in den Meeren abgeschüttet. Es ergebe sich „a picture even darker than the rumors and half-truths about oceanic dumping that began to swirl as the Soviet Union collapsed“ (New York Times 1993: 1).

unnötiges Hindernis interpretiert worden wäre. Das 1996 gegründete Staatliche Komitee war mit geringeren Befugnissen ausgestattet als ein Ministerium, aber auch seine Strukturen sollten nicht lange Bestand haben. So wurde es durch Vladimir Putin (genauso wie die Behörde für Forstwirtschaft) im Jahre 2000 aufgelöst und seine Aufgaben innerhalb eines Ministeriums für Bodenschätze angesiedelt. Dieses Ministerium ist im Wesentlichen für den Umgang mit Bodenschätzen, Umweltschutz und Forstwirtschaft beauftragt[14]. Seither sind Schritte, die mit Umweltschutz in Verbindung gebracht werden, noch stärker an Fragen der wirtschaftlichen Erschließung gekoppelt, wenngleich Dmitrij Medvedev noch 2010 die Relevanz eines nachhaltigen Umgangs mit ökologischen Ressourcen unterstrich und eine staatliche umweltpolitische Agenda bis 2030 vorlegte. Umweltschützer merkten zwar an, dass die darin formulierten Ziele ohne Zweifel sehr sinnvoll seien, dass aber keine Maßnahmen auf den Weg gebracht wurden, die für ihre konsequente Umsetzung in Frage kämen (Newell/Henry 2017: 7). Von mehreren Seiten ergeht seither der Vorwurf, dass sich der institutionelle Schutz der Natur im Zeitraum von 1990 bis 2000 sogar

14 Bereits an dieser Aufsplitterung und der regelmäßigen internen Umstrukturierung der Kompetenzen dieser Organe wird ersichtlich, dass effektiver Umweltschutz in Russland lange sehr schwer umzusetzen war. Dieses Problem hängt darüber hinaus mit weiteren Faktoren und einer Vielzahl von Akteuren zusammen, von denen zunächst die administrative Gestaltung zeugt, hinzu kommt die Fülle von Herausforderungen, die parallel zueinander bewältigt werden müssen. So müsste etwa die wirtschaftliche Nutzung von Ressourcen sowohl im Hinblick auf Wirtschaftlichkeit, aber auch auf Ökologie unabhängig voneinander untersucht werden. Dass dadurch Interessenkonflikte entstehen, ist in einem Staat, der hochgradig vom Export seiner Bodenschätze abhängig ist geradezu konsequent. Wenn nun unterschiedliche Akteure gegensätzliche Interessen vertreten, so wird es in der Praxis sehr schwer, Entscheidungen zu Gunsten des Umweltschutzes zu fällen. Daher beklagen Aktivisten, die neuartige Umstrukturierung diene lediglich dem Zweck, den Umweltschutz noch stärker zu vernachlässigen. Die Zahlen sprechen eine ähnliche Sprache, denn im Zeitraum von 2001 bis 2007 sank das bereitgestellte Budget für den Umweltschutz von 0,4 % auf 0,1 % des gesamten Staatshaushalts, wenngleich letzterer im entsprechenden Zeitraum anwuchs (Newell/Henry 2017: 5). So beziffert Greenpeace Russland die ökologischen Probleme in diesem Zeitraum, die im Interesse der Gesamtbevölkerung gelöst werden sollten und einer angemessenen Finanzierung bedürfen, wie folgt: „In mehr als 60 Städten mit einer Bevölkerung von insgesamt 40 Millionen Menschen übersteigt die Luftverschmutzung die maximal zulässigen Werte. Das Trinkwasser von ungefähr der Hälfte der Bevölkerung entspricht nicht russischen, geschweige denn europäischen Normen" (Blokov/Shuvalov 2005: 2).

deutlich verschlechtert habe, so dass eine hohe Diskrepanz zwischen schriftlich bekundeten Absichten und tatsächlichen Handlungen offensichtlich erhalten bleibt oder sich sogar noch vergrößert[15]. Aus diesem Grund fällt auch die Analyse von Greenpeace Russland sehr ernüchternd aus, die im Jahre 2005 der deutschen Leserschaft in den Russland-Analysen vorgestellt wurde. Hier wird der Wirtschaft eine besondere Bedeutung für den Umgang mit ökologischen Problemen beigemessen, denn Produktionsanlagen wurden auch dann genutzt, wenn sie sehr hohe Belastungen darstellten, und auch der Aufschwung seit dem Anstieg der Rohölpreise nach dem Jahr 2000 trug nicht zu einer Verbesserung der Lage bei (Blokov/Shuvalov 2005: 2). Man geht sogar so weit, dem Staat vorzuwerfen, sich der Thematik nahezu vollständig zu verschließen, sogar China und Indien würden ein größeres Interesse am Umweltschutz an den Tag legen. Das dramatische Fazit zur spezifisch russischen Problematik und den daraus resultierenden Folgen lautet daher:

> In erster Linie liegt dies daran, dass es keine adäquate staatliche Umweltpolitik gibt. (Blokov/Shuvalov 2005: 2)

Die stetigen Kürzungen von Mitteln verweisen zudem darauf, dass der Staat keinen Handlungsbedarf sieht, die vorhandenen Probleme in den Griff zu bekommen. Blokov und Shuvalov verweisen zudem auf die Komplexität der Gesetzeslage: Die Rechtsdokumente wurden von unterschiedlichen Organen und zu verschiedenen Zeitpunkten erstellt, sie sollten aber ungeachtet dessen einen Beitrag zum Umweltschutz leisten bzw. das aktive Zerstören der Natur verhindern – soweit die Theorie[16]. In der Praxis lässt sich hingegen eine selektive Auslegung der Gesetze und eine damit verbundene weit verbreitete Ignoranz der Auflagen beobachten. Personen, die sich aktiv für den Naturschutz interessieren und in diesem Bereich Engagement zeigen, sind im Wesentlichen

---

15 Jablokov wird in diesem Zusammenhang mit folgenden Worten zitiert: „The logic of de-environmentalism […] is that Russia will start dealing with environmental problems once it is rich“ (Newell/Henry 2017: 7).

16 Als Beispiel wird die industrielle Bewirtschaftung von Wasserschutzgebieten und Küstenregionen genannt. Hier gelten sehr strenge Auflagen im Hinblick auf Projektplanung und Durchführung, zudem muss in den entsprechenden Regionen jedes Vorhaben ein staatliches ökologisches Begutachtungsverfahren durchlaufen, welches auch die Befindlichkeiten der Anwohner berücksichtigt. „Allerdings existiert ein bedeutender Anteil der normativen Akte zum Schutz der Umwelt nur auf dem Papier“, wie Blokov und Shuvalov (2005: 3) feststellen. Hinzu kommt Umfragen zufolge ein weit verbreitetes Desinteresse an Umweltproblemen in der russischen Bevölkerung (Blokov/Shuvalov 2005: 4).

in Nichtregierungsorganisationen vereint. Auch dazu findet sich ein Überblicksartikel in den Russland-Analysen vom April 2005, in dem Tätigkeitsbereiche und Problemfelder aufgezeigt werden (ab hier aus Vorobyev 2005). Ihre Zahl zu konkretisieren fällt schwer, da einige von ihnen statistisch nicht erfasst werden, so dass der Autor von 1.500 bis 11.000 Organisationen ausgeht, die landesweit tätig sind und sich im Wesentlichen um Bildungs- und Aufklärungsarbeit bemühen. Hinzu kommen Protestgruppen, die sich gegen städtebauliche Maßnahmen auflehnen, vor allem in Moskau und Sankt Petersburg[17], sie sind aber nicht in einem Netzwerk organisiert. In den NGOs arbeiten zudem hochqualifizierte Personen, die in den 1990er Jahren ein echtes Interesse an einem umweltpolitischen Umdenken hatten und heute über ein profunderes Wissen verfügen als manche staatlichen Einrichtungen. Daraus resultiert die paradoxe Situation, dass ökologische, nichtkommerziell orientierte Organisationen die Funktionen übernehmen, die eigentlich dem Staat obliegen. So erstellen sie Gesetzesentwürfe, Gutachten und Programme zur Überwachung von Naturschutzgebieten und stimmen sich auf dieser Grundlage mit den Behörden und Wirtschaftszweigen ab (Vorobyev 2005: 10). Was dies in der Praxis bedeutet, lässt bereits folgende Aussage erkennen:

> Die ökologische Doktrin der Russischen Föderation wurde praktisch nur mit den Kräften der NGOs formuliert. (Vorobyev 2005: 11)

Das heißt weiterhin, dass die Organisationen ständig zwischen staatlichen, wirtschaftlichen und ökologischen Interessen jonglieren müssen, woraus letztlich auch interne Konflikte resultieren.

Die Struktureinheiten besonders zu schützender Gebiete (s. dazu unter 3.2) haben in Russland vor allem unter der Beschneidung finanzieller Ressourcen zu leiden. Oft fehlt es an Arbeitsplätzen und Forschungsmöglichkeiten, weshalb auch die Infrastruktur häufig nicht hinreichend erschlossen ist[18] und offenbar

---

17 Bereits in diesen beiden Städten seien 800 städtebauliche Konflikte bekannt, weshalb der Verfasser schätzt, dass die Zahl an Gruppierungen, die sich an Protesten beteiligen, ähnlich hoch wie die der NGOs sein könnte (Vorobyev 2005). Genaue Zahlen dürften aber tatsächlich schwer zu ermitteln sein, zumal Organisationen, die nicht ausdrücklich im Interesse staatlicher Strukturen handeln, nicht immer einen leichten Stand in Russland haben, wovon etwa eine gesetzlich mögliche Brandmarkung als „Ausländische Agenten" ab dem Jahre 2012 zeugt.

18 Natürlich kann darin aber auch ein gewisser Vorteil gesehen werden, denn so bleiben viele Regionen von Touristenströmen verschont. Im Unterschied zu Zentraleuropa sind die Distanzen innerhalb der Russischen Föderation sowie die Abgelegenheit und eingeschränkte Zugänglichkeit einiger Nationalparks ohnehin Faktoren, die

zu wenige Informationen an die Zivilbevölkerung gelangen. Diese verfügt insgesamt nur über geringe Kenntnisse des Systems der Naturschutzzonen (weiter nach Newell/Henry 2017: 9). Während noch in den letzten Jahren der Sowjetära eine verhältnismäßig kleine, aber dennoch recht aktive Gruppe bestehend aus Wissenschaftlern und Studenten auf die Bedeutung eines verantwortungsbewussten Umgangs mit der Umwelt aufmerksam machte, so verstummten viele ihrer Mitglieder im Zuge der wirtschaftlichen und politischen Instabilität in den 1990er Jahren. Nur größere Organisationen konnten sich behaupten, oftmals dank finanzieller Unterstützung aus dem Ausland. Da kritische Aktivitäten den russischen Behörden oftmals ein Dorn im Auge sind, ist ihre Registrierung als Ausländische Agenten eine effektive Methode, sie öffentlich zu diffamieren und ihre Arbeit zu behindern[19]. Ein Fall, der in diesem Zusammenhang internationale Bekanntheit erlangte, war der des Journalisten Michail Beketov. Er berichtete regelmäßig über die grassierende Korruption lokaler Behörden und setzte sich seit 2008 im Rahmen einer Bürgerbewegung für die Erhaltung der Wälder von Chimki bei Moskau ein, die dem Ausbau der Autobahn zwischen Moskau und Sankt Petersburg weichen sollten. Seine Berichte erregten Aufsehen, zumal die Mehrzahl der Anwohner sich gegen das Infrastrukturprojekt in

---

eine geringe Frequentierung entsprechender Gebiete begünstigen. Einer Untersuchung zu Folge scheint es in Bezug auf den Umweltschutz einen unmittelbaren Zusammenhang zwischen Bevölkerungsdichte und Zugänglichkeit zu geben: Während in den als relativ gut geschützt geltenden arktischen Gebieten nur sehr wenige Menschen leben, so sind Steppen- und Waldlandschaften viel stärker von ökologischen Problemen betroffen, was sich aber auch durch die Nutzung und Verarbeitung von Rohstoffen erklärt (Newell/Henry 2017: 9). Gerade illegaler Holzschlag ist in Russland besonders weit verbreitet und dürfte unabhängigen Schätzungen zu Folge zeitweise etwa die Hälfte des gesamten Holzertrags des Landes ausmachen (Blokov/Shuvalov 2005: 2).

19 Das deutet darauf hin, dass Umweltschutz offenbar in erster Linie für den Staat zu Vermarktungsstrategien im Wirtschaftsbereich beitragen soll. Zahlreiche internationale Unternehmen haben sich ökologische Arbeitsweisen zum Ziel gesetzt, worauf Russland bereits aus strategischen Gründen reagieren muss und dem natürlich auch nicht widersprechen oder nachstehen möchte. Wäre aber effektiver Umweltschutz eine tatsächliche Voraussetzung für die Durchführung von Wirtschafts- und Tourismusprojekten, so wären einige von ihnen vermutlich gar nicht in der umgesetzten Form zu Stande gekommen, so etwa zahlreiche Maßnahmen im Zuge der Olympischen Spiele in Soči, die ganze Ökosysteme zerstörten. Das zeigt auch, dass das System sich regelmäßig den Forderungen von Umweltaktivisten widersetzt und gezielt versucht, ihren Einfluss zu beschränken (Newell/Henry 2017: 15).

der geplanten Form aussprach, woraufhin er auch diese Mitbürger zur Berichterstattung ermunterte. Letztere wurden von den Behörden bedrängt, dies zu unterlassen, wie Evgenija Čirikova, eine seiner wichtigsten Mitstreiterinnen, berichtete (Newell/Henry 2017: 16). Ende des Jahres 2008 wurde Beketov von Unbekannten auf seinem Grundstück brutal überfallen und erlitt dadurch schwerste Verletzungen[20]. Im Jahre 2013 verstarb er, und auch Čirikova wurde regelmäßig von den Behörden bedrängt[21], so dass sie sich letztlich gezwungen sah, ins politische Exil nach Estland zu gehen. Diese und andere Einschüchterungen, mit denen Umweltaktivisten regelmäßig konfrontiert werden, führten in Russland dazu, dass die Zahl der Umweltorganisationen im Zeitraum von 2012 bis 2015 um ein Drittel zurückging, besonders vor dem Hintergrund der teils widrigen Bedingungen auf lokaler Ebene (Newell/Henry 2017: 15).

Welche Rolle aber dennoch Umweltprobleme im Land spielen und wie die Einwohner diese deuten, hat eine aktuelle Studie zu Tage gefördert. Demnach sehen sich nahezu 80 % der russischen Bevölkerung persönlich von Umweltproblemen betroffen (Newell/Henry 2017: 13). Zu den Themen, die die Befragten am meisten beschäftigten, gehört die Müllentsorgung, die Wasserverschmutzung und die spürbaren Auswirkungen industrieller Aktivitäten, gefolgt von Luftverschmutzung, Waldrodungen und Grünflächenschwund. Bis heute sind wirtschaftliche Rahmenbedingungen prägend für die Lebensumstände der Menschen, etwa die hohen Preise für Waren und Dienstleistungen bei gleichzeitig niedrigen Löhnen oder die Qualität der staatlichen Versorgung. Wohlstand und eine Verbesserung der Lebensumstände spielen daher vielerorts eine deutlich wichtigere Rolle für die Bürger als ein Engagement im Umweltschutz (Newell/Henry 2017: 13).

In der vorliegenden Studie wird es explizit nicht vordergründig um die Frage gehen, wie effektiv der Umweltschutz in Russland funktioniert, welche Probleme wie gelöst werden könnten und warum die offensichtliche Kluft zwischen

---

20 Er verlor das rechte Bein und drei Finger, erlitt schwere Hirnverletzungen, aufgrund derer er nicht mehr richtig sprechen konnte und war seither auf einen Rollstuhl angewiesen. Die Täter wurden nie ermittelt. Zudem wurde Beketov, weder fähig zu sprechen noch zu laufen, schon 2010 vom lokalen Bürgermeister Vladimir Strelčenko auf üble Nachrede verklagt und verlor den Prozess, da er nicht in der Lage war, die Verhandlung zu führen oder auszusagen (Barry 2013).

21 So wurde ihr angedroht, man wolle ihr zeitnah das Sorgerecht für ihre Kinder entziehen, auch weitere Repressionen gegen die Kinder konnte sie nicht ausschließen. Das Risiko, weiterhin in Russland zu bleiben, schätze sie letztlich als zu hoch ein (https://republic.ru/posts/50637).

Theorie und Praxis in Bezug auf den Umweltschutz vielerorts unüberbrückbar erscheint. Stattdessen werden Strategien untersucht, die die an der Kommunikation im ökologischen Diskurs beteiligten Handlungsträger anwenden, um ihre Anliegen argumentativ vorzutragen und sie zu verhandeln. Daraus resultieren in der Praxis Interessenkonflikte, die von Argumenten und Gegenargumenten geleitet werden, welche ihrerseits Rückschlüsse auf diskursinhärente Kommunikationsmuster zulassen. Es stehen unterschiedliche Akteure und Interessen im Vordergrund einer Debatte, die bislang kaum dazu geführt hat, sich dem Thema aus sprachwissenschaftlicher Sicht anzunähern und die konkrete Situation in Russland detailliert zu reflektieren. Im Folgenden wird dargelegt, dass bislang vor allem zwei linguistische Teildisziplinen umfänglich auf Konstellationen eingehen, die einen unmittelbaren Zusammenhang zu Naturerscheinungen erkennen lassen. Dies sind die Ökolinguistik und die Diskurslinguistik, deren Forschungsschwerpunkte zusammenfassend umrissen werden. Anschließend werden einige Grundzüge der spezifischen russischen Konstellation skizziert, deren zentrale Akteure und Anliegen aufgezeigt sowie dokumentiert, welche Optionen und Schwierigkeiten ein ernst gemeintes Umweltengagement in Russland mit sich bringen kann. Dabei steht die Frage im Raum, wie sich diese und andere Parameter im ökologischen Diskurs sprachwissenschaftlich verorten lassen.

4. Ökolinguistik: Die Sprache *als* Ökosystem

Im vorigen Kapitel wurde auf die umweltpolitische Administration in der Russischen Föderation eingegangen, die im weiteren Verlauf der Ausführungen wiederholt aufgegriffen werden muss, um linguistische Studien in ihren russlandspezifischen Kontext einzubetten. In diesem Kapitel möchte ich die Hintergründe vorstellen, die überhaupt dazu geführt haben, die Zusammenhänge zwischen Linguistik und Ökologie wissenschaftlich zu ergründen. Daher muss auf die Strömung der Ökolinguistik eingegangen werden, die in gewisser Weise den Grundstein für die Erforschung der Schnittmengen zwischen ökologischen und sprachlichen Aspekten markiert und dabei auf sehr unterschiedliche Ansätze zurückgreift.

4.1 Gegenstand der Ökolinguistik

In diesem Abschnitt werden die Entwicklungsstadien der Ökolinguistik vorgestellt. Zunächst werden die Ansätze von Einar Haugen umrissen, der als erster die Zusammenhänge zwischen Ökologie und Linguistik eruiert. Später kommen weitere Studien hinzu, die sich von der soziologisch geprägten Herangehensweise Haugens unterscheiden und intralinguistische Kriterien favorisieren. Insgesamt wurde die Ökolinguistik in Russland mit großem Interesse rezipiert und weiterentwickelt. Vor allem wurde das Thema auf den eigenen Kulturkreis zugeschnitten, was gleichermaßen eine kritische Perspektive auf Phänomene des Sprachkontakts zu Tage gefördert hat.

Die Grundzüge der Ökolinguistik sind durch die Frage inspiriert, wie Sprache in der Interaktion mit ihrer Umgebung funktioniert. Dabei gilt die Ökologie als metaphorisches Vorbild, denn in Anlehnung an die Prozesse, die wir aus Ökosystemen kennen, nimmt man an, dass eine Sprache mit ihrer Umwelt interagiert. Während in Ökosystemen die Interaktion unterschiedlicher Landschaften mit der darin vorkommenden Flora und Fauna beobachtet werden kann, so sind es im Fall der Sprache immer Sprechergemeinschaften, die mit ihr in einen Austausch treten.

Einar Haugen legt 1972 eine Abhandlung vor, die dazu motivieren soll, Wechselwirkungen zwischen Sprachen in mehrsprachigen Gesellschaften neu zu bewerten (ab hier aus Garner 2005: 91–95). Ihm ging es dabei um eine Sprachökologie, die ergründen sollte, wie eine konkrete Sprache sich im Kontakt mit ihrer konkreten Umwelt verhält. Der Fokus liegt dabei auf der

Frage, wie verschiedene Sprachen in mündlicher und schriftlicher Form in einer mehrsprachigen Gemeinschaft nebeneinander existieren und was dies bewirkt. Mark Garner (2005: 91–92) erkennt in dieser Darstellung ein Problem im Hinblick auf die theoretische Weiterentwicklung von Haugens Ansatz, denn Haugen selbst habe nicht profiliert, ob er den Versuch angehe, eine eigenständige Disziplin zu begründen, oder ob er die Mehrsprachigkeitsforschung um eine interessante Metapher bereichere, in den folgenden Jahrzehnten sei der Gegenstand der Sprachökologie sowie die Begriffsdefinition nicht hinreichend geschärft worden[22], und auch die Mehrsprachigkeitsforschung hätte lange Jahre kaum davon profitiert. Wie lässt sich nun aber die Motivation Haugens deuten, einen neuen Vorschlag zur Interpretation von Sprache in sozialen Räumen zu unterbreiten? Garner ist der Auffassung, dass Haugen den bis dahin vorgelegten Ansätzen zur linguistischen Beschreibung kritisch gegenüberstand. Demnach seien Linguisten zu wenig daran interessiert gewesen, menschliche Gemeinschaften und ihre Beziehungen zueinander als Grundlage für Beobachtungen zum Sprachgebrauch heranzuziehen. Dies überließ man der Anthropologie oder der Soziologie, widmete sich selbst aber nicht hinreichend dem Themenkomplex, den Haugen an dieser Stelle entschieden aufgriff. In gewisser Weise setzte er sich somit für die Aufhebung der Trennung zwischen theoretischer Linguistik und Soziolinguistik ein, die er mit einer Analogie zur natürlichen Umgebung von Sprachen begründete, in der ebenfalls zahlreiche Koexistenzen die Gesamtheit von Strukturen erklären. In diesem Zusammenhang wird der Begriff „Umwelt“ eingeführt, der in erster Linie das soziokulturelle Umfeld, im weitesten Sinne also die Umgebung, in der Sprachen und Kulturen aufeinandertreffen meint. Garner (2005: 92) paraphrasiert diese Einschätzung wie folgt:

> In other words, the environment is the speakers of the language.

Haugen geht es also darum, die Gesellschaft, ihre Kultur und die darin zu erkennenden Besonderheiten als Umwelt im Sinne einer spezifischen soziokulturellen Umgebung aufzugreifen. Somit kann eine Sprache nicht nur aus der Deutung ihrer grammatischen oder phonetischen Spezifika heraus beschrieben werden, sondern es bedarf einer gesellschaftlichen Einbettung, die den Kontakt

---

22 Wobei man an dieser Stelle auch dezidiert anderer Meinung sein kann, wenn man die weitreichenden Studien aus der Russistik zu diesem Thema berücksichtigt, die sehr wohl von einer Weiterentwicklung des Konzepts zeugen, siehe dazu im nächsten Unterpunkt.

der Menschen untereinander und den daraus resultierenden Einfluss auf eine Sprache hinterfragt.

Der Terminus „Ökologie“ wird in Bezug auf die Sprache bei Haugen nicht eindeutig verwendet, es wird lediglich umrissen, was die Bestandteile der sprachlichen Ökologie sind. Diese konstituieren sich demnach aus einem Organismus, in diesem Fall also der Sprache selbst, seiner Umwelt, also der Gesellschaft, in der eine konkrete Sprache vorkommt, und aus einem Prozess, der beide Komponenten miteinander verbindet und als Interaktion fungiert.

Mark Garner (2005: 93) zeichnet weiterhin die Analogie zu biologischen Gegebenheiten nach, die sich in Haugens Aufsatz erkennen lassen. Demnach ist es in der Natur möglich, die Beschaffenheit eines Organismus detailliert zu beschreiben, so wie wir es etwa aus der Flora und Fauna und den dazugehörigen Erklärungen kennen. Darüber hinaus ist anzumerken, dass die Koexistenz beispielsweise eines Tieres und einer bestimmten geographischen Zone, in der es heimisch ist, seine Existenz determiniert. Dass wir es hier tatsächlich mit einer Wechselwirkung zu tun haben wird dadurch ersichtlich, als dass sowohl der geographische Raum die Lebenswelt des Tieres beeinflusst, etwa indem er Nahrung und Lebensraum zur Verfügung stellt, als auch dass das Tier selbst sich mit den vorherrschenden Bedingungen abfinden muss, wenn es in Sicherheit leben möchte. Bereits aus diesem Beispiel geht hervor, welche Analogie der Studie von Haugen zugrunde liegt. Haugen vergleicht die Sprache mit einem Organismus und seine Gemeinschaft als Umwelt. Die Aufgabe eines Linguisten sieht er darin, die Eigenschaften dieser beiden Aspekte zu beschreiben und aufzuzeigen, wie die Interaktion zwischen ihnen funktioniert. Die Umwelt, im eigentlichen Sinne also das alltägliche Umfeld, in dem eine Sprache vorkommt, besteht nach Haugen aus zwei Komponenten, die zahlreiche Überschneidungen untereinander aufweisen, nämlich einer psychologischen und einer soziologischen. Die psychologische Komponente handelt dabei von der Sprache, und zwar so, wie sie im Kopf eines Sprechers existiert und wie dieser davon Gebrauch macht. Vor allem determiniert sie seine Einstellung zu den Dingen, die ihn umgeben, sowie zur Sprache selbst. Die soziologische Komponente konzentriert sich hingegen auf die Sprache innerhalb einer Sprachgemeinschaft und auf ihre zwischenmenschliche Rolle, also im weitesten Sinne auf temporär und lokal begründete Situationen der Sprachverwendung sowie dem sozialen Auftreten der jeweiligen Sprecher. Garner (2005: 94) positioniert sich daher kritisch zur Metaphorik, die dem Ansatz Haugens zugeschrieben wird, und zieht dementsprechend folgendes Zwischenfazit:

> In other words, there is an actual (and not a metaphorical) relationship between community and language.

Zwar sei diese Metaphorik dann berechtigt, wenn man sie auf den Sachverhalt beziehe, dass eine Sprache als lebendiger Organismus gesehen werden soll, andererseits existiert die Umwelt der Sprache ja tatsächlich in Form einer Sprechergemeinschaft (Garner 2005: 94). Die Komplexität der Interaktion zwischen Sprache und einer Gesellschaft als drittem Element ist besonders ausgeprägt, denn diese kann sich auf solch unterschiedliche Aspekte wie Geschichte, Soziologie, Demographie, Kultur, Werte oder Religion beziehen, welche alle den konkreten Gebrauch einer Sprache beeinflussen können. Dazu fragt Garner (2005: 94):

> But is the influence mutual: in other words, ecological? If so, it would imply that communities are affected by the languages they speak.

Vor diesem Hintergrund verwundert es wenig, dass wichtige Studien vor allem aus den USA Städte als die „natürliche" Umgebung von Menschen und Sprachen ansahen, was wiederum die Auswirkungen der menschlich erschlossenen Umwelt auf das soziale und sprachliche Verhalten der Bewohner in den Vordergrund rückte. So gesehen galt die urbane Umgebung als unmittelbare Analogie zur biologischen Ökologie, was wiederum die von Haugen aufgeworfene Metaphorik negiert und sie durch eine tatsächliche Realität ersetzt, wenngleich Haugen in seinen Ausführungen nicht hinreichend theoretisch spezifiziert, was genau er als „Umwelt" betrachtet. Für Garner (2005: 95) gilt aber letztlich, dass Haugen ein Pionier in seiner Disziplin war, und dass man seine Ansätze als wichtige Grundlage erachten sollte:

> We cannot blame Haugen for this: the idea of applying ecological thinking beyond biology was in his time more or less unknown. He was right to recognize that there is something inherently ecological about language, but we have the opportunity now to do re-examine his original suggestion in the light of later developments.

An dieser Stelle ist anzumerken, dass zwei Aspekte berücksichtigt werden müssen: Erstens sind es nicht nur multilinguale Gesellschaftsstrukturen, in denen ökolinguistische Ansätze greifen und so ein interessantes Forschungsfeld darstellen, denn auch in monolingualen Konstellationen können sich gesellschaftlich relevante Ereignisse oder soziale Strukturen in gleicher Art auf die vorherrschende Sprache niederschlagen. In gewisser Weise haben wir es trotzdem mit einem vorwiegend multilingual ausgerichteten Ansatz zu tun, denn in mehrsprachigen Räumen lassen sich sehr gut Wechselwirkungen beobachten, die in einer von Einsprachigkeit geprägten Kultur möglicherweise nicht so deutlich hervortreten. Ungeachtet dessen darf angenommen werden, dass die gleichen Mechanismen wie etwa kulturelle Besonderheiten oder soziologische und demographische Spezifika gelten. Zweitens bietet sich eine Fokussierung auf urbane Gegenden zwar durchaus an, weil darin eine sehr konzentrierte Wechselwirkung von Sprachen und ihrer Umwelt beobachtet werden kann, allerdings ist es genauso gut möglich, sich auf abgelegene, rurale Gegenden zu konzentrieren und dort ökolinguistische Fragestellungen auszuwerten. Die Umgebung im weitesten Sinne muss nämlich nicht durch die Stadt und ihre Strukturen determiniert sein, sondern es ist ebenso gut denkbar, dass der ländliche Raum einer Analyse zugeführt wird.

Die Problematik der Ökolinguistik wird weiterhin in einem Aufsatz von Edward Sapir umrissen, in dem der Autor davon ausgeht, dass die Umwelt (im weitesten Sinne ist hier die Umgebung eines Individuums gemeint) sich in Form von bestimmten Faktoren in einer Sprache widerspiegelt (ab hier aus Sapir 2001: 14 ff.): Zunächst geht es dabei um die sozialen Faktoren, die im menschlichen Zusammenleben die Kommunikation ermöglichen, welche ihrerseits auf einem Interesse am gegenseitigen Austausch beruht. Daher reduziert Sapir den Einfluss der Umwelt auf eine Sprache im Kern auf die Tatsache, dass es sich um eine physisch geprägte soziale Umwelt handelt, die sprachliche Interaktion befördert. Ungeachtet dessen vertritt er die Auffassung, dass dieser Aspekt nicht genügt, um sich dem Thema hinreichend differenziert zu nähern. Er nimmt an, dass drei weitere Einflüsse hinzugedacht werden müssen, nämlich in Bezug auf den Inhalt bzw. das Vokabular, das diesen vermittelt, in Bezug auf das phonetische System, also die Lautstruktur, und schließlich in Bezug auf grammatische Veräußerungen, die ihrerseits formalen Kriterien oder psychologischen Klassifikationen folgen. Eine besondere Gewichtung kommt aber der Verquickung grammatischer Komponenten untereinander zu (Sapir 2001: 14):

> Morphology, or the formal structure of words, and syntax, or the methods employed in combining words into larger units or sentences, are the two main aspects of grammatical form.

Es ist der Wortschatz einer Sprache, der für Sapir am deutlichsten die physische und soziale Umgebung der Sprecher widerspiegelt, was gleichzeitig darauf deutet, dass es sich nicht zwingend um urbane oder multilinguale Gesellschaften handeln muss, die aus ökolinguistischer Perspektive interessant sind. Vielmehr ist Sapir der Ansicht, der gesamte Wortschatz einer Sprache könne als ein komplexes Inventar aller Ideen, Interessen und Beschäftigungen betrachtet werden, die in der Sprachgemeinschaft zur Geltung kommen. Interessant ist dann aber die Beobachtung, dass so gesehen bereits die Kenntnis einer Sprache umfassende Rückschlüsse auf die Kultur der Sprachgemeinschaft zulassen würde (Sapir 2001: 14), was sicher in Ansätzen, aber nie vollumfänglich möglich sein wird. Daher gilt es an dieser Stelle generell zu hinterfragen, wie weiträumig ökolinguistische Konzepte überhaupt gedacht werden können und welcher Konkretisierung sie im Einzelfall bedürfen. Im Hinblick auf den Wortschatz sind aber zumindest unter bestimmten Umständen einige Spezifika erkennbar oder erklärbar, die in der Sprachgemeinschaft eine zentrale Rolle einnehmen (Sapir 2001: 17):

> That a vocabulary should thus to a great degree reflect cultural complexity is practically self-evident, for a vocabulary, that is, the subject matter of a language, aims at any given time to serve as a set of symbols referring to the culture background of the group.

Ob und wie sich die Umgebung einer Sprechergruppe auf andere Bereiche ihrer Sprache auswirkt, etwa auf ihr phonetisches Inventar, lässt sich nicht befriedigend feststellen. Sapir führt hier das Beispiel der kaukasischen Sprachen an, deren Sprachträger in einer Gebirgsregion mit besonders rauen Lebensbedingungen beheimatet sind. Dies ist aber keine plausible Begründung für die komplexen phonetischen Systeme dieser Sprachen, denn man könnte andere Gebirgsregionen der Welt als Gegenbeispiele anführen (Sapir 2001: 18). Mit anderen Worten bedeutet dies, dass eine konkrete Umgebung nicht hinreichend als Beleg dafür geltend gemacht werden kann, dass bestimmte systemlinguistische Phänomene erscheinen, sondern es geht vielmehr darum, die sprachliche Interaktion von Sprechergruppen genauer zu beobachten und dabei zu hinterfragen, welche Spezifika genau durch letztere evoziert werden. Was sich aber als wichtiger Parameter erweist, ist die temporäre Korrelation zwischen einer Sprache und ihrem Gebrauch in einer bestimmten Umgebung. So können durch Veränderungen eben dieser Umgebung tiefgreifende gesellschaftliche und sprachliche Transformationen stattfinden, etwa durch Migrationsprozesse oder Raumerschließung. Sapir schlussfolgert daraus, dass sich entlang der Komplexität der Zusammenhänge kulturelle Konstrukte schneller als sprachliche verändern, so dass vor allem grammatische Einheiten eher konservativ und weniger flexibel an Veränderungen aus der Umwelt angepasst werden. Eine zentrale These ist bei Sapir, dass ein grammatisches System als solches dazu neigt, auf unbestimmte Zeit angelegt zu sein, die Kultur aber ständig im Wandel begriffen ist, infolgedessen eine Sprache auf lange Sicht nicht im Stande sein wird, konstant eine Kultur zu repräsentieren. Weiterhin nimmt er an, dass das Erscheinungsbild der Sprache eher die Formen einer zurückliegenden Kulturstufe widerspiegelt als die gegenwärtige Situation ihrer Kultur selbst, was damit erklärt wird, dass es einen bedeutenden Unterschied in der Geschwindigkeit von Veränderungen innerhalb von Sprachstrukturen und kulturellen Gegebenheiten gibt. Dies lässt für Sapir nur die Schlussfolgerung zu, dass es praktisch unmöglich ist, eine unmittelbare Beziehung zwischen den beiden Sphären zu erkennen (Sapir 2001: 22–23). In diesem Sinne scheint es nachvollziehbar, wenn wir von einer gewissen Wechselwirkung ausgehen, die sich in unterschiedlicher Form manifestiert und als ökologische Grundlage in Anlehnung an Einar Haugen fungiert.

Man muss Sapir zustimmen, dass sich grammatische Strukturen viel konservativer verhalten als beispielsweise lexikalische Innovationen, welche mit kulturellen Neuerungen einhergehen. Aber auch an dieser Stelle ist eine Analogie zum ökologischen Konzept Haugens letztlich offensichtlich: Der anatomische Aufbau eines bestimmten Organismus ist auch nicht so flexibel zu verändern wie sein Lebensraum, der sich allein durch die Jahreszeiten in unterschiedlichen Klimazonen mehrmals pro Jahr ändern kann, ganz abgesehen von unvorhergesehenen Ereignissen wie Bränden oder Überflutungen oder menschengemachten Eingriffen wie dem Ausbau von Infrastruktur. All dies kann als Wandel in der Umgebung aufgefasst werden, der ein Lebewesen in seiner Lebensweise nachhaltig beeinflusst, aber nichts an seinem anatomischen Aufbau ändert. Diese Analogie scheint deshalb wichtig, weil sie eine Überbewertung der Gleichrangigkeit zwischen einer Sprache als System und der Umgebung, die sie permanent beeinflusst, auf natürliche Weise ausschließt.

Im Prinzip kann man davon ausgehen, dass sich die Ökolinguistik in den letzten Jahren dahingehend gewandelt hat, als dass sie zu einer linguistischen Strömung geworden ist, bei der Natur und Umwelt im Vordergrund stehen. Es ist nicht auszuschließen, dass sich deshalb auch weniger Arbeiten zu diesem Themenkreis vorfinden als beispielsweise zur Frage nach urbanen Entwicklungen (vgl. dazu etwa Richter/Thielemann 2019). Wenngleich es sich in gewisser Weise bei Natur und Umweltschutz um „Modethemen" handelt, deren Aktualität sich in Politik und Gesellschaft immer häufiger beobachten lässt, so scheint eine linguistisch fundierte Auseinandersetzung mit dem Gegenstand selten zu sein, da etwa die teils schwierige Erreichbarkeit der Orte, die Quantität des zu erwartenden Datenmaterials oder die generelle Infrastruktur vor Ort Forscher in der Praxis vor logistische Probleme stellen können. Dessen ungeachtet summiert Alwin Fill in einem Überblicksartikel die bisherigen Schritte, die zur Erforschung von Sprache vor dem Hintergrund ökolinguistischer Ansätze unternommen wurden. Dabei spielen drei große Themenkomplexe eine Rolle, nämlich die Ökologie als Metapher, Sprache und Umweltprobleme sowie Linguistik und Biodiversität. Der erste Fall, nämlich der Umgang mit der Metaphorik der Ökologie und ihrer praktischen Handhabung, wurde bereits weiter oben in seinen Wesenszügen umrissen, weshalb wir direkt zum zweiten Punkt übergehen, den Fill anspricht, nämlich den Komplex „Sprache und Umweltprobleme“ (ab hier aus Fill 2001: 46 f.). Dieser zerfällt in drei Strömungen, nämlich eine diskurskritische, eine sprachsystemkritische und eine Sprachökologisierung. Insgesamt befasst man sich seit etwa 1990 aus ökolinguistischer Perspektive immer öfter mit der Frage, welche Rolle einer Sprache in ökologischen Sachverhalten und Umweltproblemen zukommt, da diese Probleme im Alltag immer mehr Personen weltweit betreffen. Es wurde sogar die Bezeichnung „Umweltlinguistik“ für derartige Studien vorgeschlagen, was sich allerdings nicht durchsetzen konnte und auch nicht der Tatsache gerecht wird, dass bis dahin eher allgemeine ökolinguistische Ansätze verfolgt werden sollten. Im Wesentlichen kann man aber konstatieren, dass es sich bei diesen ersten Beschäftigungen mit dem Themenkomplex Umwelt und Ökologie um kritische Diskursanalysen handelt.

Bei der Betrachtung diskursiver Zusammenhänge zwischen Umweltproblemen und ihrer sprachwissenschaftlichen Analyse haben einige deutsche Linguisten wichtige Innovationen an den Tag gelegt. So ist es Matthias Jung, der ein Korpus aus Zeitungsartikeln zusammenstellt, in denen ökologische Probleme behandelt werden. Er hinterfragt die sprachliche Aufbereitung der Texte und reflektiert lexikalische Innovationen und mögliche Assoziationen, die sie eröffnen. Jung beobachtet einen Wandel im Sprachgebrauch, der ihm nicht selten manipulativ erscheint. Fill zitiert das von Jung angeführte Beispiel eines Wortassoziationstests, der zwei Varianten ein und desselben Denotats zu Grunde legt, die aber unterschiedliche kognitive Raster aufwerfen, nämlich „Atomkraft“ und „Kernenergie“. Beide würden mit der Vorstellung von „Freiheit“, „Wachstum“ oder „Fortschritt“ in Verbindung gebracht, wobei die ebenfalls auftretende Assoziation zu „Krieg“ im Wesentlichen der *Atomkraft* zugeordnet wurde. Das von Umweltschützern häufig vorgebrachte Argument, das Wort *Kernenergie* werde mit seinen positiveren Assoziationen von der Atomlobby euphemistisch und manipulativ verwendet, lehnt Jung hingegen ab. Einen ähnlichen Ansatz verfolgt auch Andrea Gerbig, die Kollokationsmuster in Umwelttexten zur Debatte um die Ozonschicht analysiert. Ihren Studien zu Folge entstammen die Texte, die sich zu diesem Themenkreis vorfinden, von sich diametral gegenüberstehenden Interessengruppen, was sie anhand einer dezidierten Analyse aufschlüsselt. Auch in Dänemark erfuhr die Untersuchung des ökologischen Diskurses eine wichtige Resonanz im Rahmen der Ökolinguistik, fokussierte sich aber in der Anfangsphase vor allem auf Deixis und damit zusammenhängende ideologische Komponenten (Fill 2001: 48). Wir sehen also an den angeführten Beispielen, dass der Übergang zwischen Ökolinguistik nach Einar Haugen und der Diskurslinguistik mit dem Fokus auf umweltbezogene Themen sehr fließend interpretiert wurde. In gewisser Weise haben wir es mit einer Verengung des Blickwinkels zu tun: Während die Ökolinguistik sich (zumindest theoretisch) ein recht weiträumiges Anwendungsfeld schafft und sämtliche Außeneinflüsse in Relation zur Sprechergemeinschaft setzen möchte, so wird in der Strömung, die ab 1990 beginnt, insbesondere die Umwelt und ihr Bezug zu menschlichen Handlungsmustern Gegenstand der Betrachtungen. Dabei fällt vor allem die Dichotomie „positiv vs. negativ" auf, denn es werden genau diese positiven oder negativen Einflüsse auf die Umwelt in Form ihrer sprachlichen Realisierung dokumentiert (vgl. dazu detailliert bei Wullenweber 2004).

Neben der kritischen Analyse des Diskurses, der in der vorliegenden Untersuchung separat betrachtet werden soll, war das Sprachsystem selbst auch Gegenstand der Ökolinguistik und wurde auf ökologische bzw. unökologische Merkmale hin kritisch untersucht. Dazu gehören die Arbeiten von Michael Halliday, welcher den Einfluss der Sprache auf die Welt als eine Dialektik zwischen dem System und der Instanz verortet, was so viel bedeutet wie die Bereitstellung sprachlicher Ressourcen, die aber nicht hinreichend zur Wiedergabe kultureller Muster geeignet sind. Daraus resultiert eine harsche Kritik am Sprachsystem in Form der Grammatik selbst, denn es transportiert seiner Ansicht nach zahlreiche Ideologien, die sich aufgrund der Unbegrenztheit der sprachlichen Ressourcen entfalten und die Sonderrolle des Menschen untermauern. Im Einzelnen wird also die Analogie zu ökologischen Systemen als Angriffsfläche genutzt, wenn folgende Kritikpunkte veräußert werden (adaptiert nach Fill 2001: 48):

(1) Ausdruck der Unerschöpflichkeit von Ressourcen: In den europäischen durchschnittlichen Standardsprachen werden die natürlichen Ressourcen als unbegrenzt dargestellt, indem beispielsweise nicht zählbare Substantive bei Mengenangaben eine gewisse Unerschöpflichkeit suggerieren (etwa *Öl*, *Energie*, *Wasser*, *Luft* usw.)
(2) Wachstumsorientiertheit: Bei Gegensatzpaaren wie *groß* und *klein* ist das „Wachstumswort" immer der neutrale Begriff. Es gelte demnach, dass immer der Terminus Vorrang habe, der Wachstum impliziere, also *Wie hoch ist das Gebäude/das Einkommen?* usw. (und niemals *Wie niedrig?*)
(3) Handlungsträger: Unsere Sprachen verhalten sich unflexibel im Umgang mit nicht-menschlichen Akteuren, so dass eine Aussage wie *Was macht der Wald?* tendenziell als inakzeptabel angesehen würde[23]

23 Das hier gewählte Kriterium eines nicht-menschlichen Agens in einer Proposition mag für den Beispielsatz zutreffen, dürfte aber insgesamt doch akzeptabel sein.

(4) Sonderrolle des Menschen: Die übergeordnete Stellung der menschlichen Spezies wird bereits durch das Pronominalsystem ausgedrückt, wenn für Menschen ausschließlich *er* und *sie* als Pronomen verwendet werden, *es* hingegen für alle nicht-menschlichen Wesen steht. Hinzu kommt der kategorische Ausschluss zahlreicher Kollokationen für Tiere und Pflanzen (etwa bei den Verben *denken*, *wissen*, *glauben*, oder bei Eigenschaften wie *liebenswürdig*, *sympathisch* usw.)

Diese Beobachtungen sind insofern bemerkenswert, als dass sie vor allem auf Überschneidungen verweisen, die in Systemen erkennbar sind, im konkreten Fall also zwischen einem Sprachsystem und einem Ökosystem, welche sich jeweils durch interne Strukturen charakterisieren. Dabei ist ein wesentlicher Aspekt, dass die Übereinstimmungen zwischen Grammatik und naturwissenschaftlichen Ansätzen aus der Ökologie durchaus erkennbar sind, dass diese aber nicht mit einer modernen Weltanschauung ökologischer Bewegungen zusammenfallen (was insofern eindeutig ist, da Weltanschauungen bekanntlich sehr unterschiedlich sein können). Worin nun aber eine gewisse Ungerechtigkeit bestehen soll, die den grammatischen Systemen auf Grund der dargestellten Spezifika angelastet wird, scheint unklar zu sein, denn schließlich bildet die Sprache Realitäten und Phänomene einer gesamten Lebensumgebung ab, zu der nun auch bestimmte naturgegebene Unterschiede gehören, die erfasst werden müssen.

Man kann aus dieser Darstellung bei Fill schlussfolgern, dass die Sprache von unterschiedlichen Autoren als eine Art eigenes „Universum" erachtet wird, welches eine interne und sehr komplexe Struktur aufweist und in seiner Entwicklung stets von äußeren Umständen begleitet wird. Die Fragen, die dabei untersucht werden, zielen in erster Linie darauf ab, Analogien zwischen der Ökologie und der Sprache auf struktureller Ebene aufzuzeigen und dabei die atomische Architektur beider Systeme abzugleichen (im Falle der Sprache dient dazu ihr grammatischer Aufbau). In diesem Zusammenhang wird aber auch der Anthropozentrismus kritisiert, denn die Überschneidungen zum natürlichen Sprachsystem und ökologischen Prinzipien seien so offensichtlich, dass menschliche Einflüsse in Raum und Zeit nicht überbewertet werden sollten (Überblick und Beispiele dazu bei Fill 2001: 49).

Abseits der Kritik am Sprachsystem tritt als weiterer Unterpunkt eine Ökologisierung der Sprache in den Vordergrund. Diese hat die Auseinandersetzung mit der Frage zum Ziel, ob Veränderungen an der Sprache selbst vorgenommen

---

So ist etwa die Frage *Was macht der Hund?* zweifelsfrei denkbar, ohne sich dem genannten Kriterium zu fügen.

werden sollten, oder ob man die Sprachträger für gewonnene Erkenntnisse stärker sensibilisieren sollte (weiter aus Fill 2001: 49 f.). Die meisten kritischen Stimmen zielen zunächst nicht darauf ab, unmittelbare Abwandlungen an der Sprache oder gar einen *Newspeak* herbeizuführen. Im Unterschied dazu ist es jedoch der Physiker David Bohm, der dafür plädiert, Gerechtigkeit und ein ökologisches Weltbild an sprachlichen Ausdrucksformen sichtbar zu machen. Eine automatische Ökologisierung der Sprache sei aber nach Ansicht anderer Autoren eine Frage der Zeit, denn die Sprache würde sich auf lange Sicht ohnehin ökologische Änderungen zu eigen machen und stärker darauf reagieren, was sich etwa auf das Vokabular niederschlagen würde oder an politischen Diskursen zum Thema erkennbar sei (Fill 2001: 50).

Der dritte große Ansatz besteht darin, in der Erforschung der linguistischen und biologischen Zusammenhänge eine gewisse Vielfalt zu erkennen. Dabei geht es sowohl um die Benennung von Naturphänomenen und ihre Erforschung als auch um die Erhaltung der sprachlichen Diversität bzw. um die Sorge, dass diese ähnlich wie die biologische Artenvielfalt bedroht sei, wie es der Ökolinguist Mühlhäusler beschreibt. So sei etwa das Verschwinden kleiner Sprachen, wie wir es beispielsweise im Pazifik beobachten, in einem größeren Kontext angesiedelt, der zahlreiche äußere Einflüsse umfasst, was wiederum eine Analogie zur Zerstörung von Ökosystemen und den Faktoren ist, die diese begünstigen. Gleichermaßen seien Revitalisierungsversuche von Sprachen mit der Rettung und dem Schutz von Ökosystemen oder der Wiederansiedlung einzelner Arten zu vergleichen. Sprachen seien daher wie Ökosysteme als Welten und komplexe Systeme zu erfassen, die sich bestimmten Kräften ihrer Umgebung ausgesetzt sehen (Fill 2001: 50). Die Besonderheit, die vor allem der Metaphorik bei Mühlhäusler zu Grunde liegt, summiert Fill (2001: 50–51) sehr treffend:

> In Mühlhäusler's research, concern for the environment (or *con-vironment* – a term which puts more emphasis on the togetherness of all beings) is combined with concern about the loss of linguistic diversity and the diminishing role of small languages. Mühlhäusler's 'linguistic ecology' makes use of both the metaphorical and the literal meaning of *ecology* and *environment* and is thus perhaps the most comprehensive approach within ecolinguistics to date […].

Zusammenfassend nennt Fill (2001: 51) die Schwerpunkte, die sich bislang in den Studien zur Ökolinguistik erkennen lassen:

1) Ergründung neuer Sprachtheorien,
2) Untersuchung von Sprachsystemen und von Texten,

3) Untersuchung universeller Merkmale einer Sprache, die ähnlich wie für ökologische Zusammenhänge relevant sind,
4) Erforschung einzelner Sprachen im Hinblick auf genau solche Merkmale hin, wobei auch kontrastive Ansätze denkbar sind,
5) Hinterfragen der Rolle der Sprache bei der Erlangung einer „Ökoliterarität", womit die Vermittlung ökologischen Denkens an Kinder und Erwachsene gemeint ist.

In diesen Schwerpunkten dürften aber auch andere Zusammenhänge inkludiert sein, etwa die Rolle bestimmter Merkmale innerhalb eines Sprachsystems und ihre Auswirkung beispielsweise auf Themenfelder wie eben die Vermittlung eines ökologischen Denkens. Wichtig ist es allemal zu sehen, dass Ökolinguistik bei Weitem keine einheitliche Strömung ist, sondern eine sprachwissenschaftliche Richtung, deren Grundlage vor allem darin besteht, Zusammenhänge zwischen Ökologie und Sprache zu modellieren. Dazu dienen unterschiedliche Analogien, sei es die strukturelle Beschaffenheit der Sprache oder der Ökologie als Systeme, sei es die interaktionelle Komponente, die Wechselwirkungen zwischen Sprache und konkreter kultureller Umgebung in den Vordergrund rückt, so wie wir es aus der Flora und Fauna kennen, oder sei es mit dem Ergründen der Frage, wie sich die sprachliche Umsetzung am Beispiel der Denotation und des Umgangs mit Phänomenen aus der Natur gestaltet. Im Prinzip kann man hier einen weiteren Rahmen abstecken, der sich auf den praktischen Umgang mit der Ökolinguistik bezieht: Studien zur Syntax oder Wortsemantik fügen sich in die Untersuchung des strukturellen Aufbaus des Systems ein, Wechselwirkungen zwischen Sprachen und einem bestimmten Umfeld sind häufig soziolinguistischer Natur, und die Analyse sprachlicher Ausdrucksformen eignet sich beispielweise für die Ansätze der Lexikologie, der Wortbildung oder der Pragmatik.

Als weiterer Binnenschwerpunkt der Ökolinguistik ist die Biolinguistik zu nennen. In dieser Strömung geht es in erster Linie darum, die Sprache einer strikt naturwissenschaftlichen Analyse zu unterziehen, wie wir sie aus der Biologie kennen, etwa beim Aufbau von Pflanzen, der Morphosynthese, der DNA-Strukturen oder Ähnlichem. Die gesamte Forschungstradition fußt auf den theoretischen Studien von Noam Chomsky, der fünf Fragen zur Untersuchung des Zusammenhangs von Sprache und Biologie diskutierte (ab hier nach Jenkins 2000: 1 ff.). Davon erscheint besonders relevant, wie die Zusammensetzung von Wissen strukturiert ist und wie sich der Wissensstand überhaupt entwickeln kann. Viele der Ansätze Chomskys werden ab den 1950er Jahren vor diesem Hintergrund versucht zu beantworten, etwa die logische Struktur einer Sprache aus theoretischer Perspektive. Im Jahre 1967 erschien dann die Publikation *Biological Foundations of Language* von Eric Lenneberg, welcher eng mit Chomsky zusammenarbeitete und vor allem an der Aufarbeitung der Genetik der Sprache interessiert war. Obwohl diese Richtung oftmals kritisiert wurde, widmete man ihr in den 1970er Jahren ein verstärktes Augenmerk und nutzte sie unter anderem für genetisch und molekularbiologisch ausgerichtete Studien, wobei man vor allem die Analogie zur logischen Struktur einer Sprache und dem neuronalen Netzwerk hervorhob. Chomsky selbst spricht bekanntlich von Universalien, die sämtlichen Sprachen zu Grunde liegen, und die sich ebenfalls in Analogie zu Naturphänomenen beobachten lassen. Jenkins (2000: 6) paraphrasiert diesen Vergleich mit folgenden Worten:

> […] Chomsky noted the striking conceptual resemblance between the idea that universal grammatical principles determine 'the class of possible languages' and Goethe's theory of Urform, as exemplified, e.g., by the Urpflanze [.]

Über diese Urform schreibt Chomsky weiterhin, dass es sich um das generative Prinzip handele, durch welches die Klasse physikalisch denkbarer Organismen determiniert wird (weiter nach Jenkins 2000: 8 ff.). Somit wurde in diesem Zusammenhang immer öfter von der sogenannten Biolinguistik gesprochen, in der vor allem die Struktur der Sprache in Analogie zu denjenigen Strukturen untersucht wird, wie sie etwa in biochemischen Prozessen, der Biophysik, aber auch der Mathematik und der Ethologie auftreten.

In den 1980er Jahren war es vor allem die Harvard Medical School Biolinguistics Group, welche als interdisziplinäres Forum fungierte, um theoretische Erkenntnisse etwa aus den Bereichen der Sprachwissenschaft, Molekularebiologie, Neurolinguistik und Computerlinguistik experimentell zusammenzuführen. Diese Fragen blieben auch für Chomsky selbst zentral, einschließlich der Erforschung des genetischen bzw. epigenetischen Systems, der funktionalen Erörterung der Sprachevolution, der Sprache als Gegenstand physikalischer Möglichkeiten oder der Sprache als System, welches sich auf kognitive Kapazitäten konzentriert.

Ein interessanter Terminus, welcher im Zusammenhang mit Sprache und Genetik aufgeworfen wird, ist der der Mutante (erläutert bei Jenkins 2000: 109 ff.). Dabei geht es um die Annahme, die von Lightfoot in den 1990er Jahren aufgeworfen wurde, nämlich dass Sprachwandel sich nach einem „punctuated equilibrium" vollzieht. Darunter versteht er den Sachverhalt, dass sich das Erscheinen einer Sprache konstant und graduell wandelt, obgleich die Grammatik ein Gleichgewicht aufrechterhält, welches ihre Strukturen und ihre groben Charakteristika nicht verändert und nur hin und wieder bestimmten

Schwankungen unterliegt. Mutanten können demnach als Erscheinungen interpretiert werden, die einer vorherigen bekannten Komponente in ihrer Substanz ähnlich sind und nur im Detail von ihr abweichen (in Übereinstimmung zu genetischen Variationen). Es wird sogar davon gesprochen, dass diese biologische Grundlage der Sprache häufig unterschätzt werde, obwohl sie sich etwa für die Hirnforschung gut einsetzen ließe. Es gilt weiträumig die Annahme, dass Mutanten in der Sprachwissenschaft als sinnvolle Instrumente angesehen werden können, die Aufschlüsse über die genetische Variation und somit im weitesten Sinne auch über die Zusammenhänge zwischen einer zu erwartenden Normalstruktur und deren Abweichungen geben.

Es zeigt sich, dass Untersuchungen zu Überschneidungen zwischen dem Aufbau einer Sprache und einem ökologischen System eine lange Tradition in der modernen Sprachwissenschaft haben, wenngleich oftmals unterschiedliche Ansätze verfolgt werden. Im weitesten Sinne gehört der Mensch selbst auch in dieses Betrachtungsmuster, da er als Komponente einer größeren, übergeordneten ökologischen Einheit gesehen wird, in der er bestimmte Handlungsmuster vollzieht. Die Anwendung der Sprache ist eines davon, so dass auch sie in diesem Sinn als Teil eines biologischen Prozesses verortet wird. Dies wiederum bedeutet, dass der Mensch oder ein Ökosystem als Prototyp konzipiert ist, der immer nach den gleichen Mustern funktioniert, aber im Detail individuelle Originalitäten aufweist. Dies überträgt Chomsky mit seinem universalen Anspruch auf Sprachen, und seine Annahme, es gäbe diese universalen Einheiten innerhalb einer Sprache, setzt gleichzeitig voraus, dass eine Sprache mit Prototypen arbeitet. Diese Prototypen existieren wiederum auf der Grundlage, dass ihr Erscheinungsbild wiederholt und in Kombination mit anderen vorhandenen Eigenschaften vorkommt. Somit geht es um eine begrenzte Klasse von ontologisch gleichwertigen Einheiten, während die darin erkennbaren übergeordneten Formen die naturgegebene Hierarchie markieren (Dolník/Mlacek/Žigo 2003: 17; gemeint ist also etwa ein Tier als verallgemeindernde Kategorie (bzw. bei den Autoren mit der Formulierung „übergeordnete Klasse") entsprechender Lebewesen und ein konkretes Tier als Teil dieser Klasse, oder aber die Sprache als System und ein bestimmtes Wort als Teil dieses Systems). Die einzelnen Einheiten werden hierarchisch verstanden und treten als Konstituenten im Rahmen einer gewissen Klasse auf (Dolník/Mlacek/Žigo 2003: 19). Diese Art der Dominanz ist hervorzuheben, da sie in der Strukturierung der Natur selbst eine wichtige Rolle spielt und gleichermaßen auf Phänomene übertragen werden kann, wie wir sie in einer Sprache kennen. Dabei spielt einerseits die Beschreibung von Zusammenhängen eine Rolle, die sich beispielsweise an der Wortbildung selbst ausdrücken (oder auch die Morphologie als Disziplin, die den Aufbau von Wortstrukturen ähnlich zum biologischen Aufbau von Organismen untersucht). Andererseits sind Identifizierungen im Sinne von Klassifizierungen und Kategorisierungen erforderlich, um die Zuordnungen zu einer bestimmten Sprache zu ermöglichen (beispielsweise im Lautsystem, welches zwischen eigenen und fremden Einheiten unterscheiden kann; Dolník/Mlacek/Žigo 2003: 22).

Eine weitere Analogie zwischen der Sprache und der Biologie wird darin gesehen, den Menschen als Wesen zu betrachten, welches über eine wie auch immer geartete Sprachkompetenz verfügt, ähnlich wie in der Biologie Organismen existieren, in denen sich bestimmte Prozesse abspielen. Die Sprachverwendung ist somit derjenige Prozess, der Regelungen innerhalb des Raumes vornimmt und der menschlichen Natur zu eigen ist. Er beinhaltet bestimmte Gewohnheiten und Handlungsabläufe, bezieht sich auf Kulturgeschichte, rezipiert die Fähigkeit zu lernen und interagiert vor allem mit dem Einfluss der Umwelt auf den Menschen und seine Fähigkeiten selbst. Der Mensch ist demnach ein natürlich-kulturelles Wesen, dessen Verhalten von evolutionären Bedingungen abhängt (in Analogie zur „Natur") und aus den Umweltumständen der „Erziehung" Fähigkeiten erwirbt[24]. Es existiert jedoch ein Kontrast zwischen dem stabilen natürlichen Muster und kulturellen Tatsachen, die deutlich instabiler sind als natürliche und genetische Gesetze (Široká 2012: 167).

Der Vergleich zwischen dem Aufbau einer Sprache und dem Aufbau ökologischer Systeme birgt durchaus ein hohes Forschungspotential. Auf der einen Seite geht es hierbei um strukturelle Eigenschaften, die man beispielsweise beim anatomischen Aufbau von Ökosystemen beobachten kann, und die in einer gewissen Analogie zum Aufbau von Sprachen stehen. Auffällig ist weiterhin, dass diese Ähnlichkeiten vor allem dazu geführt haben, das naturwissenschaftliche Fachbegriffe wie etwa Morphologie, Mutanten oder Symbiose in sprachwissenschaftliche Ansätze aufgenommen und zu Möglichkeiten gemacht wurden, bestimmte Prozesse innerhalb von Sprachgemeinschaften zu beschreiben. Es ist unverkennbar, dass bereits die Tatsache, dass es sich sowohl bei der Sprache als auch bei der Biologie um Sachverhalte handelt, welche eine gewisse Systematik aufweisen, dazu führt, dass deshalb auch interne Vergleiche

---

24 Im Prinzip kann man an dieser Stelle auf Aristoteles und seine Gedanken zu den Wechselwirkungen zwischen Mensch und Natur verweisen. Aristoteles differenziert zwischen Natur und Technik, wobei „Natur" gewissermaßen für angeborene Fähigkeiten, „Technik" hingegen für erworbene Fähigkeiten technischer oder künstlerischer Art zu interpretieren ist (Schiemann 2011: 61).

denkbar sind. Die Biologie bietet sich deshalb besonders an, weil sie genau die Phänomene in der Natur beobachtet, welche sich auch in Sprechergemeinschaften erkennen lassen, etwa Sprachgenese, Sprachkontakt oder Sprachtot (als Pendant zu den jeweils erkennbaren Phänomenen im Rahmen der Biologie).

Bei Harald Haarmann finden wir ebenfalls einige theoretische Reflektionen zur Ökolinguistik. Er konzentriert sich auf die Darstellungen nach Einar Haugen und nutzt diese als Grundlage für die Annahme, dass es verschiedene sprachökologische Variablen geben müsse. Demnach sind es sieben Komponenten, die als Variable in Betracht gezogen werden, und zwar die demographische, soziale, politische, kulturelle, psychische, interaktionale und linguistische (zit. nach Fill 1993: 2). In der vorliegenden Ausarbeitung kann nicht auf all diese Aspekte eingegangen werden, allerdings erweisen sie sich als dienliches Instrument einer fundierten Bestandsaufnahme. Es soll darauf verwiesen werden, dass demographische Parameter hier nur am Rande eine Rolle spielen werden, und auch die psychische Variable soll im weiteren Verlauf nicht näher hinterfragt werden. Gerade für letztere wären umfassende empirische Datenerhebungen unumgänglich, um die Eindrücke der russischen Bevölkerung in einem bestimmten Kontext zu erfassen, was aber nicht im Fokus der Studie steht. Die übrigen angeführten Punkte sind hingegen sehr wichtig und werden daher in unterschiedlicher Abstufung und in Wechselwirkung zu linguistischen Fragestellungen beschrieben.

Nun kann man sich auf verschiedene Teilbereiche einer Sprache konzentrieren und sie in das Verhältnis zu bestimmten theoretischen Annahmen oder aber zu Eigenschaften setzen, die auch in der Biologie untersucht werden. Dies kann zu differenzierten Schwerpunkten führen, die teilweise auch eigene Forschungsrichtungen nach sich ziehen, beispielsweise die Soziolinguistik oder die Psycholinguistik. Im Weiteren sollen daher einige Spezifika und Schwerpunkte skizziert werden, welche sich insbesondere bei der Erforschung der Ökolinguistik in der russischen Sprachwissenschaft herausgebildet haben. Man verfolgt teilweise ähnliche Ansätze wie im anglo-amerikanischen Raum und nutzt die dort generierten Erkenntnisse als Forschungsgrundlage. Es gibt aber auch eigene Entwicklungstendenzen, die auf eine bestimmte Ausrichtung angelegt sind und sich stark an der Lebensrealität der Russischen Föderation orientieren. Welche Rolle kommt also der Ökolinguistik als eigene Forschungstradition im russischsprachigen Raum zu und welche Tendenzen gibt es, sie gegenwärtig weiterzuentwickeln? Sehen wir uns dazu einige Grundsätze an.

4.2 Stellenwert der Ökolinguistik in Russland

Die Studien nach Einar Haugen finden einen wichtigen Niederschlag in den Arbeiten russischer Sprachwissenschaftler. So konnten sich in der russischsprachigen Forschung zwei zentrale Tendenzen herausbilden, die an der Schnittstelle von ökologischen und linguistischen Fragestellungen angesiedelt sind. Sie lassen sich wie folgt zusammenfassen (Ionova 2011: 190): Der erste Ansatz ist die *Ökologie der Sprache* nach Einar Haugen, die metaphorische Begriffe verwendet, welche wir aus dem Bereich der Ökologie kennen, also etwa *Ökologie der Sprache, sprachliche Umwelt, Sprache als Ökosystem* usw. Methodische Grundsätze und Forschungstechniken werden in gewisser Weise an Naturwissenschaften angelehnt, um die Originalität der Sprache und ihre Korrektheit zu beschreiben. Die Sprache wird demnach als Organismus gesehen, der mit seiner Umwelt interagiert, aber auch hin und wieder vor unmittelbaren Umwelteinflüssen geschützt werden muss. Somit entspricht dieser erste Ansatz, den Ionova darlegt, im Wesentlichen den oben angeführten Grundsätzen, die aber offensichtlich nicht hinterfragen, ob es sich um eine Metapher oder eine tatsächliche Analogie handelt, wenn Sprachen ebenso wie Ökosystemen eine Interaktion mit ihrer Umwelt zu eigen ist. Der zweite Ansatz ist der nach Halliday und wird als *sprachliche Ökologie* bezeichnet, welcher ebenso oben umrissen wurde und der Sprachen und vor allem ausgewählte Texte im Hinblick auf ökologische Themenkreise untersucht, welche sich für den Mensch und seine Gesellschaft unterschiedlich auswerten lassen. Es handelt sich also dabei um die Rolle der Sprache bei der Dokumentation von Umweltproblemen und um die Debatte nach Möglichkeiten zur Lösung derselben. Das Potenzial der Linguistik soll genutzt werden, um offenkundige Probleme zu bewältigen, die über die Linguistik hinausgehen. Die wesentliche Trennung zwischen den Themenkreisen besteht nach Ionova also darin, dass auf der einen Seite die Sprache als System in Analogie zu biologischen Verhaltensformen erforscht wird, auf der anderen Seite wird hingegen eruiert, welche Ausdrucksformen die Sprache bereitstellt, um ökologische Probleme darzulegen.

Die Zusammenhänge, mit denen sich die russische Forschungstradition im Wesentlichen befasst, werden auch von Elena Železnova skizziert. Sie verweist zunächst auf den wichtigen Umstand, dass im Hinblick auf die Terminologie einige Präzisierungen vorgenommen wurden, die aber nicht immer hinreichend berücksichtigt werden. So habe Alwin Fill den Begriffsapparat in drei Richtungen geschärft: Er unterscheidet zwischen Ökolinguistik als allgemeinem Terminus, der Ökologie und Sprachwissenschaft verbindet, der Ökologie einer Sprache, welche die Wechselwirkungen zwischen unterschiedlichen

Sprachen in den Vordergrund rückt, sowie der ökologischen Linguistik, bei der es im Wesentlichen um die Erforschung des Zusammenhangs zwischen Sprache und der Wiedergabe von ökologischen Fragestellungen geht (Železnova 2016: 71). Dieser Hintergrund ist besonders wichtig, um die Herangehensweise der russischen Forschungstradition zu verstehen, in der diese Unterscheidung häufig nicht in der gleichen Form vorgenommen wird. Železnova (2016: 72) schreibt:

> Что касается российской науки, то экологическая лингвистика получила большое развитие, но отечественные исследователи понимают эколингвистику как науку, объединяющую экологию и лингвистику и взаимозаменяют понятия «эколингвистика», «экология языка», «экологическая лингвистика» и «лингвистическая экология», обозначая эколингвистику в целом.

Es handelt sich eher um eine Einheit und ein großes Ganzes, welches unter dem Terminus „Ökolinguistik" summiert und in verschiedenen Facetten diskutiert wird. Demnach lässt sich in dieser Gesamtheit auch keine allzu strikte Trennung zwischen den unterschiedlichen Begrifflichkeiten, die Fill voneinander abgegrenzt hatte erkennen. Železnova fasst daher im Weiteren kurz zusammen, wie einige Arbeiten russischer Sprachwissenschaftler auf dem Gebiet der Ökolinguistik aufgebaut sind (weiter nach Železnova 2016: 72), und nennt als wichtige grundsätzliche Themenkreise ökologische Handlungsabläufe, ökologisches Bewusstsein und damit zusammenhängendes Gedankengut, ökologische Kultur, ökologische Bildung sowie die Einflüsse ökologischer Tendenzen auf die Umsetzung kommunikativer Akte, wie sie in der Russischen Föderation reflektiert werden. Sie nennt einige Autoren und deren Forschungsansätze, von denen zunächst A. A. Poluchin erwähnt werden muss. Dieser geht davon aus, dass die Verständlichkeit des Phänomens der Ökolinguistik nicht ohne das Hinzuziehen gegenwärtiger philologischer Standpunkte, die sich mit der Umweltproblematik befassen, gegeben ist. Es sei nämlich seiner Auffassung nach gerade die Entwicklung philosophischen neoklassizistischen Gedankenguts, welche den Zugang zum Verständnis der Ökolinguistik im Rahmen der verbreiteten Ökologisierung und des wissenschaftlichen Bewusstseins ermögliche. Wenn sich eine Wende hin zu einer systemischen, holistischen oder synergetischen Perspektive in der Wissenschaft erkennen lässt, so geschehe dies im Kontext der Herausbildung neuer philosophischer Systeme und Paradigmen. Eine weitere Sichtweise lässt sich bei V. F. Načiporenko erkennen. Hier werden Fragen der Biolinguistik in erster Linie im Zusammenhang mit der Ökolinguistik abgehandelt und es ist die Rede davon, dass die Ökolinguistik in ihrer Gesamtheit letztlich als Teil der biologischen Linguistik zu betrachten sei. Die

Biolinguistik ihrerseits wird als Disziplin beschrieben, die sich den Wechselwirkungen der materiellen und geistigen Kultur der Menschheit widmet. Dieser Erklärungsansatz erscheint aber so allgemein und unspezifisch, dass darunter praktisch die Gesamtheit sämtlicher sprachwissenschaftlicher Betrachtungen fallen könnte, außerdem ist darin ein großer Unterschied zu der vorab vorgestellten Sichtweise Poluchins zu erkennen: Während Načiporenko einen eher universellen Ansatz verfolgt, so spricht Poluchin nur von einer bestimmten Teilmenge sprachwissenschaftlicher Richtungen, welche ihrerseits im Wesentlichen mit Naturphänomenen oder Umweltproblemen zu tun haben. Schließlich wird noch eine Studie von N. N. Kislicina kommentiert, welche neuen Forschungsrichtungen gewidmet ist. Die Autorin spricht davon, dass es sich bei der Ökolinguistik um einen Teilbereich der Sprachwissenschaft handelt, welcher an der Schnittstelle zwischen sozialen, psychologischen und philologischen Komponenten angesiedelt ist. Zu den sozialen Komponenten zählt sie etwa die Gegenseitigkeit sozialer, aber auch sprachlicher Gedankenstrukturen, die psychologischen Elemente bilden für sie die Fragen der sprachlichen Wechselwirkung ab, und philologische Aspekte sind derjenige Teilbereich, in dem es um das Auftreten von Regelmäßigkeit in der Entwicklung und allgemeinen Erforschung von Erkenntnissen geht. Es wird hier zwischen zwei grundsätzlichen Strömungen unterschieden, von denen die erste die Ökologie und ökologische Vorstellungen aufgreift und in unterschiedlichen Sprachen thematisiert. Die zweite Strömung gründet auf der Annahme, dass sprachliche Daten zur Verfügung stehen, dank derer wir ökologische Probleme überhaupt erst erkennen können. Železnova (2016: 72) zieht das Resümee, dass es einen Unterschied im Detail zwischen internationalen und russischen Studien zur Ökolinguistik gibt, welchen sie darin begründet sieht, dass individuelle Schwerpunkte gesetzt werden:

> Таким образом, можно сделать вывод о том, что зарубежные исследователи рассматривают эколингвистику в ее связи с социолингвистикой, в то время как отечественные исследователи рассматривают эколингвистику в ее соотношении с понятием среды, то есть исследуется, в основном, внутриязыковая связь.

Wohlgleich sei an dieser Stelle hinzugefügt, dass diese Verschiedenheit in der Herangehensweise wohl eher auf quantitative Merkmale ausgerichtet ist, denn ein grundsätzlicher Unterschied zwischen der internationalen und der russischen Forschungstradition ist im Prinzip kaum zu erkennen. Stattdessen sind es die Arbeitsansätze, welche vertieft verfolgt werden und in den russischen Studien eher darin kulminieren, dass man ökolinguistische Rahmenbedingungen postuliert, um sich beispielsweise auch der Textlinguistik zu nähern. So etwa bei Ionova, die die Informationsumgebung als ein Umfeld betrachtet, welches als dynamischer medialer Textraum fungiert, der die Mitglieder der Sprechergemeinschaft erreicht. Dieses Umfeld, im weitesten Sinne also die Umwelt, wird sowohl von den einzelnen Mitgliedern der Gesellschaft als Konsumenten von Medienprodukten als auch von den Nutzern von Medienangeboten beeinflusst. Die Kernfrage, mit der sich ihre Abhandlung befasst lautet daher, wie ökologisch das menschliche Textumfeld aufgebaut ist und wie harmonisch die Beziehung zwischen dem Individuum und dem Informationsumfeld verläuft. Der Schwerpunkt liegt auf der Identifizierung der Anzeichen für das, was bei Ionova „Ökologizität" genannt wird und was die Komplexität aus Informationsumgebung, Kontext und Beeinflussung des Adressaten und somit letztlich das gesamte „Informationsmillieu" meint (Ionova 2011: 191).

Im Zusammenhang mit ökolinguistischen Studien wird natürlich auch weiterhin der ursprüngliche Ansatz verfolgt, welcher Sprachen in einem bestimmten Kontaktverhältnis zueinander sieht, so wie es in einem Ökosystem Kontakte zwischen Lebewesen und der Umwelt gibt. Nun beobachten wir aber, dass diese Ansätze in der Sprachwissenschaft auch wertend vor einem ökolinguistischen Hintergrund konstruiert werden. Da die Sprache ein wichtiger Bestandteil der Beziehungen zwischen Menschen, Gesellschaft und Natur ist, kann es keine Zweifel daran geben, dass gerade im Zuge der Globalisierung eine immer dichtere Vernetzung erkennbar ist und somit auch das Bedürfnis aufkommt, den Kommunikationsradius ständig zu erweitern. In der Regel geschieht dies in englischer Sprache, so dass nahezu alle Sprecher verschiedenster Sprachen dieser Welt früher oder später mit dem Englischen in Kontakt treten. Gerade dieser Umstand wird von einigen russischen Sprachwissenschaftlern kritisch gesehen: Auf Kosten anderer Sprachen sei das Englische zu dem internationalen Kommunikationsmedium schlechthin aufgestiegen, weshalb es oftmals negative Auswirkungen auf das Ökosystem anderer Nationalsprachen habe (Merkulova 2018: 65). Nun stellt sich natürlich die Frage, weshalb dieser negative Einfluss ausgerechnet mit der englischen Sprache zu tun haben soll, nur weil sie die Sprache der internationalen Kommunikation ist. Betrachtet man frühere Zeitabschnitte der europäischen Geschichte, so könnte man diesen negativen Einfluss anderen Sprachen attestieren, die erheblich dazu beigetragen haben, dass einige Sprachen Europas einem enormen Druck ausgesetzt waren. Somit ließe sich ja dem Deutschen, dem Französischen oder auch dem Russischen ein unguter Niederschlag auf andere Sprachen attestieren, wenn man davon ausgeht, dass sie zu unterschiedlichen Zeitpunkten und in unterschiedlichen Regionen der Erde eine wichtige Rolle gespielt haben, was de facto zur Benachteiligung anderer Sprachen führte, mit denen sie sich in Kontakt befanden (so etwa Deutsch in der Habsburgermonarchie als Bedrohung für Slowenisch oder Tschechisch, Französisch als Nationalsprache, der zahlreiche Minderheitensprachen in Frankreich im Wege standen, oder die Rolle des Russischen in Zentralasien). Somit ist es nicht allein das Englische, welches massive Auswirkungen auf andere Sprachen hat und was nicht selten als unwillkommen gedeutet wird. Dies ist aber eine Erscheinung, die abhängig von vielen Faktoren ist und im globalen Maßstab betrachtet häufig auch an expansionistische Strömungen der Nationalstaaten geknüpft war. Das zeigt sich insbesondere dann, wenn man die europäische Landkarte verlässt und sich ansieht, wie viele Sprachen weltweit durch Kolonialmächte wie etwa Spanien zurückgedrängt wurden. Was aber dem Ansatz von Merkulova (2018) hinzugedacht werden muss ist die Tatsache, dass es heute nicht um eine Kolonialisierung vor Ort geht, die den Spracheinfluss des Englischen vorantreibt, sondern seine Rolle als international verbreitetes und in der global vernetzten Welt de facto konkurrenzloses Kommunikationsmedium. Diese Monopolstellung kann dazu führen, dass Dinge zu wenig hinterfragt werden, oder dass es keine Alternativen zu einer englischsprachigen Kommunikation gibt, und genau damit lässt sich zumindest begründen, dass ein einseitiger Einfluss nicht unbedingt der beste sein muss. Andererseits sei die Vermutung aufgestellt, dass man bei der internationalen Dominanz einer anderen Sprache eben diese als unliebsam erachten würde, unabhängig davon, welche Sprache es in der Praxis wäre. Aus diesem Grund können wir davon ausgehen, dass es vor allem die wahrgenommene konkurrenzlose Vorrangstellung einer Sprache ist, die Sprachwissenschaftler zu Kritik bewegen kann. Inhaltliche Begründungen scheinen hier jedoch weniger zu greifen, denn wie wir in den Ausführungen weiter oben sehen, haben die Verfechter beider Hauptströmungen ihre Theorien nicht an konkrete Einzelsprachen gebunden, sondern sind von einer Prozessualität ausgegangen, die sich in sämtlichen Sprachen wiedererkennen und beschreiben lässt. Da das Englische bislang aber nicht dazu führt, dass diese Systematik etwa im Russischen verletzt wird, dürfte es sich bei Merkulovas Einschätzungen eher um Standpunkte handeln, deren inhaltliche, typologische oder methodologische Begründung nicht aus der Theorie der Ökolinguistik selbst hervorgeht, sondern einer nachvollziehbaren Kritik an unreflektierter sprachlicher Hegemonialität entspringt.

Wir können nun also Folgendes festhalten: Die Theorie der Ökolinguistik ist als wichtiger Vorreiter der modernen Soziolinguistik zu sehen, sie stellt Analogien zwischen natürlichen und sprachlichen Phänomenen her und reiht die Struktur einer Sprache somit in die Struktur eines natürlichen Ökosystems ein. Deshalb können wir auch davon ausgehen, dass die Übereinstimmung zwischen sprachlichen und natürlichen Erscheinungsformen darin zu sehen ist, dass bestimmte Prozesse aus dem System heraus erklärbar sind (in der Ökologie z.B. Zellbiologie, in der Sprachstruktur die Morphologie), andere wiederum als äußere Einflüsse bezeichnet werden können (Luft- oder Wasserqualität bzw. Einflüsse aus anderen Sprachen). Die Symbiose aus beiden Sphären motiviert eine Balance aus inneren und äußeren Komponenten, die wiederum dazu führt, dass sich bestimmte Entwicklungen abzeichnen. Vor diesem Hintergrund ist gleichermaßen der Übergang zur Diskurslinguistik erkennbar, denn die angegebenen Wechselwirkungen und die inneren oder äußeren Einflüsse auf Systeme können systematisch analysiert und bewertet werden. Dies kann die Diskurslinguistik leisten, die sich in unterschiedlichem Ausmaß der Frage nach ökologischen Themenbereichen widmet.

5. Diskurslinguistik: Sprache *über* das Ökosystem

5.1 Allgemeines zur Diskurslinguistik

Aus den vergangenen Jahrzehnten liegt eine ganze Reihe von Publikationen vor, die mit dem Begriff „Diskurs" arbeiten, so dass seine Verwendung oftmals als inflationär dargestellt wird (Schüring 1996: 47). Dies mag damit zusammenhängen, dass die Diskurslinguistik einem gewissen Rechtfertigungsdruck unterlag, der dazu führte, dass zahlreiche Themen diskursspezifisch begründet wurden. Insgesamt lassen sich vier zentrale Diskursbegriffe unterscheiden (nach Kuße 2012: 104–105): In der älteren Fachliteratur wird darunter in erster Linie eine Gesprächs- und Konversationsanalyse verstanden, später wird darunter eine Debatte oder Diskussion zu einem bestimmten Thema summiert. In Anlehnung an Habermas motivieren aber auch ethische Komponenten einen Diskurs, weshalb dieser immer dann erforderlich sei, wenn Aussagen oder Handlungen in einer Gesellschaft unterschiedlich im Hinblick auf ihren Wahrheitsgehalt bzw. ihre Richtigkeit bewertet werden. Der Diskurs zu den strittigen Fragen kann dann einen Konsens erwirken. Hinzu kommt die Ansicht Michel Foucaults, welcher den Diskursbegriff sehr weiträumig erfasst und darin alles bündelt, was eine Gemeinschaft auf kommunikativer Ebene ausmacht. Die Verhandlung von Aussagen, die kollektives Wissen transportieren, steht damit im Vordergrund.

In ihrer Monographie gehen Jerzy Bartmiński und Stanisława Niebrzegowska Bartmińska (2009: 32–33) auf einige grundlegende Spezifika des Diskursbegriffs ein. Sie berufen sich dabei auf die Studien nach van Dijk, der in einem Diskurs drei wesentliche Größen verortet, nämlich Sprachgebrauch, Wissensvermittlung bzw. Gedankenaustausch und Interaktion. Sie befinden jedoch, dass van Dijk der Sprecherintension zu wenig Raum widmet und dass es sinnvoll wäre, Analysen auch ausgehend vom Text hin zum Diskurs durchzuführen und so der kommunikativen Handlung und ihren Ergebnissen gerecht zu werden (Bartmiński/Niebrzegowska Bartmińska 2009: 33). So stellt sich natürlich erst einmal ganz grundsätzlich die Frage, womit sich Studien zur Diskurslinguistik befassen sollten und worauf sie sich daher konzentrieren müssen. Auf diese Grundsatzproblematik gehen Ingo Warnke und Jürgen Spitzmüller in einem Aufsatz ein, welcher die Methoden und Grundsätze der Diskurslinguistik umreißt und erläutert, wie der Eindruck einer übermäßigen

Begriffsverwendung überhaupt erst entstehen konnte und warum diese negative Wahrnehmung nicht zeitgemäß sei. Auf Grund dessen, dass es in den Geisteswissenschaften einen hohen Bedarf an Erklärung und Begründung des Gegenstands gab, sei der Begriffsapparat in theoretischer und terminologischer Hinsicht heutzutage umfassend beschrieben. Im Gegensatz dazu gebe es aber nach wie vor keine einheitlichen Standards, die den Untersuchungsgegenstand präzise festlegen und auch keine allgemein gültige Definition oder methodologische Vorgehensweisen (Warnke/Spitzmüller 2008: 3). Daher stellen die Autoren fest:

> Vielmehr hat sich inzwischen eine plurale bis idiosynkratische Verfahrensweise bei der Analyse von Diskursen entwickelt, die der Bündelung, Klärung und Vereinheitlichung dringend bedarf. Die Geschichte der Diskurslinguistik der vergangenen zwanzig Jahre kann generalisierend als Weg von der Unterspezifiziertheit zur Übergeneriertheit beschrieben werden. (Warnke/Spitzmüller 2008: 4)

Das weiträumige Interesse, welches sich aber in den Geisteswissenschaften an unterschiedlichen Diskursformen herausbildete, sei nicht immer ohne Weiteres in einen linguistischen Rahmen eingebettet, genannt werden hier exemplarisch die Bildanalyse oder Akteuranalyse. Dies berge die Gefahr von Übergeneriertheit, da man sich der Peripherie der linguistischen Disziplin annähere und zwangsläufig in andere fachliche Richtungen abdrifte. Unterspezifiziertheit und Übergeneriertheit stellen letztlich die großen Minenfelder einer Diskursanalyse dar (Warnke/Spitzmüller 2008: 4–5)[25]. Daraus ergibt

---

25 Das mag sicher eine relevante Bemerkung sein, denn es kann nur sehr schwer gelingen, unterschiedliche Disziplinen so professionell und umfassend zu bearbeiten, wie Spezialisten es in ihrem Berufsfeld zu tun pflegen. Dies ist daher auch gar nicht die vordergründige Absicht der vorliegenden Studie, sondern vielmehr sollen hier ausgewählte Akteure dargestellt und die Verwendung von Sprache in einem bestimmten Rahmen exemplarisch vorgestellt werden. Ein Anspruch auf Vollständigkeit soll und kann daher auch gar nicht gewährleistet werden, denn sprachwissenschaftliche Beschreibungen sind immer ausschnitthaft und niemals vollständig. Interessant ist in diesem Zusammenhang auch eine Feststellung von Adrian Akmajian et al.: „Broadly speaking, the study of discourse is the study of units of language and language use consisting of more than a single sentence, but connected by some system of related topics" (Akmajian et al. 2001: 387). Es geht also nicht um Vollständigkeit in der Beschreibung, sondern um eine sprachwissenschaftliche Herangehensweise an themenspezifische Komplexe. Diese wird schon deshalb sehr heterogen durchgeführt, da bereits die Fragestellungen völlig unterschiedliche Arbeitsmethoden voraussetzen (etwa bei der Materialsammlung und Auswertung eines philosophischen Diskurses in Lateinamerika, des Geschichtsdiskurses in Algerien oder eines

sich gleichermaßen die Frage, bis zu welchem Grad eine sprachwissenschaftliche Untersuchung überhaupt in Frage kommt und wie sie durchgeführt werden kann, so dass letztlich Gegenstand und Methoden einer Analyse immer wieder neu konstruiert werden müssen (Warnke/Spitzmüller 2008: 5–6), was sicher auch mit den sich ändernden Lebensrealitäten zu tun hat. In Anlehnung an Michel Foucault werden von den Autoren vier Prinzipien herausgestellt, die sie für die Diskursuntersuchung für zentral erachten und die sie in ihre Analyse einbinden (Warnke/Spitzmüller 2008: 7–8): Erstens werden Aussagen in einem Feld symbolischer Koexistenz nach dem Prinzip der Umkehrung untersucht[26]. Zweitens ist darin eine Diskontinuität zu sehen, da es bestimmte zu ergründende Bruchstellen innerhalb dieses Feldes gibt. Drittens wird eine Bedeutung so immer durch eine eigentümliche Spezifik motiviert, die sich nur aus dem konkreten Kontext erschließen lässt, und viertens resultiert aus der Versprachlichung dieser Zusammenhänge eine Äußerlichkeit, die Analysen ermöglicht.

Was nun die konkrete Untersuchung von Diskursen betrifft, so stellen unterschiedliche Phänomene die Rahmenbedingungen für die Analyse dar. Dies formulieren die Verfasser mit folgenden Worten:

> Von einer komplexen Morphologie des Diskurses auszugehen heißt, eine Multidimensionalität der bedeutungs- und funktionstragenden Elemente im Diskurs als Standardfall anzunehmen. Neben verschiedenen Komplexitätsformen von Elementen des Sprachsystems […] sind dies insbesondere visuelle Kommunikate, Raumstrukturierungen und Handlungen von Diskursakteuren. (Warnke/Spitzmüller 2008: 8)

Für eine Aufbereitung umweltrelevanter Fragestellungen kommen als visuelle Kommunikate etwa Hinweisschilder oder Informationstafeln in Frage, Raumstrukturierungen können in Form von juristischen Determinierungen vollzogen werden und Handlungen von Diskursakteuren reichen von Behörden bis hin zu Umweltaktivisten, so dass sich bereits mit diesen drei – wie Warnke und Spitzmüller es formulieren – „Komplexitätsformen von Elementen" eine breite Palette an Sachverhalten und Handlungsträgern analysieren lässt. Ungeachtet dessen geht damit der Ansatz einher, die Auswahl auf spezifische Dimensionen

Skandaldiskurses in der Ukraine, um nur einige Beispiele zu nennen). Daher ist zu erwarten, dass nicht nur die Themen und Arbeitsweisen, sondern auch die Ergebnisse äußerst heterogen ausfallen werden.

26 Es ist davon auszugehen, dass sich darin ohnehin ein Kerngedanke der Diskurslinguistik wiedererkennen lässt, denn die Wechselwirkung unterschiedlicher Faktoren auf einen bestimmten Sachverhalt werden dadurch erst sichtbar.

zu verengen und dadurch bewusst Unschärfen in Kauf zu nehmen, was gleichermaßen bedeute, dass auch immer nur partielle Rückschlüsse gezogen werden können (Warnke/Spitzmüller 2008: 9–10).

Ein wesentlicher Punkt, der nach Ansicht Foucaults in jedem Diskurs wirkt, ist Macht. Machtstrukturen spiegeln sich darin wider, wie Dynamiken und Hierarchien in bestimmten sozialen Konstellationen interagieren (Warnke/Spitzmüller 2008: 18)[27]. Gleichzeitig motiviert sie Handlungen und generiert Überzeugungen, die bei den Interaktionsteilnehmern hervorgerufen werden (Kuße 2012: 106). Bei Foucault wird insbesondere anhand von Doktrinen verdeutlicht, dass er den Machtbegriff für zentral erachtet, denn durch sie werden Individuen bestimmten Vorstellungen unterworfen (Kuße 2012: 108). Demgegenüber sieht Jürgen Habermas in einem Diskurs ethische Komponenten, wenn er darauf gerichtet ist, einen Konsens zu erzielen und sich umstrittenen Themen differenziert zu nähern. Dabei liegen der Kommunikation der Beteiligten zentrale Intentionen zu Grunde, welche wie folgt summiert werden können:

> Diese universalen Geltungsansprüche, die in der Kommunikation von den Kommunikationspartnern erhoben werden, sind für Habermas der Anspruch auf die *Verständlichkeit* der Äußerung, auf die *Wahrheit* der Aussagen, auf die *Wahrhaftigkeit* der Äußerungsintention und auf die *Richtigkeit* von (kommunikativen) Handlungen […] (Kuße 2012: 105)

Im Prinzip wird deutlich, dass es nur möglich ist, Diskurse ausgewogen zu analysieren, wenn verschiedene Eckpfeiler einbezogen werden. Dies ist auch der Grund dafür, dass sich die Kritische Diskursanalyse (*Critical Discours Analysis*) in erster Linie sozialwissenschaftlichen Fragestellungen unter einem starken Einfluss der Machthypothese nach Foucault widmet, gleichermaßen aber auch sprach- und kommunikationsanalytisch vorgeht (Kuße 2012: 108). Um die unterschiedlichen Komponenten zu dokumentieren, die über eine rein linguistische Analyse hinausgehen, wurde von Warnke und Spitzmüller (2008: 23 ff.) die diskurslinguistische Mehr-Ebenen-Analyse (DIMEAN) eingeführt, welche

---

27 Die Autoren verweisen darauf, dass insbesondere dieser Punkt innerhalb der Germanistik strittig sei: Während eine Seite die Machtanalyse als ihr zentrales Anliegen betrachtet und explizit Wertungen in ihre Studien einfließen lässt, so klammert sie die andere Seite weitestgehend aus und konzentriert sich auf die linguistische Diskursanalyse mit Deskription und Präskription, aber ohne jegliche Wertungen. Vor diesem Hintergrund existiere kaum ein konstruktiver Dialog zwischen beiden Lagern (Warnke/Spitzmüller 2008: 18–19).

es ermöglichen soll, diskursrelevante Sachverhalte so weiträumig wie nötig zu erfassen. Dieses Modell verfolgt insgesamt das Ziel,

> die Extension des diskurslinguistischen Gegenstandes zu benennen, um Unterspezifiziertheit und Übergeneriertheit von Analysen auszuschließen. (Warnke/Spitzmüller 2008: 23)

Dementsprechend beinhaltet das Modell eine breite Palette an Parametern, welche zur Analyse eines Diskursfeldes herangezogen werden können und in einem visuellen Schema zusammengefasst wurden (nachfolgende Übersicht entnommen aus Warnke/Spitzmüller 2008: 44):

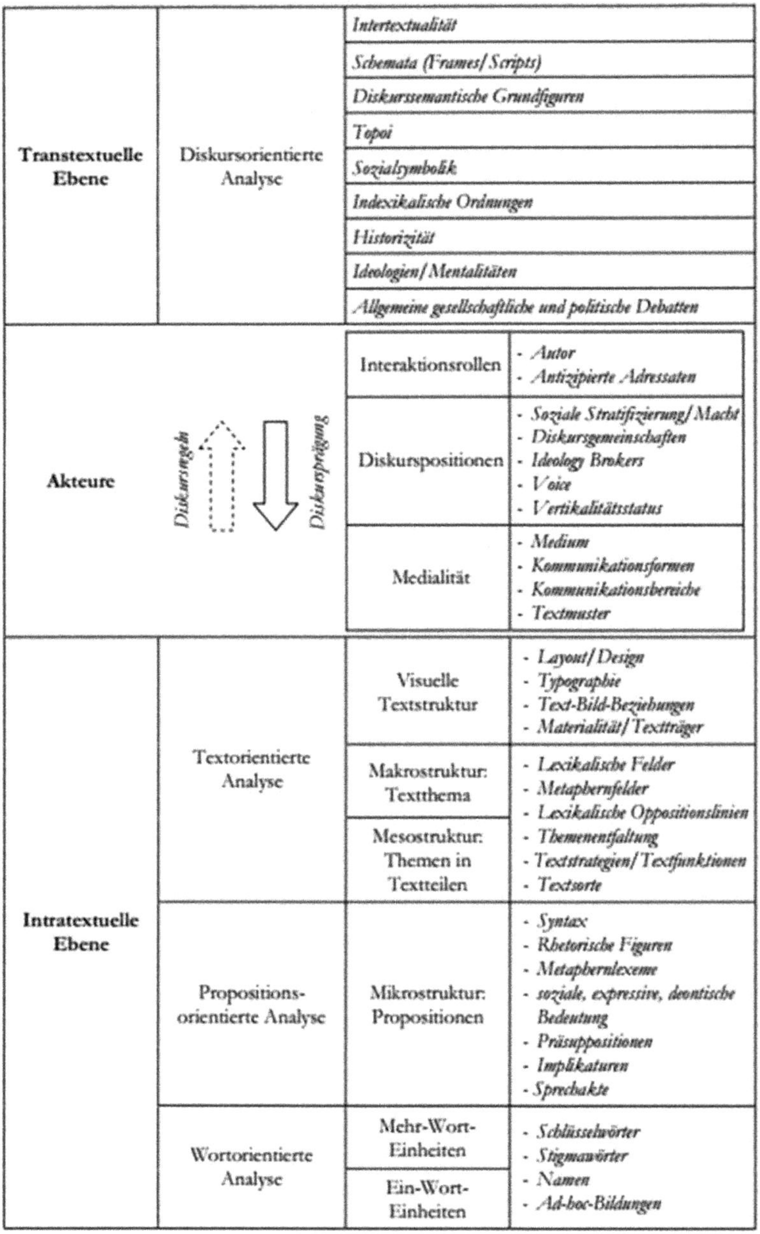

Abb. 1: Das DIMEAN-Modell nach Warnke/Spitzmüller (2008: 44).

Das Modell in Abbildung 1 eignet sich zweifelsfrei, um einzelne Studien in Relation zueinander zu setzen und widmet der Textualität der Diskurse Raum (Kuße 2012: 111). Wichtig ist hier aber auch die Vielzahl der angegebenen Parameter, die ineinandergreifen und Wechselwirkungen unter einzelnen Teilbereichen generieren[28].

Im Wesentlichen lassen sich daraus aber auch Fragen ableiten, die für den ökologischen Diskurs als zentral erachtet und im Prinzip auch schon bei Warnke/Spitzmüller (2008: 8) formuliert werden: Es gilt zu hinterfragen, wie der Diskurs geführt wird, welche visuellen Kommunikate dabei eingesetzt werden, wie Raumstrukturierungen erfolgen und welche Handlungen von Diskursakteuren beobachtet werden können. Im Folgenden soll kurz umrissen werden, wie der ökologische Diskurs bisher in der Slavistik verortet wurde und welche Ansätze sich generell bieten, um ihn weiterzuentwickeln.

5.2 Der ökologische Diskurs

Dass in der Darstellung von Ingo Warnke und Jürgen Spitzmüller auf Diskursfelder im Zusammenhang mit Gesellschaft, Politik oder Geschichte Bezug genommen wird, ist nicht verwunderlich, sondern dient zweifelsfrei der allgemeinen Veranschaulichung des Themas. Auf den ökologischen Diskurs wird nicht explizit verwiesen, wenngleich er natürlich zu mehreren Diskursfeldern passt und im Einklang mit ihnen ausgewertet werden kann. Es scheint aber ungeachtet dessen so zu sein, dass umweltpolitische Fragestellungen (noch) nicht im Zentrum der Diskursanalysen angesiedelt sind. Vielmehr handelt es sich um ein Phänomen, dem nur selten Beachtung seitens der Sprachwissenschaft zukommt, gerade in der Slavistik. Eine wohltuende Ausnahme ist die 2004 erschienene Dissertation von Karin Wullenweber. Ihr ist es zu verdanken, dass für den Diskursbegriff eine spezifisch umweltbezogene Definition in

---

28 So scheint es offensichtlich, dass etwa diskursrelevante lexikalische Einheiten – nach Padučeva (2008: 56) „diskursive Worte" – in Text-Bild-Beziehungen aufgegriffen werden, dass dabei bestimmte Schlüsselwörter auftreten und dass Akteure damit diskurssemantische Grundfragen in Verbindung bringen. Valerija Černjavskaja geht daher davon aus, dass es eine spezifische Diskurssemantik gibt, „наряду с семантикой слова, семантикой предложения и семантикой текста. В фокусе дискурсивной семантики оказывается не столько лексическое значение употребленных в дискурсе единиц, их узкоконтекстуальное значение, сколько совокупность импликаций, интертекстуальных и интрадискурсивных отношений" (Černjavskaja 2015: 145). Deshalb ist generell eine Verzahnung der im Schema von Warnke und Spitzmüller erwähnten Parameter zu erwarten.

Bezug auf Bulgarien erarbeitet wurde, die sich aus mehreren Annahmen generiert. Zwar spricht sie zunächst davon, dass ein ökologischer Diskurs als solcher in westlichen Gesellschaften zweifelsfrei etabliert sei, er aber gleichzeitig keine hinreichend definierte Größe darstelle (Wullenweber 2004: 78)[29].

Inhalte der Diskussionsformen sind in erster Linie sozialpolitische Fragen und deutlich seltener sprachwissenschaftliche, auch wenn linguistische Themen bei einigen Autoren eine Rolle spielen (genannt werden Arbeiten zur Metaphorik, Pragmatik und Lexikologie; Wullenweber 2004: 79). Bereits das zeigt aber auch, dass es sich beim ökologischen Diskurs um eine vielfältige Palette an Verzahnungen handelt, die Wullenweber als jeweils zusammenhängende Teildiskurse betrachtet und zu folgender Begriffsdefinition gelangt (Wullenweber 2004: 79–80, die Definition ist auf S. 80):

> Der bulgarische ökologische Diskurs ist die Menge aller Texte in Bulgarien zum Thema Ökologie.

In zwei Fußnoten dazu (Nr. 138 und Nr. 139) ergänzt sie diesen Standpunkt mit wichtigen Erläuterungen: Erstens spricht sie von Texten in einem konkreten Land – hier Bulgarien –, da sich dadurch die Realität vor Ort dokumentieren lässt. Zweitens wählt sie den Begriff Ökologie, der weiträumig gefasst werden muss und auch Aspekte wie Umweltschutz beinhaltet (Wullenweber 2004: 80). Sie konzentriert sich in ihrer Ausarbeitung auf den wissenschaftlichen (vor allem vertreten durch Fachpublikationen), den politischen (Material von Parteien und NGOs) und den publizistischen Teildiskurs (Leitartikel, Kommentare, Nachrichten) und wertet auf dieser Grundlage zentrale Lexeme, Kollokationen und semantische Felder aus, verweist aber auch explizit darauf, dass noch andere Teildiskurse in Frage kommen. Hier nennt sie u.a. den juristischen Diskurs, der seinen Niederschlag auf die Lexik insbesondere im Rahmen der EU-Gesetzgebung entfaltet und seinerseits als Teil des politischen Diskurses gesehen werden kann (Wullenweber 2004: 81). Ihrer Untersuchung liegen weiterhin Schlag- und Schlüsselwörter, Kollektivsymbole, Metaphorik und sprachkritische Aspekte zu Grunde (Wullenweber 2004: 82); ein wichtiger Ansatz, der gleichzeitig demonstriert, dass ein Rahmen abgesteckt werden muss, um das Thema überhaupt greifbar zu machen. Zudem sensibilisiert Wullenweber

---

29 Darin besteht offenbar ein generelles Kernproblem von Diskursen: Einerseits müssen sie möglichst umfassend ausgerichtet sein, um vielfältige Argumente zu generieren, andererseits wird dadurch eine klare Abgrenzung zu anderen Bereichen oftmals nicht hinreichend ersichtlich. Letztlich scheint es daher sinnvoll, sich auf begründete Ausschnitte eines Phänomens zu begrenzen und somit zur Theoriebildung beizutragen.

für ein Forschungsfeld, welches in der Wahrnehmung von Sprachwissenschaftlern und Slavisten bislang nur einen peripheren Raum einnimmt und legt einen wichtigen Grundstein für weitere Untersuchungen.

In Bezug auf den ökologischen Diskurs in Russland ist die Vorarbeit, die Wullenweber mit ihrer Untersuchung leistet, nicht zu unterschätzen. Sie liefert mit ihrer Studie wichtige Einblicke in die Beschaffenheit von Diskursformen, die in unterschiedlicher Weise mit dem Thema der Ökologie umwoben sind und ausschnitthaft, aber detailliert hinterfragt werden. Insbesondere stellt es sich als wichtige Errungenschaft heraus, dass sie eine kurze und verständliche Definition vorlegt, die für weitere Studien ohne Einschränkung applizierbar ist, wenngleich man bei einer Gegenüberstellung der Situation von Bulgarien und Russland heutzutage doch eine wichtige Besonderheit bedenken sollte, bevor man konkrete Analysen vornimmt, nämlich dass Bulgarien ein EU-Mitgliedstaat ist, was sich vor allem auf die Gesellschaft, die Gesetzgebung und auf die Lexik auswirkt, die im Bereich der Ökologie anzutreffen ist. Daher müssen für Russland eigene, spezifische Parameter berücksichtigt werden: Die Abhängigkeit des Landes vom Rohstoffexport, die Umsetzung und Kontrolle von Rechtsvorschriften in riesigen, dünn besiedelten Gebieten oder die symbolische Bedeutung von Prestigeprojekten wirken sich unweigerlich auf Fragen im Zusammenhang mit der Ökologie aus.

Nun kann man aus den unterschiedlichen Teildiskursen, die von Wullenweber angeführt werden, aber leicht ableiten, dass es im Hinblick auf Russland kaum möglich sein wird, das Land ausschließlich von innen heraus zu betrachten, sondern vielmehr spielen gerade Fragen der Ökologie in der globalen Wirtschaftsentwicklung eine immer wichtigere Rolle für den Staat. Daher sei die Definition von Wullenweber an diese Verhältnisse angepasst, so dass man sagen könnte, dass es einen engen, russlandspezifischen Rahmen und einen globalen Rahmen gibt, in den ökologische Fragen eingebettet sind. Beschränkt man seinen Blick ausschließlich auf das, was in Russland geschieht, so könnte man dem folgende Definition zu Grunde legen:

> Der spezifisch russische ökologische Diskurs ist die Menge aller Texte in Russland zum Thema Ökologie.

Weitet man die Perspektive aber auf all das aus, was zur Ökologie in Bezug auf Russland hinterfragt wird, so wäre folgende Definition denkbar:

> Der russische ökologische Diskurs ist die Vernetzung aller Texte zu Themenkomplexen, die sich auf Russland beziehen und ökologische Fragen einschließen, sowie Teile daraus, die mit anderen Themen in Verbindung gebracht werden.

Heutzutage sind die unterschiedlichen Erscheinungsformen der Themenkomplexe aber nicht immer sauber voneinander abzugrenzen, sondern greifen oftmals ineinander: Ein Text, der in Russland entsteht, kann durchaus die globalen Maßstäbe russischer Politik in Bezug auf ökologische Probleme hinterfragen, gleichermaßen kann eine Studie im Ausland erscheinen, die sich rein russlandspezifischen Themen widmet (nicht zuletzt durch Personen im Exil, die ihre Recherchen zum Geschehen in Russland veröffentlichen).

Im Hinblick auf die Interdisziplinarität von Diskursformen ist anzumerken, dass diese im Prinzip bereits in den Ausführungen zur Ökolinguistik impliziert sind und mittels der Diskurslinguistik verfeinert werden können. So spricht Harald Haarmann davon, dass das Sprachverhalten von Gruppen und von Individuen nicht isoliert, sondern von Interrelationen und Interdependenzen geprägt ist (Fill 1993: 2). Das heißt mit anderen Worten, dass es ganze Netzwerke von Komponenten geben muss, die an der Kommunikation beteiligt sind. Analog dazu kann man den ökologischen Diskurs betrachten, der als interdisziplinäre Projektionsfläche sehr gut geeignet ist. Er vereint u.a. Fragen der Biologie (etwa die Beschaffenheit der Ökosysteme, Flora und Fauna), der Politik (z.B. Status geographischer Regionen, Finanzierung, Tourismusmöglichkeiten), der Kulturgeschichte (beispielsweise die Rolle eines Naturraumes in der Aktivierung der Kultursemiotik; vgl. Henzelmann 2022a), ökologischer Lexik und ihrer gezielten Verwendung in der modernen urbanen Lebensrealität (Henzelmann 2023), der Linguistik allgemein (und insbesondere der Geolinguistik; vgl. Bubenhofer 2020) und zahlreiche andere Komponenten. Interdisziplinarität ist deshalb gerade innerhalb von Diskursformen ein zentraler Vektor, worauf Heidrun Kämper und Ingo Warnke in der Einleitung ihres fundamentalen Bandes zum interdisziplinären Diskurs verweisen. Sie stellen fest, dass es an zahlreichen Punkten zu einer „unvereinbaren Vielfalt" im Rahmen verschiedener Diskursgegenstände kommt (Kämper/Warnke 2015: 2). Dies führt zu folgender generellen Annahme:

> Diskursanalyse selbst ist damit eine Disziplin, so möchten wir sagen, die durch intersektionale theoretische und methodische Bezüge gekennzeichnet ist. [...] Die zentrale Aufgabe einer kulturwissenschaftlich informierten, poststrukturalistisch in Frage gestellten und dem Projekt multidisziplinärer Humanities gegenüber aufgeschlossene Aussagenanalyse besteht in der Erfassung, Dokumentation, Analyse, Erklärung und sicher, wenn auch nicht immer zwingend, der Bewertung von Diskursen und ihrer Funktionen in Gesellschaften. (Kämper/Warnke 2015: 2)

Es geht demnach um eine lose Vernetzung unterschiedlicher Wissenschaften und Interessen, die mit einem konkreten Problemfeld zusammenhängen und daher für die Analyse herangezogen werden können. Interdisziplinarität ist somit an das Interesse angelehnt, einen möglichst umfassenden Erkenntnisgewinn zu erhalten, der mit einem konkreten Diskursfeld im Kontext steht (Kämper/Warnke 2015: 3). Dass dies auch auf den ökologischen Diskurs übertragen werden kann, legt Eckhart Arnold dar (detailliert bei Arnold 2014): Er bemängelt, dass etwa beim Thema Klimawandel Kulturwissenschaftler deutlich unterrepräsentiert sind. Der gesamte Diskurs werde von Naturwissenschaftlern und gelegentlich von Ökonomen aufgegriffen, gleichzeitig spielt er sich im Wesentlichen vor dem Hintergrund politischer Debatten ab. Auch wenn Arnold zurecht darauf verweist, dass Geisteswissenschaftler nicht über die erforderliche Expertise im Bereich der Klimaforschung verfügen, so erkennt er dennoch einen Vorteil im Blickwinkel, den etwa ein Kulturwissenschaftler auf den Gegenstand hat, wenn er nach lokalen, globalen oder sozialen Auswirkungen des Phänomens fragt.

Im Anschluss an Arnolds Perspektive birgt auch die Einbeziehung sprachwissenschaftlicher Standpunkte ein Potential, wenn etwa die Benennungen bestimmter Abläufe im Hinblick auf ihre kulturhistorische Einbettung oder ihre sprachspezifische Semantik analysiert werden. In diesem Zusammenhang sowie aufgrund der Wechselwirkungen von sprachlichen Feinheiten und domänenspezifischen Spezialgebieten ist es wichtig, sich einzelne Teildiskurse näher anzusehen. Welche Teildiskurse lassen sich im Rahmen des ökologischen Diskurses verorten, welche sprachlichen Komponenten beinhalten sie und durch wen oder was werden sie inspiriert? Diesen und anderen Fragen wird im Folgenden nachgegangen, wobei das Augenmerk immer auf diejenigen Ausschnitte gerichtet wird, die im entsprechenden Teildiskurs besonders hervortreten.

6. Sprache in umweltrelevanten Teildiskursen

In ihren Analysen gehen Warnke/Spitzmüller (2008: 15–16) davon aus, dass ein Diskurs nicht allein als sprachanalytisches Konstrukt verstanden werden kann, sondern dass es bestimmte Akteure im Diskurs gibt, die Sprache mit spezifischem Wissen verbinden und in einen bestimmten Kontext einbetten. Diese Akteure haben vor dem Hintergrund der Machthypothese nach Foucault auch ein Interesse daran, den Diskurs nach ihren Vorstellungen mitzubestimmen. Dabei treten sehr unterschiedliche Motive und Handlungsstrategien zu Tage, die sich auf mehrere Gruppen verteilen. Für Russland lassen sich im Wesentlichen folgende zentrale Akteure bzw. Sachverhalte[30] ausmachen, die aktiv am ökologischen Diskurs teilhaben oder aus unterschiedlichen Gründen mit ihm in Verbindung gebracht werden, und zwar vor allem:

a. Politik (Politiker, Parteien, Ministerien)
b. Nichtregierungsorganisationen bzw. engl. NGOs (Netzwerke, Naturschützer, Umweltaktivisten)
c. Medien (Informationen, Nachrichten, Journalismus)
d. Bildung und Wissenschaft (Wissenschaftler, Forschungsergebnisse)
e. Tourismus (Hotelgewerbe, Reisende, Werbung)
f. Wirtschaft (Konzerne, Betriebe, Werbung)
g. Weitere Akteure (Anwohner, Interessenten, Sympathisanten, Zivilbevölkerung)

---

30 Der Duden definiert einen Akteur als „Handelnde[n], an einem bestimmten Geschehen Beteiligte[n]“ (https://www.duden.de/rechtschreibung/Akteur). In der vorliegenden Untersuchung sollen daher Personen oder Sachverhalte als „Akteure“ bezeichnet werden, die in Wechselwirkung mit Phänomenen der Umweltproblematik treten und dazu bestimmte Positionen vertreten, Änderungsvorschläge unterbreiten oder Raumnutzungsstrategien verfolgen. Es geht auch darum, unterschiedliche gruppenbezogene Positionen zur Umweltproblematik darzulegen, sie im interdisziplinären Spannungsfeld mit anderen Sachverhalten oder Personen zu ergründen und dabei zu erörtern, welche sprachlichen Besonderheiten erkennbar sind, welche Handlungsstrategien verfolgt werden oder welche gesamtgesellschaftlichen Entwicklungen sich durch eine bestimmte Konstellation im Rahmen der Russischen Föderation ergeben. Im Sinne von Warnke/Spitzmüller (2008: 44) gelten auch Textmuster als mediale Akteure, weshalb im weiteren Verlauf dieses Kapitels gerade auch Texte und Personenkreise, die an ihrer Ausarbeitung beteiligt sind, beispielsweise in der Wissenschaft oder in kritischen Gruppierungen, explizit berücksichtigt werden.

Selbstverständlich sind auch unter diesen Gruppen Verflechtungen zu erkennen, wenn sich etwa Organisationen auf wissenschaftliche Studien berufen oder eigene mediale Kanäle nutzen, um ihre Handlungsstrategien zu kommunizieren (insbesondere über das Internet). Daher können die hier genannten Akteure und Sachverhalte nicht isoliert voneinander, sondern nur in Wechselwirkung zueinander interpretiert werden. Im Anschluss werden sie im Hinblick auf die Frage vorgestellt, welche Rolle die Einbindung von umweltrelevanten Themen in ihren Kommunikationsstrategien, Publikationen und Argumentationen in Russland erfährt (siehe dazu auch bei Henzelmann 2021c).

6.1 Politik

Im Kapitel 3.2 wurde die administrative Gliederung in der Russischen Föderation skizziert, die sich in Bezug auf politische Rahmenbedingungen und Umweltschutz erkennen lässt. Es wurde dargelegt, dass es ein Ministerium mit einer konkreten Aufgabenverteilung sowie eine territoriale Strukturierung von Naturschutzgebieten gibt. Diese Konstellation erfordert gezielte sprachliche Handlungen, die diskursinhärent ausgewertet werden können.

Bereits in einem Beitrag aus dem Jahre 1997 umreißt Teun van Dijk das Wesen des politischen Diskurses. Er spricht davon, dass dieser seine Konturen durch die Politiker und ihre Auftritte und Texte generiert, dass aber gleichermaßen die Rezipienten in den Fokus der Analysen rücken müssen (van Dijk 1997: 12–13)[31]. Wichtig ist in erster Linie, die kontextuellen Funktionen von Aussagen zu untersuchen (van Dijk 1997: 38), so dass sich sehr vielfältige Ansätze mit unterschiedlichen Schwerpunkten ergeben können (also etwa im Hinblick auf die Lexik und bestimmte Schlüsselwörter, auf stilistische Formulierungen oder auf Sprachhandlungsstrategien). Van Dijk verweist außerdem darauf, dass der Umfang des Hintergrundwissens zu einem Thema ausschlaggebend für seine kontextuelle Interpretation ist:

> The point of this discussion on knowledge is that knowledge fundamentally influences many aspects of text and talk. Meaning and understanding in general depend on

---

31 Er schreibt dazu weiterhin: „Obviously, it is not only official or professional politics and politicians that are involved in the polity. Political activity and the political process also involve people as citizens and voters, people as members of pressure and issue groups, demonstrators and dissidents […]" (van Dijk 1997: 13). Das bedeutet also, dass letztlich alle Personen, die in irgendeiner Form politisch aktiv werden, auch im Rahmen einer Diskursuntersuchung relevant werden können.

> what speech participants know about the world, each other and the other aspects of the context. (van Dijk 2003: 98)

Dies gilt natürlich auch für andere Diskursformen und kann allgemein als wichtige Voraussetzung dafür gesehen werden, in welche Richtung sich eine Auseinandersetzung mit einem Thema überhaupt entwickelt. Die grundlegenden Funktionen und Charakteristika, die aus linguistischer Perspektive für einen politischen Diskurs relevant sind, werden in der Monographie von Holger Kuße (2012) zusammengefasst. Er beruft sich auf Morris' Studien aus den 1940er Jahren, der den politischen Diskurs als präskriptiv-valuativ betrachtet und erachtet Präskription von Bewertungen als die pragmatische Kernfunktion dieses Diskurses (Kuße 2012: 127–128). Herausragend ist dabei, dass es nicht nur um eine Mitteilung als solche geht, sondern dass die

> Kommunikation im politischen Diskurs [...] darauf [...] abzielt, die Zustimmung zu Handlungen oder Handlungsunterlassungen zu gewinnen [...]. Politisches Handeln ist demnach *handlungsauslösendes* oder *handlungspräventives Handeln*. (Kuße 2012: 218)

Diese Aspekte sind oftmals persuasiv, jedoch nicht an eine bestimmte Textsorte oder an ein politisches System gebunden (Kuße 2012: 129–131). Gleichwohl ist davon auszugehen, dass politisches Handeln nicht nur sprachliches Handeln ist, sondern dass gerade sprachliches Handeln als politisches Handeln erachtet wird, woraus wiederum resultiert, dass sprachliche Realisierungsformen die politische Realität im Kern gestalten (Kuße 2012: 134–135 mit Verweis auf Wodak/Menz 1990 und Joseph 2006). Bereits aus diesem Grund treten Spezifika etwa in der Lexik oder in der Grammatik auf, wenn beispielsweise politische Korrektheit o.ä. in eine Aussage mit einbezogen wird (Kuße 2012: 135). In seinen Ausführungen weist Holger Kuße auf einen weiteren Punkt hin, nämlich die drei verschiedenen Kommunikationsbereiche des politischen Diskurses. Demnach sind dies primäre und offizielle Institutionen der Politik, politische Bewegungen und die Medien (Kuße 2012: 139), die in der vorliegenden Studie ganz bewusst voneinander getrennt betrachtet werden sollen. Klar ist aber auch, dass Wechselwirkungen zwischen diesen Bereichen nicht außer Acht gelassen und dass keine strikten Trennlinien gezogen werden können, so dass sie letztlich auch nur eine grobe Orientierung geben können (Kuße 2012: 139)[32].

32 Dennoch scheint es sinnvoll, sich die Akteure in diesen Teilbereichen genauer anzusehen und ihre teilweise unterschiedlichen Kommunikationskanäle und Ziele zu beleuchten. So werden zwar oftmals die gleichen Ziele ausgegeben (ganz allgemein etwa Umweltschutz, Erhalt der Artenvielfalt und Nachhaltigkeit), bei der

Wichtige Hinweise darauf, welche Wirkung politische Sprache evozieren will, wo sie ansetzt und welche Sprachhandlungsmuster in unterschiedlichen Studien herausgearbeitet werden, finden wir ebenfalls in Kußes Einführung. Demnach wurden in den 1960er und 1970er Jahren Typologisierungen vorgenommen, die die heterogenen Sphären der Sprache in der Politik aufzeigen (insbesondere ihre Anwendungsbereiche, Textsorten und ihr Vokabular betreffend). Verwiesen wird zudem auf die Monographie von Heiko Girnth, der eine funktionale Unterscheidung zwischen regulativer (Erlasse, Verbote, Gesetze), proskativer (Flugblätter, Manifeste), integrativer (Gedenkreden, Parteiprogramme) und informativ-persuativer Sprachfunktion (Wahlreden, Wahlslogans, Debattenreden) vornimmt, wobei die letzten zwei die wichtigsten im primären politischen Diskurs darstellen (Kuße 2012: 140, Girnth 2002: 41). Girnth fasst wiederum anschaulich und umfassend zusammen, dass es bereits bis zur Erscheinung seiner Publikation zahlreiche Modellierungsansätze zur Auswertung der politischen Sprachverwendung gab. Diese sind vor allem lexikorientiert oder text- bzw. diskursorientiert aufgebaut, wobei sich der hohe Stellenwert der Erforschung lexikalischer Einheiten durch die spezifischen Herrschaftskonstellationen erklärt, die in der Politik eine Rolle spielen (Girnth 2002: 9). Von der text- bzw. diskursorientierten Seite wird dieser Blickwinkel jedoch als eingeschränkt wahrgenommen und von einem sprachhandlungstheoretischen Ansatz ausgegangen, der vor allem dank einer Studie von Holly praktische Konturen erfahren konnte (Girnth 2002: 10). Grundsätzlich unterscheidet Holly, der den Sprachgebrauch eines Bundestagsabgeordneten untersuchte und darauf ein Sprachhandlungsmodell fundierte, zwischen externen und internen Parlamentsfunktionen eines Abgeordneten mit jeweils charakteristischen Sprachhandlungstypen. Die externen Funktionen sind dabei Interessenartikulation, Eigenwerbung, Öffentlichkeitsfunktion und Parteiwerbung, während die internen Funktionen Richtungsbestimmung, Orientierungssuche, Detailarbeit und Profilierung darstellen (Girnth 2002: 24)[33]. Anhand eines

tatsächlichen Umsetzung der Strategien sehen aber gerade NGOs und Bürgerbewegungen in Russland deutliche Differenzen zu dem, was propagiert wird und zu dem, was realisiert wird. Zu den Besonderheiten des politischen Diskurses aus posttotalitärer Perspektive siehe Weiss (2000).

33 Im Rahmen einer Analyse wird es jedoch nicht immer möglich sein, Einblicke in die internen Strategien zu bekommen, da sie in zahlreichen Fällen auch gar nicht öffentlich sind. So ist etwa nicht zu erwarten, dass wichtige Personalentscheidungen öffentlich diskutiert werden, sondern dass die Bevölkerung erst darüber informiert wird, nachdem sie tatsächlich gefallen sind. Zur Untersuchung bleibt daher oftmals nur das, was extern kommuniziert wird und für Politiker von besonderer Relevanz

Interviews wird dargelegt, welche Sprachhandlungsmuster auf diese Weise realisiert werden (ausschnitthaft und zusammengefasst nach Holly 1990, Girnth 2002: 25 und Kuße 2012: 140):

> **Intern:** Richtung bestimmen, Orientierung suchen, Sondieren, Spekulieren, Absprechen, Rechtfertigen, Detailarbeit verrichten, Profilieren, Informationen beschaffen, Partner bestätigen, Beziehungsarbeit leisten, Selbstdarstellen usw.
> **Extern:** Regulieren, Normieren, Verhandeln, Protestieren, Argumentieren, Informieren, Bewerten, Legitimieren, Belegen, Sich auf jemanden berufen, Erwähnen, Selbstaufwerten, Werben, Solidarisieren, Exemplifizieren, Renommieren (also fachsprachlich neu erfinden), Fragen, Vorschlagen, Strukturieren, Lehren, Situieren, Werben usw.

Im Prinzip ist dieser Ausgangspunkt sinnvoll, um bestimmte Handlungsstrategien in einem Text zu erkennen und sie einer bestimmten kommunikativen Richtung zuzuordnen. Daraus wird ersichtlich, dass sich gewisse Schwerpunkte in der Kommunikation zwischen Politikern und ihren Adressaten ergeben. Girnth stellt die Bedeutung des Vorgehens mit folgenden Worten heraus:

> Das Modell Hollys, das den sprachhandlungstheoretischen Ansatz konsequent umsetzt, erweist sich nicht nur bei der Beschreibung von Politikersprache als nützliches Instrument. Es ist das ‚pragmatischste' aller hier vorgestellten Modelle […] (Girnth 2002: 25)

Gleichermaßen sieht er aber auch eine Schwäche im Erkenntnisgewinn, der sich durch die Vorgehensweise erklärt (Girnth 2002: 25–26)[34]. Will man nun musterhaft einen Ausschnitt aus dem russischen ökologischen Diskurs auf Hollys interne und externe Sprachhandlungsmuster hin untersuchen, so kann man wesentliche interne Funktionen deuten, wenn man etwa die Regelungen

---

ist, und zudem auch leicht zugänglich gemacht wird. Holly geht davon aus, dass deshalb Politiker nach ihren Aufgaben und Tätigkeiten befragt werden müssten, um die internen Sprachhandlungsmuster zu eruieren (Holly 1990: 115–116).

34 Im Prinzip kann man dieser Kritik zustimmen, da Girnth darauf verweist, dass es Holly im Wesentlichen um Interpretationen und Paraphrasen geht (Girnth 2002: 25). Ungeachtet dessen erscheint der Ansatz sinnvoll, um in einem größeren Rahmen zumindest anzudeuten, welche Kommunikationsformate der ökologische Diskurs in Russland umfasst. Vor allem aber spielen interne und externe Sprachhandlungsmuster eine zentrale Rolle für diejenigen, die sie aufgreifen und weiterentwickeln, so etwa Nichtregierungsorganisationen, einzelne Aktivisten oder Unternehmen. Die Aussagen dienen daher als Orientierung in einer umfassenden Diskussion, sie werden thematisiert und interpretiert, woraus sich wiederum neue Ansatzpunkte generieren lassen. Daher sei zumindest auf ein Analysebeispiel zurückgegriffen.

überprüft, die Aufgaben und Befugnisse dokumentieren. Der Beschluss Nr. 1219 der Regierung der Russischen Föderation vom 11. November 2015, der von Premierminister Dmitrij Medvedev herausgegeben wurde[35] sieht vor, die Zuständigkeiten des Umweltministeriums zu definieren und richtungsweisende Ziele zu formulieren, wie der folgende Ausschnitt zeigt:

> 3. Министерству природных ресурсов и экологии Российской Федерации:
>
> - в месячный срок обеспечить приведение сведений, размещенных в федеральной государственной информационной системе „Федеральный реестр государственных и муниципальных услуг (функций)“, в соответствие с настоящим постановлением;
> - в 6-месячный срок разработать и утвердить по согласованию с Министерством сельского хозяйства Российской Федерации порядок ведения Красной книги Российской Федерации.

An diesem kleinen Ausschnitt kann man eine ganze Reihe von internen Sprachhandlungsmustern erkennen, die sich im Sinne von Holly wie folgt interpretieren lassen: Zunächst geht es darum, die Öffentlichkeit über die monatlichen bzw. sechsmonatlichen Aufgaben des Ministeriums zu *informieren*, was in erster Linie dadurch zum Ausdruck gebracht wird, dass Veröffentlichungen bereitgestellt werden sollen und dass zudem erwähnt wird, in welchem Rahmen das zu erfolgen hat. Dies muss zuvor intern *geklärt* werden. Darüber hinaus hat das Ministerium dafür Sorge zu tragen, dass die Rote Liste der gefährdeten Arten der Russischen Föderation stets *aktualisiert* und *gepflegt* wird. Die Konsequenz, die sich daraus für interne Sprachhandlungsmuster ergibt, ist sehr umfassend, sodass zunächst viel *Detailarbeit verrichtet* werden muss, um den Anforderungen gerecht zu werden. Diese besteht u.a. darin, dass die Mitarbeiter Material und Daten *beschaffen*, *auswerten*, über Zwischenergebnisse *beraten* bzw. *diskutieren* und sie *beurteilen* müssen. Sie müssen bei dem Vorgehen auf Aktualität und Plausibilität *achten*, damit ihre zu veröffentlichenden Darlegungen nachvollziehbar werden. All diese Arbeiten verlaufen also intern, bevor sie an die Öffentlichkeit gelangen. Diese verknappte Darstellung zeigt, dass für eine detaillierte Dokumentation interner Vorgänge die von Holly (1990) verwendete Vorgehensweise, nämlich Interviews und konkrete Fragen an die entsprechenden Personen, eine günstige Strategie darstellt, denn aus den zugänglichen Dokumenten lassen sich die Aufgabenfelder nur sehr

---

35 Diese sind einzusehen auf der Homepage des Ministeriums unter http://www.mnr.gov.ru/about/statute/ (Положение о Министерстве природных ресурсов и экологии Российской Федерации).

allgemein ableiten. Anders (und viel umfassender zu analysieren) stellt sich die Lage hingegen dann dar, wenn man externe Sprachhandlungsmuster untersucht. Diese sind aus verschiedenen Gründen ungleich wichtiger für den ökologischen Diskurs in Russland, weil sie größtenteils öffentlich zugänglich sind, als Handlungsmaßstab betrachtet und als Indikatoren für Falsifizierbarkeit herangezogen werden können. Gerade daraus kann der Diskurs neue Formen entfalten und weiterentwickelt werden. Externe Sprachhandlungen generieren sich in gewisser Weise aus den Ergebnissen der internen Sprachhandlungen, so dass davon ausgegangen werden kann, dass die breite Öffentlichkeit auch mit dem Ergebnis der internen Arbeiten konfrontiert wird und so neue Situationen hervortreten. Darüber hinaus sind externe sprachliche Handlungen in der Praxis schwieriger zu handhaben, denn trotz ausgearbeiteter Strategien ist nicht sicher, ob die erhofften Effekte eintreten oder nicht, wie sie von Außenstehenden bewertet werden und welche unvorhersehbaren Umstände sich zusätzlich auf sie auswirken können (die internen Strategien können hingegen koordinierter gesteuert werden). Hinzu kommen Problemfelder und Schwierigkeiten, für die die Öffentlichkeit Verbesserungen und Lösungsvorschläge verlangt. In einem Interview der TASS mit dem damaligen russischen Minister für natürliche Ressourcen und Umwelt Dmitrij Kobylkin[36], das kurz nach dessen Amtseinführung im Jahre 2018 geführt wurde, wird an zahlreichen Stellen ersichtlich, welche Sprachhandlungsstrategien gezielt eingesetzt werden, um vor allem die positiven Impulse hervorzuheben, die von ihm und von seinem Ministerium ausgehen. Gleich zu Beginn nimmt die Reporterin Bezug auf die Prioritäten, die Kobylkin in seiner ersten Arbeitsphase zu setzen gedenkt und fragt ihn, welche Aufgaben er für besonders dringend erachtet. Darauf antwortet Kobylkin:

> Конечно, это основные вопросы, связанные с реализацией майских указов президента. В частности, из десяти страниц один из пунктов полностью касается Министерства природных ресурсов и экологии. Вопросов, на самом деле, больше, чем ответов на сегодня. Познакомился со структурой, со специалистами, заместителями. Сегодня моя первая командировка — в Санкт-Петербург. Собрал практически все наши подразделения по Северо-Западу на совещание. Смотрю, какие есть вопросы и проблемы, связанные с реализацией указов, потому что здесь есть как раз перечень объектов, которые необходимо,

36 In voller Länge nachlesbar unter: http://www.mnr.gov.ru/press/publication/glava_minprirody_rossii_dmitriy_kobylkin_v_intervyu_agentstvu_tass_rasskazal_o_perestanovkakh_v_mini/.

> согласно этому поручениям, рекультивировать в ближайшее время. Вопросов огромное количество, в том числе, с природоохранным регулированием.

Zunächst kann davon ausgegangen werden, dass Kobylkin die Zuhörer *informieren* möchte, indem er einen kurzen Überblick über die aktuelle Lage und die darin verankerten Aufgaben gibt, die auf ihn zukommen. Er *erwähnt* in diesem Zusammenhang die gültigen präsidialen Erlasse und *beruft sich auf* deren Inhalt. Darin ist jedoch mehr als eine ausschließliche Informationsstreuung zu sehen, denn die Aussage impliziert auch, dass der Minister über einen aktuellen Wissensstand verfügt. Dadurch *stellt* er *sich (positiv) dar*, und auf diese Weise entspricht er damit einer allgemeinen Erwartungshaltung. Er zeigt weiterhin auf, dass zahlreiche Fragen zum Zeitpunkt des Interviews noch nicht geklärt werden können (*Вопросов … больше, чем ответов на сегодня*), was in gewisser Weise ebenfalls einer *(positiven) Selbstdarstellung* entspricht, denn dadurch entzieht er sich der Verpflichtung, im Moment des Gesprächs konkrete Antworten liefern zu müssen und *legitimiert* gleichzeitig seine zukünftigen Aufgaben. Als explizit *positive Selbstaufwertung* ist sein Verweis auf die Tatsache zu werten, er habe sich mit wichtigen Personen und Strukturen vertraut gemacht (*Познакомился со структурой, со специалистами, заместителями*), wodurch er suggeriert, dass ihm die Arbeit von Anfang an sehr wichtig ist und dass er ihre Themenbereiche und Experten kennt. Ausdrücklich positiv ist diese Form der Eigendarstellung deshalb, weil darin nicht nur die Aufgabe, sondern auch die Verantwortlichkeit seiner Position liegt und es als selbstverständlich betrachtet werden sollte, dass ein Minister weiß, wie sein Ministerium funktioniert und wer seine Kollegen sind. Auch der Eifer, mit dem er auf seiner ersten Dienstreise nach St. Petersburg Material zusammengetragen und sich mit sämtlichen Fachleuten beraten hat ist solch eine *selbstaufwertende* Maßnahme, die unterstreichen soll, dass er sich mit größtem Einsatz seiner neuen Tätigkeit widmet. Dadurch, dass er die Fragen und Probleme näher analysieren möchte (*…какие есть вопросы и проблемы, связанные с реализацией указов…*), verweist er auf eine nötige *Strukturierung* der Aufgaben, die weitere Anstrengungen erforderlich machen und erneut seine Handlungsbereitschaft unterstreichen sollen, da diese Problemfelder seinem Verantwortungsbereich obliegen (*…в том числе, с природоохранным регулированием*).

Im weiteren Verlauf des Interviews werden politische Themen angesprochen, bevor die Reporterin Bezug auf konkrete umweltpolitische Maßnahmen nimmt. Sie fragt Kobylkin, ob er eine Perspektive für die (in Russland nur wenig praktizierte) Mülltrennung und deren wirtschaftlichen Nutzen erkennen könne und was geschehen müsse, um sie umzusetzen. Daraufhin entgegnet Kobylkin:

Это очень непростой вопрос — заниматься внедрением раздельного сбора отходов нужно с детских садов. Я абсолютно убежден, что детей и целое поколение нужно на этих правилах выучить, чтобы они прижились. Должно пройти порядка десяти лет до того момента, когда мы создадим все условия для сортировки и дальнейшей переработки мусора повсеместно.

Der Minister geht also davon aus, dass eine grundlegende Erziehungsmaßnahme bereits im Kindergartenalter erforderlich ist, um Mülltrennung implementieren zu können. Mit dieser Darstellung *bewertet* er die gegenwärtige Lage und *argumentiert* weiterhin, dass sehr viel Zeit erforderlich ist, um in diesem Punkt ein Umdenken einzuleiten. Dadurch *rechtfertigt* er indirekt den *status quo* und *deutet an*, dass in absehbarer Zukunft weder damit zu rechnen sei, noch dass es unter seiner Amtszeit einschneidende Veränderungen geben werde. Das verdeutlicht, wie schwierig es werden wird, derartige Maßnahmen flächendeckend zu ergreifen. Er äußert sich nicht dazu, ob er diesen Schritt auch für sinnvoll hält, weshalb die Journalistin nachhakt. Auf die Frage hin, ob sein Ministerium entsprechende Initiativen einleiten werde, sagt er:

Законодательные условия для раздельного сбора уже созданы. Нужно понимать, что старые полигоны были рассчитаны на определенное качество мусора, не связанное с тетрапаками и с пластиковыми бутылками. Объем образования мусора кратно возрос и мы должны четко понимать, что все процессы, связанные с простым сжиганием мусора, не смогут решить накопившейся проблемы. Здесь, как говорится, все способы хороши. Нужно и сортировать, и сжигать, и перерабатывать во вторичную энергию. Нужно делать все, что возможно, используя современные технологии.

Hier *argumentiert* der Minister zunächst, dass die erforderlichen Schritte auf gesetzlicher Ebene bereits eingeleitet wurden. Weiterhin *erklärt* er die Hintergründe dafür, dass das Land bislang nicht entsprechend vorbereitet ist und *wirbt* dadurch indirekt um Verständnis. Dennoch *schlägt* er *vor*, einen Wandel zu vollziehen und *wirbt* dafür, neue Methoden zu erschließen und moderne Technologien einzubeziehen (*Нужно делать все, что возможно…*).

Eine besonders interessante *Selbstaufwertung* findet sich dann am Ende des Gesprächs. Nachdem sich die Moderatorin beim Minister bedankt, entgegnet dieser:

И Вам [спасибо] за внимание к теме. Дайте немного времени, поделюсь принятыми решениями.

Kobylkin *rückt sich* hier gleich zweimal *in ein positives Licht*, indem er den zu erwartenden Antworten Ergänzungen zufügt. Zunächst bedankt er sich ausdrücklich für das Interesse der Journalistin am Thema, wodurch er sein eigenes

Metier zusätzlich in den Vordergrund stellt. Noch viel deutlicher ist aber der zweite und nicht unbedingt erwartete nachgestellte Satz, der mit Nachdruck Hoffnung auf erste positive Ergebnisse machen soll. Der Minister ist sich also seiner Sache sicher und *wirbt* letztlich für sich selber, er lässt keine Zweifel daran, alle notwendigen Schritte einzuleiten.

In seinen Ausführungen weist Holger Kuße (2012: 142–144) darauf hin, dass im politischen Diskurs vor allem Werte als Begründungen bzw. Rechtfertigungen für Handlungen und Entscheidungen eingesetzt werden, allerdings können diese Werte dann oftmals in Konflikt mit dem eigentlichen Zweck einer Handlung geraten[37]. Eine Lösung kann erfolgen, indem eine Hierarchie oder aber eine Inklusion der Werte in Zwecke erfolgt, wobei im Rahmen politischer Aktivitäten beobachtet werden kann, dass zwar Werte als Richtlinie genannt werden, in Wirklichkeit aber zweckorientiert gearbeitet wird (Kuße 2012: 142). Werte können aber auch als Handlungsleitmaxime implementiert werden, um auf diesem Wege Handlungsentscheidungen persuasiv festzulegen und es können daraus Schlüsselwörter werden (Kuße 2012: 143–144). Im ökologischen Diskurs fungieren etwa *Umweltschutz*, *Klimawandel*, *Energiewende* u.a. als solche Schlüsselbegriffe, sie werden im Sinne der Darstellung nach Kuße (2012: 144) als *Wertinstanziierung* gebraucht. Dabei werden *Bewertungen*, *Begründungen*, *Rechtfertigungen*, oder *Ableitungen von Normformulierungen* angeführt, was sich an zahlreichen Dokumenten erkennen lässt. So wurde im Jahre 2016 eine Sitzung des Staatsrates zur ökologischen Entwicklung im Interesse zukünftiger Generationen abgehalten. Bei dieser Zusammenkunft *bewertete* Vladimir Putin zunächst die Relevanz der Fragestellung als außerordentlich wichtig, und *begründete* dies mit den ökonomischen Faktoren, die daran geknüpft sind[38]:

> Вопрос исключительно важный для повышения эффективности прежде всего всей национальной экономики, с одной стороны, и в то же время для улучшения качества жизни наших людей, для раскрытия потенциала наших регионов – с другой.

An dieser Aussage zeigt sich bereits die von Kuße (2012: 142) herausgestellte Wert-Zweckorientierung in Putins Ansprachen: Umweltschutz und effektive Programme zur ökologischen Nachhaltigkeit sieht Putin darin motiviert,

---

37 In gewisser Weise motiviert dies im ökologischen Diskurs das Vorhandensein von Umweltbewegungen, die diese Konflikte thematisieren, s. dazu in den weiteren Unterkapiteln.

38 Der gesamte Text findet sich online unter http://kremlin.ru/events/president/news/53602.

wirtschaftlichen Nutzen aus ihnen zu ziehen. Umweltpolitische Maßnahmen sind vor allem deshalb wichtig, weil zahlreiche internationale Unternehmen das Thema Naturschutz und ökologische Nachhaltigkeit in ihre Arbeitsstrategien aufgenommen haben und erwarten, dass internationale Partner diese auch umsetzen (detailliert dokumentiert bei Newell/Henry 2017)[39], so dass davon auszugehen ist, dass die wirtschaftlichen Interessen hierarchisch wichtiger sind, und dass umweltpolitische Modernisierungen dabei Vorteile bringen können. Wir haben es daher mit einem *profitorientierten Umweltschutz* zu tun. Die *Rechtfertigung* bevorstehender Umstrukturierungsmaßnahmen erfolgt bei Putin durch eine zu erwartende negative Auswirkung auf sein Land und damit auch auf jeden Einzelnen, wenn sie ausbleiben:

> Понятно, что работа предстоит долгосрочная – на 20, на 30 лет и более. Но если не начинать масштабные мероприятия по этому направлению, то мы будем вечно топтаться на месте …

Die Option, sich nicht weiter zu entwickeln und stattdessen auf der Stelle zu treten gilt es ganz offensichtlich zu verhindern, und so wirbt Putin für zahlreiche Maßnahmen, die auf lange Zeit eingeleitet werden müssen. Aus der Situation heraus, den Naturschutz effektiv durchzusetzen und dabei wirtschaftliche Bereiche nicht zu schädigen, *leitet* er wiederum *Normformulierungen ab*, die er für erforderlich hält, so etwa bei seiner Jahresansprache im Januar 2020. Hier wurden ökologische Problemfelder wie etwa die Freisetzung von Feinstaub, die dadurch hervorgerufene Belastung der Atmosphäre und die Beeinträchtigung der Luftqualität diskutiert. Der Präsident spricht sich dafür aus, diese und andere ökologische Parameter gründlich zu überwachen[40]:

> Нам предстоит отработать и внедрить систему мониторинга качества воздуха. В дальнейшем распространить такой контроль на всю страну. Причем не только за состоянием воздуха, но и воды, и почвы, то есть сформировать полноценную систему экологического мониторинга.

Daraus ergeben sich Handlungsanweisungen, die darauf abzielen, in bestimmten Bereichen eine *Überwachung* einzuführen und dadurch eine *Steuerung* der

39 Dafür spricht auch eine Aussage, die Putin im gleichen Text direkt zu Beginn tätigt: „Я хочу это подчеркнуть, мы говорим о развитии экономики страны, но с упором на решение экологических проблем." Die Lösung von Umweltproblemen scheint also eine Art Mittel zum Zweck zu sein.

40 https://rg.ru/2020/01/15/putin-v-rossii-nuzhno-sformirovat-sistemu-ekologicheskogo-monitoringa.html.

Lage zu ermöglichen. Mit anderen Worten wird hier also schon das angestrebte Ergebnis der Umsetzung von *Normformulierungen* genannt.

Im Vergleich zu hochrangigen Politikern und dem Umweltministerium sind Parteien mit einem Fokus auf Umweltfragen in Russland nur wenig einflussreich. So wurde der 2005 gegründete *Bund der Grünen Russlands* nach nur einem Jahr als selbstständige Partei aufgegeben und ist nunmehr in die Partei *Jabloko* eingegliedert (http://rus-green.ru/). Heutzutage ist die wichtigste Partei, die in Russland umweltpolitische Interessen vertritt, die *Allianz der Grünen* (*Альянс зелёных*), die aus der 2009 gegründeten *Grünen Alternative* (*Зелёная альтернатива*) hervorging und 2012 unter dem aktuellen Namen beim Justizministerium als Partei registriert wurde (https://lenta.ru/news/2012/05/29/mitvol/). Während der Gründer und erste Vorsitzende Oleg Mitvol', der in den 2000er Jahren zahlreiche Umweltskandale und Verstöße gegen geltendes Recht in Russland thematisierte, eine Bewegung mit eigenem Profil aufbauen wollte, so gestaltet sich dies unter den heutigen Bedingungen offenbar schwierig. Die Partei wurde 2016 nicht zu den Parlamentswahlen zugelassen und hat weder in der Staatsduma noch in Regionalparlamenten Abgeordnete, im Jahre 2019 versuchte man sogar, die Partei auf Grund von formalen Unstimmigkeiten aufzulösen[41].

In einem achtseitigen Programmheft[42] aus dem Jahr 2016 werden verschiedene Themen vorgestellt, die auf der Agenda eine zentrale Rolle für die Partei spielen. Im Unterschied zu der oben erwähnten Wert-Zweckorientierung Putins werden hierin ausschließlich Werte als erstrebenswerte Handlungsoptionen kommuniziert. Sie dienen nicht als Begründung für wirtschaftliche gewinnbringende Maßnahmen, sondern existieren um des Naturschutzes willen selbst. Wirtschaftliche Faktoren werden als lohnenswerte Nebeneffekte dargestellt. Dafür lassen sich zahlreiche Beispiele anführen, so etwa im ersten Punkt zur „grünen Ökonomie“:

> 7) Унифицировать экологические требования к государственным и частным компаниям [...]
> 12) Отказаться от государственного участия в любых программах развития с использованием устаревших систем очистки или, тем более, без применения систем очистки и обезвреживания отходов [...]
> 17) Обязать Росстат выработать систему индикаторов экологического благополучия и создать его интегральный индекс, используемый наряду с ВВП в качестве важнейшего показателя развития.

41 Der Vorwurf des Verwaltungsklägers lautete, dass eine Partei, die sieben Jahre hintereinander nicht an Wahlen teilgenommen hat, laut Föderalem Gesetz aufgelöst werden könne (http://russian-greens.ru/node/5910).

42 Online abrufbar auf der Homepage der Partei unter http://russian-greens.ru/ideology.

Im Prinzip sind diese Forderungen nachvollziehbar und müssten eigentlich im Interesse eines nachhaltigen Umweltschutzes sein, sie stehen aber im Kontrast zur Wert-Zweckorientierung der Regierung. So wird bemängelt, dass es in Bezug auf ökologisches Handeln immer noch keine einheitlichen Anforderungen an Betriebe gibt, was bedeutet, dass in jedem Fall einzeln geprüft werden muss, welche Vorgaben gelten sollen und welche nicht. Staatliche Großunternehmen wie etwa Gazprom dürften wenig Interesse an einer Verschärfung der Maßnahmen haben, und auch die staatliche Beteiligung an Programmen zur Modernisierung veralteter Technologie wäre zwar sehr wichtig, aber auch kostspielig. Vor allem der Punkt 17 dürfte Unternehmen, die Rohstoffe erschließen oder weiterverarbeiten sehr zuwider sein, schließlich würde dem hier eingebrachten Vorschlag nach ihre Arbeit von einer statistischen Behörde überwacht. Es wird weiterhin deutlich, dass auf den Zweck entsprechender Maßnahmen gar nicht verwiesen werden muss, weil er sich aus dem Selbstverständnis einer Partei erklärt, die dem Umweltschutz einen besonders hohen Stellenwert einräumt. Noch umfassender wird dies an den Vorhaben deutlich, die sich auf die Maßnahmen beziehen, die nicht unmittelbar mit ökonomischen Faktoren in Verbindung gebracht werden:

> 1) Принять, наконец, Экологический кодекс РФ, который бы обобщал природоохранное законодательство и определял меру ответственности за его нарушения (с 2007–2008 гг. проект этого документа «зависает» на уровне подготовки в парламенте РФ!) [...]
> 20) Проводить в обязательном порядке независимую международную экологическую экспертизу при разведке и добыче энергоресурсов на арктическом шельфе с целью объективной оценки экологической безопасности [...]

Wenngleich hier nicht von wirtschaftlichen Faktoren die Rede ist, so zeigt sich doch, dass die angesprochenen Punkte in der Praxis mit der politischen Realität des Landes umwoben sind. Einige Gesetze wie etwa ein „Ökologischer Kodex" konnten über Jahre hinweg nicht auf den Weg gebracht werden. Insbesondere die Forderung nach internationalen Beobachtern in der Arktis dürfte momentan alles andere als im Interesse der Machthaber sein, denn bekanntlich leidet diese Region innerhalb Russlands am meisten unter der für das Land so wichtigen Ressourcenerschließung (Newell/Henry 2017: 12)[43].

43 Viele der Programmpunkte entsprechen dem, was Nichtregierungsorganisationen in Russland fordern.

Zusammenfassend lässt sich festhalten: Die primären Institutionen der Politik, in denen im Wesentlichen Politiker arbeiten, die für ihre Tätigkeiten bezahlt werden, bestehen aus der Regierung und politischen Ämtern, dem Parlament, Ausschüssen und Gremien sowie Parteien, deren Kommunikationsformen zahlreiche Textsorten umfassen. Dazu zählen etwa Reden, Debatten, Interviews und Internetauftritte (Kuße 2012: 138, 148). Demnach fungiert der ökologische Diskurs als Teildiskurs eines größeren politischen Diskurses, er wird auf allen primären Ebenen verhandelt und ist daher auch Teil gesamtpolitischer Diskussionen. Sein unmittelbarer Einfluss auf politische Entscheidungen ist jedoch überschaubar und oftmals sogar berechenbar: Geht es darum, Werte als solche zu erhalten (Luftqualität, Artenbestand usw.), so werden diese häufig im Einklang mit konkreten wirtschaftlichen Interessen als Maßstab kommuniziert, zudem fehlt ein politisches oppositionelles Gegengewicht in der Duma, welches umweltpolitische Akzente setzen könnte, daher sind konkrete umweltpolitische Entscheidungen weitestgehend der Regierungspartei und dem Umweltministerium überlassen. Diversifizierte Meinungsbilder zu konkreten Fragestellungen und kritische Beobachtungen sind besonders dann zu erwarten, wenn sie zumindest hintergründig auch mit ökonomischen Faktoren interagieren. Das Umweltministerium trägt somit dazu bei, Putins Wert-Zweckorientierung (Kuße 2012: 142) in die Praxis umzusetzen.

Für den ökologischen Diskurs in Russland ist weiterhin bezeichnend, dass er zwar in den primären Institutionen präsent ist, dass diese aber selbst nur selektiv an ihm partizipieren. Die *Allianz der Grünen* gehört als zugelassene Partei zwar zu diesen primären Institutionen, sie wird aber mit ihren Forderungen in der Praxis scheitern. Ihre Vorstellungen von einer ökologisch-ökonomischen Interaktion sind eher mit denen der unpolitischen Bewegungen im Land zu vergleichen. Diese sind in sehr unterschiedlichen Formen (oder auch zum Teil gar nicht) organisiert, stellen die Belange des Umweltschutzes über den wirtschaftlichen Profit und verfolgen die Tätigkeit der Politik auf diesem Sektor oftmals sehr kritisch.

6.2 Nichtregierungsorganisationen

Während das Thema Umweltschutz bei der Regierung und den im Parlament vertretenden Politikern nur eines von vielen Themen ist, so ist es für umweltbezogene Nichtregierungsorganisationen der zentrale Inhalt ihrer Programme. Ein Charakteristikum ihrer Aktivitäten ist die Kritik an den vorherrschenden Verhältnissen in Bezug auf umweltpolitische Fragen, was zum Teil überhaupt erst ihre Existenz motiviert.

Nichtregierungsorganisationen haben in Russland einen ungleich schwereren Stand als politisch zugelassene Parteien. Sie müssen teilweise unter widrigen Bedingungen arbeiten, was im Jahre 2016 von der schweizerischen Informationsplattform https://www.humanrights.ch/ umrissen wurde. Zu diesem Zeitpunkt war bereits das Gesetz über ausländische Agenten, welches übrigens an ein US-amerikanisches Pendant mit dem Titel „Foreign Agents Registration Act“ aus dem Jahr 1938 angelehnt ist, vier Jahre lang in Kraft, worunter auch diejenigen Organisationen zu leiden hatten, die sich dem Thema Umweltschutz widmen[44]. Auch sie können als ausländische Agenten diffamiert werden, wodurch wiederum ihr Ansehen im Inland geschmälert werden soll, zudem ist mit Druck und Einschüchterungen zu rechnen[45]. Die Informationsplattform beruft sich auf die 2014 eingetretenen Verschärfungen des Gesetzes und spricht seither von „mindestens 11 Umweltorganisationen“, die

44 Wie prekär die Lage tatsächlich ist und welche Hintergründe damit interagieren, wird wie folgt dargestellt: „Die Zivilgesellschaft in Russland ist seit einigen Jahren stark unter Druck. Nichtregierungsorganisationen (NGOs) werden als ausländische Agenten diffamiert, ihre Räumlichkeiten unangekündigt durchsucht und Geld- oder sogar Haftstrafen angedroht. Diese Versuche der russischen Regierung, NGOs unter staatliche Kontrolle zu bringen oder ihre Arbeit weitgehend einzuschränken, bedrohen die Existenz zahlreicher kritischer und unabhängiger NGOs in Russland“ (https://www.humanrights.ch/de/internationale-menschenrechte/nachrichten/mrv/russland-ngos).

45 Die Reaktionen seitens der NGOs fallen sehr heterogen aus: „Die betroffenen Organisationen reagieren unterschiedlich auf den staatlichen Druck. Bis jetzt liessen sich drei Strategien beobachten: Einige lösen sich auf, so wie beispielsweise die zwei ‚Golos‘-Wahlbeobachtungsorganisationen. Jedoch möchten die meisten dieser Organisationen die Arbeit ohne ihren juristischen Status weiterführen, was einige Probleme mit sich mitbringen wird. Andere NGOs wie das berühmte Menschenrechtszentrum Memorial arbeiten weiter wie bisher. Sie fechten die Registrierung als ‚ausländische Agenten‘ vor nationalen Gerichten an und erwägen einen Weiterzug an den Europäischen Gerichtshof für Menschenrechte (EGMR). Einen Zwischenerfolg erlangte Memorial Ende Januar 2015, als das Oberste Gericht in Moskau die vom Justizministerium beantragte Schliessung der Organisation ablehnte. Dennoch drohen weitere Verfahren und die Organisation ist nach wie vor gegen ihren Willen im Register der ‚ausländischen Agenten‘ eingetragen. Andere NGOs versuchen dem Gesetz zu entgehen, indem sie auf ausländische Gelder verzichten, ihre NGO in komplizierte funktionelle Untereinheiten aufteilen und eine Organisationsform wählen, welche nicht dem Gesetz unterliegt“ (https://www.humanrights.ch/de/internationale-menschenrechte/nachrichten/mrv/russland-ngos).

als ausländische Agenten gebrandmarkt wurden[46]. Eine wichtige Non-Profit-Organisation, die lange von dieser Maßnahme verschont blieb, seit 2023 aber in Russland unerwünscht ist, ist *Greenpeace*[47]. Sie informierte über russlandspezifische Ereignisse unter der Homepage https://greenpeace.ru/, die inzwischen abgeschaltet wurde und nur noch über Webarchive zugänglich ist, etwa über die Lage der Wälder und der besonders geschützten Gebiete des Landes. Vor allem die weiträumige Abholzung des Waldes wird dort thematisiert, denn in Russland sei eine weitverbreitete Meinung, dass Wälder einfach nachwachsen und daher auch gerodet werden könnten[48]. Insbesondere wird der Politik vorgeworfen, Umweltschutz nur als Lippenbekenntnis zu inszenieren, aber nicht in die Praxis umzusetzen, was folgendes Beispiel illustriert:

> Сейчас в России не существует нормального лесного хозяйства. Действующий Лесной кодекс рассматривает лес как место, где находятся брёвна. Красивых слов про важность леса и его рациональное использование в кодексе много, но на деле они оказываются только декларацией, которая не подкреплена грамотными техническими требованиями. Поэтому новые хозяйственно ценные леса вырастают в разы медленнее, чем рубятся или горят старые.

Daraus leiten sich ebenso Informationsstränge ab, die Nichtregierungsorganisationen und oppositionelle Bewegungen nutzen, um ihre Standpunkte zu rechtfertigen. Zunächst wird ein bestimmtes Phänomen aufgegriffen (*в России не существует нормального лесного хозяйства*) und dargestellt, wie sich die aktuelle Sachlage dazu gestaltet (*Лесной кодекс рассматривает…*). Um zu zeigen, welche Aspekte als problematisch erachtet werden, werden durch die adversative Konjunktion *но* einige zentrale Punkte angekündigt, die mit der ursprünglichen Aussage nicht im Einklang stehen und somit auch nicht der Erwartung der Bürger an den Staat entsprechen (*…но на деле они оказываются только декларацией…*). Auf dieser kritisch ausgerichteten Grundlage werden dann neue Schlussfolgerungen gezogen (*Поэтому…*) und paradoxe Situationen gekennzeichnet, aus welchen schließlich eine Antithese zum lancierten Umweltbewusstsein von offizieller Seite entstehen kann. Das zeigt auch folgendes Beispiel im gleichen Abschnitt auf der genannten Homepage:

---

46 Und weiter lesen wir an gleicher Stelle: „Unter ihnen befinden sich beispielsweise NGOs zum Schutz des Baikal Sees oder des Altai-Gebirges" (https://www.humanrights.ch/de/internationale-menschenrechte/nachrichten/mrv/russland-ngos).

47 Die Organisation mit ihrem Hauptsitz in Amsterdam ist seit 1989 in der SU aktiv.

48 Ich beziehe mich ab hier auf die Internetpräsenz von Greenpeace Russland, online abrufbar unter https://greenpeace.ru/projects/lesa-i-osobo-ohranjaemye-prirodnye-territorii/ (bzw. im Webarchiv, vgl. Anmerkung oben).

> Самое парадоксальное, что при правильно организованном лесном хозяйстве в России можно рубить в три раза больше леса, чем вырубается сейчас, то есть удовлетворить все потребности в древесине, но при том не затрагивать уникальные дикие леса вовсе.

Hier wird gleichermaßen auf eine Schieflage hingewiesen, die sich daraus ergibt, dass eigentlich noch mehr Wälder genutzt werden könnten als bislang, und dass deshalb kein Grund besteht, ursprünglich erhaltene Wälder abzuholzen. Der adversative Nebensatz (*но при том не затрагивать…*) markiert hier also einen Einwand gegen die zu beobachtenden Verhältnisse. Zudem werden die Konsequenzen benannt, die aus der aktuellen Lage heraus erwachsen:

> Из-за вырубок в диком ценном лесу гибнут редкие виды животных.

Somit wird ein unmittelbarer Zusammenhang zwischen einer fehlgeleiten Politik und den daraus resultierenden Folgen für die Natur konstruiert, der indirekt auch als Vorwurf gegen ineffektive Maßnahmen zu deuten ist.

In einer anderen Situation befindet sich die in Kaliningrad gegründete und international weniger beachtete Organisation *Экозащита!* (*Ökoverteidigung!*, https://ecodefense.ru/)[49], welche im Gegensatz zu Greenpeace im Jahr 2014 als „ausländischer Agent" gelistet wurde[50]. Dies ist insofern wenig verwunderlich, als dass sich die Organisation tatkräftig gegen Vorhaben der Regierung einsetzt und immer wieder auf die Folgeschäden für Mensch und Umwelt verweist, die durch politische Inkompetenz hervorgerufen werden. Interessant ist in diesem Zusammenhang ein kurzer Bericht vom 01.11.2017, in dem *Ökoverteidigung!* rund um die Fußballweltmeisterschaft 2018 im eigenen Land auf die Konsequenzen verweist, die sich aus der infrastrukturellen Erschließung der Stadt Kaliningrad ergeben[51]. Demnach waren 17 Milliarden Rubel für den Bau des neuen Stadions auf der Insel Lomse vorgesehen, wo vier Spiele während des Großereignisses ausgetragen werden sollten. Da der Untergrund auf der Insel sumpfig ist, mussten riesige Mengen

---

49 Unter dieser Adresse finden sich zahlreiche Informationen zur Geschichte der Aktivitäten und Textdokumente, auf die ich mich in Bezug auf die Organisation berufe.

50 Hintergründe für den Eintrag als „ausländischer Agent" werden auf der Homepage der Organisation nicht erwähnt, sie finden sich jedoch in einem Bericht über die Mitgründerin und Aktivistin Aleksandra Koroleva auf der russischen Internetseite von Greenpeace (vgl. übernächste Fußnote). Demzufolge wurde mit tatkräftiger Unterstützung der *Ökoverteidigung!* im Jahre 2013 der Bau des Baltischen Kernkraftwerks im Kaliningrader Gebiet verhindert, was dem Justizministerium als Vorwand für die Eintragung in das Register der „ausländischen Agenten" im Folgejahr diente. Im Jahr 2019 beantragte Koroleva politisches Asyl in Deutschland.

51 Artikel unter https://ecodefense.ru/2017/11/01/2018/.

an Sand angefahren werden, die wiederum dem lokalen Ökosystem nachhaltig schaden, so dass sich die Trinkwasserqualität in der Stadt spürbar verschlechterte. Zudem wurde nicht genehmigter Sandabbau beobachtet:

> По данным региональных властей, в конце 2014 года в Калининградской области насчитывалось 38 нелегальных карьеров, располагающихся на сельскохозяйственных и лесных землях. В год незаконно изымается из недр порядка 2,5–3 млн т песчано-гравийной смеси, проблема встала особенно остро в связи с приближением ЧМ-2018. В области развернуто масштабное строительство, для которого требуется большое количество строительных материалов. Нередко их добывают граждане и организации, не имеющие лицензий на подобную деятельность.

Hier zeigt sich, dass sich staatliche Prestigeprojekte für Umweltschützer als Ursache von ökologischen Problemen darstellen und daher nicht selten grundsätzlich angeprangert werden. Vor allem lässt sich erkennen, dass *Kritik* an den Rahmenbedingungen und umfassende *Aufdeckung von Sachverhalten*, die der Bevölkerung wohl kaum aus den Staatsmedien bekannt sein dürften, im Vordergrund der Berichterstattung stehen. Es handelt sich somit in gewisser Weise um Aufklärungskampagnen, die zum Nachdenken anregen sollen und weiträumig Informationen streuen wollen. Was im Unterschied zu Kommunikationsstrategien von politisch etablierten Instanzen vollkommen fehlt, ist das Kriterium des *Eigenlobs*, denn es scheint den Aktivisten gar nicht darum zu gehen, wie ihre Selbstdarstellung bewertet wird, sondern vielmehr geht es um das Engagement für die Sache als solche. Auch darüber zu informieren, dass es bereits gerichtliche Schritte gegen Unternehmen gab, die sich am Bau beteiligten, ist eine zentrale Handlungsstrategie:

> В 2016 году Калининградской природоохранной прокуратурой было подано исковое заявление в суд на действия предприятия, которое проводит работы на карьере. В середине марта 2017 года суд первой инстанции признал, что добыча песка выполняется с нарушением условий, предусмотренных лицензией на право пользования недрами.

Dadurch werden die Tätigkeiten, die mit behördlicher Anordnung geschehen konnten, in ein schlechtes Licht gerückt, denn der Staat ist offenbar ausschließlich daran interessiert, das Projekt abzuschließen, beachtet aber nicht hinreichend die erforderlichen Rahmenbedingungen. Statt *Eigenlob* erfolgt also *Fremdkritik*. Die stetigen Aktivitäten der Organisation, die dazu führten, dass immer mehr unangenehme Details zu Umweltfragen bekannt wurden, machten es Aleksandra Koroleva letztlich sehr schwierig, ihre Arbeit fortzusetzen. Am 30.05.2019 erhielt sie innerhalb von nur 40 Minuten fünf gerichtliche

Strafanzeigen, worüber in Russland vor allem Greenpeace berichtete. In einem Artikel vom 19.06.2019 sagt Koroleva[52]:

> Мы никогда не участвовали в политике и борьбе за власть, тем не менее Минюст обвинил нас в ‚политической деятельности' как иностранного агента, выписывал штрафы, а затем требовал наказаний. Неужели быть экологическим активистом — преступление?

Hierin offenbart sich eine weitere Kommunikationsstrategie, die sich von der offiziellen Seite unterscheidet: Staatlichen Instanzen wird Willkür unterstellt, die nicht im Einklang mit den gültigen Gesetzen zu vereinbaren sei, weshalb indirekt der präskriptive Charakter, den politisch festgelegte Vorgaben eigentlich haben sollten, in Frage gestellt wird und stattdessen lediglich ein deklarativer Charakter in ihnen gesehen wird. Im Beitrag wird sehr deutlich erkennbar, dass dies damit zusammenhängt, dass eine ganz offensichtliche Diskrepanz zwischen rechtlichen Grundlagen und ökonomischen Interessen existiert. Da nun aber wirtschaftliche Ziele wichtiger sein können als die ökologischen Werte, verwundert es nicht, dass es zu einem Konflikt zwischen Politik und denjenigen kommen muss, die *Werte* über *Ziele* setzen. *Ökoverteidigung!* beteiligt sich immer wieder an Protesten gegen die Lagerung von ausländischem Atommüll in Russland, illegale Waldrodung oder Kohle- und Ölförderung. Dies alles sind für einige wenige Personen gewinnbringende Geschäfte, so dass ernsthafter Umweltschutz ihre Einnahmen verhindern würde, weshalb es wiederum geradezu folgerichtig ist, Korolevas Engagement unterbinden zu wollen, um Eigeninteresse und Profit nicht zu gefährden.

Die in der Schweiz gegründete und weltweit tätige Stiftung WWF (*World Wide Fund For Nature*) ist ebenfalls daran interessiert, strengere Kontrollen im Zusammenhang mit Großprojekten durchführen zu lassen, verfügt aber in Russland nur über einen überschaubaren Einfluss auf politische Entscheidungen. So ist die Organisation etwa im Zusammenhang mit den 22. Olympischen Winterspielen in der subtropischen Schwarzmeerstadt Soči[53] aktiv geworden,

---

52 Abrufbar unter https://greenpeace.ru/news/2019/06/19/na-direktora-jekozashhity-zaveli-srazu-pjat-ugolovnyh-del-za-40-minut/. Die *Ökoverteidigung!* und Greenpeace arbeiten in Russland oftmals zusammen, sie organisieren etwa gemeinsame Projekte.

53 Die Spiele als solche werden nicht nur als die teuersten in der Geschichte betrachtet, sondern auch die Arbeitsbedingungen der Gastarbeiter wurden in den Medien kritisiert. Vor allem die Bezeichnung „grüne Spiele" sollte zeigen, wie ernst es die Organisatoren mit dem Umweltschutz meinten (Bogoljubova/Nikolaeva 2018: 193),

indem sie sich immer wieder kritisch zu den Baumaßnahmen, aber auch im Nachgang zu den Ergebnissen der baulichen Eingriffe äußerte. Der WWF sorgte sich von Anfang an um die Natur rund um Soči und befürchtete als unmittelbare Folge der Bebauung verheerende Auswirkungen auf Mensch und Umwelt, was in einer Erklärung veröffentlicht wurde[54]. Hierin wird zu acht zentralen Fehleinschätzungen aus Sicht der Organisation Position bezogen, wobei der allererste Kritikpunkt bereits in der Ortswahl besteht:

> Неправильно выбрано место. С точки зрения охраны природы, весь горный кластер входит в Сочинский национальный парк — особо охраняемую природную территорию с наибольшим количеством видов в России.

Hier wird auf die unter 3.2 angesprochene Problematik verwiesen, die es laut damals geltender Rechtslage gar nicht möglich gemacht hätte, die Spiele in Soči auszutragen, weil sich in unmittelbarer Nähe ein Nationalpark befindet, in dem der Artenschutz Priorität hat. Zudem ist die Stadt ein staatlich anerkannter Kurort, was entsprechende Veranstaltungen ebenfalls ausschließen würde. Neben der unzulänglichen Qualität der Baumaßnahmen wurde in Punkt fünf kritisiert, dass es während ihrer Durchführung kaum effektive Überwachungsinstrumente gab:

> В ходе строительства практически не велся мониторинг воздействия на биологические объекты, в особенности, крупных млекопитающих.

Auch darin wird ein grundsätzlicher Widerspruch zur geltenden Rechtslage gesehen, denn in Nationalparks ist es vorgesehen, dass Personal für die Überwachung der Einhaltung von Vorschriften angestellt wird. Es hat dafür Sorge zu tragen, dass geltende Bestimmungen eingehalten werden, was aber offenbar vernachlässigt wurde. Statt aber diesen Regulierungen nachzukommen, wurden Gesetze zu Ungunsten der Ökologie modifiziert:

> Под предлогом нужд Олимпиады значительно ослаблено природоохранное законодательство в области особо охраняемых природных территорий и экологической экспертизы.

---

der WWF hat dazu jedoch eine völlig andere Position bezogen. Zwar zeigen Bogoljubova und Nikolaeva in ihrer Studie auf, dass der WWF bei der Olympiade in London 2012 in Projektplanungen in der Umgebung mit einbezogen wurde, erwähnen aber nicht seine Rolle rund um die Spiele in Soči.

54 Die Inhalte der Erklärung werden zitiert nach https://wwf.ru/about/positions/sochi2014/.

Hieran zeigt sich sehr gut, dass die Kommunikation der Umweltorganisation nicht darauf ausgerichtet ist, Lob in eigener Sache oder Selbstdarstellung zu vermarkten, sondern die Wert-Zweckorientierung der Politik aufzubrechen. Dies geschieht, indem die Zwecke (also die Durchführung der Olympiade) als umweltschädlich und die Werte (also im besten Fall die sofortige Beendigung aller Maßnahmen, die im Zusammenhang mit der Olympiade stehen) als zentral dargestellt werden. Dadurch wird letztlich ein *sachorientierter Umweltschutz* propagiert.

Im Februar 2018 wandte sich der WWF dann mit einem besorgten Schreiben an den Generaldirektor des Internationalen Olympischen Komitees Christophe De Kepper und nahm Bezug auf die Umstände nach der Durchführung der Spiele[55]. De Kepper wurde darin gebeten, er solle persönlich die Kontrolle über die Situation übernehmen, die nach den Spielen in und um Soči entstanden ist. Vor allem der Ausbau von Skiorten am Rande des UNESCO-Welterbes sei bedenklich, die zu errichtende Infrastruktur werde Schäden anrichten, und auch die Artenvielfalt sei gefährdet. Daher lautet die Bitte:

> WWF России предлагает МОК [Международному олимпийскому комитету; М. Н.] незамедлительно направить миссию по мониторингу с участием ЮНЕП (Программа ООН по окружающей среде) и МСОП (Международный союз охраны природы) в качестве технических партнеров для оценки выполнения экологических обязательств, принятых Россией в ходе подготовки к сочинской Олимпиаде.

Der WWF fordert also eine international ausgerichtete Beobachtung der Lage mit entsprechenden technischen Vorkehrungen, da man der einheimischen Politik offenbar nicht zutraut, diese Schritte durchzuführen. Somit ist ein wichtiges Merkmal, welches sich in der Kommunikationsstruktur nicht politischer Organisationen erkennen lässt, sich zielgerichtet an ausländische Experten zu wenden und sich von ihnen *internationalen Beistand zu holen*. Diese Strategie erzeugt zudem eine wirksame und vor allem weltweite Aufmerksamkeit und erhöht die Distanz zur politischen Haltung im eigenen Land[56].

---

55 Die Inhalte, auf die ich mich hier berufe, sind unter folgendem Link nachzulesen: https://wwf.ru/resources/news/unesko/mok-dolzhen-otvetit-za-ekologicheskie-posledstviya-olimpiady-v-sochi/.

56 Im Zuge der Olympischen Winterspiele in Soči protestierte auch die Umweltschutzorganisation *Ökologische Wacht Nordkaukasus*, allen voran ihr Vorstandsmitglied Evgenij Vitiško. Über seine Aktivitäten und die daraus resultierenden Konsequenzen berichteten auch renommierte Zeitungen im deutschsprachigen Raum, auf die

In wieder einer anderen Situation sehen sich Protestbewegungen, die nicht von einer registrierten Organisation veranstaltet, sondern von Bürgern und Aktivisten durchgeführt werden. So müssen deren Demonstrationen grundsätzlich angemeldet und genehmigt werden, im Zweifelsfall kann der Staat aber nur eine Strafe gegen das Demonstrationsverbot verhängen (Organisationen können hingegen bei Fehlverhalten als „ausländische Agenten" deklariert werden). So ist etwa die weltweite Bewegung *Fridays For Future* (*FFF*) auch in Russland aktiv, allerdings ist ihre Tätigkeit bislang nicht so bekannt wie etwa in der EU. Auch Greta Thunberg, die von Anfang an hinter der Bewegung steht, ist bislang noch nicht in Russland aufgetreten. Einer der zentralen Aktivisten im Land ist Aršak Makičjan, mit dem u.a. ein Interview in der Zeit nachzulesen ist[57], in dem er der Regierung vorwirft, sich vor allem vor einer ökologischen Revolution zu fürchten, da Politiker an den Öl- und Gasvorkommen des Landes sehr viel Geld verdienen. Mit Makičjans Aktivitäten hängt aber auch die Tatsache zusammen, dass Greta Thunberg öffentlich dazu aufrief, die Kampagne in Russland stärker zu etablieren. Besonders wichtig ist auch hier, dass die Bewegung und ihre einzelnen Akteure sich um internationale Aufmerksamkeit bemühen, worüber das dialogorientierte Aufklärungsportal *Теплица социальных технологий* (wörtlich: *Gewächshaus sozialer Technologien*) berichtete[58]:

---

an dieser Stelle verwiesen sei (https://www.faz.net/aktuell/sport/sportpolitik/olympiakritiker-jewgeni-witischko-ist-aus-der-haft-entlassen-worden-13981465.html und https://www.nzz.ch/haftstrafe-fuer-olympiakritiker-in-russland-1.18242050). Vitiško wurde zu drei Jahren Straflager verurteilt, nachdem er selbst eine Plakataktion am Zaun eines Grundstücks des Gouverneurs von Krasnodar, Aleksander Tkačev, startete. Seine Organisation kritisierte in einem Bericht unter anderem die Umzonungen im Naturschutzgebiet, die Infrastrukturprojekte ermöglichten. Nach 22 Monaten wurde er aus der Haft entlassen, Proteste seiner Organisation waren während der Spiele nicht genehmigt worden.

57 Das Interview ist verfügbar unter https://www.zeit.de/campus/2019-09/klimaschutz-russland-streik-greta-thunberg-aktivismus-angst. Darin wird u.a. erwähnt, dass Makičjan oftmals keine Demonstrationsgenehmigung erhielt und dass er deshalb meistens alleine mit einem Plakat in der Hand auf dem Moskauer Puškinplatz protestierte.

58 Ein guter Überblick über die Bewegung und ihre bisherige Entwicklung in Russland findet sich unter https://te-st.ru/reports/meetup-fridays-for-future/, die hier angeführten Zitate und Informationen sind dieser Homepage entnommen. Demnach wurde Thunberg in Russland bekannt, nachdem zur Debatte stand, ob sie den Friedensnobelpreis erhalten soll, aber auch nachdem Russland das Pariser

> Перед второй глобальной забастовкой, которая должна была пройти 24 мая 2019 года, Аршак Макичян запустил флешмоб #LetRussiaStrikeForClimate, чтобы люди из других стран могли поддержать климатических активистов в России.

Das zeigt, dass die Aktivisten viel eher auf eine Unterstützung aus dem Ausland hoffen als aus den Reihen der eigenen Politiker. Makičjan selber sagte dazu:

> Начиналось все скромно: с одного сообщения в «Твиттере». Постепенно все больше и больше активистов присоединялись, и на данный момент в нем приняли участие тысячи людей со всего мира.

Sichtbarkeit im internationalen Maßstab ist eine zentrale Angelegenheit von Nichtregierungsorganisationen und Protestbewegungen in Russland, die oftmals im eigenen Land wenig mediale Aufmerksamkeit erfahren. Daher ist es in Anlehnung an Teun van Dijk umso wichtiger, in der Strategie des gezielten Werbens um Aufmerksamkeit ausländischer Beobachter eine ideologische Komponente zu sehen. Demnach sind Ideologien die zentrale Grundlage für soziale Repräsentationen bestimmter Gruppen (detailliert bei van Dijk 1998), sie fungieren aber auch als ein abstraktes Geflecht von Vorstellungen, die situativ aktiviert werden können (van Dijk 2003b: 210):

> Ideologies and other social representations control discourse and other social practices of group members. They are able to do that only when their natural and abstract properties also apply in specific situations, to specific actors, actions and events. That is, besides the social psychology of group beliefs, we also need an individual psychology of personal beliefs and experiences, namely those of individual social actors and speakers.

Damit wird im Rahmen des russlandspezifischen ökologischen Diskurses sehr deutlich, dass Politiker und Parteien in vielen Punkten andere Ziele anstreben als Nichtregierungsorganisationen, da beide unterschiedliche *Ideologien* verfolgen. Des Weiteren stehen zahlreiche Vorwürfe im Raum, die von Naturschutzorganisationen und Bürgerbewegungen erhoben werden, etwa der Verstoß gegen geltende Umweltschutzmaßnahmen im Rahmen von Großprojekten wie der Olympiade in Soči. Sollten diese Vorwürfe sich als begründet und korrekt erweisen, dann ist der wert-zweckorientierte politische Kurs *nicht präskriptiv* in Bezug auf den Umweltschutz, sondern hauptsächlich *deklarativ* orientiert. Bei einer genaueren Überprüfung ergeben sich eine ganze Fülle von konträren

---

Übereinkommen zur Einschränkung der Erderwärmung im September 2019 unterzeichnete. Auch in diesem Text geht es um die Rolle Makičjans in Bezug auf die Maßnahmen, die die Bewegung in Russland ergreift.

Sprachhandlungsstrategien, die sich bei primär politischen Institutionen und Nichtregierungsorganisationen unterscheiden, und das selbst dann, wenn sie von ein und demselben Sachverhalt handeln (Umweltschutz, Artenbestand usw.), was die folgende Gegenüberstellung in Tabelle 5 illustriert:

Tab. 5: Sprachhandlungsstrategien in Politik und NGOs.

Primäre und offizielle Institutionen der Politik	*Beispiel*	*Nichtregierungs-organisationen*	*Beispiel*
(positive) Darstellung der Dinge	Я вообще считаю, что у нас очень много было хороших и полезных практик[59].	*Infragestellung*	Сейчас в России не существует нормального лесного хозяйства[60].
Eigenlob, umweltpolitische Maßnahmen loben	Недавно был создан информационно-аналитический центр поддержки заповедного дела, открываются визит-центры. Намечена реализация проектов «Дикая природа России: сохранить и увидеть», «Чистая страна», «Чистая вода»[61].	*Versäumnisse anprangern, Kritik an den Maßnahmen*	Государство плохо тушит, потому что плохо видит[62]. Из-за спешки не были проведены инженерно-геологические изыскания[63]. Сами проекты были очень низкого качества и не учитывали крайне сложные природные условия[64].

59 Interview der TASS mit dem damaligen Umweltminister Dmitrij Kobylkin am 25. Mai 2018 unter http://www.mnr.gov.ru/press/publication/glava_minprirody_rossii_dmitriy_kobylkin_v_intervyu_agentstvu_tass_rasskazal_o_perestanovkakh_v_mini/.

60 Greenpeace zur Lage der russischen Wälder unter https://greenpeace.ru/projects/lesa-i-osobo-ohranjaemye-prirodnye-territorii/.

61 Die Vorsitzende des Staatsrats Valentina Mitvienko auf dem VIII. Internationalen ökologischen Neva-Kongress in Sankt-Petersburg im Mai 2017, http://council.gov.ru/events/news/80595/.

62 Titel eines Beitrags zu den Bränden in Sibirien am 23. April 2020 unter https://greenpeace.ru/blogs/2020/04/23/gosudarstvo-ploho-tushit-potomu-chto-ploho-vidit/.

63 Der WWF zur Vorbereitung der Olympiade in Soči, https://wwf.ru/about/positions/sochi2014/.

64 Der WWF über die Bauausführung der Olympiade in Soči, https://wwf.ru/about/positions/sochi2014/.

Tab. 5: Fortsetzung

Primäre und offizielle Institutionen der Politik	***Beispiel***	***Nichtregierungs-organisationen***	***Beispiel***
Vorbildfunktion und Verantwortungs-bewusstsein der Politik unterstreichen	Мы ужесточили сейчас экологические требования к предприятиям…[65] В странах СНГ приняты важные решения в области рационального природопользо-вания, сохранения окружающей среды и обеспечения экологической безопасности[66].	*Vorbildfunktion und verantwortungsbe-wusstes Handeln der Politik abstreiten*	Под предлогом нужд Олимпиады значительно ослаблено природоохранное законодательство в области особо охраняемых природных территорий и экологической экспертизы[67]. Итоги 2019: репрессии против экологов и рост протеста[68].
Kompromissorientiert, um Gewinne zu erzielen	Конечно, как я уже сказал в самом начале, это требует вложения средств, но нужно понимать, что экологически чистые технологии – это не только приоритет, это в конечном итоге приводит и к серьёзному экономическому выигрышу[69].	*Kompromisslos ohne Gewinne erzielen zu wollen*	[Экозащита] заявляет: у нас нет прав на компромиссы в защите Матери-Земли…[70] Естественно, мы обсуждали, готовы ли мы пойти на подобный компромисс. И мы решили, что не хотим признавать себя иностранным агентом по ряду причин[71].

(*fortgeführt*)

65 Artikel zu Putin und seinem ökologischen Programm vom 01. März 2018, abrufbar unter https://www.ridus.ru/news/271840.

66 Valentina Mitvienko auf dem VIII. Internationalen ökologischen Neva-Kongress in Sankt-Petersburg im Mai 2017, http://council.gov.ru/events/news/80595/.

67 Der WWF beklagt die gravierenden Fehler, die rund um die Olympischen Spiele zu Umweltverschmutzungen geführt haben, https://wwf.ru/about/positions/sochi2014/.

68 Titel eines Beitrags zur Umweltpolitik in Russland, https://ecodefense.ru/2019/12/24/resalts-2019/.

69 Vladimir Putin am 27. Dezember 2016. Online: http://kremlin.ru/events/president/news/53602.

70 Statut der *Ökoverteidigung!* unter https://ecodefense.ru/about-2/.

71 Der *Ökoverteidigung!* wurde nahegelegt, selbst um die Aufnahme ins Register als „ausländischer Agent“ zu bitten, um Nachteile zu verhindern, was aber abgelehnt wurde, s. https://ecodefense.ru/2014/11/26/eurobel/.

Tab. 5: Fortsetzung

Primäre und offizielle Institutionen der Politik	***Beispiel***	***Nichtregierungs-organisationen***	***Beispiel***
Politik nimmt die Probleme ernst	Обозначу самые острые экологические проблемы, которые требуют приоритетного решения[72].	*Politik nimmt die Probleme nicht ernst*	Правительство отказалось выделить финансирование [...] для программы послеолимпийской реабилитации территории[73].
Zweck ≥ Ziel	[Тема] важна и с точки зрения сохранения здоровья граждан, и с точки зрения экономического развития страны[74]. Дмитрий Медведев подчеркнул, что «зеленый» вектор развития стал для большинства стран не данью моде, а требованием времени, условием стабильного и безопасного роста экономики, благополучия людей[75].	*Ziel = Zweck*	[Экозащита] стремится к прекращению нарушений прав человека и считает, что права на здоровую окружающую среду и достоверную информацию являются фундаментальными правами каждого человека[76].

Selbstverständlich haben die hier aufgelisteten Beispiele nur exemplarischen Charakter, sie spiegeln aber das wider, was sich in den Programmen und Aktionen von politischen Handlungsträgern und Nichtregierungsorganisationen erkennen lässt. Letztere betonen, nicht politisch aktiv zu sein, etwa die *Ökoverteidigung!*, der *WWF* oder *Greenpeace*, ihnen ist jedoch eine explizite oder implizite Kritik an der Umweltpolitik des Landes gemein. Dies wiederum

72 Putin zur Frage ökologischer Probleme, http://kremlin.ru/events/president/news/53602.

73 Der WWF zu den Maßnahmen, die nach der Olympiade in Soči ergriffen werden müssten unter https://wwf.ru/about/positions/sochi2014/.

74 Putin zur Bedeutung des Umweltschutzes am 27. Dezember 2016, http://kremlin.ru/events/president/news/53602.

75 Dmitrij Medvedev auf dem VIII. Internationalen ökologischen Neva-Kongress in Sankt-Petersburg im Mai 2017, http://council.gov.ru/events/news/80595/.

76 Statut der *Ökoverteidigung!* unter https://ecodefense.ru/about-2/.

zeigt sich vor allem daran, dass man auf den Internetplattformen dieser drei Organisationen von immer wieder neuen problematischen Sachverhalten liest, die der Umwelt Schaden zufügen, mit Eigenlob oder Hervorhebung der Leistungen wird hingegen sparsam umgegangen[77]. Dies hängt womöglich damit zusammen, dass ökologische Fragestellungen im Mittelpunkt stehen sollen, nicht Personen oder ihre Anschauungen. Zudem ist auffällig, dass bei NGOs keine Wert-Zweckorientierung kommuniziert wird, sondern dass ausschließlich die Werte als Überzeugungsmaßstab gelten. Umweltschutz muss demnach auch nicht weiter begründet werden, sondern ist im Interesse aller Bürger, und daher ist auch seine Verteidigung aus Sicht der Umweltschützer selbsterklärend. Komplexer gestaltet sich die Lage in der Politik, denn Naturschutz steht oftmals im Gegensatz zur Nutzung der natürlichen Ressourcen. Saubere Technologien sind teuer, ihr Einsatz würde bedeuten, dass die Preise der Exportwaren auf die Verbraucher umgelegt und sich im internationalen Maßstab erhöhen würden. Die Option, die dann bleibt, ist die Einbindung ökologischer Konzepte in die Wirtschaftspolitik, so dass wirtschaftliches Handeln und Stabilität durch umweltpolitische Eingriffe zur Erschließung von Rohstoffen hervorgehoben werden. Gelungener Umweltschutz ist für die Politik ein positiver Nebeneffekt, der sich wiederum für die Sprachstrategie des *Eigenlobs* oder des *Verantwortungsbewusstseins* anbietet. Die Wert-Zweckorientierung ist die Überzeugungsstrategie, mit der die Politik Großunternehmen auf internationale Geschäfte vorbereitet; ein Faktor, der für Nichtregierungsorganisationen entfällt und sich daher auch nicht in dieser Form beobachten lässt. Im Sinne des Volgograder Sprachwissenschaftlers Vladimir Karasik könnte man auch von *Speech Clouding* seitens der Politik sprechen: Diese Form der Verschleierung des tatsächlichen Inhalts kann in sehr unterschiedlichen Formen auftreten und muss nicht explizit eine Fehlinformation sein, sondern kann (oder soll) die Aufmerksamkeit der Zuhörer in eine andere Richtung lenken als im gegebenen Kontext eigentlich erforderlich wäre. Eine mögliche Form wäre demnach die sog. *modus hypertrophy* (Karasik 2018: 283), also

> […] emphasising relations between participants instead of the discussion of topical matters […].

77 Eine Ausnahme bildet in gewisser Weise der Umgang mit erfolgreichen Aktionen, die zur Verhinderung geplanter industrieller Projekte geführt haben, so etwa der Baustopp des Baltischen Atomkraftwerks oder einer Mülldeponie in Šies (dazu unter 6.7). Aber auch hier geht es in erster Linie um die Leitprinzipien des Umweltschutzes, die weder an Personen noch an Profitchancen gebunden sind.

Genau das steht bei vielen oben genannten Beispielen der primären politischen Organisationen und ihrer Handlungsträger im Vordergrund: Es werden Sachverhalte dargestellt, die etwa konkrete Umweltprobleme betreffen, und dann wird davon gesprochen, dass Lösungen gefunden werden sollen. Es wird aber nicht auf diejenigen Lösungen eingegangen, die naheliegen. Wenn etwa Vladimir Putin in einer Sitzung des Staatsrats am 27. Dezember 2017 die dringenden Umweltprobleme des Landes nennt, so werden gleichzeitig kaum oder keine naheliegenden Lösungen in Betracht gezogen, etwa die Ölförderung zu drosseln, die Förderung der Rohstoffe aus der Arktis einzuschränken oder ein landesweit funktionierendes Mülltrennungssystem[78] aufzubauen.

Im Unterschied dazu fordern Nichtregierungsorganisationen immer wieder, die ökonomischen Bedürfnisse und profitorientierte Tätigkeiten nicht über den Naturschutz zu stellen. Aus diesem Grund besteht bei ihnen auch keine Barriere, konkrete Maßnahmen zu fordern, die nicht selten den Unmut von Geschäftsleuten auf sich ziehen. Eine zentrale Rolle bei der Präsentation ihrer Aktionen spielen wie auch im Falle der primären politischen Organisationen die Medien. Aus ihnen können Interessenten Informationen zum Stand der Dinge beziehen und sich ein eigenes Bild machen.

6.3 Medien

Für den ökologischen Diskurs ist der Einfluss der Medien von herausragender Bedeutung, denn sie ermöglichen wichtige texttheoretische und interdisziplinäre Fragestellungen (Schäfer 1997: 156). Daher sollen zunächst einmal die Merkmale und Besonderheiten der russischen Medienlandschaft kurz dargestellt werden, bevor ihre Relevanz für den ökologischen Diskurs hinterfragt werden kann. Es lassen sich im Wesentlichen vier Medientypen nennen, die Beachtung verdienen, nämlich das Fernsehen, das Radio, die Printmedien, und das Internet[79]. Die meisten Bewohner Russlands beziehen ihre Informationen

---

78 Auch wenn von Letzterem auf der Sitzung immer wieder die Rede ist, so wird nicht vorgeschlagen, Mülltrennung verbindlich vorzuschreiben, was zwar ein Schritt in die richtige Richtung wäre, aber in der Praxis momentan noch nicht umfassend realisierbar scheint (http://kremlin.ru/events/president/news/page/187). Somit wird zwar gezeigt, dass ein Problembewusstsein vorhanden ist, aber eine konkrete Maßnahme wird nicht genannt, selbst wenn sie wie in diesem Fall vollkommen naheliegend ist. Auch das unterstreicht, dass letztlich nicht der Wert, sondern der Zweck in erster Linie als Leitfaden dient.

79 Ab hier zitiert nach Orttung/Walker (2013: 2–6).

aus dem Fernsehen, so dass diesem Medium nach wie vor eine zentrale Rolle für die öffentliche Meinungsbildung zukommt. Die Qualität des Sendeprogramms beurteilen Robert W. Orttung und Christopher Walker (2013: 2) wie folgt:

> Die staatlich kontrollierten Medien liefern heute keine seriöse oder ausgewogene Berichterstattung zu Ereignissen an der Spitze des politischen Systems in Russland. Sie bieten auch kein Forum für eine freie und offene Debatte von Ideen. Stattdessen sind die staatlichen Medien damit beschäftigt, die Zuschauer mit einer offiziell gebilligten Version dessen zu versorgen, was in Russland und der Welt geschieht.

Da die wichtigsten staatlichen Fernsehanstalten (*Erster Kanal*, *Rossija*, *Kultura*, lokale *RTR*-Kanäle) ähnlich wie auch anderswo in der Welt regierungsnah berichten, ist heute nicht nur für die politische Opposition, sondern insbesondere auch für Umweltschützer das Internet das mit Abstand relevanteste Kommunikationsmedium. Dennoch dürfte es noch viel Zeit in Anspruch nehmen, bevor das Fernsehen insgesamt an Bedeutung verliert. Erschwerend wirkt sich zudem die negative Bewertung der Pressefreiheit aus, die im Jahre 2013 von den „Reportern ohne Grenzen" mit Platz 148 von 179 beziffert wurde[80]. Zudem besitzt der Staat eine Vielzahl aller landesweiten Sender, er verfügt somit über ein wichtiges Kontrollinstrument, dem sich lediglich einige wenig verbreitete Printmedien bis zu einem gewissen Grad entziehen können. Vor allem die finanziell eingeschränkten Möglichkeiten und die ungünstigen Arbeitsbedingungen für Journalisten sind zu berücksichtigen, wenn es um ökologische Fragestellungen geht, denn Orttung/Walker (2013: 3) schreiben weiter:

> Printjournalisten und Redakteure sind zunehmend auf Unterstützung durch die öffentlichen Haushalte angewiesen und sehen sich regelmäßig Einschüchterungsversuchen, Klagen und anderen Formen der Drangsalierung ausgesetzt, wenn sie über sensible Themen berichten.

---

80 Im Jahr 2020 wurde das Land auf Platz 149 geführt, siehe https://www.reporter-ohne-grenzen.de/rangliste/rangliste-2020/ueberblick/. Es lassen sich also keine maßgeblichen Unterschiede zur Situation im Jahre 2013 feststellen, sondern der von Robert W. Orttung und Christopher Walker beschriebene Negativtrend setzt sich offenbar schleichend fort. Dass es aber dennoch in Russland Zugang zu sämtlichen Informationsquellen gibt, auch aus dem Ausland, erklären Irina Busygina und Michail Filippow wie folgt: „Warum sollten in einer Nicht-Demokratie die Kommunikationstechnologien und die Netzwerke nicht unterdrückt werden? Unsere These lautet, dass für eine undemokratische Regierung durch einen freien Informationsfluss zwar beträchtliche Kosten und Risiken entstehen können, der geschickte Einsatz der gleichen Kommunikationskanäle ihr aber auch einen spürbaren politischen und wirtschaftlichen Nutzen bescheren könnte" (Busygina/Filippow 2013: 10).

Als freier in ihrer Berichterstattung werden die Radiosender dargestellt, etwa *Echo Moskvy*, aber auch hier wird der Handlungsspielraum eingeschränkt. Sender, die mehrheitlich ausländischen Unternehmen gehören, haben demnach in Russland keine Sendeerlaubnis, so dass etwa *Radio Free Europe/Radio Liberty* seine russischsprachige Sendung einstellte. Deutlich schwieriger ist es hingegen, dass Internet zu kontrollieren, das heute viele junge Leute nutzen, um sich Informationen zu beschaffen, die über die der staatlichen Medien hinausgehen. Dies dürfte den Behörden auf Dauer ein Dorn im Auge sein:

> Angesichts der Potentiale des Internet für die Mobilisierung von Straßenprotesten betrachtet die Regierung Online-Aktivitäten als eine echte Bedrohung für die eigene Position. (Orttung/Walker 2013: 4)

Aus diesem Grund wurde 2012 beschlossen, das Internet von der staatlichen Aufsichtsbehörde, dem Föderalen Aufsichtsdienst für Fernmeldewesen, Informationstechnologien und Massenkommunikation der Russischen Föderation (kurz *Roskomnadsor*) filtern zu lassen und nach Bedarf unliebsame Seiten ohne Gerichtsbeschluss zu sperren[81]. Die wichtigste Erkenntnis ist aber, dass bestimmte Informationen gar nicht bekannt gemacht werden sollen:

> Für die Regierung ist die Verhinderung einer offenen Diskussion über das, worauf es tatsächlich ankommt – Nachrichten und Informationen über Politik, Haushaltsentscheidungen und wirtschaftliche Interessen der Regierung – von größter Bedeutung. (Orttung/Walker 2013: 5)

Auch in der Bundeszentrale für politische Bildung erschien im Jahr 2018 ein lesenswerter Überblick über die aktuelle Lage der Medien in Russland[82]. Auch dieser Text verweist auf die vorherrschende Präsenz des Fernsehens, welches rund 90% der Bürger des Landes als bevorzugte Informationsquelle konsumieren. Dies bedeutet, dass sie vor allem mit der offiziellen Meinung der Staatsführung konfrontiert werden, denn:

> Das Fernsehen wirkt in nahezu allen politischen Fragen als Sprachrohr des Kreml, es ist zentrales Kommunikationsinstrument der russischen Regierung […]. Dazu gehört auch, dass die staatlichen und staatsnahen Kanäle Teile der russischen Opposition immer wieder als ‚Fünfte Kolonne' bezeichnen.

---

81 Am 01. November 2019 trat das Gesetz über die Souveränität des Internets in Kraft, welches ermöglichen soll, das Internet komplett unter staatliche Kontrolle zu bekommen, siehe dazu unter https://www.tagesschau.de/ausland/russland-internet-kontrolle-101.html.

82 Ab hier alle Angaben zitiert aus Kutscher/Himmelspach 2018, online abrufbar unter http://www.bpb.de/internationales/europa/russland/47996/medienlandschaft.

Es liegt nahe, dass dies von weitreichender Bedeutung für Umweltorganisationen und Naturschützer ist. Nach dieser Darstellung ist es unwahrscheinlich, dass das Staatsfernsehen beispielsweise über Umweltschäden berichtet, die im Zuge der Baumaßnahmen zur Fußballweltmeisterschaft 2018 entstanden sind.

Printmedien werden in Russland vergleichsweise selten konsumiert, Kutscher und Himmelspach sprechen von nur rund fünf Prozent der Bevölkerung, die (fast) täglich Zeitungen lesen. Über die Hälfte der Einwohner des Landes liest hingegen nie oder fast nie eine Zeitung, für Zeitschriften wird der Anteil der Leserschaft noch geringer beziffert. Die Boulevardblätter *Argumenty i Fakty* und *Komsomol'skaja Pravda* sind die am weitesten verbreiteten Printmedien, und auch sie gelten als staatsnah. Printmedien, die staatskritisch berichten, existieren zwar auch, sie werden im Land jedoch nur von einem bis zwei Prozent der Bevölkerung gelesen, weshalb sie oftmals auf Internetausgaben umgestellt wurden. Man könne trotz aller Besonderheiten aber nicht von einer „schwarz-weißen Medienlandschaft" sprechen:

> Russlands Medienlandschaft ist vielschichtig und dynamisch.

Das gilt vor allem in den einzelnen Regionen, in denen die lokalen Medien oftmals nicht nur unabhängig sind, sondern auch gut recherchierte Informationen weitergeben (heutzutage auch oft online)[83]. Hier wird u.a. von politischen Aktivitäten und Demonstrationen berichtet, die in den Staatsmedien keine Erwähnung finden, allerdings sind diese Kanäle oftmals räumlich begrenzt bzw. nur von regionalem Interesse, so dass ihr Ausstrahlungsradius letztlich überschaubar bleibt.

Insgesamt stellt sich heutzutage das Internet mit seinen facettenreichen Möglichkeiten als wichtigster Informationskanal derer dar, die Nachrichten abseits der Staatsmedien empfangen möchten. Blogs, Foren, soziale Medien wie Facebook und YouTube sind leicht zugänglich und ermöglichen eine weiträumige Vernetzung von Journalisten oder politisch Interessierten, die nicht in den Staatsmedien zu Wort kommen. Betreiber einzelner Kanäle finanzieren sich im Wesentlichen durch Abonnements und Spenden. Letztlich ist dies auch

---

83 Die Bedeutung der regionalen Medienlandschaft Russlands hat 2006 der Rostocker Politologe André Ballin untersucht. Er merkt hinsichtlich der Printmedien an, dass die Leserschaft der landesweit erhältlichen Moskauer Zeitungen oft auf die Hauptstadt und ihr Umland beschränkt ist. Zwei Drittel der russischen Bevölkerung in den Provinzstädten beziehen ihre Informationen aus lokalen Quellen, die „große Politik" spielt dabei eine geringere Rolle als die Personen und Sachverhalte, die dem Rezipientenkreis bekannt sind (Ballin 2006: 60).

der Grund dafür, warum Umweltaktivisten sich ins Internet zurückgezogen haben, da hier oftmals die einzige Möglichkeit besteht, ihre Anliegen medial zu streuen.

Nach diesem allgemeinen Verweis auf die Besonderheiten der russischen Medienlandschaft soll nun der mediale Diskurs kurz theoretisch eingeordnet werden. Daniel Kock (2010) stellt in seiner Monographie den Mediendiskurs im kulturellen Kontext vor; ein Ansatz, der auch die vorliegende Studie beeinflusst, schließlich spielen kulturspezifische Parameter eine zentrale Rolle für die Rezeption bestimmter Informationen, die in den Medien gestreut werden. Es geht also nicht in erster Linie um die Frage, ob die Medien in einem Land frei und unabhängig berichten dürfen oder nicht, sondern darum, was in welchem Kontext dargestellt wird, welche Strategien sich dahinter verbergen und welche kulturspezifischen Referenzpunkte genutzt werden, um die Rezipienten zu überzeugen. Kock bezieht sich in seinen Ausführungen auf Niklas Luhmann, der eine Eigengesetzlichkeit von Kommunikation postuliert, in der die Information, die Mitteilung und das Verstehen interagieren (Kock 2010: 82). Diese Komponenten sind natürlich wegweisend, um Kommunikation überhaupt zu ermöglichen und werden in ein erweitertes theoretisches Modell in Anlehnung an Luhmann eingebettet. Die darin enthaltenen Parameter bilden Systemebenen ab, die erforderlich sind, um sprachliches Handeln zu realisieren, wobei die Ausprägung der kommunikativen Ebene genauer hinterfragt wird. Wenn man nun die Massenmedien als eigenständiges Kommunikationssystem beschreiben möchte, so kann man die Ausführungen als Bündelung wesentlicher Faktoren begreifen, die oft in den Vordergrund rücken. Die Medien arbeiten mit der Streuung gewisser Themenkomplexe, deren kausale Zusammenhänge in Bezug auf einen zeitlichen Faktor verortet werden. Gleichzeitig werden damit aber auch Informationsstrukturen weitergegeben, die inhaltlich koordiniert werden müssen. Nun stellt sich natürlich die Frage, warum bei Kock nicht auch Kultur als fundamentale Größe für sein Modell einbezogen wird, man kann aber annehmen, dass sich seine Darstellung auf einen Kulturkreis projizieren lässt und erst dadurch eine diskurssensitive Anwendung erfahren kann.

Massenmedien dienen zweifelsfrei dazu, Standpunkte zu kommunizieren und dabei „gewünschte Ergebnisse durch Überzeugungsleistungen“ (Brand 2012: 67) zu erzielen, sie produzieren eine symbolische Wissensordnung und lassen sich interpretativ erschließen (Karis 2013: 81)[84]. Möchte man nun diesen

84 Karis verweist darauf, dass ein Mediendiskurs Instabilität und Veränderung beinhaltet und sogar voraussetzt. Daher bleibt die vermittelte Ordnung auch immer prekär und unabgeschlossen (Karis 2013: 80).

interpretativen Ansatz beibehalten, so ist es sinnvoll, sich auf narrative Teilelemente zu konzentrieren, die in den Medien zum Einsatz kommen und einen Bezug zu ökologischen Themen aufweisen. Dazu schreibt Karis (2013: 81):

> Thematische Diskurse wie der Mediendiskurs [...] bestehen aus einer Mehrzahl von separat fassbaren Narrativen, die sich analytisch beschreiben lassen. Anders gesagt ist der Diskurs nur in Form von Narrativen sichtbar und für empirische Forschung beobachtbar.

Dieser Ansatz dient Karis, um Rückschlüsse auf die Kultur zu ziehen[85] und in kleinen Einheiten zu erfassen, welche medialen Konzepte durch Narrative entstehen (Karis 2013: 82). Genau diese Narrative gilt es für den ökologischen Diskurs in Russland zu hinterfragen und ihre mediale Einbettung zu kategorisieren. Dazu ist es wiederum erforderlich, auf ein eingegrenztes Korpus[86] zurückzugreifen und nach bestimmten Schlüsselwörtern, Kollokationen, Konstruktionen o.ä. zu suchen, die für den ökologischen Diskurs relevant sind. Die Vorgehensweise ist an dieser Stelle folgende: Zunächst sind Wörter, die eine hohe Signifikanz für den ökologischen Diskurs haben zu identifizieren, bevor anschließend geprüft werden kann, in welcher Form sie in bestimmten Medien vorkommen. Daraus lassen sich Rückschlüsse auf ihre Frequenz im Diskurs generieren, woraus wiederum Interpretationen zu Narrativen möglich werden.

Beginnt man mit einer Zusammenstellung der relevanten Schlüsselwörter, so bieten sich assoziative Wörterbücher an. Im *Учебный ассоциативный словарь русского языка* werden etwa sprachliche Konzepte klassifiziert, die in Form von assoziativen Kollokationen gebündelt vorgestellt werden. Vor allem Sprachlerner und diejenigen, deren Muttersprache nicht das Russische ist, sollen eine solide Orientierung zur Sprachverwendung und der inhaltlichen Aufladung russischer

---

85 Anke Schäfer (1997: 157) stellt den Zusammenhang von Kultur und Medienlandschaft wie folgt dar: „Wenn sich in jeder Sprache, wie Wilhelm von Humboldt sagte, der Geist der Nation spiegelt, trifft dies in besonderem Maße auf die Sprache der Massenmedien zu. Sie bündeln und kanalisieren Wertmaßstäbe und Intensionen ihrer gesellschaftlichen Akteure und bestimmen dadurch das Bewußtsein ihrer Rezipienten in entscheidendem Maße."

86 Dazu müssen zunächst zwei Formen von Medien grundsätzlich voneinander abgegrenzt werden, nämlich diejenigen, die die gesprochene Sprache einsetzen (TV, Radio, Internet), und diejenigen, die sich auf gedruckte bzw. schriftliche Berichterstattung fokussieren (Printmedien, Internet). Einleitend wurde darauf verwiesen, dass die vorliegende Studie ausschließlich mit schriftlichen Quellen operiert, weshalb nur Materialien ausgewertet werden, die in schriftlicher Form zugänglich sind.

sprachlicher Konzepte bekommen. Die Autoren dieses assoziativen Wörterbuchs schreiben in ihrem Vorwort:

> Словарь назван ассоциативным, потому что в нем представлены ассоциативные связы, существующие в сознании носителей русского языка. Все они являются формой отображения национальной русской културы в слове. (Tarasov/Dronov/Oščepkova 2017: 7)

Ein Kapitel ist den assoziativen Erscheinungen, die im Russischen mit dem im ökologischen Diskurs zentralen Lexem *Natur* (*природа*) in Verbindung gebracht werden gewidmet. Die einzelnen dazugehörigen Lemmata, aber nicht das Hyperonym selbst (*природа*) werden definiert, anschließend werden in alphabetischer Reihenfolge Termini aufgezeigt, die damit in Verbindung zu bringen sind und diese um Illustrationen ergänzt, und schließlich werden zu jeder dieser Querverbindungen Beispielsätze angeführt. Im Folgenden werde ich einige darin aufgelistete Assoziationen des Hyperonyms *природа* benennen, deren sprachliche Kombinationsmöglichkeiten in einigen Nachrichtenportalen überprüfen und zudem Daten aus dem Nationalkorpus der russischen Sprache (*Национальный корпус русского языка*, kurz *НКРЯ* oder im Weiteren auch *NKRJa*) zum Abgleich heranziehen[87]. Dadurch soll keine dominante lexikalische Präsenz von Kollokationen festgestellt werden, sondern vielmehr, dass sehr heterogene Lexeme in Verbindung mit dem Hyperonym *природа* stehen[88]. So ist es interessant zu beobachten, welche attributivischen Konstruktionen in Verbindung mit den jeweiligen Einträgen auftreten[89]: Die Ausführungen nach Wullenweber (2004) zeigen, dass sich im ökologischen Diskurs sowohl

---

87 Hier wird bewusst kein Subkorpus ausgewählt, da ein separates Medienkorpus nicht existiert (wohl aber ein multimediales oder ein Zeitungs-Subkorpus).

88 Für das Russische können demnach Assoziationen geltend gemacht werden, die am häufigsten mit dem Lexem *природа* in Verbindung gebracht werden, nämlich *путь*, *свет*, *вода*, *небо*, *воздух*, *земля*, *ветер*, *лес* und *огонь*. Bei nahezu allen handelt es sich um Kernsubstanzen, die ein konstituierendes Merkmal der Natur darstellen. Unproblematisch für die Analyse sind sie deshalb nicht, denn sie können auch in anderen Zusammenhängen auftreten, ohne dass dabei ein Bezug zu Naturvorkommnissen gegeben sein muss. Auffällig ist zudem, dass etwa Lexeme wie *заповедник* hier nicht auftreten, was möglicherweise damit zusammenhängen könnte, dass es schon einen der Natur inhärenten Sachverhalt spezifiziert (also juristischer, geographischer, politischer, historischer usw. Status eines sich in der Natur befindlichen Objekts).

89 Dies funktioniert aber nicht gut oder sogar überhaupt nicht mit den Suchmaschinen der Nachrichtenagenturen und muss daher im russischen Nationalkorpus

die Adjektive *зелёный*, *чистый* und *экологический* als auch die Substantive *защита* und *загрязнение* für eine Auswertung anbieten, da diese, aber auch andere für den Diskurs ausgesprochen charakteristisch sind (Wullenweber 2004: 135, 156, 166 u.ö.)[90]. Nun kann man ausgehend von einigen oben erwähnten Lexemen, die mit dem Substantiv *природа* in Verbindung gebracht werden, Hypothesen aufstellen, die sich im Hinblick auf mögliche Kollokationen anbieten und daraus wiederum ableiten, welches Narrativ in einem bestimmten medialen Rahmen charakteristisch ist, also welcher Referenzen sich Texte mit Bezug zur Natur tendenziell bedienen. Es sei davon ausgegangen, dass folgende Konstruktionen möglich sind, dass aber angenommen wird, dass nicht alle davon vielversprechend für Analysen sind, wenn ihre Frequenz als gering eingeschätzt wird[91]:

Tab. 6: Annahmen in Bezug auf mögliche Frequenzen von Attributivkonstruktionen.

зелёная природа	→	als wenig frequent eingeschätzt
чистая природа	→	als frequent eingeschätzt
экологическая природа	→	als wenig frequent eingeschätzt
защита природы	→	als frequent eingeschätzt
загрязнение природы	→	als frequent eingeschätzt

Für eine Überprüfung möglicher Konstruktionen oder Häufigkeitsstrukturen im Hinblick auf das Vorkommen bestimmter Wörter bietet es sich an, zunächst einmal russische Nachrichtenonlinedienste aufzurufen und entsprechende Anfragen durchzuführen[92]. Demgegenüber ist ein Vergleich mit den

durchgeführt werden, siehe dazu weiter unten. Hier beschränke ich mich ausschließlich aus dem Grund, dass die Voraussetzungen für eine entsprechende Suchanfrage nicht hinreichend gegeben sind, allein auf das Vorkommen von Wörtern in bestimmten Medien. Aufschlussreich ist dieses Vorgehen m. E. dennoch, siehe auch dazu später.

90 Ungeachtet dessen kann es natürlich zu einer Vielzahl weiterer Assoziationen kommen, die in einem Netzwerk auch modelliert werden können, etwa *широкий* oder *глубокий* für Gewässer usw. Daraus ergibt sich aber auch, dass das hier gewählte Vorgehen nur eine von vielen Optionen darstellt und sich auf eine Auswahl beschränkt, die für den ökologischen Diskurs besonders relevant ist.

91 Diese Zusammenstellung beruht auf der Annahme, dass entsprechende Kollokationen im ökologischen Diskurs in unterschiedlicher Frequenz auftreten.

92 Hier wird die Gesamtzahl aller Suchergebnisse angegeben. Ausgegangen wird stets von der kongruenten Nennform zusammengehöriger Lexeme. So wird beispielsweise nach *экологическая* + *природа* oder *загрязнение* + *природа* gesucht. Die

Daten interessant, die sich in denjenigen Medien vorfinden, die von Umweltaktivisten genutzt werden. Nun steht es außer Frage, dass Letztere im Gegensatz zu anderen Informationskanälen bereits auf Grund ihrer inhaltlichen Ausrichtung deutlich öfter auf ökologisches Vokabular zurückgreifen. Ungeachtet dessen sind die Erkenntnisse interessant, welche sich aus einem Vergleich ergeben. Zunächst einmal zeichnet sich folgendes Bild bei den größten staatlichen Nachrichtenagenturen des Landes ab[93]:

Tab. 7: Das Vorkommen des Lexems *природа* in Verbindung mit anderen Lexemen in ausgewählten russischen Onlinemedien. Die häufigsten Vorkommnisse sind hervorgehoben.

Природа	*зелёная*	*чистая*	*экологическая*	*защита*	*загрязнение*
RIA Novosti[94] (www.ria.ru)	2.342	2.345	**6.015**	4.209	1.337
Komsomol'skaja Pravda[95] (www.kp.ru)	1.470.000	421.000	667.000	**1.550.000**	212.000

Suchfunktionen der einzelnen Plattformen unterschieden sich teilweise im Hinblick auf den Zeitfilter erheblich, so dass hier erst einmal nur die Auswertung aller Ergebnisse relevant ist. Das Verfahren lässt sich natürlich verfeinern, wenn weitere Parameter hinzugezogen werden, s.u.

93 Hier werden explizit nicht alle Assoziationen untersucht, da viele von ihnen nicht nur im ökologischen Diskurs vorkommen, sondern im Wesentlichen außerhalb davon angesiedelt sind. Zur Illustration bietet sich jedoch eine Exemplifizierung an. Die Daten wurden am 12.05.2020 überprüft.

94 Die unter dieser Homepage erstellten Anfragen lassen sich in der Suchfunktion nicht gut ausfindig machen, denn dort werden alle Artikel angezeigt, in denen alle Wörter einzeln auftreten, z.B. *природа* und *экологическая*. Wir können anhand der angegebenen Zahlen keine Rückschlüsse auf das Vorkommen der Kollokationen, sondern auf den Umfang der Textdokumente ziehen, in denen die Suchbegriffe erscheinen. Dies macht eine Aussage darüber, welche Kollokationen überhaupt vorkommen, nicht möglich, es zeigt aber sehr wohl, wie viele Dokumente in Verbindung mit ökologischen Schlagwörtern zu bringen sind.

95 Die Suche in der Komsomol'skaja Pravda stellt sich noch schwieriger dar, denn hier wird man auf Suchmaschinen wie Google oder Yandex umgeleitet und erhält eine ganze Fülle externer Verlinkungen als Ergebnis. Die Aussagekraft der hier angegebenen Zahlen ist somit noch deutlich schwächer als bei RIA Novosti.

Tab. 7: Fortsetzung

Природа	*зелёная*	*чистая*	*экологическая*	*защита*	*загрязнение*
Rossijskaja Gazeta[96] (www.rg.ru)	1	**1.261.078**	3.068	2.834	945
Echo Moskvy[97] (www.echo.msk.ru)	5	**338**	133	260	43
Kommersant[98] (www.kommersant.ru)	195	**>1000**	**>1000**	**>1000**	760
Izvestija[99] (www.izvestia.ru)	660	894	**973**	957	281

Aus dieser Gegenüberstellung geht zunächst einmal hervor, dass die Adjektive *чистая* und *экологическая* am häufigsten in Textdokumenten vorkommen, in denen auch das Substantiv *природа* erscheint, *зелёная* hingegen deutlich seltener. Bei den Substantiven dominiert *защита* ganz eindeutig vor *загрязнение*. Vieles hängt bei der Generierung dieser Daten tatsächlich von der Qualität der Suchmaschinen und ihrer Filterfunktionen ab, ungeachtet dessen kann man aber der Gegenüberstellung entnehmen, dass sich einige Tendenzen andeuten. Diese können zwar nicht als Hinweise auf mögliche Attributivkonstruktionen interpretiert werden, weil die entsprechenden Nachweise nicht erbracht werden können, andererseits wird deutlich, dass bestimmte Lexeme eher in Zusammenhang mit *природа* auftreten, andere weniger. So erscheint *зелёная* vergleichsweise selten in einem Dokument, in dem auch *природа* enthalten ist, so dass dadurch die Hypothese gestützt werden könnte, dass die Konstruktion *зелёная + природа* im medialen Kontext eher selten gebraucht wird. Anders verhält es sich hingegen dann, wenn *экологическая* und

96 Hier ist die Darstellung der Ergebnisse einer Suchanfrage vergleichbar mit der bei RIA Novosti.

97 Auf dieser Seite lassen sich einige Filterfunktionen bei den Suchanfragen aktivieren, etwa eine zeitliche Präzisierung.

98 Es lassen sich die Suchanfragen bis 1991 zurückverfolgen, allerdings wird die genaue Anzahl der Einträge nicht angezeigt, sondern man muss zum letzten Suchergebnis vordringen und kann dort erst die Zahlenangabe übernehmen. Sollten mehr als 1000 Ergebnisse vorliegen, so werden aber nur 1000 angezeigt, unklar bleibt dann die tatsächliche Anzahl.

99 Auch hier lässt sich die Suche verfeinern, etwa im Hinblick auf eine zeitliche Eingrenzung oder auf den Materialtyp (Nachrichten, Bild, Video etc).

загрязнение erscheinen: Das Adjektiv *экологическая* kommt häufig in Verbindung mit *природа* vor, *загрязнение природы* jedoch nicht besonders häufig im Vergleich zu *защита природы*. Die Frage ist nun, ob dadurch bereits Aussagen über das Vorkommen konkreter Konstruktionen wahrscheinlich werden und ob sich dies durch eine gezielte Korpusabfrage[100] stützen lässt. Das Ergebnis ist dabei folgendes:

Tab. 8: Vorkommen ausgewählter Konstruktionen in Subkorpora des russischen Nationalkorpus.

Subkorpus	*зелёная природа*	*чистая природа*	*экологическая природа*	*защита природы*	*загрязнение природы*
газетный СМИ 2000-х гг.	0	5	0	6	3
газетный региональный	0	0	0	2	2

Auch wenn die Gesamtergebnisse nur sehr gering ausfallen und deutlich weniger Einträge aufweisen als erwartet, so legen sie dennoch nahe, dass die oben formulierte Annahme zu Vorkommnissen in diesem Fall zutreffend zu sein scheint. Es geht aus den Daten auch hervor, dass eine Stichwortsuche, die attributivische Konstruktionen umfasst, in den Medienplattformen selbst offensichtlich keine hinreichenden Auskünfte darüber geben kann, welche Konstruktionen tatsächlich verwendet werden und wie frequent sie sind. Letztlich ist dadurch die Aussagekraft recht gering, da erstens nur sehr wenige Beispiele im Subkorpus angezeigt werden, und zweitens keine eindeutige Zuordnung in denjenigen Suchanfragen möglich ist, die dafür quantitativ eigentlich deutlich besser geeignet wären. Ungeachtet dessen zeigt sich, dass die Verteilung umweltrelevanter Lexik von unterschiedlichen Medien sehr heterogen genutzt wird, was in erster Linie mit ihrer thematischen Ausrichtung zusammenhängt. Zudem sind Medien, die auf ein möglichst breites Publikum abzielen, nicht auf

100 Hierbei wurde nun gezielt eine Auswahl im Korpus getroffen, da beispielsweise das dialektale oder das mündliche Subkorpus für den vorliegenden Fall nur wenig aufschlussreich erscheinen. Es werden die Einträge angegeben, nicht die Zahl der gefundenen Dokumente. Das multimediale Subkorpus kann hingegen vernachlässigt werden, da keine einzige Suchanfrage erfolgreich war (http://ruscorpora.ru/new/search-murco.html, Überprüfung vom 13.05.2020).

ein einziges Thema fokussiert, sondern bündeln ein vielfältiges Spektrum an Neuigkeiten.

Der Erkenntnisgewinn aus dieser ausschnitthaften Überprüfung lexikalischer Kombinationen muss letztlich dahingehend beschrieben werden, dass Phänomene der Ökologie in den hier zur Auswahl herangezogenen Medien nur sehr eingeschränkt vorkommen. Im Wesentlichen werden sie in die Dokumentation von Tagesgeschehen, Großprojekten oder zentralen politischen Vorhaben eingearbeitet. Dies mag in Anlehnung an die Schematik nach Kock (2010: 83) daran liegen, dass in medialen Diskursen ein Kondensat relevanter Informationen kommuniziert wird, welches sich vor allem aus seinem Bezug zur Gegenwart und den damit verbundenen Mitteilungen speist. Um weite Teile der Bevölkerung zu erreichen, müssen sich Medien also auf Nachrichtenstränge beschränken, die diesen Bezug auch für Laien nachvollziehbar herstellen, und nicht etwa wie eine Fachzeitschrift, die eine themeninteressierte Leserschaft mit einem Spezialthema wie etwa Ökologie, Umweltschutz, Naturphänomenen, Geographie oder Geologie erreichen möchte. In überregionalen Medien wird also eine deutliche Verbindung zwischen tagespolitischen und umweltrelevanten Themenkomplexen hergestellt, so dass es nicht verwundert, dass letztere nur recht eingeschränkt in elektronischen Datenbanken vorhanden sind oder nur spärlich abgerufen werden können. Anders verhält es sich hingegen mit wissenschaftlichen Texten, die sich in aller Regel an ein Fachpublikum richten.

6.4 Bildung und Wissenschaft

In den Bereichen Bildung und Wissenschaft spielt Ökologie in Russland eine wichtige Rolle, erstens weil Warnke/Spitzmüller (2008: 44) davon sprechen, dass Texte zu wichtigen Akteuren werden können, und weil diese zweitens vor allem im Rahmen von Unterrichtseinheiten an staatlichen Schulen, Universitäten und Forschungseinrichtungen ihre Wirkung auf Personenkreise entfalten, die mit dem Themenkomplex der Umwelt und Ökologie in Berührung kommen. Daher sind es vor allem Personen, die an diesen Bildungseinrichtungen eine Ausbildung erhalten oder arbeiten und als zentrale Diskursakteure fungieren (z.B. Lehrkräfte, Schüler, wissenschaftliches Personal usw.)[101], aber auch das

101 Zurzeit gibt es in Russland auch Studienangebote, die im ökologischen Diskurs berücksichtigt werden können, unter anderem folgende: An 168 staatlich anerkannten Hochschulen kann man Ökologie und Naturressourcenmanagement studieren, an 133 Biologie, an 117 Landschaftsmanagement und Vermessungswesen,

Material, mit dem sie sich auseinandersetzen bzw. das sie selbst produzieren (etwa Lehrbücher, Studienbücher, Fachtexte, Sachliteratur oder Forschungsergebnisse). Charles W. Morris spricht daher von der spezialisiertesten Form des designativ-informativen Diskurses, der „höchst adäquat die Aufgabe erfüllt, wahre Informationen über das, was existierte, existiert oder existieren wird" (Morris 1973: 219) hervorzubringen. Bestimmt wird der Diskurs durch Phänomene, die das beste Wissen an einem bestimmten Zeitpunkt abbilden (Morris 1973: 219). Der wissenschaftliche Diskurs wird daher als eine von zahlreichen Diskursformen untersucht und charakterisiert sich dadurch, dass durch ihn die Darstellung von Sachverhalten und Erkenntnissen im Fokus steht:

> Wissenschaftliche Äußerungen sind grundsätzlich Assertiva, mit denen über das informiert wird, was als wahr erkannt worden ist. Die Grundvoraussetzung dafür, eine bestimmte Äußerung dem wissenschaftlichen Diskurs zuzuordnen, ist deshalb ihre Möglichkeit, wahr oder falsch zu sein. [...] Zu unterscheiden sind deshalb wissenschaftliche Äußerungen als *widerlegt* oder *bewiesen* oder *noch nicht bewiesen* (Hypothesen). [...] Funktional ist dem designativ-informativen Makroziel wissenschaftlicher Aussagen das Ziel der größtmöglichen *Präzision* zugeordnet. (Kuße 2012: 228)

Hinzu kommt, dass sich wissenschaftliche Texte dadurch auszeichnen, dass ihre Inhalte relevant für bestimmte Fragestellungen sind, sie können sich also auf wichtige Entscheidungen auswirken und Tendenzen anzeigen. Zu ihren konstitutiven Eigenschaften gehört im Unterschied zu allen anderen Diskursformen neues Wissen zu produzieren (Kuße 2012: 229–230). Mit Verweis auf die Untersuchungen von Morris bedürfen wissenschaftliche Diskurse einer inhaltlichen Bestätigung:

> Äußerungen im wissenschaftlichen Diskurstyp dürfen nicht bloße Feststellungen oder Behauptungen sein, sondern sind nur als Teil der komplexen Sprachhandlung ARGUMENTIEREN *wissenschaftlich*. Sie sind selbst Teil von Begründungen, oder sie sind Äußerungen, die begründet werden, wobei es zunächst einmal nicht entscheidend ist, ob die Begründungen als Beweise akzeptiert werden können (wie in den Naturwissenschaften) oder ob sie plausible Gründe für Meinungen darstellen (in der literaturwissenschaftlichen Textinterpretation). (Kuße 2012: 232)

---

an 73 Agronomie, an 56 Erdöl- und Erdgastechnik, an 55 Geographie, an 54 Biotechnologie, an 47 Bergbau, an 37 Angewandte Geologie, an 36 Landschaftsarchitektur, an 26 Geologie und an 14 Angewandte Geodäsie, um hier nur einige Beispiele zu nennen (vgl. https://vuzoteka.ru/%D0%B2%D1%83%D0%B7%D1%8B/%D1%81%D0%BF%D0%B5%D1%86%D0%B8%D0%B0%D0%BB%D1%8C%D0%BD%D0%BE%D1%81%D1%82%D0%B8).

Wichtig ist dabei, dass Handlungsschritte die Erkenntnisproduktion und somit Ergebnisse des Diskurses strukturieren, gleichzeitig bedient sich der wissenschaftliche Diskurs eigener Strategien, die im Wesentlichen der Binnenstruktur eines wissenschaftlichen Textes entsprechen (Kuße 2012: 243, mit Verweis auf Untersuchungen des russischen Linguisten Vladimir Karasik)[102].

Im Rahmen des wissenschaftlichen Diskurses steht ganz eindeutig der Text als Gegenstand der Analyse im Mittelpunkt, weshalb der Diskurs auch in Verbindung mit Textlinguistik zu hinterfragen ist. Vor allem ab den 1960er Jahren entstanden wichtige textlinguistische Arbeiten, die sich mit der Frage befassten, was Textualität kennzeichnet, wie Texte in sich aufgebaut sind und wie ihre intratextuellen Komponenten modelliert werden können (Daneš 1970, Dressler 1973, De Beaugrande/Dressler 1981 u.v.a.)[103]. Dabei wird vor allem den semantischen Relationen eine herausragende Bedeutung beigemessen (Dressler 1973: 16)[104]. Textkohäsion wird auch in neueren Beiträgen aufgearbeitet und mit modernen Ansätzen beschrieben, so etwa in einem Fachaufsatz von Arianne Reimerink, Mercedes García de Quesada und Silvia Montero Martínez. Darin wird angesprochen, wie Kontext und Bedeutung in einem fachsprachlichen Text konstruiert werden. Es geht um die Relevanz zeitlich abgegrenzter kognitiver Impulse und den *mental space*, wobei hier in Anlehnung an Studien

102 Im Hinblick auf wissenschaftliche Fachtexte ist allerdings damit zu rechnen, dass sie im Unterschied zu anderen Textsorten nicht immer allgemein verständlich sind, sondern ein Spezialwissen voraussetzen. Dies zeigt sich deutlich an Texten, die etwa biologische oder geophysische Prozesse beschreiben und deren Inhalte für Laien schwer zu erschließen sein können.

103 Weiterhin wird davon ausgegangen, dass der wissenschaftliche Diskurs als institutionelle Diskursebene betrachtet werden kann (Karčaeva 2010: 11, Kravcova 2012, Bessonova 2014, Špenjuk 2016 u.a.), was ihn in seiner Reichweite gewissermaßen einschränkt. Dies kann darauf zurückgeführt werden, dass wissenschaftliche Themen in der Regel von Wissenschaftlern oder Interessenten rezipiert werden, wohingegen etwa Medien (Fernsehen, Radio, Internet) auf eine viel breitere Zielgruppe angelegt sind.

104 Auch in neueren Publikationen wird die Bedeutsamkeit der Textlinguistik als eigene Teildisziplin unterstrichen, insbesondere die grundsätzliche Relevanz der Textkohärenz: „Das Prinzip der Wiederaufnahme in seinen verschiedenen Formen ist zwar ein wesentliches Mittel zur Textkonstitution; es liefert aber weder hinreichende noch notwendige Bedingungen dafür, dass eine Folge von Sätzen eine kohärente Satzfolge darstellt, d.h. als Text verstanden wird" (Brinker/Cölfen/Pappert 2014: 40). An dieser Stelle gehen die Autoren also davon aus, dass nicht die Struktur und auch nicht die Wiederaufnahme an sich die Interpretation eines Satzes ermöglicht, sondern das Wissen um seine vermittelten Inhalte, weshalb auch

von Evans und Green zwischen einer *outer-space vital relation* (also textexternen Merkmalen) und einer *inner-space vital relation* (also Relationen innerhalb eines Textes) ausgegangen wird:

> Outer-space relations link two elements that are in different input spaces. Vital relations can be compressed in the blend. The blend tightens the connection that holds between the elements in the outer-space relation. These compressions are called inner-space relations [...]. (Reimerink/García de Quesada/Montero Martínez 2012: 208)

Demnach liegt eine Verzahnung von Faktoren in jeder Aussage vor, welche einerseits an äußere Umstände und Rahmenbedingungen geknüpft, andererseits in ein themenspezifisches Setting eingeordnet ist und darin komplex ausgewertet wird. Die Autorinnen stellen in einer Übersicht zusammen, wie sich diese *vitalen Relationen* verteilen und zeigen dann auf, wie sich *outer-space vital relations* mit musterhaften Wissensstrukturen (*knowledge pattern examples*) verbinden lassen (vgl. Tabelle 9, adaptiert nach den Darstellungen bei Reimerink/García de Quesada/Montero Martínez 2012: 209, 212):

Tab. 9: *Outer-space vital relations*, *inner-space vital relations* und *knowledge pattern examples* nach Reimerink/García de Quesada/Montero Martínez (2012).

outer-space vital relation	***inner-space vital relation***	***knowledge pattern examples***
Time	Scaled time Syncopated time	firstly, secondly, in the first place, step, phase
Space (normally related to part-whole)	Scaled space Syncopated space	right, left, in, on, under, find, encounter, locate, location
Representation	Uniqueness	is another word for, also known as, also called, similar to
Change	Uniqueness	evolve, change

gerade kulturspezifische Phänomene eine Auswirkung auf die Rezeption haben. Gleichzeitig bedeutet dies aber auch, dass vor allem die Komplexität wissenschaftlicher Abhandlungen die Rezeption erschweren kann, oder aber ein fundamentales Fachwissen voraussetzt. Je komplexer die Inhalte sind und je mehr Fachwissen erforderlich ist, um sie zu decodieren, desto mehr erfüllt ein Text das Kriterium der Wissenschaftlichkeit. Daher halten die Autoren auch fest, dass nicht allein grammatische Phänomene, sondern vor allem die Interaktion kognitiver Prozesse eine Textkohärenz überhaupt erst ermöglicht (Brinker/Cölfen/Pappert 2014: 43), was die Frage nach Interaktion von Kulturspezifika und Fachwissen noch weiter in den Vordergrund rückt.

Tab. 9: Fortsetzung

outer-space vital relation	*inner-space vital relation*	*knowledge pattern examples*
Role-value	Uniqueness	A, b and c are all X
Analogy	Identity Category	is a kind of, is a sort of, is classified as, refers to, means
Disanalogy	Change Uniqueness	is different from, differs, varies, distinguish
Part-whole	Uniqueness	composed of, is a part of, is a component of
Cause-effect (bundled with time and change)	Scaled time Uniqueness	influence, promote, lead to, prevent, control
Cause-effect	Property	is a tool for, is made to, is designed for, used for

Besonders in wissenschaftlichen Texten ist die Interaktion von *outer-space vital relations* und *inner-space vital relations* sehr bedeutsam, da eine exakte Wortwahl und genaue Darstellung von Sachverhalten erforderlich ist, um wahre und nachprüfbare Aussagen zu belegen und Erkenntnisse zu dokumentieren, die den aktuellen Wissensstand aufgreifen oder erweitern.

Wie sind nun wissenschaftliche Texte beschaffen und wie werden sie zu diskursspezifischen Konstrukten? Jin Zhao hinterfragt die Standpunkte in der Textlinguistik, die aus seiner Sicht von zwei zentralen Fragen geleitet werden, nämlich was einen Text ausmacht (also die grundsätzlichen Eigenschaften von Texten) und welche Ausprägungen er haben kann (hier geht es im Wesentlichen um die Kategorisierung von Textsorten; Zhao 2018: 1). Nach der Darstellung bei Zhao werden (auch wissenschaftliche) Texte immer im Zusammenhang mit Kulturalität gelesen, die sogar als zentrales Textualitätsmerkmal betrachtet wird (Zhao 2018: 3)[105]. Bei ihm ist die Unterscheidung von *inner-* und *outer-space vital relations* vielmehr eine Verquickung von Faktoren, die sich aus einer kulturspezifischen Wahrnehmung eines Phänomens erklären lassen. Folgt man dieser Darstellung, so ist davon auszugehen, dass kulturspezifischen

105 Eine ähnliche Feststellung finden wir auch bei Andreas Gardt, allerdings mit einem etwas anderen Schwerpunkt: „Eine Selbstverständlichkeit für die moderne Texttheorie (der Sprach- sowie der Literaturwissenschaften) ist auch die Annahme, dass Bedeutungen nicht ‚in Texten liegen', sondern vom Leser am Text gebildet werden. Die sprachlichen Konstituenten des Textes dienen als kognitive Stimuli

Hintergründen auch im Falle russischer wissenschaftlicher Texte eine bedeutsame Rolle zukommt, etwa durch genuine Prägungen und Assoziationen. Eine recht allgemeine Darstellung des Sachverhalts wie bei Zhao (2018: 22) ist zwar dienlich, um den Nexus zwischen Text und Kultur anzudeuten, es fehlen aber zentrale Elemente des Wissenschaftlichen. Die Ausführungen könnten in dieser Form zweifelsfrei auch für andere Textsorten stellvertretenden Charakter haben, etwa für einen Zeitungsbericht oder eine politische Rede. Vor allem das Kriterium der Argumentation müsste als Bindeglied zwischen dem Text, der Kultur und anderen Texten angesiedelt werden, auch die Referenz zur außersprachlichen Wirklichkeit ist nicht zu vernachlässigen, stellt sie doch gerade Laien in Fachtexten vor Verständnisprobleme. Das, was bei Zhao (2018: 22) „Bedeutungsvermittlung mittels Zeichen" genannt wird, stellt seinerseits einen wichtigen Bezugspunkt zur Wissenschaftlichkeit dar, denn damit ist im konkreten Fall Fachterminologie gemeint, „andere Texte" verweisen bei ihm wiederum darauf, dass wissenschaftliche Studien Quellenangaben enthalten.

Im Hinblick auf den ökologischen Diskurs interagieren Fachtexte aber nicht nur mit kulturinhärentem Wissen, sondern sind in erster Linie mit einem fundierten Fachwissen lesbar und verständlich (etwa im Unterschied zum Mediendiskurs, denn Medien reduzieren ihre Zielgruppe nicht unbedingt auf einen speziellen Zuschauerkreis, sondern verfolgen oftmals das Ziel, einen möglichst breiten Rezipientenkreis ohne thematisches Fachwissen zu erreichen). Dadurch wird der wissenschaftliche Teildiskurs an sich schwerer greifbar: Während eine Umweltorganisation auf Probleme aufmerksam machen kann, die auch für Laien sichtbar sind, so wird es ihnen ohne entsprechende Vorbildung möglicherweise schwerfallen, die wissenschaftlichen Prozesse zu beschreiben oder nachzuverfolgen, die sich aus der Perspektive von Geologen, Biologen, Ökologen und anderen Spezialisten ergeben. Daher werden in den Medien oder im politischen Diskurs oftmals diejenigen Umstände ausgespart, die eine wissenschaftliche Erklärung für ein Ausbleiben oder Zustandekommen eines umweltrelevanten Phänomens transportieren. Sie finden vorrangig in der Wissenschaft Erwähnung und können mit sehr unterschiedlichen Herangehensweisen aufgeschlüsselt werden. Dafür soll ein Beispiel dienen:

> [И]зменение гидрологических условий в связи с постройкой искусственных преград, изменение гидрохимического режима за счет стоков с асфальтового

---

der Sinnbildung durch den Rezipienten, auch dies ein Vorgang, der bereits in der Hermeneutik benannt wird […]" (Gardt 2012: 61).

> завода, пересыхание отдельных участков реки в маловодные и засушливые годы. Это обусловило появление модификационных изменений у P. pungitius в р. Ушаковка. (Klevakin et al. 2011: 102)

Die Wissenschaftlichkeit, die sich hier in Bezug auf Wortwahl bzw. Fachterminologie, Sachlichkeit und Argumentationsstruktur erkennen lässt, kann vor einem weiträumigen Hintergrund des Aufbaus wissenschaftlicher Texte exemplifiziert werden. Die anschließende Übersicht verdeutlicht, welche klassifikatorischen Ansätze dafür in Frage kommen:

Tab. 10: Theoretischer Aufbau wissenschaftlicher Texte.

Beispiel	***Morris 1973***	***Karasik 2004***	***Reimerink u.a. 2012***[106]	***Funktion***
изменение гидрологических условий	Entwicklung koordinierter Systeme	Bestimmung der Problemsituation	Change	Exposition
в связи с постройкой искусственных преград	Verfeinerung der spatialen Identifikation	Beobachtungen	Cause-effect	Verknüpfung
изменение гидрохимического режима за счет стоков с асфальтового завода	genaue Bestimmung der Bedingungen	Kommentar und Beurteilung	Cause-effect	Komplement
пересыхание отдельных участков реки в маловодные и засушливые годы	genaue Bestimmung der Bedingungen	Kommentar und Beurteilung	Cause-effect	additionales Komplement
Это обусловило появление модификационных изменений у P. pungitius в р. Ушаковка	bestätigte Feststellung	Darlegung der Resultate	Space	Präsentation

106 Die in dieser Spalte vorgestellten Parameter beziehen sich auf den von den Autorinnen vorgeschlagenen Terminus *outer-space*, siehe dazu auch in Tabelle 9.

Die in Tabelle 10 zusammengetragenen Möglichkeiten zum Aufbau der Argumentationsstruktur zeigen eine Linearität in der Darstellung von wissenschaftlichen Dokumentationen an, die mit unterschiedlichen Methoden umfassend beschrieben wurden. Wie auch im vorliegenden Beispiel beginnen wissenschaftliche Darstellungen mit allgemeinen Aussagen, die dann spezifiziert werden, relevante Details aufgreifen, auswerten und somit neue Schlussfolgerungen ermöglichen. Dieser Ablauf ist in der folgenden Graphik unter Berücksichtigung des o.g. Beispielsatzes ersichtlich:

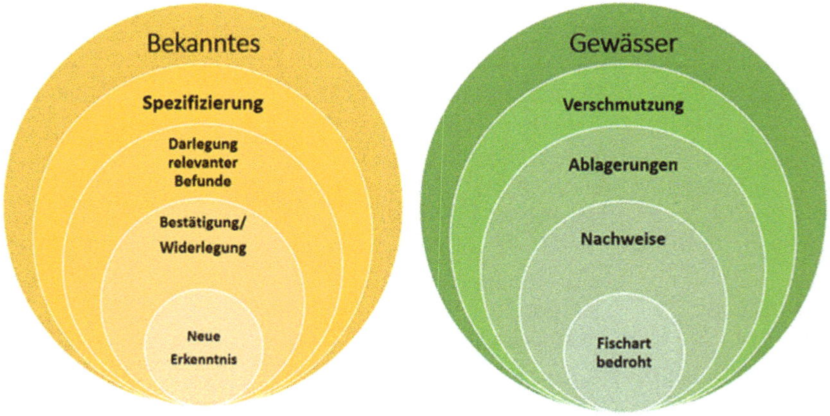

Abb. 2: Vom Allgemeinen (Großen) zum Detail (Kleinen). Links: Struktur wissenschaftlicher Texte. Rechts: Musterhafte Modellierung.

Zunächst wird in dem Textbeispiel dargestellt, dass es um Gewässer geht, die einer gewissen Veränderung unterliegen (*изменение гидрологических условий*). Noch im gleichen Satz wird letztere geschildert, auf zahlreiche externe Faktoren zurückgeführt, spezifiziert und analysiert. Daraus generiert sich die neue Erkenntnis, warum eine Fischart in einer konkreten Region Modifikationen ausgesetzt und somit in ihrer Art bedroht ist (*это обусловило появление модификационных изменений*).

Der Argumentationsstrang im Rahmen der wissenschaftlichen Dokumentation von Naturerscheinungen und Phänomenen, die in der Umwelt beobachtet werden können, ist also mit den Modellen von Morris (1973) oder Karasik (2004) gut in einem theoretischen Rahmen analysierbar. Was dabei gesondert beachtet werden muss ist natürlich die verwendete Fachterminologie, die sich in der Ökologie von anderen wissenschaftlichen Diskursen unterscheidet.

Wissenschaft dient nicht nur im ökologischen Diskurs dazu, komplexe Sachverhalte (hier: diverser Umweltphänomene) zu beschreiben und sie für ein Fachpublikum zugänglich zu machen. Nicht selten werden die Erkenntnisse in einen weiteren Kontext eingebunden, welcher gesellschaftsrelevante Probleme aufgreift, etwa menschengemachte Einwirkungen oder natürliche Prozesse, die den Klimawandel beeinflussen. Das heißt mit anderen Worten, dass wissenschaftliche Studien zur Umwelt heutzutage als Gradmesser für bestimmte Handlungsstrategien erachtet werden, etwa in der Raumplanung, der Mobilitätswende oder dem Konsumverhalten.

Die Wissenschaft ist auf Grund ihrer Orientierung an Ergebnissen ein sehr wichtiges Element innerhalb des gesamten ökologischen Diskurses. Wie die oben genannten Beispiele zeigen, wirkt sich der argumentative Charakter der Texte auf die Beurteilung außersprachlicher Sachverhalte aus und trägt damit zu einer Steuerung von Handlungsstrategien bei. Gleichzeitig beinhalten wissenschaftliche Abhandlungen (implizit oder explizit) einen Wahrheitsanspruch, der sich im ökologischen Diskurs nicht für alle Beteiligten eignet, um darauf eigene Tätigkeiten zu begründen. In Konflikt mit anderen Teildiskursen geraten wissenschaftliche Standpunkte daher etwa dann, wenn sie mit Zielen des Fremdenverkehrs und der Ökonomie nicht in Einklang gebracht werden können. Ein Blick auf den Tourismus und seine Kommunikationsstrategien zeigt nämlich, dass wissenschaftliche Erkenntnisse nur sehr peripher genutzt werden, um Naturerscheinungen in eigene sprachliche Konzeptualisierungen zu integrieren.

6.5 Tourismus

Im internationalen Tourismusgewerbe werden bestimmte Strategien angewandt, die ökologische Themenbereiche in ein Urlaubsangebot einbeziehen. Die Rede ist daher oftmals von Ökotourismus, der in Russland einen ausbaufähigen Sektor darzustellen schient, etwa im Hinblick auf die touristische Erschließung von Regionen, die abseits bekannter Großstädte liegen. Der Erholungstourismus innerhalb erschlossener Gebiete spielt in Russland hingegen eine sehr bedeutsame Rolle, weshalb in beliebten Reisezielen wie etwa an der Schwarzmeerküste naturrelevante Themen auch in der Tourismusbranche aufgegriffen werden. So ist etwa die Hafenstadt Soči nicht nur ein wichtiger Zielort für den Badetourismus, sondern stellt gleichermaßen einen geeigneten Ausgangspunkt für Exkursionen in den nahegelegenen Kaukasus und seine Ski- und Wandergebiete dar. Somit kann die Tourismusindustrie etwa durch Werbung auf bestimmte Besonderheiten der Region verweisen, um Kunden zu gewinnen. Das bedeutet gleichzeitig, dass der Tourismus oftmals mit dem Werbediskurs umwoben ist und somit eine Rolle im Rahmen der Vermarktung von Dienstleistungen spielt[107].

Die Sprache des Tourismus wird in der einschlägigen Literatur als Fachsprache klassifiziert (Braun 1993, Calvi 2000, Beaver 2005, Gotti 2006, Meiwes 2018 u.a.), die sich durch spezifische Kommunikationsstränge charakterisiert, gezielte lexikalische Domänen aufgreift und auf ein breites Publikum zugeschnitten ist. Ulrich Bauer nimmt jedoch eine Einschränkung vor, denn seiner Einschätzung nach könne man hier nur im weitesten Sinne eine Fachsprache erkennen:

> Viele Fachleute, die in einem bestimmten Teil des Tourismus tätig sind, zum Beispiel in der Gastronomie, verstehen die Fachsprache anderer Kollegen im selben Hotel nicht, wenn jene zum Beispiel in der Buchhaltung oder an der Rezeption tätig sind. (Bauer 2018: 290)

Trotz dieses sicher berechtigten Einwands steht jedoch fest, dass bestimmte lexikalische und stilistische Merkmale gezielt im Fremdenverkehr eingesetzt werden. So beruft sich Emmanuela Meiwes auf eine Untersuchung von Maurizio Gotti, der zentrale Merkmale der touristischen Fachsprachlichkeit benennt, nämlich: Monoreferentielle und konzise Formulierungen unter Bezugnahme von Fachtermini, Kurzformen, Wortbildungstypen, Vernetzung mit anderen fachsprachlichen Bereichen auf Grund der übergreifenden Reichweite der Themen, insbesondere Wirtschaft, Transport, Handel, Geschichte, Kultur, Gastronomie oder Freizeit (Meiwes 2018: 24, mit Verweis auf Gotti 2006). Hinzu kommen persuasive Funktionen, die gezielt positive Evaluationen von touristischen Orten konnotieren (Meiwes 2018: 24), aber auch der Einsatz von Keywords, frequente Imperativformen und ein starker Raum- und Zeitbezug (Meiwes 2018: 25–26, auch hier mit zahlreichen Querverweisen versehen).

---

107 Ein wichtiger Aspekt, der damit im Zusammenhang steht, ist die allgegenwärtige Verwendung der englischen Sprache, etwa auf Webseiten von Hotels oder Restaurants, denn „schließlich wird Englisch überall symbolisch mit Tourismus assoziiert" (Duchêne/Piller 2011: 135). Damit unterscheidet sich die Relevanz des Englischen im Tourismus, aber auch in der Wissenschaft, deutlich von allen anderen hier besprochenen Domänen, da nicht nur ein Spezialpublikum, sondern ein möglichst umfangreicher Personenkreis adressiert werden soll. Im Rahmen der vorliegenden Untersuchung werde ich mich jedoch auf die Facetten der russischen Sprache konzentrieren und an dieser Stelle keine kontrastiven Betrachtungen hinzuziehen.

Die Tourismusbranche ist eine sogenannte „neue Wirtschaft“ (Moïse et al. 2006: 85), die im Rahmen der „immateriellen Produktion“[108] ihren Schwerpunkt auf postindustrielle Bereiche setzt (Duchêne/Piller 2011: 135)[109]. Innerhalb der Branche spielen Beherbergungseinrichtungen als Diskursakteure eine zentrale Rolle, da Reisende regelmäßig auf sie angewiesen sind. Daher können im Rahmen einer Analyse der Relevanz von Natur und Umwelt im Tourismus Hotels und ihre Selbstdarstellungen im Internet, aber auch weitere Einrichtungen wie etwa Fremdenverkehrsbüros o.ä. näher betrachtet werden. Emmanuela Meiwes spricht davon, dass insbesondere in der Hotellerie Schlüsselwörter als persuasive Maßnahmen genutzt werden (daher in ihrer Form auch als auch Reiz- oder Signalwörter zu bezeichnen), um bei Rezipienten bestimmte Emotionen zu wecken. Die Rekurrenz der Aussagen sind der Verbraucher und seine Bedürfnisse selbst, und nicht ein zur Vermarktung angepriesenes Produkt (Meiwes 2018: 74), die Wortwahl orientiert sich also im Idealfall an der Erwartungshaltung des Gastes. Darin lässt sich gleichermaßen ein gewisses Kapital im Rahmen der neuen Wirtschaft erkennen, denn Sprache wird hier nachhaltiger denn je in ökonomische Konzepte eingebunden (Heller/Boutet 2006: 7)[110].

Im Zusammenhang mit der weltweit steigenden Mobilität, dem interkulturellen Austausch (Dolcini/Singh 2015) und den sich heutzutage bietenden Möglichkeiten kommt gleichermaßen die Frage auf, inwiefern Tourismus und Naturschutz überhaupt harmonieren können, etwa im Hinblick auf genuine Landschaftsstrukturen, die Wasserqualität, die Abfallproduktion oder das autarke Funktionieren von bewaldeten Ökosystemen. Ungeachtet dessen, dass es hierbei oft um konfliktäre Positionen geht, die sehr unterschiedlich bewertet werden, bergen Naturphänomene für die Tourismusbranche einen Reiz, der in Vermarktungsstrategien eingebunden werden kann, und dies insbesondere

108 Diese Immaterialität stellt in gewisser Weise eine Parallele zur Sprache dar, die ebenfalls ein immaterielles Instrument ist und dessen sich die Tourismusbranche sehr gezielt bedient.

109 Aus diesem Grund behandele ich den Tourismus auch getrennt von der materiell orientierten Wirtschaft, siehe dazu im nächsten Unterpunkt.

110 Heller und Boutet (2006: 12) stellen sogar die Frage, ob wir uns auf neue Machtverhältnisse einstellen müssen, die gerade der Sprache zukommen („Allons-nous vers de nouvelles formes et de nouvelles organisations du pouvoir langagier ?“). Es bleibt marktwissenschaftlichen Analysen vorbehalten, sich mit dieser Frage im Bereich des Tourismus auseinanderzusetzen, offensichtlich ist jedoch, dass die gezielte Sprachwahl im Tourismus einen entscheidenden Beitrag zu seiner effektiven Vermarktung leisten kann.

durch sprachliche und visuelle Mittel. In ihrer Analyse hinterfragen Claudine Moïse et al. die Bedeutung, die der Tourismus immer mehr erfährt, und ordnen diese einigen wesentlichen Referenzpunkten[111] zu, etwa der Wertschätzung des tertiären Sektors, der Verknüpfung zwischen Lokalem und Globalem sowie der Berücksichtigung spezifischer Identitäten (Moïse et al. 2006: 85). Diese Komponenten lassen sich im Hinblick auf die Erwähnung von Naturvorkommnissen im Rahmen von touristischen Angeboten erkennen, unter anderem auf den Homepages von Hotels, die etwa in der Dokumentation bei Emmanuela Meiwes (2018) im Vordergrund stehen, denn jeder Tourist ist auf eine Unterkunft angewiesen, die möglichst gut beworben werden muss. Es stellt sich daher die Frage, in welchem Rahmen umweltrelevante Themen in die Selbstdarstellung von Tourismusbetrieben wie etwa Hotels integriert werden. Interessant ist allemal, dass die Geographie an oberster Stelle genannt wird, wenn es um Konnotationen mit touristischer Fachsprache geht[112], weshalb ein entsprechendes Fachvokabular aus den Bereichen Geographie und Geologie vermehrt in der touristischen Fachkommunikation anzutreffen ist (Meiwes 2018: 22 mit Verweis auf Studien zu Italien von Vittoria Calvi 2000).

Sehen wir uns einmal exemplarisch die Darstellung von Naturphänomenen im Bereich des tertiären Sektors an, welcher sämtliche Dienstleistungsgewerbe bezeichnet, zu denen auch der Tourismus gehört. Der Einsatz von sprachlichen Mitteln muss effektiv darauf abzielen, immaterielle Güter als lohnenswerte Investition darzustellen, sie müssen möglichst ansprechend wirken und Werte kommunizieren, die durch Dienstleistungen entstehen (Urlaub, Erholung, Entspannung usw.)[113]. Gerade dazu kann ein Verweis auf die Umwelt dienlich

---

111 Auch wenn diese Studie einen anderen Fokus hat, so erscheinen die darin genannten Punkte dennoch sehr interessant für eine nähere sprachwissenschaftliche Betrachtung.

112 Dazu gehören hier Landschaftsbeschreibungen, Aufwertung landschaftlicher und künstlerischer Ressourcen für den Fremdenverkehr u.a.

113 An dieser Stelle sei darauf hingewiesen, dass das russische Konzept *отдых* (*Urlaub*) grundsätzlich in zwei Subkategorien zerfällt, nämlich den aktiven Urlaub und somit den von körperlicher und sportlicher Aktivität dominierten Urlaub (*активный отдых*), und einen passiven Erholungsurlaub, bei dem Ruhe und Entspannung im Vordergrund stehen (*пассивный отдых*, Überblick auf der Homepage http://www.aktiv-ural.ru/stati/64-passivnyj-i-aktivnyj-otdykh-kakoj-otdykh-vybrat.html). Letzterer kann als unmarkierte Variante in Form von *отдых* zur Bezeichnung von Urlaub im Allgemeinen gelten und wird hier vordergründig thematisiert, da er im Fokus des kommerziellen Tourismus und seiner Akteure steht. Es darf angenommen werden, dass aktiver Urlaub eher individuell

sein, wie er etwa auf der Homepage von Hotelketten in unterschiedlicher Form erscheint. Exemplarisch sollen an dieser Stelle einige Übernachtungseinrichtungen und ihre Strategien zur Einbindung von Naturraum und Geographie als Teil einer Vermarktungsstrategie vorgestellt werden. So finden wir auf der Homepage des Hotels Žemčužina in Soči (http://www.zhem.ru/territory/) den Hinweis auf geologische Objekte, die die Lokalität zu einer besonderen Urlaubsdestination machen. Genannt werden (neben den Vorzügen der Einrichtung selbst) an mehreren Stellen das Meer, aber auch die Höhen des Kaukasus und ganz allgemein Ökologie und Umwelt (*комфорт, безмятежность, красоту современной архитектуры и прекрасную экологию окружающей среды*). Die Darstellungen des Rodina Grand Hotels (https://grandhotelrodina.ru/about/) bewerben neben der Umgebung das milde Klima, die tropische Flora und die eigentümliche Fauna. Diese könnten besonders gut dank der ökologischen Unversehrtheit (*экологически чистые условия*) prosperieren. Einige andere Übernachtungsdienstleister wie das Marins Park Hotel (https://www.parkhotel-sochi.ru/otdih/solohaul-park/) bieten Exkursionen in die nähere Umgebung von Soči an und heben die unberührte Natur hervor (*удивительный мир дикой, нетронутой природы*), in der unikale Eindrücke gesammelt werden können. Schon diese exemplarischen Belege zeigen, welche Bedeutung man der Natur als strategischem Marktelement beimisst. Hierbei fällt gleichzeitig auf, dass man sich Landschaften als Gegenstand einer Dienstleistung zu eigen macht, sie als Wert kommuniziert und somit eine Vermarktung dessen durchführt, was man gar nicht besitzt. Die Natur wird somit als ästhetischer Faktor und Bereicherung eines touristischen Angebots dargestellt; sie steigert auf diese Weise den Wert des tertiären Sektors.

Umwelt und Natur werden in den Beispielen in ein Erholungskonzept eingeflochten, indem sie als herausragende Eckpunkte eines vielfältigen Dienstleistungssektors kommuniziert werden. Sie gehören wie andere Komponenten des Hotelgewerbes zu den Rahmenbedingungen, die einen Gast erwarten, werden aber im Wesentlichen für das Konzept des passiven Urlaubs vermarktet. Dies bewirkt, dass sie als ein zentraler Faktor dargestellt werden, welcher den Erholungseffekt qualitativ aufwertet. In der anschließenden Darstellung (vgl. Abbildung 3) ist das Netzwerk von touristischen Vermarktungsoptionen dargestellt, in welches die Umgebung allgemein und die Natur im eigentlichen Sinne eingeflochten sind:

---

ausgerichtet ist, oftmals einer gewissen Vorbereitung bedarf und von einer kleineren Personengruppe durchgeführt wird als passiver Urlaub.

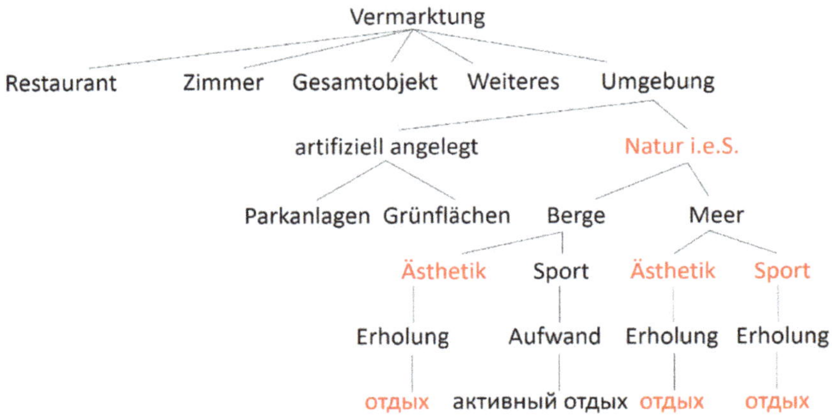

Abb. 3: Natur im eigentlichen Sinne als Komponete in der Tourismusbranche, rot markiert.

In der Abbildung sind diejenigen Aspekte rot hervorgehoben, welche zur Kommunikation von Naturphänomenen genutzt werden und somit von besonders hoher Relevanz für den tertiären Sektor sind. Neben der Anpreisung von Räumlichkeiten oder Gastronomiebetrieben wird das Grundstück, auf dem sich die Einrichtung befindet und mit ihm die unmittelbare Umgebung des Hotels (*территория отеля*) beworben, was artifiziell angelegte Räume impliziert. Die Umwelt fernab des Hotels kann als Natur im eigentlichen Sinne bezeichnet werden, sie ist urwüchsig und kann sowohl als ästhetischer als auch als sportlicher Betätigungsraum gesehen werden, wobei in den vorgestellten Beispielen insbesondere die Berglandschaften des Kaukasus und das Meer genannt werden. Für einen Badeort wie Soči steht es natürlich außer Frage, dass der Strand und das Wasser die wichtigsten Bezugspunkte des Tourismus sind und somit letztlich auch Kernelemente der Ökologie einen wesentlichen Grund für Fremdenverkehr darstellen. Der Badeurlaub kann daher als Inbegriff der Erholung gesehen werden, wenngleich das Schwimmen eine sportliche Betätigung ist, die hier aber in den Hintergrund tritt. Anders verhält es sich mit dem umliegenden Gebirge, welches zwar im Hinblick auf die Landschaftsästhetik den Erholungseffekt symbolisiert, ausgedehnte Wanderungen oder Trekkingtouren werden aber auf den exemplarisch angeführten Internetauftritten der Hotels nicht angepriesen. Daher passt das Gebirge eher in das Konzept des Aktivurlaubs und seine Einbindung in die Werbestrategien der Hotellerie kann auf die Kommunikation ästhetischer Vorzüge reduziert werden. Gleichermaßen gilt es aber auch festzustellen, dass vor allem in touristisch beliebten Orten wie Soči Naturnarrative genutzt werden können, um den Ort und somit auch die eigene Lokalität als unikalen Anlaufpunkt zu kommunizieren, der sich in idealer Lage befindet. Die Integration der landschaftlichen Umgebung in das eigene Dienstleistungsangebot zeugt von der Relevanz, die Natur gezielt als einen von vielen Reisegründen hervorzuheben und so in Form einer persuasiven Strategie (in Anlehnung an Guttke 2010: 140) das Reiseverhalten der Rezipienten zu beeinflussen. Somit werden Narrative der Natur zu einem immateriellen und komplementären Wirtschaftsfaktor, der positiv kommuniziert wird. Diejenigen Wirtschaftssektoren, die mit materiellen Konsumgütern handeln, können die Umwelt nicht auf die gleiche Art vermarkten und binden sie daher in andere Konzepte ein.

6.6 Wirtschaft

Im Unterschied zum Tourismus, bei dem oftmals immaterielle Leistungen wie Erholung, Vergnügen oder Abenteuer vermarktet werden, betrachten wir an dieser Stelle den Wirtschaftsdiskurs vordergründig unter dem Aspekt der Vermarktung materieller Güter. Die Zusammenhänge zwischen Ökologie und Ökonomie sind außerhalb der Sprachwissenschaft bei Aristoteles verankert, spätestens aber seit Jean-Jacques Rousseau integraler Bestandteil des aufklärerischen Gedankenguts. Das hängt damit zusammen, dass Wohlstand in gewisser Weise als ein Naturrecht des Menschen erachtet wird, und somit das Eigeninteresse an Prosperität ein intrinsisches Merkmal des menschlichen Wesens ist (Geisler 2015: 131–132).

Heute kann man im Hinblick auf sprachwissenschaftliche Fragestellungen erkennen, dass der ökonomische Diskurs und seine (Mikro- und Makro-) Strukturen recht gut erforscht sind. Man geht davon aus, dass sämtliche sprachspezifische Netzwerke auf die grundsätzliche Zielstellung der Wirtschaftssprache abgestimmt sein müssen, nämlich die Kommunikation zur Grundlage einer erfolgreichen Zusammenarbeit zwischen verschiedenen Partnern auszugestalten und gleichzeitig auf gegenseitige Bedürfnisse angemessen zu reagieren (Kosilev/Žironkina/Guk 2002: 4, 11–12). Vor diesem Hintergrund kann man davon sprechen, dass für ein adäquates kommunikatives Handeln auch ein Spezialwissen vorausgesetzt wird und die Unternehmenskommunikation somit als Fachsprache betrachtet werden kann. Daraus ergibt sich wiederum, dass sich Systematisierungen anhand von sprachlichen Formeln erkennen lassen, welche durch gezielte Vorkenntnisse entschlüsselt werden müssen.

Mittels einer Skizze veranschaulicht Claudia Mast, welche Rahmenbedingungen in diesem Spannungsfeld zu berücksichtigen sind (Mast 2013: 7). In ihrer Darstellung ist die Unternehmenskommunikation als Teil der Organisationskommunikation zu betrachten. Die Unternehmenskommunikation hat zwei zentrale Umfelder, in denen sie ihre Wirkung entfaltet. Das erste Umfeld ist ein soziales und politisches, in dem Public Relations als Funktion des Managements gesehen werden. In diesem Umfeld geht es insbesondere darum, die Öffentlichkeitsarbeit effektiv zu gestalten. Das zweite ist das ökonomische und technische Umfeld, in dem Public Relations als Instrument des Marketing-Mixes gelten. Hier geht es größtenteils um Werbung (Mast 2013: 7).

Vor allem dank der Studien von Renate Rathmayr zur russischen Unternehmenskommunikation wurden zahlreiche Erkenntnisse über verbale und nonverbale Handlungsstrategien in russischen Unternehmen zu Tage gefördert. Zahlreiche Analysen zu den Gesprächssituationen in der Wirtschaftskommunikation des Russischen wurden von ihr durchgeführt, die unter anderem Schlüsselbegriffe in der Interaktion verschiedener Unternehmenspartner untersuchen und den „russischen Kommunikationsstil“ in mündlicher und schriftlicher Verwendung als auch seine diskursspezifischen Charakteristika beschreiben (Rathmayr 2011, 2012, 2013: 305–418). Ihre Analysen beinhalten wichtige Aussagen über die tatsächliche Verwendung der russischen Sprache in fachspezifischen Gesprächssituationen und können daher als außerordentlich vielfältige Grundlage genutzt werden, um Auffälligkeiten im Unternehmensdiskurs auszuwerten.

Es liegt auf der Hand, dass Wirtschaft und Werbung eng miteinander verknüpft sind, schließlich möchte ein Anbieter seine Produkte verkaufen[114]. Dabei stellen beste Qualität, schneller Service, Reinheit und günstige Preise zentrale Eckpfeiler im Wertekanon des Angebots dar (nach Kuße 2007: 159). Im wirtschaftlichen Diskurs zeigt sich immer häufiger, dass der Faktor Sauberkeit in Form von ökologischen Parametern in den Diskursstrang eingeflochten wird. Dieses Phänomen greift der Wiener Slavist Dionisi Nikolov an zahlreichen Stellen seiner Dissertationsschrift zum Unternehmensdiskurs auf. Er untersucht die Methoden, mit denen sich Wirtschaftsakteure im Internet präsentieren.

114 Dadurch ergeben sich in einer globalisierten Welt interkulturelle Schnittstellen, wobei der Erfolg der Kommunikationsstrategien oftmals auf der Berücksichtigung der Zielkultur beruht (Troshina 2007: 303). Der Werbediskurs als solcher ist zwar nicht explizit Gegenstand der vorliegenden Studie, allerdings zeigt sich besonders in den Domänen Wirtschaft und Tourismus, wie eng Werbung mit diesen Sektoren umwoben ist.

Er hinterfragt die Strategien, welche eingesetzt werden, um bestimmte Inhalte zu kommunizieren. Dabei unterscheidet er zwischen betriebswirtschaftlichen und sozialen Komponenten, die sich gleichermaßen in der Selbstdarstellung bestimmter Themen wiederfinden. Während Nikolov beispielsweise Umsatz, Vertrieb und Produktion zu den betriebswirtschaftlichen Merkmalen eines Unternehmens zählt, so werden von ihm Wohltätigkeitsprojekte, Sponsoring oder Engagement für den Umweltschutz als soziale Aspekte der betrieblichen Tätigkeit beschrieben (Nikolov 2018: 17, analog dazu auch die Darstellung bei Mast 2013: 7). Der Autor zeigt auf, dass es einigen russischen Unternehmen sehr wichtig ist, den Umweltschutz zu kommunizieren und ihn an ethische Werte zu knüpfen (Nikolov 2018: 60), was zunächst dahingehend interpretiert werden kann, als stelle die Achtung der Natur und ihrer ursprünglichen Beschaffenheit ein Leitmotiv eines Betriebes dar. Es darf aber auch die Überlegung angestellt werden, ob nicht gerade deshalb die Umwelt in den Vordergrund rückt, weil sie durch die Tätigkeit der Firmen belastet wird. Es ist bekannt, welcher Schaden der Natur etwa durch die Erdgasförderung entsteht, welche Lebensräume der Flora und Fauna zerstört werden und wie die Luftqualität und die Gewässer durch sie beeinträchtigt werden können. Der weltweit größte Akteur auf diesem Sektor ist Gazprom, hinzu kommen wichtige Unternehmen wie Rosneft oder Lukoil, die in unterschiedlicher Weise den Umweltschutz als relevant für ihre Tätigkeit erachten. So werde beispielsweise anhand der umweltpolitischen Selbstvermarktung von Lukoil ersichtlich, dass das Unternehmen sich an Rationalität und internationalen Standards orientiere, die in gewisser Weise auf eine freiwillige Arbeitsweise hindeuten. Demgegenüber wird dann aber unterstrichen, dass der Umweltschutz schließlich gesetzlich vorgeschrieben und deshalb die Richtschnur des Handelns sei, wenngleich er dem eigenen Wertekanon entspreche (Nikolov 2018: 73–74). Interessant ist vor allem die Feststellung von Nikolov, dass russische Konzerne auf dem Sektor der Öl- und Gasindustrie eine umweltbewusste Tätigkeit kommunizieren und diese mit einem Brückenschlag zur Gesetzgebung verbinden, was bei westeuropäischen Pendants überhaupt nicht beobachtet werden könne. Die Konsequenz daraus sei, dass eine entsprechende Kommunikationsstrategie als Spezifikum für die russische Unternehmenskommunikation erachtet werden könne (Nikolov 2018: 76). Auch wenn Nikolov an dieser Stelle auf die Tatsache verweist, dass einschlägige und kontrastive Untersuchungen zu dieser Problematik noch ausstehen, so scheint es gleichermaßen möglich, bestimmte Annahmen in der Kommunikation von umweltrelevanten Themen zu postulieren. Erstens darf zumindest die Frage aufgeworfen werden, warum eindeutig festgelegte Rahmenbedingungen und Grundhaltungen hervorgehoben werden müssen, die für jedes Unternehmen rechtlich bindend sind und somit eine gewisse Selbstverständlichkeit darstellen sollten[115]. Andererseits darf natürlich nicht außer Acht gelassen werden, dass die Selbstdarstellungsstrategien einen eigenen Spezialbereich innerhalb der Unternehmenskommunikation ausmachen, die durchaus in unterschiedlichen Ländern und Kulturkreisen variieren und eigene Schwerpunkte setzen. Nicht zuletzt ist Umweltschutz auch in gewisser Weise ein Modethema, so dass es nicht zeitgemäß wirken könnte, wenn ein Großunternehmen von internationalem Format nicht darauf reagieren oder zumindest vorgeben würde, sich daran zu orientieren. Somit scheint die Einbindung des Themas Umweltschutz ein Teil der gesamten Vermarktungsstrategie zu sein, welche in erster Linie extrinsisch hervorgerufen wird und bereits im Kern einen Widerspruch zur Tätigkeit einiger Unternehmen darstellt. Konzerne sind zwar daran interessiert, den Naturschutz als hohes Gut auf ihrer Handlungsagenda anzusiedeln, gleichzeitig scheint es bei genauerer Betrachtung fraglich, ob das überhaupt gelingen kann, wenn ihre Tätigkeiten zu weitreichenden Beeinträchtigungen des Ökosystems führen. Es rückt daher die Vermutung in den Vordergrund, dass sich die Anpreisung von umweltfreundlichen Arbeitsmethoden letztlich nur dann in der Realität bemerkbar machen kann, wenn größere Umweltbelastungen tatsächlich spürbar reduziert werden, was aber beispielsweise im Rahmen der Erdgasförderung kaum ersichtlich ist. Vielmehr scheint es so zu sein, dass diejenigen Unternehmen, die sich auf dem Weltmarkt behaupten wollen, unweigerlich an globale Tendenzen anknüpfen müssen, und sei dies auch nur ein Bekenntnis auf ihrer Homepage. Es ist allgemein bekannt, dass die auf Exporte

115 So muss auch nicht gesondert darauf verwiesen werden, dass die Angestellten am Monatsende Geld für ihre Arbeit bekommen, dass sie nicht mehr als die vereinbarten Arbeitszeiten wahrnehmen oder Urlaub in Anspruch nehmen dürfen. Diese Sachverhalte sind natürlich vertraglich geregelt, aber ebenso sind die Gesetzesgrundlagen für ein Unternehmen an der Stelle festgehalten, an der sie ihre tatsächliche Relevanz haben, und das scheint nicht unbedingt der Internetauftritt zu sein. Es muss daher andere Motivationen geben, diese explizite Darstellung von Werten und Richtlinien zu veräußern. Das kann gewiss im Zusammenhang mit einer speziellen Diskursform stehen, wie sie Nikolov zumindest suggeriert, kann aber auch ein geopolitisches oder strategisches Kalkül sein, um beispielweise die eigene Reputation zu erhöhen oder die Legitimation der Tätigkeit zu unterstreichen. Abschließend lässt sich die Frage an dieser Stelle nicht beantworten, da man Gefahr laufen würde, zu stark zu politisieren und so einen offenen linguistischen Zugang gewissermaßen zu blockieren, was explizit nicht das Ziel der vorliegenden Studie ist. Das zeigt aber auch, dass Nikolov in dem Punkt zugestimmt werden muss, dass eine differenzierte Untersuchung der Fragestellung noch aussteht.

ausgerichtete Öl- und Gasförderung in den letzten Jahrzehnten für viele russische Konzerne einen sehr hohen Gewinn bedeutete, wie wir es etwa bei Manfred Quiring nachlesen können:

> Denn vor allem die neu geschaffenen Unternehmen in der Öl-, Gas- und Rohstoffbranche verdankten ihre schwindelerregenden Wertsteigerungen erst dem rasanten Anstieg der Rohstoff- und Energiepreise […] (Quiring 2008: 104)

Ein echtes Naturschutzprogramm ist bei Großunternehmen, die auf dem entsprechenden Gebiet Profit machen, nur schwer erkennbar[116], so dass ihre Selbstdarstellung als umweltfreundliche Akteure einen Spagat zwischen Anspruch und Wirklichkeit plakativ veranschaulicht. Jegliche Bemühungen, die Umweltschutzstandards zu erhöhen und gleichzeitig einzuhalten bedeuten Gewinneinbußen, die jedes Unternehmen vermeiden möchte. Hinzu kämen zusätzliche Kontrollen und möglicherweise auch Auflagen, an denen staatliche Konzerne in Russland kaum Interesse haben können. Was in Nikolovs Ausführungen klar herausgearbeitet wird ist die Tatsache, dass Unternehmen einen Wertediskurs führen, in dem die Natur als schützenswerter Raum, aber auch die Gesetze als zu respektierende Autorität anerkannt werden. Was Unternehmen hingegen zurückhaltend, aber dennoch in einigen Fällen offen kommunizieren, ist ihre Verantwortlichkeit gegenüber der Umwelt, denn das russische Lexem *ответственность* ist polysem und bedeutet nicht nur Verantwortung, sondern auch Haftung zu übernehmen, woraus sich wiederum nachteilige Konsequenzen ergeben können (Nikolov 2018: 136 ff. mit zahlreichen Querverweisen und entsprechenden Beispielen).

Im Prinzip kann man festhalten, dass Wirtschaftssektoren wie auch die Tourismusbranche in erster Linie profitorientiert arbeiten und daher der Bezug zur Umwelt und Ökologie auch in entsprechende Kommunikationsstränge eingebettet ist (in der Wirtschaft der bewusste Umgang mit Ressourcen und die Nutzung umweltfreundlicher Technologien, im Tourismus das Erholungsnarrativ u.a.). Die offensive Implementierung umweltrelevanter Themen dient heutzutage nicht nur der Aufbesserung des Images eines Unternehmens, es steigert vor allem seine Wettbewerbsfähigkeit (Henzelmann 2010: 2)[117]. Als Gegenpol dazu

---

116 Interessante Eckpunkte zur russischen Wirtschaftsentwicklung s. auch bei Quiring 2017: 149–152. Zur umweltpolitischen Innovation aus ökonomischer Sicht von Konzernen vgl. Henzelmann/Mehner/Zelt 2007.

117 Thorsten Henzelmann bezeichnet den Wandel hin zu einer umweltbetonten Ökonomie als „Green Transformation", wovon immer mehr die Nachhaltigkeit eines Unternehmens abhängen wird. Dies hängt auch damit zusammen, dass seit Jahren

agieren nicht selten Aktivisten, die sich für profitlose Maßnahmen einsetzen, um den Zustand in einem bestimmten Raum aufrecht zu erhalten. Ihnen geht es letztlich um einen moralischen Umgang mit ökologischen Sachverhalten und um eine gesellschaftsfähige ökologische Kultur (nach Šachovskij/Šteba 2013: 12).

6.7 Weitere Akteure

Bislang wurde der Bezug zwischen Spezifika der Sprachverwendung und Akteuren hergestellt, die sich weitestgehend im Zusammenhang mit ihrer professionellen oder organisierten Tätigkeit mit dem Thema Naturschutz konfrontiert sehen. Sie sind aber nicht die einzigen, die sich mit dieser Problematik befassen und unter gewissen Umständen öffentlich darauf aufmerksam machen. So werden oftmals diejenigen zu Akteuren, die selber nur wenig Handlungsspielraum haben, um die bestehenden Verhältnisse zu beeinflussen, so etwa die Anwohner, die nicht selten von bestimmten Vorhaben überrascht werden und nicht mit den geplanten Maßnahmen einverstanden sind. Hier lassen sich exemplarisch die Probleme aufführen, die im Zuge der Olympischen Winterspiele in Soči für einige Anwohner entstanden, deren Häuser Prestigeobjekten weichen mussten und die daher teilweise gegen ihren Willen umgesiedelt wurden (https://www.zeit.de/sport/2009-10/olympia-sotschi-zwangsumsiedlung).

Ein Ereignis machte die Anwohner des kleinen Ortes Šies im Archangelsker Gebiet auf Grund der medialen Resonanz schlagartig bekannt. Als sie davon erfuhren, dass in ihrem Ort eine der größten Mülldeponien Europas entstehen sollte, die in erster Linie für den Abfall aus Moskau bestimmt war, reagierten sie umgehend mit Blockaden und Demonstrationen[118]. Die Eigeninitiative dieser Personen wird in einem Beitrag in der Tagesschau beschrieben: Da man vermeiden wollte, dass eine Umweltkatastrophe die Region heimsucht, müsste mit allen Mitteln der Bau der Mülldeponie verhindert werden (Nagel 2019).

---

lukrative Subventionen und Förderprogramme seitens der Politik existieren (Henzelmann 2010: 2–3).

118 Die Vielfalt der hier versammelten Personen zeigt, dass sie allesamt der Protest gegen die geplante Mülldeponie einte. Friedrich Schmidt bezeichnet die Teilnehmer als „Kommunisten, Anarchisten, Zarenanhänger und Veteranen verschiedener Militäreinheiten" (Schmidt 2019) und zeigt damit, wie heterogen die Bewegung insgesamt aufgestellt war. Im Unterschied zu politischen Parteien ging es ihr nicht darum, ein bestimmtes Vorhaben umzusetzen, sondern vielmehr darum, ein Großprojekt zu verhindern. Dieser Ausgangspunkt ist oftmals der Entstehungshintergrund von Bürgerwehren wie der in Šies.

Der Protest der Aktivisten war schließlich erfolgreich, da im Sommer 2020 die Rechtmäßigkeit des Vorhabens negiert und ein Baustopp angeordnet wurde[119].

Derartige Beispiele zeigen, dass es durchaus engagierte Bürger in der Russischen Föderation gibt, die ein kritisches Bewusstsein für das politische Tagesgeschehen haben und nicht möchten, dass die Umgebung, in der sie leben, durch Großprojekte zerstört wird. Vor diesem Hintergrund erklärt sich auch ihr explizites Interesse am Umweltschutz, der unter Protesthandlungen eingefordert wird. Aufmerksam machen die Demonstranten auf sich nicht nur durch Blockaden oder Aufmärsche, sondern auch durch den gezielten Einsatz sprachlicher Mittel. Dazu zählt eine offensive Verwendung von Schlagwörtern, insbesondere von Unwert-, Fahnen- und Stigmawörtern (in Anlehnung an Leuschner/Schröter 2015). Diese waren auch auf den vielen Plakaten und Bannern sichtbar, die von den Aktivisten bei Manifestationen getragen wurden. Die Demonstranten machten von einem offensiven Einsatz von Schlagwörtern Gebrauch. Oftmals waren dies Unwert- und Stigmawörter, die sie mit den Aktivitäten der Politik und Wirtschaft in Relation setzten – ein Phänomen, welches sich bei allen anderen Akteuren mit Ausnahme von Nichtregierungsorganisationen kaum beobachten lässt[120]. Auf mehreren Plakaten erkennt man deutlich zahlreiche Unwertworte (*Москва, русский север не* (?)[121] *твой туалет, Север – не помойка, Рак оставьте себе!*). Zudem sind Stigmaworte (*полигон смерти, поезда смерти*) und in einem Fall auch ein Fahnenwort sichtbar (*мы против* …). Es war auch gut zu erkennen, dass auf einem Plakat mit der Aufschrift *Нет!*[122] *московскому мусору на севере* das Fahnenwort *Нет* deutlich größer dargestellt war und als sichtbares Zeichen

119 https://www.znak.com/2020-06-09/arhangelskie_vlasti_obyavili_o_zakrytii_proekta_musornogo_poligona_na_shiese. An gleicher Stelle lesen wir weiterhin, dass die Umweltaktivisten darin einen historischen Sieg sahen: „Решение суда экоактивисты восприняли как историческую победу."

120 Das hängt auch damit zusammen, dass die meisten anderen Akteure auf positive Umstände verweisen müssen, um glaubwürdig zu wirken oder ihre Produkte abzusetzen. Die hier dargestellten Vertreter der Zivilgesellschaft machen jedoch bewusst auf Missstände aufmerksam. Ungeachtet dessen finden sich aber auch unter ihnen Personen, die positive Werte auf ihre Plakate schreiben, so etwa eine Frau, die ein Schild mit der Aufschrift „Спасём экологию севера" trug.

121 An der Stelle, an der die Verneinung passend erscheint, ist die Aufschrift verdeckt und nicht lesbar.

122 Auf einem anderen Schild, das die Demonstranten hochhielten und das auf der zitierten Homepage zu erkennen ist, stand „Stop" anstelle von „Нет", gefolgt vom gleichen Text. „Stop" ist ein wichtiges Schlagwort und kann in diesem Kontext ebenso wie „Нет" als Fahnenwort betrachtet werden. Auch seine Wiedergabe in

des Protests fungierte. Hinter den Forderungen verbargen sich der Wunsch nach einem sofortigen Baustopp der geplanten Anlage und nach dem Erhalt der Natur, was unmissverständlich davon zeugt, dass die Demonstranten die Folgeschäden des Bauvorhabens höher bewerteten als dessen Nutzen.

6.8 Zusammenfassung

Insgesamt lässt sich erkennen, dass sehr unterschiedliche Interessenvertreter im Rahmen von Maßnahmen tätig sind, die einen unmittelbaren Umweltbezug durch ihre Sprachhandlungen herstellen. Dies wirkt sich auf verschiedene Kommunikationsstrategien der Beteiligten aus, die das Problem des Umgangs mit der Natur divergent beurteilen und bestimmte Schwerpunkte setzen. Eine verknappte Übersicht der Strukturen geht aus der anschließenden Graphik (Abbildung 4) hervor:

Lateinschrift lässt eine gewisse Symbolik erahnen, nämlich den Wunsch nach internationaler Aufmerksamkeit.

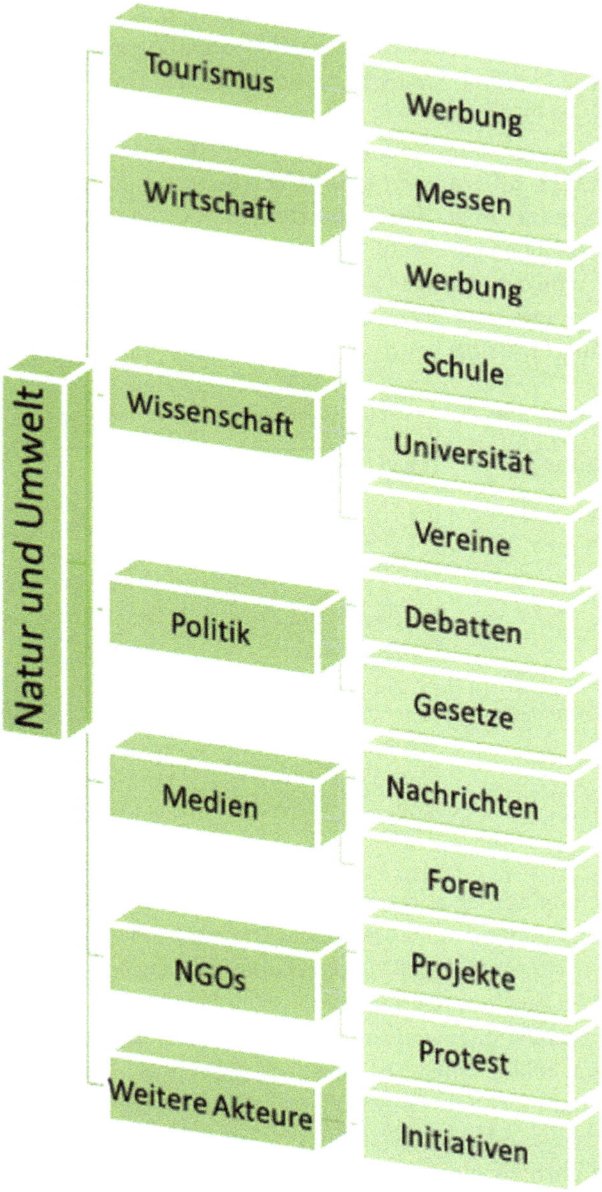

Abb. 4: Akteure und Domänen im Diskursfeld „Natur und Umwelt".

Die in der Abbildung 4 dargestellten Akteure und Domänen hängen alle miteinander zusammen oder können von Diskursakteuren aktiv genutzt werden, um eigene Ziele und Strategien in Bezug auf den Umgang mit der Umwelt zu verlautbaren. Diese Liste ließe sich noch deutlich weiter verlängern, erlaubt aber zumindest grobe Zuordnungen zu verschiedenen Kommunikationsbereichen (Kuße 2012: 140). Aus ihr geht jedoch hervor, wie diversifiziert sich der ökologische Diskurs in der Praxis gestaltet und welche unterschiedlichen Lesarten er hervorrufen kann. Naturnarrative werden von den einzelnen Diskursakteuren verschieden dargestellt, da sie als Handlungsträger recht heterogene Absichten verfolgen, von denen die wichtigsten in der nachstehenden Tabelle 11 zusammengefasst sind:

Tab. 11: Darstellung von Naturphänomenen.

Naturphänomene im Teildiskurs	***Darstellungsstrategie***	***Ziel***
Politik	Protektion und Kontrolle	Naturschutz und Raumnutzung gesellschaftsfähig modellieren
NGOs	Gesellschaftliche Basis	Abläufe kritisch verfolgen
Medien	Dokumentation	über Geschehnisse informieren
Bildung und Wissenschaft	Lehre und Forschung	Erkenntnisse gewinnen
Tourismus	Werbung	Gäste anlocken
Wirtschaft	Floskeln	Arbeit legitimieren
Weitere Akteure	Kritik	Nachteile verhindern

Berücksichtigt werden muss die Tatsache, dass die jeweiligen Handlungsträger oftmals mit Akteuren aus anderen Sektoren kollaborieren, um bestimmte Bestrebungen voranzubringen. Dies erfordert gleichzeitig, dass Umwelt und Natur in einem bestimmten Rahmen ähnlich bewertet werden und von allen Seiten Kommunikationssignale ausgesendet werden, die sich nicht widersprechen. Die am ökologischen Diskurs partizipierenden Akteure stellen keine homogene Konzentration von Interessen dar, auch wenn bestimmte Kooperationen, Netzwerke oder Tätigkeitsgebiete sehr nah beieinanderliegen. Sie alle machen sich Themen wie Umwelt, Naturschutz oder Artenvielfalt zueigen. Sie kommunizieren bestimmte Werte, mit denen sie jedoch sehr eigentümliche Arbeitsstrategien verbinden und die ihnen zum Erreichen unterschiedlicher Ziele verhelfen sollen. So zeichnet sich die Allianz aus Politik, Staatsmedien und Wirtschaft in gewisser Weise durch einen Harmonisierungsversuch ihrer Aktivitäten aus. Wenn von Umweltschutz die Rede ist, dann wird dieser nicht selten als Legitimation für ein bestimmtes Vorgehen kommuniziert und wird somit zum deklarativen Programm der Verbesserung der Lebensumstände, etwa durch das Entstehen neuer Arbeitsplätze. Es darf angenommen werden, dass bei der Kooperation des politmedialen Komplexes die *Durchführung von Maßnahmen und Projekten* im Vordergrund steht, die auch im Zeichen der Globalisierung zu sehen sind (s. dazu u.a. Basko 2014). Daher könnte sogar allein die Nennung ökologischer Bezugspunkte im Bereich der Wirtschaft, aber auch im Tourismus als Teil einer umfassenden Globalisierungsstrategie erachtet werden. Wirtschaft und Tourismus interagieren besonders stark, beide Bereiche machen sich unterschiedliche Formen der Werbung als wirksames Instrument für die Vermarktung ihrer Angebote zueigen. So wirbt die Hotellerie mit der Ursprünglichkeit der jeweils unmittelbaren Umgebung von Unterkünften, bietet aber gleichzeitig auch Konsumgüter und weitere Dienstleistungen an, für welche sie mit der Wirtschaft kooperieren muss. Ein bekanntes Beispiel für die Interaktion von Tourismus und Wirtschaft ist in den zahlreichen Baumaßnahmen in und um Soči bei der Vorbereitung der Olympischen Spiele zu sehen, wo nicht nur Hotels, sondern auch Bahnstrecken oder die Modernisierung ganzer Wintersportorte wie Krasnaja Poljana durchgeführt wurden[123]. In erster Linie fokussiert sich die Zusammenarbeit von Akteuren aus der Wirtschaftsbranche und denen aus der Tourismusbranche auf eine *Optimierung der Gewinnspanne* und ist daher vordergründig profitorientiert ausgerichtet. Betrachtet man hingegen die Wechselwirkungen, die sich durch die Aufgaben von Politik und Wissenschaft im ökologischen Sektor ergeben, so steht vor allem eine *Dokumentation von Daten und Fakten* im Vordergrund. Es werden beispielsweise Jahresberichte aus Ministerien vorgelegt, die sich auf wissenschaftliche Erkenntnisse berufen und daraus umweltpolitische Handlungsstrategien entwickeln. Wieder anders stellt sich die Konstellation dar, wenn man die Tätigkeit von Nichtregierungsorganisationen betrachtet, die Medien (insbesondere Internetportale und soziale Plattformen, kaum jedoch überregionale Fernsehsender) und wissenschaftliche Ergebnisse zusammenführen. Sie positionieren sich oftmals kritisch gegenüber dem, was staatliche Medien verlautbaren und setzen auf eigene Initiativen zum Umweltschutz. In gewisser Weise haben wir

123 Wobei sich auch hiergegen Anwohner und Umweltschützer wehrten, siehe https://www.badische-zeitung.de/olympische-spiele/totentanz-in-sotschi--80486048.html.

es hier also mit einer Kommunikationsstrategie zu tun, die den *Schutz der Natur durch Widerstand* in den Vordergrund rückt (wie es etwa die Ereignisse in Šies in der Taiga zeigen). Gerade letztere Konstellation weist darauf hin, dass innerhalb des ökologischen Diskurses teilweise konträre Positionen aufeinanderprallen und offenkundig Antagonisten hervortreten lassen. So sind die Anliegen der hier als „weitere Akteure" bezeichneten Gruppen nicht selten ähnlich denen der Nichtregierungsorganisationen, was etwa der Fall der verhinderten Müllverbrennungsanalage in Šies belegt. Auch die Interessen der Sektoren Wirtschaft und Tourismus sind nicht immer einfach mit der Wissenschaft zu vereinen, was ein Blick auf die unterschiedliche Bewertung der Maßnahmen rund um die Olympischen Spiele in Soči verdeutlicht. Trotz der mehrfach und an verschiedenen geographischen Punkten wissenschaftlich dokumentierten Schädigung der Natur durch bestimmte Baumaßnahmen, betonten Akteure aus dem Bereich der Wirtschaft stets den ökonomischen Nutzen des Projekts, die Wahrung geläufiger Standards sowie die Relevanz des Umweltschutzes.

Im Prinzip können alle hier genannten Akteure kollaborieren oder in Konflikt miteinander geraten, und dies in Abhängigkeit davon, um welches Vorhaben es konkret geht und welche Personen darin involviert sind. Es ist unweigerlich, dass ein und derselbe Sachverhalt von verschiedenen Beteiligten auch unterschiedlich bewertet, anders bezeichnet oder inhaltlich abweichend aufgeladen sein kann. Dies ergibt sich aus der Diskrepanz zwischen internen und externen Faktoren, aus Unstimmigkeiten zwischen Theorie und Praxis insbesondere unter intransparenter Einwirkung der Justiz[124], aber auch aus interessengeleiteten Ansätzen. Das, worauf sich alle Beteiligten häufig berufen, ist die geltende Rechtslage, und dennoch geraten oftmals sehr unterschiedliche Interessen genau in diesem Punkt in Konflikt miteinander. Im anschließenden Kapitel wird deshalb beschrieben, wie sich das russische Umweltrecht gestaltet, welche sprachlichen Auffälligkeiten es erkennen lässt, welche Schranken und Möglichkeiten es für welche Personen aufzeigt und wie es zur zentralen Richtschnur für jegliche Tätigkeiten in Naturräumen wird.

124 Mommsen/Nußberger (2007: 114) sprechen sogar von einem „alltägliche[n] Versagen der Justiz".

7. Rechtslinguistik in Russland

7.1 Der Rechtsrahmen

Im Kapitel 6 wurden einige relevante, aber bei Weitem nicht alle Akteure vorgestellt, die an verschiedenen Teildiskursen des ökologischen Diskurses partizipieren. Ihnen allen ist gemeinsam, dass ihr Handlungsspielraum sich auf die Möglichkeiten erstreckt, die ihnen das Gesetz bietet[125]. Der Rechtsrahmen ist somit eine wegweisende Orientierung, aus der hervorgeht, welche Optionen zur Verfügung stehen, um einzelne Interessen durchzusetzen.

Das Rechtswesen strukturiert das Zusammenleben innerhalb eines Staates, es synthetisiert grundlegende Werte und legt dar, wie diese im Alltag umzusetzen sind. Gleichermaßen definiert es, welche Konsequenzen zu erwarten sind, wenn jemand sich nicht an die geltenden Regeln hält. Daher haben wir es mit einem Instrument zu tun, welches durch seinen umfassenden Geltungsrahmen besonders gesellschaftsrelevant eingreift und hierarchisch die Realität modelliert.

In Russland muss zunächst einmal ein kurzer Blick auf die Umstände geworfen werden, unter denen Recht in der neueren Geschichte und in der Gegenwart praktiziert und rezipiert wurde, um zu erkennen, welche Rolle es heute für den ökologischen Diskurs spielt und welche offenkundigen Diskussionsfelder es inkludiert. Dazu empfiehlt sich der Überblick bei Angelika Nußberger, die auf die Ansätze einer ersten westeuropäisch-russischen Rechtsdiskussion verweist, die im ausgehenden 19. Jahrhundert aufkam, die allerdings nicht zu einer „Europäisierung" des russischen Rechts führte und somit in gewisser Weise auch seine Weiterentwicklung wie wir sie aus den heutigen zentraleuropäischen Staaten kennen sogar hemmte[126]. Nach der Russischen Revolution und

125 Zumindest sollte es so sein. Zu den Schwierigkeiten, dies in die Praxis umzusetzen, siehe in den Kapiteln 3 und 6.

126 Nußberger (2008: 221) attestiert dem russischen Recht der Zeit „Wirklichkeitsferne, Mangel an Transparenz und Systematik, das Fehlen klarer Kompetenzenabgrenzungen und eine Anwendungspraxis, die sich mehr am Wortlaut und weniger am Sinn der Normen orientierte". Interessant ist außerdem der Verweis auf den Rechtsnihilismus als Teil einer russlandspezifischen Rechtskultur, in der die Intelligenzia sich weniger um konstruktive Verbesserungsvorschläge bemühte als die Dysfunktionalität zu kritisieren (Nußberger 2008: 221, hier mit Verweis auf Nussberger 1998: 81, vgl. zudem Kuße 2018).

über den gesamten Zeitraum des Sozialismus hinweg wurde das „Recht zum Träger der Ideologie gemacht", wobei Rechtssicherheit nicht im Vordergrund stand und auch seine Durchsetzung für den Einzelnen nicht explizit garantiert wurde (Nußberger 2008: 224)[127]. Nach den Umbrüchen Ende der 1980er und zu Beginn der 1990er Jahre wurde zwar ein Transfer der Rechtskonzepte von westlichen Demokratien angestrebt, was sich allerdings in der Praxis als schwer umsetzbar herausstellte. Gerade ab der Jahrtausendwende wurden sie in Russland zu Gunsten der Eigenarten des dortigen Rechtssystems wieder dezenter aufgegriffen, und dort, wo institutionelle Kooperation mit anderen westlichen Staaten auf der Grundlage von gemeinsamen Rechtsdokumenten fußt, ist das Verhältnis von Spannungen geprägt (etwa auf Grund der unzureichenden Umsetzung der Urteile oder der fehlenden Kooperation der Behörden; Nußberger 2008: 225–226). Der Einfluss, den das heutige europäische Rechtsdenken auf Russland ausübt, ist ungeachtet dessen als besonders hoch einzuschätzen (Nußberger 2008: 226).

Das Erbe des Rechtsnihilismus, eine nicht hinreichend funktionale Rechtsbarkeit und deren Umsetzung, mangelnde Rechtssicherheit, aber auch Transformationsphasen mit gewissen Tendenzen zur Adaptation westeuropäischer und nordamerikanischer Rechtsdokumente sind wichtige Merkmale der russischen Rechtsgeschichte. Vor diesem Hintergrund muss in gewisser Weise auch die juristische Konstellation eingeordnet werden, welche für den Umwelt- und Naturschutz konzipiert wurde. Bei der Interpretation der aktuellen Rechtslage sind ohnehin gleich mehrere Faktoren zu bedenken:

> Unter dem Begriff „Rechtssystem" ist ein Komplex aus sozial-juristischen Komponenten zu verstehen, die das Wesen des Rechts widerspiegeln, wobei sie durch relative Selbstständigkeit, Stabilität und qualitative Bestimmtheit charakterisiert werden. Diese Komponete[n] beinhalten die normativ-rechtliche Sphäre, welche die Besonderheiten der inneren und äußeren Rechtsstruktur charakterisiert, die Aktionsphäre, die die Rechtsanwendung- und Auslegung im Staat bestimmt, und letztendlich die ideologische Sphäre, welche die Rechtsideologie und die Rechtskultur der Gesellschaft beinhaltet. (Lichichan 2011: 97)

In seinem Beitrag umreißt Oleg Lichichan die Besonderheiten des russischen Föderationssystems und die damit zusammenhängenden Rechtsstrukturen

127 Mehr noch: Nußberger spricht davon, dass das Recht im Grunde gegen den Bürger gerichtet und stattdessen auf die Bedürfnisse des Staatsapparates zugeschnitten war (Nußberger 2008: 224). Zur unterschiedlichen Rezeption des Rechts in der Sowjetunion siehe außerdem bei Sproede (2006).

(ab hier weiter nach Lichichan 2011: 98–101). Für viele Staaten ist es charakteristisch, dass administrative Einheiten ihre eigenständigen Rechtsinstitute, Normvorstellungen, Rechtstexte und juristischen Anwendungsverfahren aufweisen. Regionale Gepflogenheiten resultieren aus historischen und ökonomischen, aber auch aus zahlreichen anderen Umständen heraus. In der zweiten Hälfte der 1990er Jahre konnte man davon sprechen, dass in der Russischen Föderation autonome Rechtssysteme koexistierten. Dies muss auf Grund der Tatsache festgestellt werden, dass zahlreiche Unstimmigkeiten zwischen der regionalen und der föderalen Gesetzgebung zu beobachten waren, gleichermaßen agierte der föderale Gesetzgeber in Bezug auf die Staatsführung eher mit Schwäche (Lichichan 2011: 100). Ungeachtet dessen ist keine gesonderte Motivation einer stark ausgeprägten autonomen Handhabung von Rechtsvorschriften auf regionaler Ebene zu beobachten, zudem ist dies gemäß der Verfassung von 1993 auch kaum vorgesehen, da Rechtssubjekte in ihrer juristischen Regulierung sehr beschränkt sind (Lichichan 2011: 100). Seither ist eine relativ eindeutige Tendenz zu erkennen:

> Die Verfassung sieht einen weiten Kompetenzbereich des föderativen Zentrums sowie eine nur rudimentäre Beteiligung der einzelnen Subjekte am rechtsschöpferischen Prozess vor. (Lichichan 2011: 100)

Heutzutage seien daher keine nennenswerten regionalen Akzente im Rechtswesen festzustellen, viel eher könne man von der „Existenz regionaler Elemente im nationalen Rechtssystem sprechen" (Lichichan 2011: 101)[128]. Recht muss also generell verhandelt werden, und zwar insbesondere auf der Grundlage lokaler, nationaler und situativer Gegebenheiten. Daher ist es geradezu folgerichtig, dass bereits Morris von einem eigenständigen designativ-inzitiven Diskurs spricht, welcher nicht wertet, sondern ausschließlich auf Konsequenzen im Zusammenhang mit der Durchführung oder Unterlassung bestimmter Handlungen verweist (Morris 1973: 224)[129].

---

128 Gerade diese feinen regionalen Unterschiede sind es aber, die den Rechtsdiskurs in der Praxis so interessant machen, da sie regionale Akteure einbeziehen, die eine spezifische Perspektive auf die Verhältnisse haben. So ist etwa davon auszugehen, dass umweltpolitische oder wirtschaftliche Maßnahmen in Interaktion mit juristischen Fragestellungen in Moskau vor einem anderen Hintergrund interpretiert werden als in abgelegenen und dünn besiedelten Regionen, in denen die Bevölkerung unter ganz anderen Bedingungen lebt als in der Hauptstadt.

129 Morris schreibt, dass der Rechtsdiskurs keine Empfehlungen ausspreche, etwa dass es gut sei, sich an Gesetze zu halten, oder dass keine Aussage getroffen werde, ob vorgegebene Maßnahmen tatsächlich eingehalten würden. Im Prinzip scheint

Das Umweltrecht in Russland stellt eine Subkategorie der nationalen Rechtsprechung dar. Es beinhaltet eigene dynamische Sachverhalte, die durch spezielle Gesetze modelliert werden (etwa wenn es um die Nutzung von Ressourcen in schwer zugänglichen Regionen geht). Es liegt nicht an der Gesetzgebung, sondern an zahlreichen anderen Faktoren, dass sich die Überprüfbarkeit der Umsetzung in der Jurisprudenz heterogen gestaltet. In urbanen Gegenden ist es vergleichsweise einfach, Verstöße gegen geltende Maßnahmen festzustellen und Sanktionen auszusprechen, wie in den weiteren Abschnitten anhand von Fallbeispielen aufgezeigt wird. In seiner aktuellen Monographie zum russischen Umweltrecht beschreibt Evgenij Mar'in zahlreiche fiktive Fallbeispiele zum Zwecke der Veranschaulichung und deren Aufarbeitung aus juristischer Perspektive (Mar'in 2018). Es geht ihm damit in erster Linie darum, für die Faktoren zu sensibilisieren, die abgesehen vom Gesetzestext und dazugehörigen Reglementierungen im Umweltrecht mitbeachtet werden müssen, um so Aufgaben und Lösungsansätze für praktische Probleme vorzulegen[130]. Verständlich wird das Vorgehen aber nur, wenn man bestimmte Hintergründe reflektiert, die als Spezifika der russischen Rechtsauffassung fungieren.

---

es so zu sein, dass dies für Rechtsdokumente als solche durchaus stimmen mag, was den gesamten Rechtsdiskurs angeht, so kommen jedoch Wertungen und Einschätzungen ins Spiel, die Morris aber nicht dem Rechtswesen und somit auch nicht dem Diskurstyp zuordnet. Seiner Einschätzung nach handelt es sich dabei um andere Diskursformen, etwa um den moralischen, kritischen, technologischen oder weitere, wenngleich er anmerkt, dass etwa moralische oder religiöse Maßstäbe sehr wohl im Recht definiert sein können (Morris 1973: 225). Wichtig ist daher besonders die Zusammenfassung bei Morris (1973: 225): „Der Rechtsdiskus zielt dahin, das Individuum an der Ausführung solcher Handlungen zu hindern oder zu solchen Handlungen zu ermutigen, die eine soziale Gruppe durch die Anwendung ihrer organisierten Macht kontrollieren will." Ob eine tatsächliche strikte Trennung zwischen dem Wesen eines Rechtsdokuments und seiner praktischen Auslebung gezogen werden kann, ohne dabei Fragen der Moral oder der Wertung einzubeziehen dürfte bezweifelt werden (s. dazu auch im Überblick bei Kuße 2012: 172–173).

130 Im Lehrwerk werden die illustrativen Beispiele als Aufgabestellungen formuliert und zugleich Lösungen angeboten. Unterfüttert werden diese mit Querverweisen auf unterschiedliche Gesetze und allgemein gültige Rechtsgrundlagen, so dass man mit einigen zentralen Anforderungen an die Handhabung derjenigen Gesetze konfrontiert wird, die sich auf den Umweltschutz beziehen. Angaben zu Sachverhalten, die aus linguistischer Perspektive interessante Konstellationen darstellen (etwa mehrdeutige Lexik oder unterschiedliche Auffassungen von Definitionen) spielen bei ihm jedoch nur eine untergeordnete Rolle, so dass das Werk als Arbeitsbuch für Juristen verstanden werden kann.

7.2 Spezifika der russischen Rechtsauffassung

Bereits das Vorhandensein von Recht ist unmittelbar damit verbunden, Gerechtes von Ungerechtem zu trennen und beide Größen zu normieren oder zu definieren. Claudia Woldt geht in ihrer Monographie auf die Frage ein, in welchem Verhältnis Gerechtigkeit und Rechtsbewusstsein in Russland zueinanderstehen und wie sich diese Paradigmen verfestigten (Woldt 2013: 25)[131]. So spielt die Rechtsgeschichte des Landes eine zentrale Rolle, die ursprünglich die Vorstellung eines byzantinischen Herrscherideals adaptierte und Recht durch den Herrscher verkörpert sah, was gleichermaßen bedeutet, dass die Römische Rechtstradition in der Anfangsphase nicht hinreichend komplementär mit der russischen Sicht auf die Dinge war. Es wird also im Laufe der Zeit eine eigene Rechtstradition konstruiert. Als Russland durch den Mongoleneinfall 1238 von der Rezeption byzantinischer Quellen abgeschnitten wurde, prägte sich nicht nur eine sehr eigene Auffassung von Recht heraus, sondern auch eine ausgesprochene Skepsis gegenüber westlichem Gedankengut in diesem Bereich (Woldt 2013: 26). Da sich noch sehr lange die Vorstellung halten konnte, der Herrscher persönlich repräsentiere Gerechtigkeit, verfestigte sich kaum das Vertrauen in institutionalisiertes Recht, welches oftmals undurchsichtig wirkte (Woldt 2013: 26). Recht wird nicht unbedingt als Dokumentation von Gerechtigkeit interpretiert, sondern seine Inhalte und Funktionen werden personengebunden und diskursspezifisch ausgelegt[132]. Die russische Rechtsphilosophie kann hier jedoch nur angedeutet und auf ihre Relevanz für ein besseres Verständnis der Interpretation von Gerechtigkeit verwiesen werden. Unbestritten ist aber, dass sie einen zentralen Einfluss auf die Wahrnehmung von Gerechtigkeit in der russischen Kultur hat.

Weiterhin stellt Woldt dar, wie Gerechtigkeit aus diachroner Perspektive sprachlich konstruiert wird. Demnach erfahren Lexeme wie *истина* (*theoretische Wahrheit*), *правда* (*Wahrheit-Gerechtigkeit*), *справедливость* (*Gerechtigkeit*) und *правильность* (*Richtigkeit*) unterschiedliche Konnotationen, die im russischen und im westeuropäischen Rechtsverständnis teilweise divergieren

131 Auf die Hintergründe, die Woldt zuvor zur Moralphilosophie anführt, kann hier nicht näher eingegangen werden. Zu weiteren Fragen, die das Konzept Gerechtigkeit in Russland aufarbeiten, empfiehlt sich der Sammelband unter der Herausgeberschaft von Nikolaj Plotnikov (2019).

132 Zur Charakteristik des rechtsphilosophischen Diskurses in Russland zitiert Woldt vier diachrone Strömungen, die teilweise sehr starke Gegensätze untereinander aufweisen, nämlich das Naturrecht, dem entgegen den Rechtspositivismus, die Rechtspsychologie und die Rechtssoziologie. Zu den unterschiedlichen Interpretationen siehe u.a. Kuße 2002, 2004 und 2018, Sproede 2006 und Nußberger 2008.

bzw. in anderen Verschränkungen zueinanderstehen (im Detail dazu bei Woldt 2013: 31–39).

Im Prinzip lässt die Darstellung bei Woldt folgende Interpretation zu: Recht ist eine historisch gewachsene Größe, die sich in Russland durch zahlreiche Eigentümlichkeiten von ihrem westeuropäischen Pendant unterscheidet. Es schließt eine spezifische Lexik ein, die aber nicht in unmittelbarer Wechselwirkung zueinander gesetzt werden muss, so dass situatives Hintergrundwissen zur Bewertung von Recht in einigen Fällen wichtiger sein mag als die objektive Tatsache. Diachron und synchron ist die Ausgestaltung des Rechts in Form von normativen Dokumenten zu betrachten. Das lässt sich unter Einbeziehung der Skizze in Abbildung 5 illustrieren:

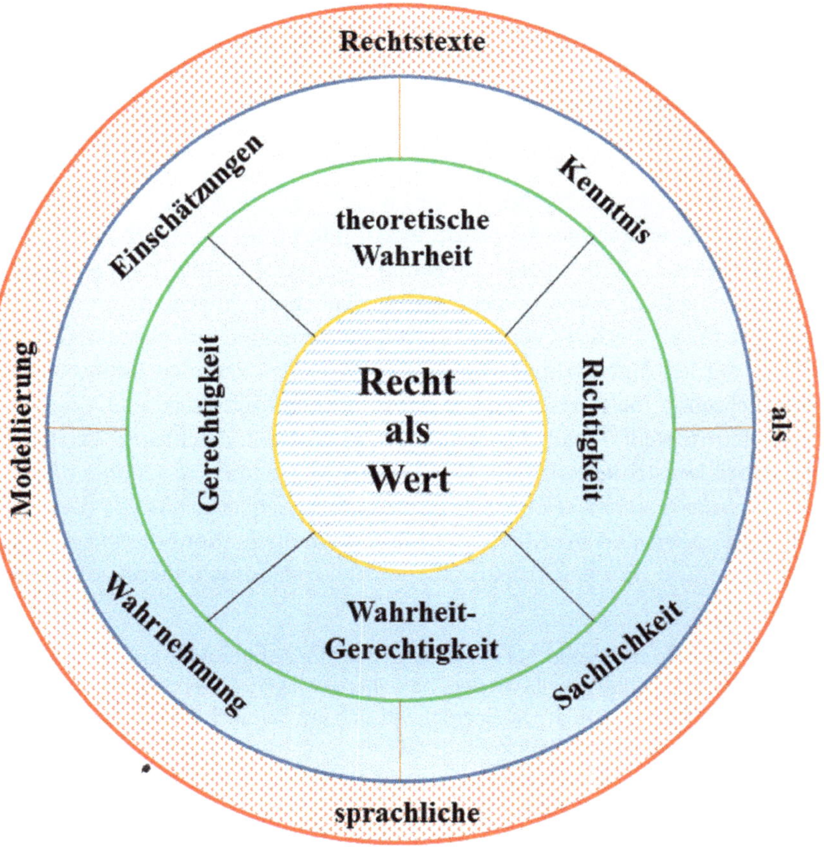

Abb. 5: Faktoren, die Recht entfalten.

Die grundlegende Ebene ist zunächst das Recht als Wert, es symbolisiert das, was einer Gemeinschaft wichtig ist und was es zu schützen gilt. Die zweite Ebene ist interpretationsoffen und hinterfragt, was im Einzelnen theoretische Wahrheit, Richtigkeit, Wahrheit-Gerechtigkeit und Gerechtigkeit ist. Diese Zuordnung findet kulturspezifisch statt und erfährt in Anlehnung an Woldt mit den hier genannten Begrifflichkeiten eine genuine russische Ausprägung. Die Auffassung davon, was Recht überhaupt ist, wird dadurch historisch und kulturinhärent manifestiert, sie kann damit rechtsphilosophisch eruiert werden. Auf der dritten Ebene spielen vor allem kognitive Faktoren eine zentrale Rolle zur Verortung des Rechts, sie können als interpretationsleitend bezeichnet werden und bestimmen die Bewertung oder Auslegung von Sachverhalten. Schließlich stellt die vierte Ebene die sprachliche Modellierung des Rechts dar, sie fungiert somit als sprachliche Verwirklichung dessen, was die anderen Ebenen tradieren. Wichtig ist, dass alle Komponenten innerhalb einer Ebene ineinander übergreifen können und nicht unbedingt separat voneinander betrachtet werden. Demzufolge ergibt sich auch eine weite Spanne von Möglichkeiten bei der Auslegung von Recht, da stets abgewogen werden muss, welcher der Faktoren in einem konkreten Fall vorrangig ist, wie mit ihm verfahren werden soll und mit welchen sprachlichen Ressourcen er in Verbindung gebracht werden kann[133]. Die sprachliche Realisierung fungiert somit als Filter für die Umsetzung dessen, was als Recht erachtet wird, und die historisch gewachsene Auffassung dient als Prisma für seine Wahrnehmung im Einzelfall.

Die gegenwärtigen Tendenzen, die sich nun daraus für die Untersuchung von Textmaterial mit ökologischem Inhalt auftun, können gut beobachtet werden, wenn man eine ähnliche Vorgehensweise wie Woldt (2013: 178 ff.) anwendet und hinterfragt, welche verbalen Konzepte zur Darstellung bestimmter Sachverhalte gewählt werden. Darin muss beispielsweise nicht vordergründig die Frage entfaltet werden, welche konkrete Funktion der Gerechtigkeit zukommt, sondern welche sprachlichen Ressourcen abgerufen und verhandelt werden, um Umweltschutz generell als gesellschaftliche Größe zu verorten. Ungeachtet dessen ist natürlich auch die politische, wirtschaftliche und juristische Diskussion rund um das Thema von essentieller Relevanz, denn diese drei Aspekte konkurrieren teilweise um eine Vorrangstellung innerhalb des Gesamtdiskurses oder beanspruchen, ihm besonders gerecht zu werden (unabhängig davon,

133 Für die vorliegende Studie soll auf die diachronen und philosophischen Sachverhalte jedoch nicht näher eingegangen und stattdessen die vierte Ebene der sprachlichen Modellierung von Recht beleuchtet werden.

ob dies den Tatsachen entspricht oder nicht). Dazu schreibt Woldt (2013: 178) mit Blick auf die Politik:

> Der politische Raum, der im Grunde das gesamte Gesellschaftliche [und] den privaten Raum einer Gesellschaft durchdringt, ist geradezu prädestiniert dafür, Probleme bzw. Themenbereiche diskursiv zu bearbeiten, die ein bestimmtes soziokulturelles Ganzes betreffen.

Der anschließende Hinweis darauf, dass die „Probleme nicht per se so wichtig oder relevant [wären], um automatisch zu Gegenständen des politischen Diskurses zu werden“ (Woldt 2013: 178), dürfte mittlerweile für umweltpolitische Fragen nicht mehr gültig sein, denn wie etwa die Untersuchungen von Nikolov (2018), aber auch andere Beispiele deutlich zeigen, legen heutzutage gerade wirtschaftlich expandierende Unternehmen großen Wert darauf, sich als umweltfreundliche Betriebe zu präsentieren, auf diese Weise wiederum internationale Strategien zum ökologisch verträglichen Handeln zu veräußern und so den Leitmaximen internationaler Politik nachzukommen.

7.3 Spezifika der Jurisprudenz

Die Grundzüge des Rechtssystems in den deutschsprachigen Staaten und in der Russischen Föderation weisen konzeptionell recht viele Parallelen untereinander auf. Dies äußert sich insbesondere in der Abgrenzung spezieller Bereiche, die im Zivilrecht, im öffentlichen Recht und im Strafrecht erfasst werden. Zudem gibt es eine vergleichbare Normenhierarchie, in der föderales Recht Vorrang vor dem Recht der Subjekte der Föderation hat (Trunk 2016: 22–23). Was in beiden Sprachkreisen jedoch immer wieder diskutiert und teilweise als problematisch erachtet wird ist die Frage nach den semantischen Inhalten, die im deutsch-russischen Vergleich divergieren oder sich auf unterschiedliche Phänomene beziehen können. Dies hängt mit möglichen Assoziationen zusammen, die das jeweilige Recht kulturspezifisch impliziert. Rechtstexte gelten oftmals – ganz allgemein gesprochen – als schwer verständlich und wenig zugänglich, was nicht nur mit ihrer grammatischen Beschaffenheit einhergeht, sondern im Wesentlichen mit der divergenten Konnotation der Fachlexik zu tun hat (Araczewska 2013: 36). In den vergangenen Jahrzehnten hat man sich dieser Problematik angenommen und zahlreiche Untersuchungen durchgeführt, die die Zusammenhänge zwischen Recht und Sprache modellieren und sprachwissenschaftliche Einblicke in ein sehr komplexes Themenfeld

Normorientierung in der Gesellschaft erfüllen muss, um seinem Anspruch als umfassendes Machtinstrument gerecht zu werden (Wesel 2001). So manifestiert sich eine staatliche Ordnung, deren zentraler Kern darin besteht, ihre Akteure von auszuführenden Handlungen abzugrenzen (Wesel 2001: 57–63). Dies erklärt, warum bestimmte Formulierungen bewusst allgemein oder als generische Formen gewählt werden, gleichzeitig wird man aber auch feststellen, dass an Rechtstexte sehr umfassende Erwartungen herangetragen werden: Sie sollen allgemein gültig sein, für alle Personen uneingeschränkte und zeitlose Orientierungen bieten und somit die Koordination einer Gesellschaftsordnung ermöglichen. Daher scheint es auch geradezu folgerichtig,

> dass ein Text, der solch einer komplexen Aufgabe gerecht werden muss, auch nur komplex aufgebaut sein kann. (Henzelmann 2019: 77, adaptiert nach Wesel 2001)

Norbert Nübler spricht davon, dass vor allem die Lexik dazu beiträgt, den Eindruck von Unverständlichkeit hervorzurufen. Nur Experten könnten die kontextuelle Bedeutung von Fachtermini entschlüsseln und ihren Stellenwert in einem bestimmten Rahmen einschätzen (Nübler 2016: 12). In Bezug auf die Transparenz juristischer Fachtexte gibt es aber zumindest zwei zentrale Ansichten, die sich nicht unbedingt gegeneinander ausschließen, sondern eher als Ergänzungen zueinander verstanden werden müssen. Zum einen steht die Rolle der Textverständlichkeit im Zentrum. Gérard Cornu, einer der wichtigsten Rechtswissenschaftler des 20. Jahrhunderts in Frankreich, geht davon aus, dass die Wortwahl in einem juristischen Fachtext Laien nicht an der Verständlichkeit hindern sollte (Cornu 2004: 64), allerdings stellt sich gleichermaßen die Frage, ob das immer gelingen kann. Betrachtet man die von Wesel herausgestellte Allgemeingültigkeit der entsprechenden Texte, so ist zumindest fraglich, ob Eindeutigkeit im Hinblick auf außersprachliche Denotate überhaupt erwünscht ist[138]. Zum anderen herrscht die Auffassung vor, dass Eindeutigkeit in den Texten kontraproduktiv wäre, denn Richter müssten die Möglichkeit bekommen, einen Interpretationsradius anzusetzen und somit von Fall zu Fall individuell zu entscheiden (Lerch 2008: 56). Fest vorgegebene Formulierungen würden unnötig den Handlungsspielraum einschränken, auf den Spezialisten

138 Was allerdings nicht bedeutet, dass Cornu es grundsätzlich anders sieht, er betont nur stärker die Relevanz, die Dokumente so verständlich wie möglich aufzubereiten. Gleichzeitig spricht er in älteren Texten sogar von terminologischem Durcheinander, das es zu durchbrechen gelte, um für definitorische Klarheit zu sorgen (Cornu 1981).

dringend angewiesen sind (Karabalić 1994: 35)[139]. Die Grundfragen, die es immer wieder zu überprüfen gilt, lauten daher:

> Wie sollen Staatsbürger Recht verstehen, wenn allein schon der sprachliche Zugang zu Gesetzen behindert ist? Helfen dagegen Proteste und eine ‚Juristen-Schelte'? Ist ‚Verständlichkeit ein Bürgerrecht' oder nur eine Illusion von ‚Laien'? Können Gesetze überhaupt ‚verständlich' sein oder gemacht werden? (Antos/Missal 2017: 329)

Mit einer Reduktion auf die Frage nach der Textverständlichkeit wird man der Problematik letztlich aber nicht gerecht, denn juristische Fachtexte zeichnen sich zusätzlich durch einige weitere Wesensmerkmale aus. So sind sie generell im Präsens verfasst, um zeitliche Uneingeschränktheit zu vermitteln, und verwenden bevorzugt generische Formulierungen, die – in Anlehnung an die Arbeit von Uwe Wesel (2001) – dazu beitragen, grundsätzlich Person und Handlung zu trennen, um Bezeichnungen im Rechtsrahmen ausschließlich funktionell zu interpretieren[140].

Bereits diese Punkte zeigen, dass das Verhältnis von Sprache und Recht tatsächlich sehr komplex ist und zum Teil auch unterschiedlich bewertet wird. Wir können letztlich davon ausgehen, dass es sich bei juristischer Terminologie um eine Form der Fachsprache handelt, die sich durch bestimmte Eigenschaften charakterisiert, an die wiederum drei Komponenten gebunden sind: Erstens erfordert jegliche juristisch relevante Formulierung ein bestimmtes Hintergrundwissen, zweitens ermöglicht sie gewisse Handlungsstrategien und drittens trägt sie dazu bei, bestimmte Sachverhalte in der Auslegung des Rechts zu verhindern[141]. Dies zeigt sich in unterschiedlicher Ausprägung, die sich etwa aus der Gegenüberstellung extratextueller und intratextueller Ebenen ergibt und in der russischen Sprache im Rechtswesen untersucht werden kann. Als extratextuelle Ebenen können zunächst all diejenigen Kriterien der Sprache des Rechts verstanden werden, die sich auf äußere Umstände und damit zusammenhängende Interpretationen zurückführen lassen. Sie müssen funktionspragmatisch gedeutet werden und umfassen mindestens folgende Bereiche:

---

139 Nübler hält dazu fest, dass der exakte Bedeutungsgehalt als länderspezifische und somit letztlich auch kulturell verfestigte Einheit ermittelt wird (Nübler 2016: 19).

140 Dies gilt insbesondere für russische Textdokumente, die grundsätzlich generische Formulierungen bevorzugen, s. dazu in den Beispielanalysen unter 7.4.

141 Letzteres bedeutet auch immer, dass bereits mit der Existenz einer Rechtsvorschrift verhindert werden soll, dass ihr zuwidergehandelt wird, daher soll dieser Aspekt nicht gesondert besprochen, sondern grundsätzlich als Voraussetzung erachtet werden.

Tab. 12: Extratextuelle Ebenen: Interpretationsrelevante Hintergründe des Rechtsrahmens.

Eigenschaft	***Disziplin***	***Erfordert***	***Ermöglicht***	***Verhindert***
Komplexität des Themas	Pragmatik	Sachverständnis	Interpretationsspielraum	Unterspezifizierung
Rechtstradition	Pragmatik	Kenntnis des nationalen Rechtssystems	Konzeptualisierung von Verbindlichkeiten	Gleichsetzung mit anderen Rechtssystemen

Erstens muss die Komplexität des Themas bei seiner Interpretation berücksichtigt werden, und dies vor allem in einem kulturspezifischen Kontext. Damit hängen beispielsweise gewisse Erwartungshaltungen an die Umsetzung von Recht zusammen, die je nach Auffassung großzügig oder strikt gehandhabt werden kann, oder aber das Verständnis von einzelnen Zusammenhängen und deren konkreter Beurteilung. Daraus resultiert ein unterschiedlich stark ausgeprägtes Sachverständnis, welches eine Unterspezifizierung der Gesamtinterpretation verhindert. Eng damit verbunden ist die Rechtstradition, deren Kenntnis es ermöglicht, die Komplexität des Gegenstands genauer einzuordnen. Sie erfährt eine nationale Prägung und ist daher in vielen Fällen schwer mit anderen Rechtstraditionen zu vergleichen (was sogar zum Teil für unterschiedliche Staaten zutreffen kann, in denen das Recht in der gleichen Sprache verfasst ist[142]). Es sind also Kenntnisse der landesspezifischen Realität in der praktischen Gestaltung des Rechtsrahmens erforderlich, um seine Auslegung, aber auch seine semantische Analyse zu gewährleisten. An dieser Stelle schließen sich intratextuelle Ebenen der Rechtssprache an, welche Aufschlüsse über die grammatische Struktur eines Textes geben. Diese sind zumindest folgende[143]:

142 So etwa in der Jurisprudenz in Österreich oder in der Schweiz, in der sich im Kontrast zu Deutschland besonders viele Latinismen halten konnten (Kocbek 2018: 26–27).

143 Diese Eigenschaften von Dokumenten sind als Tendenz und nicht als Grundregel aufzufassen, denn es zeigt sich, dass sie im Rechtsrahmen gehäuft auftreten.

Tab. 13: Intratextuelle Ebenen: Eigenschaften der russischen Sprache im Rechtsrahmen.

Eigenschaft	*Kategorie*	*Erfordert*	*Ermöglicht*	*Verhindert*
Verwendung des Präsens	Tempus	Zuordnungen	Gültigkeit ohne Zeitbezug	Gültigkeitseinschränkung
Dritte Person Singular oder Plural	Personalpronomen und Morphologie des Verbs	Personalisierungskonzepte	tatsächliche Besetzung anhand von Kriterien	namentlich definierte Handlungsträger
Passivkonstruktionen[144]	Diathese	stilistische Präzision	Zeitlosigkeit und personenunabhängiges Handeln (bei menschlichen Handlungsträgern)	Einschränkungen in Bezug auf Zeit und Personen
generische Formulierungen	Morphologie des Substantivs	Abstraktionsvermögen	personenübergreifende Zuordnungen	Exklusion von Handlungsträgern
Allgemeine Formulierung	Lexikologie	Sachbezug	Gültigkeitsbereich	Überspezifizierung
Fachterminologie	Lexikologie	Definitionen	Präzision	Willkür
Komplexität	Syntax	Sachverständnis	Interpretationsspielraum	Unterspezifizierung

In Rechtstexten steht das Verb bevorzugt im Präsens, es wird mit der dritten Person verbunden und erscheint häufig im Passiv. Die Diathese Aktiv-Passiv dient unter anderem dazu, konkrete Handlungsträger zu definieren oder Handlungen bewusst nicht an Personen zu binden (Pape-Müller 1980: 146, s. weiter unten). Substantive werden im Russischen in aller Regel generisch verwendet, was als allgemeine und übergreifende Formulierung erachtet wird, welche vollkommen personenunabhängig zu interpretieren ist und daher in der russischen Rezeption des Rechts auch keine personenbezogenen Präferenzen markiert. Es handelt sich demnach vielmehr um Konventionen von Handlungen und bestimmten Beteiligten, die im russischen Verständnis des Texts zum

144 Werden hingegen nichtpersonifizierte Sachverhalte oder Eigenschaften und Aufgaben von Personen dargestellt, dann sind durchaus auch Aktivkonstruktionen üblich.

Ausdruck gebracht werden[145]. Eng damit verbunden ist die verbreitete Eigenschaft von Rechtstexten, allgemeine Formulierungen zu verwenden, um ihren Geltungsanspruch möglichst breit dazustellen, hinzu kommen Fachbegriffe und komplexe syntaktische Satzkonstruktionen (beides ist oftmals nur mit juristischen Fachkenntnissen der Textauslegung hinreichend gegeben).

Ein besonders hoher Anspruch an die korrekte Interpretation von rechtsbindenden Dokumenten besteht in der Praxis darin, dass extratextuelle und intratextuelle Ebenen oftmals in Verbindung miteinander auftreten. Friedemann Vogel spricht in diesem Zusammenhang auch von drei unterschiedlichen Ebenen, die bereits in der Gesetzgebung bedacht werden und sich normkonstruierend auswirken:

> […] erstens die antizipierende Konzeptualisierung der ‚Lebenswelt' (Wissen über die Beschaffenheit und Funktionslogik der sozialen, technischen usw. Welt), zweitens die antizipierende Konzeptualisierung der ‚Normwelt' (des Rechtssystems, Gesamtheit der geltenden Sollens-Konzepte, nach denen die Welt einzurichten sei), drittens die diskursive Verschränkung von Lebens- und Normwelt durch eine erst zu schaffende, aber nie gänzlich kontrollierbare ‚Textwelt' (in Bezug-Setzen aller bestehenden sprachlichen Artefakte und damit verbundenen sozialen Handlungen). Alle drei Ebenen sind dem zeitlichen Wandel unterworfen, speisen sich aus teilweise unterschiedlichen Wissensdomänen, diskursiven Prozeduren, institutionalisierten Verfahren und involvierten Akteursgruppen. (Vogel 2017: 352–353)

Es sollen nun einige Beispiele angeführt werden, die dokumentieren, wie dies in der russischen Jurisprudenz abläuft, bevor anschließend aus internationalen Abkommen zitiert wird, von denen eine für Russland verbindliche Fassung vorliegt.

7.4 Sprachliche Modellierungen von Umweltschutz

Föderale Gesetze werden von der jeweiligen zuständigen Behörde erlassen und spiegeln die Absichten wider, die der Staat im Hinblick auf ökologische Fragestellungen verfolgt. Die Dokumente sind für eine landesweite Anwendung konzipiert, insbesondere ist hier das Föderale Umweltschutzgesetz zu erwähnen.

---

145 Hinzu kommt der Verweis in der Konstitution in der Russischen Föderation (Kapitel 2, Artikel 19, Unterpunkt 3), dass Männer und Frauen in allen Lebensbereichen gleichgestellt sind. Somit würde die Auslegung eines Rechtstextes als nicht alle Personen gleichermaßen und gleichberechtigt umfassend unabhängig von seiner Formulierung streng genommen der Konstitution widersprechen (s. außerdem bei Piper 2016).

Es wurde erstmalig im Dezember 2001 von der Staatsduma verabschiedet und seither mehrfach modifiziert (zuerst 2004, zuletzt 2017)[146].

Das Föderale Umweltschutzgesetz beginnt mit einigen generellen Vorbemerkungen, die seine Entstehung motivieren und die damit einhergehenden Zielstellungen kurz darlegen. Zu Beginn lesen wir:

> В соответствии с Конституцией Российской Федерации каждый имеет право на благоприятную окружающую среду, каждый обязан сохранять природу и окружающую среду, бережно относиться к природным богатствам, которые являются основой устойчивого развития, жизни и деятельности народов, проживающих на территории Российской Федерации.
> Настоящий Федеральный закон определяет правовые основы государственной политики в области охраны окружающей среды [...]
> Настоящий Федеральный закон регулирует отношения в сфере взаимодействия общества и природы [...]

Es geht also in erster Linie darum, die Rechte und Pflichten der Bevölkerung im Zusammenhang mit Umweltfragen juristisch zu modellieren, ihren Geltungsbereich zu definieren und dabei regulierend zu wirken. Allgemeine Formulierungen wie etwa *каждый* (*jeder*) oder *взаимодействия общества и природы* (*Wechselwirkungen zwischen Gesellschaft und Natur*) tragen dazu bei, den Geltungsbereich offen zu halten und dadurch gleichzeitig eine Reduzierung der Adressaten auf einen bestimmten Personenkreis zu vermeiden. Im ersten Paragraph, Absatz 1 werden dann Begriffe auf mehreren Seiten definiert und dargelegt, was im Einzelnen juristisch unter ihnen zu verstehen ist[147]. Dies betrifft insbesondere sehr allgemeine Formulierungen wie beispielsweise *качество окружающей среды* (*Beschaffenheit der Umwelt*), die auf einen bestimmten (ursprünglichen) Zustand von Naturobjekten verweist, aber etwa nicht automatisch Veränderungen einschließt und daher von ihnen abgegrenzt werden kann (etwa im Hinblick auf Veränderungen dieser Beschaffenheit durch entstandene Umweltschäden oder beabsichtigte Eingriffe).

Im zweiten Absatz werden einige Geltungsbereiche des Gesetzes vorgestellt. Es werden territoriale und temporäre Zusammenhänge zum Ausdruck

---

146 In der vollständigen Originalbezeichnung: Федеральный закон от 10.01.2002 N 7-ФЗ (ред. от 29.07.2017) „Об охране окружающей среды", online zugänglich unter http://www.consultant.ru/document/cons_doc_LAW_34823/. Alle Beispiele, auf die ich mich ab hier berufe, werden nach diesem Dokument zitiert.

147 Es ist deshalb nicht gänzlich ausgeschlossen, dass die Terminologie bis zum Inkrafttreten des Gesetzes nicht hinreichend verfestigt war.

gebracht, wobei diese Formulierungen sich durch ihren allgemeinen Charakter kennzeichnen, so etwa im Hinblick auf den Anwendungsbereich des Gesetzes:

> 2. Настоящий Федеральный закон действует на всей территории Российской Федерации.

Die uneingeschränkte Gültigkeit auf dem gesamten Staatsgebiet (*на всей территории*) wird zudem durch die Verwendung des Präsens markiert (*действует*). Interessant ist, dass im vorliegenden Gesetzestext einleitend eine ganze Fülle von Sachverhalten beschrieben wird, die keinen konkreten Handlungsträger implizieren, sondern räumliche und zeitliche Verhältnisse strukturieren. So werden in Absatz 3 die Prinzipien aufgelistet, die dem Umweltschutz dienen sollen und die Existenz des Gesetzes selbst begründen, auch hier werden sehr allgemeine Formulierungen ohne erkennbares Handlungssubjekt gewählt (*охрана*, *презумпция экологической опасности*, *приоритет сохранения естественных экологических систем*, *сохранение биологического разнообразия*, *международное сотрудничество* usw.), ohne genauer zu erläutern, wie diese Maßnahmen im Einzelnen durchgeführt werden sollen. Eingegrenzt werden dann im Absatz 4 diejenigen Gegenstände, die als umweltschädlich erachtet werden, wobei auch hier allgemeine Formulierungen bevorzugt werden (vgl. 4.1. *…с учетом уровня токсичности, канцерогенных и (или) мутагенных свойств химических и иных веществ, в том числе имеющих тенденцию к накоплению в окружающей среде*). Dies ermöglicht den von Kent Lerch (2008) angeführten erforderlichen Handlungsspielraum für Richter, die im Einzelfall beurteilen müssen, ob ein Verstoß beobachtet werden kann oder nicht. Für die Praxis ist aber vor allem die Klassifizierung in Unterpunkt 4.2. wichtig, denn dort ist die Rede von Kategorien, nach denen schädliche Objekte sortiert werden. Das bedeutet, dass eine grundsätzliche Abstufung nach vier Kategorien in der Bewertung von Gefahren für die Umwelt in das Gesetz einbezogen wird, die eine Aussage darüber ermöglicht, wie gefährlich tatsächlich ein Objekt eingeschätzt wird. Aufgrund ihrer Relevanz für den ökologischen Diskurs soll sie hier zitiert werden:

> объекты, оказывающие значительное негативное воздействие на окружающую среду и относящиеся к областям применения наилучших доступных технологий, – объекты I категории;
> объекты, оказывающие умеренное негативное воздействие на окружающую среду, – объекты II категории;
> объекты, оказывающие незначительное негативное воздействие на окружающую среду, – объекты III категории;

> объекты, оказывающие минимальное негативное воздействие на окружающую среду, – объекты IV категории.

Bereits diese Grundlage ermöglicht eine Beurteilung von Objekten und Sachverhalten im Rahmen umweltpolitischer und ökologischer Rahmenbedingungen, die unbedingt berücksichtigt werden müssen und im Diskurs eine zentrale Anwendung finden können.

Im Paragraph 2, Absatz 5, werden die Befugnisse der staatlichen Organe benannt, die zur Anwendung kommen, um deskriptive und präskriptive Maßnahmen einzuleiten. Dazu gehört u.a. das Verfassen weiterer Rechtsvorschriften, die dem Umweltschutz dienen. Im Wesentlichen soll dadurch die Ordnung reguliert werden, die umweltpolitische Fragen in der Praxis handhabbar macht und somit dafür sorgt, dass das Rechtsdokument praxisnahe Anwendung findet (vollkommen unabhängig davon, wie die Arbeit der staatlichen Organe bewertet wird). Gleichermaßen wird in Absatz 6 die Beteiligung der Föderationssubjekte benannt, diese können an der Ausgestaltung und Umsetzung der für sie bestimmten Gesetze mitwirken, in Absatz 7 wird die Befugnis lokaler Instanzen geregelt. Im gesamten Paragraph werden Organe benannt, denen bestimmte Handlungsermächtigungen eingeräumt werden, es werden aber weder ein genaues Amt noch eine konkrete Person erwähnt, denen bestimmte Aufgaben obliegen. Dies ändert sich erst im Paragraph 3, in welchem die Verpflichtungen für Bürger, Vereinigungen und nichtkommerzielle Organisationen im Rahmen des Umweltschutzes dargelegt werden. So werden im Absatz 11 zunächst einmal die Rechte der Bürger und anschließend ihre Pflichten beschrieben:

> 2. Граждане имеют право:
> создавать общественные объединения и иные некоммерческие организации, осуществляющие деятельность в области охраны окружающей среды; [...]
> 3. Граждане обязаны:
> сохранять природу и окружающую среду;
> бережно относиться к природе и природным богатствам; [...]

Im Unterschied zu den vorherigen Paragraphen werden hier nun erstmalig persönliche Formulierungen gewählt, auch wenn diese immer noch recht allgemein und somit nicht näher spezifiziert sind (etwa die Bezeichnung aller Bürger in der Form *граждане*).

Der Absatz 13 fasst das System zur Umsetzung von Sicherheitsmaßnahmen zusammen, die zur Aufrechterhaltung des Umweltschutzes dienen sollen. Hieran zeigt sich recht gut der präskriptive Charakter von Rechtstexten:

1. Органы государственной власти Российской Федерации, органы государственной власти субъектов Российской Федерации, органы местного самоуправления и должностные лица обязаны оказывать содействие гражданам, общественным объединениям и некоммерческим организациям в реализации их прав в области охраны окружающей среды. […]
2. При размещении объектов, хозяйственная и иная деятельность которых может причинить вред окружающей среде, решение об их размещении принимается с учетом мнения населения или результатов референдума.
3. В случае, если должностные лица препятствуют гражданам, а также общественным объединениям и некоммерческим организациям в реализации прав, предусмотренных настоящим Федеральным законом и другими федеральными законами, иными нормативными правовыми актами Российской Федерации, указанные должностные лица привлекаются к ответственности в установленном порядке.

Die Kompetenzen und Obligationen der Beamten bzw. der Organe werden im ersten Unterpunkt deutlich präskriptiv benannt (*обязаны*), so dass an dieser Stelle ihr Aufgabenbereich eingegrenzt wird. Nicht näher bestimmt wird jedoch die Handlungsstrategie, welche dies ermöglichen soll, so dass die entsprechenden Institutionen keine genauen Vorgaben für diese Aufgabe erhalten[148]. Im zweiten Unterpunkt wird klar auf die Entscheidungsfähigkeit der Anwohner verwiesen. An diesem Beispiel zeigt sich gleichermaßen die Bedeutung von Passivkonstruktionen im Rechtsrahmen: Die Errichtung von gefährlichen Objekten geschieht unter Berücksichtigung der öffentlichen Meinung (*решение… принимается*), es wird aber nicht gesagt, welche Person diese Entscheidung letztlich trifft. Dadurch werden Abstrahierungen ermöglicht, die eine Handlung unabhängig von ihren Handlungsträgern in den Vordergrund rückt[149]. Im dritten Unterpunkt vermeidet der Text erneut Konkretisierungen und spricht

---

148 Hier muss von einer bewusst offen gehaltenen Präskription ausgegangen werden, da diese es ermöglicht, unterschiedliche Strategien mit Verweis auf den entsprechenden Paragraphen anzuwenden. Bereits in älteren Studien zur Rechtssemantik hebt Karl Clauss hervor, dass dieses Vorgehen für den Gesetzgeber besonders relevant ist, aber auch voraussetzt, dass bei der Textinterpretation Flexibilität bei den Rezipienten erwartet wird. Nur so kann es gelingen, Praxisbezüge herzustellen: „Welches Ziel der Gesetzgeber mit einer Vorschrift verfolgt, vermag der Interpret nur dann zu erkennen, wenn er die politischen und geistigen Strömungen sowie die wirtschaftlichen Fakten und Tendenzen studiert und berücksichtigt, denen der Gesetzgeber ausgesetzt war" (Clauss 1963: 390).

149 So wird im Prinzip eine gewisse Objektivierung der Situation ermöglicht, eine zeitlose Perspektive auf das Geschehen gegeben und damit der Tatsache Rechnung getragen, die Umsetzung des Rechts innerhalb institutioneller Rollen zu

von Beamten (*должностные лица*), die zur Rechenschaft gezogen werden sollen, falls sie Bürger und gesellschaftliche Organisationen an ihrer Tätigkeit hindern. Auch hier zeigt die Verwendung der Passivform (*привлекаются к ответственности*), dass sich der Gesetzgeber nicht festlegt, wer konkret mit der Untersuchung des Vorgangs betraut werden soll, sondern lediglich, dass er sich die entsprechende Option einräumt. Dadurch wird aber nicht nur der von Kent D. Lerch (2008) geforderte Interpretationsspielraum eröffnet, den Rechtstexte bieten müssen, sondern auch zentrale verstehenstheoretische Voraussetzungen bedient, die Dietrich Busse herausstellt: So muss generell mit Mehrfachadressierungen gerechnet werden, es geht auch nicht um „Informationsübermittlung" oder darum, eine klar vorbestimmte Deutung festzulegen, sondern vielmehr darum, semantische Spielräume „in gewissen Grenzen zu eröffnen und damit die Funktionalität des Textes für unterschiedliche Entscheidungssituationen und Lebensweltsachverhalte offenzuhalten" (Busse 2017: 34). Aus diesem Grund treten Verfestigungen auch nicht über semantische Eindeutigkeit, sondern eher über den institutionsgebundenen Sprachgebrauch auf (Busse 2017: 35). Daher ist es geradezu konsequent, dass ein Rechtstext Personen nicht namentlich benennt, sondern ihre temporäre Funktion definiert, und dass Zuständigkeiten einer Behörde oder einer Organisation anstelle der dort tätigen Mitarbeiter festlegt werden[150].

---

gewährleisten. Angelika Linke, Markus Nussbaumer und Paul Portmann sprechen in ihrem Studienbuch zur Linguistik davon, dass institutionelle Rollen vorliegen, wenn ein Sprecher in bestimmten Gesprächsorganisationen Rollen übernimmt, die mit dem Ende des Gesprächs inexistent werden (Linke/Nussbaumer/Portmann 2001: 290). Als Beispiel wird u.a. die Rolle von Richtern und Angeklagten aufgeführt, und auch hieran zeigt sich deutlich, dass eine Personalisierung bestimmter Handlungsträger der Problemstellung nicht gerecht werden würde. In Bezug auf die Jurisprudenz formulieren es Ralph Christensen und Kent D. Lerch wie folgt: „Der Weg dahin führt vom Gesetzesbegriff über den Typus oder Gattungsbegriff zu den Rechtsprinzipien, die wiederum eine solche Interpretation anleiten und die Erkenntnis von Recht frei von subjektiver Willkür halten sollen" (Christensen/Lerch 2005: 60).

150 Gleiches gilt aber auch für den Text selbst, er darf im Rechtsrahmen nicht mit einer konkreten Person assoziiert werden: „Rechtsbegriffe und Rechtstexte gehen (jedenfalls dann, wenn sie mit institutionell definierter Legitimation ausgestattet sind) auf eine institutionelle ‚Autorschaft' zurück, nicht auf eine individuelle bzw. persönliche" (Busse 2015: 360). Die Schlussfolgerung liegt nahe, dass Rechtstexte dadurch per se unpersönlich verfasst sind. Jegliche Personifizierungen sind temporär und in Bezug auf ein Tätigkeitsfeld zu begreifen.

Im Rahmen eines Gesetzes, welches die Nutzung und den Schutz der Umwelt regelt, muss gleichermaßen der wirtschaftliche Umgang mit Naturressourcen festgelegt sein. Dies ist für Russland vor allem in seiner Rolle als Rohstoffexporteur wichtig, denn nur durch das Vorhandensein eines entsprechenden Gesetzes ist eine Orientierung für Unternehmen und ihre Vorgehensweise gegeben. Der Paragraph 4 nimmt Bezug auf dieses Phänomen und nennt in Artikel 16 Sanktionen finanzieller Art (*Плата за негативное воздействие на окружающую среду*), durch die Umweltverschmutzung geahndet wird und beschreibt, welche Unternehmen zu welchen Zahlungen verpflichtet werden können. In mehreren Absätzen wird anschließend dargestellt, wie dieses Prozedere abläuft, bis schließlich die Kontrollfunktion im Unterpunkt 16.5. expliziert wird:

> 1. Контроль за правильностью исчисления платы за негативное воздействие на окружающую среду, полнотой и своевременностью ее внесения осуществляется уполномоченным Правительством Российской Федерации федеральным органом исполнительной власти.

Der Staat überträgt sich und seinen Institutionen selbst das Recht, die Vorgaben zu kontrollieren und ggf. Maßnahmen einzuleiten, wenn Verstöße dagegen zu beobachten sind[151]. Dies bedeutet aber nicht, dass staatliche Organe sich aus der Verantwortung zurückziehen und allein die Überprüfung von Vorgaben übernehmen, sondern der Staat überträgt sich selbst Pflichten, die im Zusammenhang mit Umweltschutz stehen. Im Absatz 17 werden diese aufgelistet, im Wesentlichen geht es um Unterstützung beim Umweltschutz sowie darum, der Umweltzerstörung entgegenzuwirken.

Im Paragraph 5, Absatz 19, werden die Grundsätze festgelegt, nach denen die gesetzliche Normierung umweltrelevanter Fragen geregelt wird. In erster Linie wird hier hervorgehoben, dass sie als Garantie für einen staatlich verordneten Umweltschutz fungieren:

> 1. Нормирование в области охраны окружающей среды осуществляется в целях государственного регулирования воздействия хозяйственной и иной деятельности на окружающую среду, гарантирующего сохранение благоприятной окружающей среды и обеспечение экологической безопасности.

Absatz 20 stellt die Anforderungen heraus, die an normative Akte mit Bezug zum Umweltschutz geknüpft sind, sie sollen u.a. wissenschaftliche, soziale und

---

151 Daher sind erst einmal die Verstöße auszumachen, die dann in Zusammenhang mit Sanktionen gebracht werden. Thomas-Michael Seibert (2017: 15) schreibt daher, „Ergebnisse sollen praktisch über Begründungen kontrolliert werden".

ökonomische Parameter weiträumig einbeziehen. Der Gesetzestext lässt aber auch gewisse Ausnahmen zu, wenn diese im Einklang mit anderen Gesetzen stehen, etwa um eine Degradierung natürlicher Ökosysteme zu verhindern (vgl. dazu Artikel 26). Dies offenbart eine gewisse Flexibilität und Dynamik im Rechtsdiskurs (Felder 2017: 59), die wiederum erforderlich ist, um situative Prüfungen in jedem Einzelfall vorzunehmen. Das zeigt, dass eine eindeutige und endgültige Formulierung nur unnötig den Ermessensbedarf der Richter blockieren würde, wie etwa in der Studie von Vladimir Karabalić hervorgehoben wird, der auch von richtungsweisenden Vorgaben spricht (Karabalić 1994: 35). Die genannten Ausnahmen zeigen, dass man diese Einschätzung als besonders angewandtes und praxisnahes Sprachhandeln betrachten sollte, durch welches es der Richterschaft gelingen muss, adäquate Lösungen für konkrete Fragestellungen zu entwickeln.

Für die hochgradig exportorientierten Wirtschaftszweige der Russischen Föderation wie Rohölförderung oder Holzvertrieb sind die Vorschriften des Paragraphs 7 von außerordentlicher Relevanz. Dieser bestimmt die Anforderungen an den Umweltschutz im Falle einer Durchführung wirtschaftlicher und anderer Aktivitäten. Der Gesetzgeber tritt an dieser Stelle fordernd auf, wenn er festlegt, dass Tätigkeiten, die sich negativ auf die Natur auswirken, im Einklang mit anderen Gesetzen durchgeführt werden müssen. Dies bedeutet aber nicht, dass dadurch Umweltschäden gebilligt werden (Artikel 34.1.):

> [...] При этом должны предусматриваться мероприятия по охране окружающей среды, восстановлению природной среды, рациональному использованию и воспроизводству природных ресурсов, обеспечению экологической безопасности.

Wie und ob dies überhaupt in der Praxis gelingen kann, ist eine Frage für sich, allerdings dient der Rechtsrahmen als Richtschnur, und nur dadurch kann es erst ermöglicht werden, dass die Vorgaben etwa von Unternehmen wahrgenommen werden (s. dazu im Kapitel 6.6). Absatz 40 ist von besonderem Interesse, denn er regelt die Anforderungen an den Umweltschutz, die im Zusammenhang mit dem Bau und der Instandhaltung von Objekten mit atomarer Energie erhoben werden. Aus allen diesen sechs Unterpunkten geht hervor, dass die Nutzung entsprechender Anlagen die Einhaltung bestimmter Standards des Umweltschutzes erfordert und dass sie nach der gültigen Rechtslage zu erfolgen hat. In der Praxis bedeutet dies, dass ohne Weiteres Atomkraftwerke errichtet werden können, wenn nachgewiesen ist, dass die entsprechenden Vorgaben eingehalten werden:

> 4. При размещении, проектировании, строительстве, вводе в эксплуатацию и эксплуатации ядерных установок (в том числе атомных станций) [...] соблюдаться установленный порядок и нормативы осуществления технологического процесса, требования федеральных органов исполнительной власти [...]

Nun ist es unbestritten, dass die hohen Auflagen, die im vorliegenden Gesetz aufgezählt werden, eine umfassende Prüfung jeglicher Bauvorhaben nach sich ziehen, jedoch ist es für die vielschichtigen Ökosysteme des Landes ungleich bedrohlicher, dass diese Möglichkeit überhaupt besteht. Russland muss mit Energie versorgt werden, und mit dem vorliegenden Rechtsdokument wird unmissverständlich dargestellt, dass ein Umstieg auf alternative Energieversorgung (noch) keine hohe Priorität genießt[152]. Ähnliches gilt für die Lagerung von radioaktiven Materialien, allerdings ist in dem entsprechenden Absatz eine Klausel festgehalten (Absatz 48):

> 3. Ввоз в Российскую Федерацию радиоактивных отходов из иностранных государств на основании договоров хранения, в том числе в целях захоронения [...] запрещаются, за исключением предусмотренных настоящим Федеральным законом и Федеральным законом „Об обращении с радиоактивными отходами и о внесении изменений в отдельные законодательные акты Российской Федерации“ [...]

Es können also unter gewissen Umständen auch aus dem Ausland importierte radioaktive Abfälle in Russland gelagert werden, und auch hier steht die Frage im Raum, ob die denkbaren Realisierungsformen dieser Lagerung am Umweltschutz oder an wirtschaftlichen Interessen ausgerichtet sind.

Um den eingangs kommentierten Umweltschutz in Form von speziellen Schutzgebieten zu gewährleisten, werden im Paragraph 9 die Bedingungen dargelegt, welche die Errichtung von Schutzzonen erforderlich machen. Im Wesentlichen werden darin Begründungen gegeben, die für die Errichtung der entsprechenden Gebiete stehen. Es ist angedacht, dass besonders zu schützende Gebiete nicht unnötig belastet werden sollen, aber auch hiervon können Abweichungen auftreten:

152 Dies wäre etwa dann der Fall, wenn der Gesetzgeber Nachweise einfordern würde, die den Bau eines Atomkraftwerks unumgänglich machen, etwa wenn eine alternative Versorgung nicht gewährleistet werden kann. Aufgrund der Vielzahl von Bestimmungen, die hier aufgelistet und überprüft werden müssen, ist es in der Praxis wenig verwunderlich, dass sie auch tatsächlich hinterfragt werden, etwa wie im Falle des nicht realisierten Projekts des sog. Baltischen Atomkraftwerks.

4. Изъятие земель природно-заповедного фонда запрещается, за исключением случаев, предусмотренных федеральными законами.

Auch daran zeigt sich, dass Ausnahmen durchaus legal sind, wenn es die Gesetzesgrundlage ermöglicht[153]. Dass diese und sämtliche andere Maßnahmen mit dem Ziel, den Umweltschutz zu realisieren staatlich überwacht werden müssen, ist in Paragraph 10 festgelegt:

2. Задачами единой системы государственного экологического мониторинга [...] являются:
регулярные наблюдения за состоянием окружающей среды [...]
обеспечение органов государственной власти, органов местного самоуправления, юридических лиц, индивидуальных предпринимателей, граждан информацией о состоянии окружающей среды.

Der Staat überträgt sich somit selbst die Kontrolle des – wie es Dieter Stein (2017: 143) formuliert – Normensystems, allerdings hat dies auch zur Folge, dass es sich nahezu um eine Selbstkontrolle handelt, die sich zudem auf sämtliche Ebenen unterschiedlicher Ökosysteme erstreckt (s. Paragraph 10, Absatz 63.1, Unterpunkt 3, außerdem Paragraph 11 zur staatlichen Umweltaufsicht[154]). Dieser Sachverhalt kann in der Praxis dazu führen, dass bestimmte Maßnahmen nicht neutral oder mit der erforderlichen sachlichen Distanz beurteilt werden, oder aber dass im Zweifelsfall die Gesetzesgrundlage geändert werden kann, um sie eventuell den Sachverhalten anzupassen[155].

Im Paragraph 12 wird die Möglichkeit eingeräumt, die Natur als wissenschaftlichen Erkenntnisraum zu nutzen. Forschungen sollen dazu dienen, den Umweltschutz zu fördern und die Nachhaltigkeit der Ökosysteme zu unterstützen, was in Absatz 70 zusammengefasst wird:

1. Научные исследования в области охраны окружающей среды проводятся в целях социального, экономического и экологически сбалансированного развития Российской Федерации [...]

---

153 Es stellt sich aber die Frage, warum diese Ausnahmen in den Gesetzestext explizit einbezogen werden und warum nicht noch stringenter dargestellt wird, dass derartige Fälle gut zu begründende Ausnahmen sein müssen.

154 Paragraph 11 regelt die Umweltaufsicht und spricht von den Aufgaben und den Rechten der Inspektoren sowie von der Anforderung an ihre Tätigkeit.

155 Was auf den ersten Blick etwas trivial erscheinen mag, war eine ausgesprochen wichtige Konstellation im Vorfeld der Olympischen Winterspiele in Soči 2014. Das Problem der nicht auszuschließenden mangelnden Objektivität könnte dadurch gelöst werden, indem etwa unabhängige und parteilose Gutachter mit der Überprüfung beauftragt würden.

Gesondert davon wird in Paragraph 13 die Grundlage für die Verbreitung von Informationen gelegt, die der interessierten Öffentlichkeit zugänglich gemacht werden sollen. Auch Bildung soll im Sinn der Ökologie vorangetrieben werden (im Einzelnen im Absatz 74, *Экологическое просвещение*).

Die aus praxisbezogener Perspektive interessanteste Passage im gesamten Dokument ist Paragraph 14, in dem die Haftung bei Zuwiderhandlungen gegen das Gesetz präsentiert wird. Artikel 75 schreibt vor, dass Verstöße gegen die Rechtsvorschriften geahndet werden, in Artikel 76 wird dargelegt, dass Streitfälle vor dem zuständigen Gericht ausgetragen werden und Artikel 77.1 besagt, dass sowohl juristische als auch natürliche Personen entstandenen Schaden ersetzen müssen. Anschließend wird ausgeführt, dass für entstandene Schäden Kompensationen eingefordert werden können, bevor schließlich in Paragraph 15 auf die Bedeutung der internationalen Zusammenarbeit in Umweltfragen und in Paragraph 16 auf die rechtlichen Konstellationen des Gesetzes verwiesen wird.

Das Föderale Umweltgesetz dient als wesentliche Richtschnur im Kontext des Umweltschutzes in der Russischen Föderation. Seine Inhalte sind sehr vielfältig und decken die zentralen Aspekte ab, die für den Umgang mit der Natur und ihren Ressourcen erforderlich sind. Andererseits weist es einige Schwachstellen auf, die sich oft aus sprachlicher Vagheit heraus ergeben. Ekkehard Felder hinterfragt in einem Beitrag die Pragmatik des Rechts und stellt dabei Rechtshandeln mit und in Sprache dar (Felder 2017), was auch für den Fall des Föderalen Umweltgesetzes ein vielversprechender Ansatz ist. Er geht davon aus, dass Akteure (in diesem Fall der Gesetzgeber) durch die Produktion eines bestimmten Textes unter Verwendung bestimmter Zeichen eine „spezifische Faktizität" herstellen und somit eine diskursinhärente „Wirklichkeitskonstitution" festigen (Felder 2017: 46). Aus diesem Grund sieht Felder eine klare Trennlinie zwischen Semantik und Pragmatik im Rahmen rechtssprachlicher Kommunikation skeptisch, verortet aber ungeachtet dessen die Pragmatik als eine zentrale linguistische Aufgabe im Recht (Felder 2017: 47, 49). Mit Verweis auf ältere Studien nach Austin, der die illokutionäre Kraft von Texten kommentiert, erstellt Felder eine Matrix, nach welcher er sprachhandlungstheoretische Ansätze einordnet, „verwendet den Terminus Sprecherhandlung für schriftlich und mündlich medialisierte Äußerungen (als Hyponym von Sprachhandlung)" und listet tabellarisch Abstraktionsstufen und Bedeutungsebenen auf (Felder 2017: 50). In Anlehnung an diese Klassifikation kann auch das Föderale Gesetz zum Umweltschutz auf pragmatische Spezifika hin untersucht werden.

Die Makroebene ist die oberste Abstraktionsstufe. Felder erachtet sie als Sprachhandlungsklassen oder Oberklassen von Sprachhandlungen, wie sie von

Searle eingeführt wurden und versteht darunter „die aus der Sprechakttheorie bekannten, aber unterschiedlich bezeichneten Klassen wie Repräsentativa/Assertiva, Deklarativa, Expressiva, Direktiva, Kommissiva" (Felder 2017: 50). Diese werden im Rechtsrahmen verortet und mit Beispielen unterfüttert. Repräsentativa bzw. Assertiva informieren demnach über Sachverhalte oder stellen Sprecherhandlungen dar. Dies wird im föderalen Gesetz etwa dadurch realisiert, indem Beziehungen zwischen einem Naturobjekt und seiner juristischen Klassifikation näher erläutert werden, wie in Absatz 64 (alle Hervorhebungen ab hier durch M. H.):

> 1. Зеленый фонд городских поселений, сельских поселений **представляет собой** совокупность территорий, на которых расположены лесные и иные насаждения [...]

Deklarative Sprachhandlungen können besonders zahlreich in Rechtstexten vorkommen, da sie von bevollmächtigten Institutionen genutzt werden, um „Fakten zu schaffen" (Felder 2017: 51). Dies zeigt sich etwa an der Festlegung, wie bestimmte Landflächen genutzt werden dürfen (Absatz 62.2):

> Порядок отнесения почв к редким и находящимся под угрозой исчезновения, а также порядок установления режимов использования земельных участков, почвы которых отнесены к редким и находящимся под угрозой исчезновения, **определяется** законодательством.

Darüber hinaus kann die Gültigkeit eines Rechtsaktes oder eines einzelnen Paragraphen widerrufen werden, wenn er rechtskräftig für ungültig erklärt wird:

> Статья 14. **Утратила силу** с 1 января 2015 года. – Федеральный закон от 21.07.2014 N 219-ФЗ.

Auch diesen Schritt können lediglich autorisierte Instanzen vornehmen, denn dadurch werden weltverändernde Maßnahmen eingeleitet (Felder 2017: 51), die einer entsprechenden Rechtsgrundlage bedürfen. Ähnlich verhält es sich mit den Direktiva, die im Rechtsrahmen gut begründet sein müssen. Oftmals sind sie durch konkrete Ge- oder Verbote gekennzeichnet, wie im Artikel 37.2:

> **Запрещаются** строительство и реконструкция зданий [...] в ущерб требованиям в области охраны окружающей среды.

Im Gegensatz dazu kommen Expressiva nur äußert selten vor, ihr sparsamer Einsatz hängt möglicherweise damit zusammen, dass die von Felder (2017: 51) für den Rechtskontext erwähnten Einstellungsäußerungen *etwas gutheißen, kritisieren, befürworten, ablehnen* letztlich zu vage bleiben, um sie für solch ein schwerwiegendes Problemfeld wie den Umweltschutz greifbar zu machen[156]. Stattdessen dominieren zielgerichtete Aussagen, insbesondere Deklarativa und Direktiva, die den Spielraum bei der Auslegung einer Aussage deutlich reduzieren und stringent eine Erwartungshaltung vermitteln. Dadurch wird einer Aussage der Emotionsgehalt entzogen und durch einen manifestierten Wahrheitsanspruch ersetzt[157]. Kommissiva erscheinen ebenfalls selten, sie bringen zum Ausdruck, dass der Gesetzgeber sich selber zu einer Handlung verpflichtet, beispielsweise indem er bestimmte Garantien abgibt (Absatz 19.1):

> Нормирование в области охраны окружающей среды осуществляется в целях государственного регулирования воздействия хозяйственной и иной деятельности на окружающую среду, **гарантирующего** сохранение благоприятной окружающей среды и обеспечение экологической безопасности.

Auch diese Sprachhandlungsklasse ist nicht besonders häufig anzutreffen, was damit zusammenhängen dürfte, dass der Staat besonders beim Thema Umweltschutz bereits per se ein Interesse daran haben sollte, dass seine Flächen angemessen geschützt oder genutzt werden und dass er sich deshalb gar nicht mehr explizit selbst in die Lage versetzen muss, Garantien auszusprechen. Vielmehr muss er dafür sorgen, dass die Rahmenbedingungen eingehalten werden, die erforderlich sind, um effektive Handlungsstrategien zu entfalten, durch die Dritte zum Umweltschutz verpflichtet werden. Ungeachtet dessen sind derartige Formulierungen wichtig, wenn es etwa darum geht, Zuständigkeiten festzulegen (Felder 2017: 53)[158].

---

156 Es scheint, als wäre von den bei Felder verorteten Verben einzig *ablehnen* geeignet, um in umweltrelevanten Rechtstexten Anwendung zu finden. *Etwas gutheißen* oder *befürworten* ist wohl zu unverbindlich und im Einzelfall auch dehnbar, so dass derartige Formulierungen weiträumig vermieden werden.

157 Dies lässt sich sehr leicht darstellen, wenn man die Deklarativa oder Dirketiva durch Expressiva ersetzt. Die Aussage **Не одобряется изменение стоимости проектных работ …* wäre etwa viel interpretationsoffener als *Запрещается изменение стоимости проектных работ …* (Artikel 36.2) und würde durch die expressive Darstellung deutlich eher verhandelbar, im Einzelfall möglicherweise sogar unscharf und damit umgänglich werden. Demnach ist die Rolle der Expressiva für den vorliegenden Problemfall auch nur als gering zu erachten. Felder (2017: 52) schreibt daher weiter, dass Deklarativa (gemeinsam mit den Direktiva und Kommissiva) „als Sprachhandlungen überwiegend zum formellen Recht (Verfahrens-, Organisations- und Prozessrecht) gehören".

158 Im Weiteren spricht Felder (2017: 53) davon, dass im Rechtsrahmen die unscharfe Trennlinie zwischen Assertiva und Deklarativa besonders frequent ist. Hiermit

Felder thematisiert eine mittlere Abstraktionsstufe, die er als Mesoebene zwischen der oben skizzierten Makroebene und der Mikroebene (s. weiter unten) verortet. Dies ermöglicht es, pragmatische mit semiotischen Ansätzen in Bezug zu setzen, was wiederum einen wesentlichen Grundsatzaspekt des Rechts offenbart:

> Folgt man also dem Ansatz der pragma-semiotischen Bedeutungsexplikation, so kann die juristische Textarbeit als akteursbezogene, zeichengebundene Tätigkeit bzw. als eine Form des kommunikativen Handelns aufgefasst werden [...]. (Felder 2017: 55)

Unter diesem Gesichtspunkt lassen sich sowohl juristische Texte wie Entscheidungen oder Kommentare analysieren, aber auch mündliche Formen der Kommunikation, was wiederum eine Vielzahl einzubeziehender Einzelsituationen hervorbringt (Felder 2017: 55). Das bedeutet, dass ein Gesetzestext nicht primär von der mittleren Abstraktionsstufe erfasst ist, sondern vielmehr der Umgang mit ihm. Im konkreten Rechtsfall dient er jedoch als unersetzbare Referenz; Felder spricht hier von einer „rechtliche[n] Sachverhaltsklassifizierung mit Bezug auf die [ausgewählten] Normtexte (z. B. Gesetzestexte) auf der Grundlage diverser Normtexthypothesen", die letztlich als Richtschnur zur Beurteilung von Umständen, Argumenten und Entscheidungsnormen fungieren (Felder 2017: 56). In diesem Kontext lässt sich das Föderale Gesetz zum Umweltschutz als interne umweltstrategische Orientierung bezeichnen, durch die festgelegt wird, welche Handlungen in Bezug auf ökologische Sachverhalte zu tun und vor allem welche zu unterlassen sind. Im Einzelfall kann die von Felder skizzierte mittlere Ebene also appliziert werden, um bei einem juristischen Streitfall für Klärung zu sorgen.

Auf der Mikro- bzw. unteren Abstraktionsebene sieht Felder nicht immer eindeutige Sprecherhandlungen, die sowohl durch Juristen als auch durch Außenstehende unterschiedlich wahrgenommen werden. Zwei Punkte sind dabei zentral, nämlich „das Hineinwirken des Rechtswesens und der Justiz in den Alltag und die Wahrnehmung und Beurteilung von Sprachhandlungen im Alltag" sowie kontextuelle „interpretative Leistungen des Rezipienten" (Felder 2017: 54). Diese Abstraktionsebene kann nicht durch den Text des Föderalen Umweltgesetzes allein evoziert werden, sondern sie bedarf immer der Interaktion mit Personen, die den Gesetzestext in irgendeiner Form anwenden oder mit ihm konfrontiert werden. Die drei Ebenen, die Felder in seinem Beitrag

---

nennt er einerseits ein Grundproblem, das andererseits aber keinen Einfluss auf die Tatsache hat, dass beide Sprachhandlungstypen als wesentlich für den Rechtsdiskurs geltend gemacht werden können.

verortet, lassen sich als Nexus zwischen Rechtstheorie, Sprachhandlungen und praktischen Sachverhalten modellieren, indem sie in einen weiteren Kontext eingebunden werden. Dieser zeigt auf, dass es sich immer um einen ganz konkreten Fall handeln muss, welcher vor dem Hintergrund der Abstraktionsebenen betrachtet wird und unterschiedliche interaktionale Komponenten einschließt, die die nachstehende Skizze in Abbildung 6 veranschaulicht:

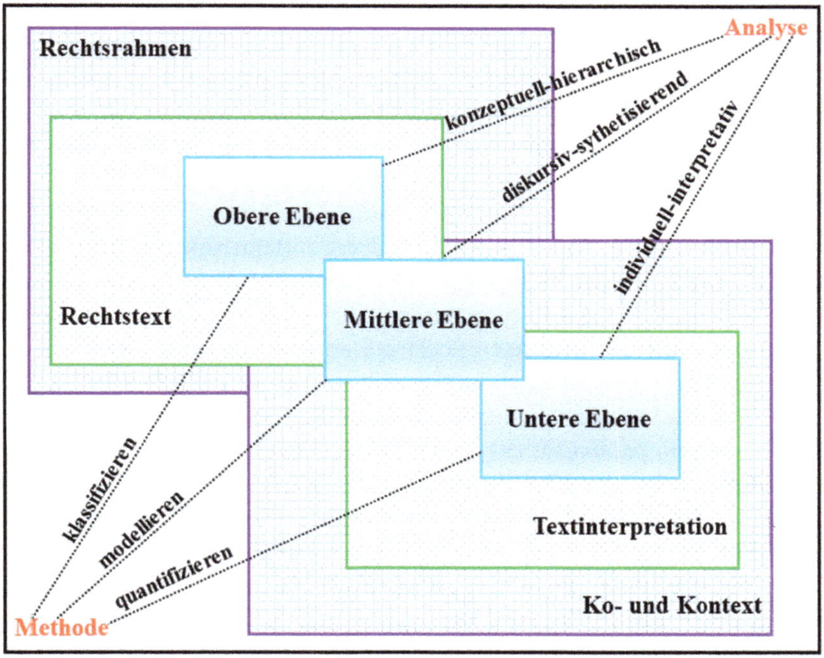

Abb. 6: Interaktionale Komponenten bei der Analyse der Wechselwirkungen von Sprache und Recht.

Die obere Ebene wird im Wesentlichen durch den Rechtstext selbst repräsentiert, während die untere Ebene sich vor allem durch Textinterpretation kennzeichnet. Die Mesoebene weist Interaktionen zwischen diesen beiden Ebenen auf, daher ist sie sowohl mit dem Rechtsrahmen als auch mit dem situativen Ko- und Kontext eng umwoben. Für die Analyse bedeutet dies, dass die obere Ebene vor allem konzeptuell-hierarchisch aufgebaut ist, so dass eine Struktur durch eine übergeordnete Instanz vorgegeben wird und somit die Erwartungshaltung besteht, dass sie auch umgesetzt wird. Die untere Ebene ist hingegen stärker von individuellen und interpretativen Merkmalen geprägt, während die mittlere Ebene eine diskursive Schnittstelle markiert, die ihrerseits synthetisierend alle Eckpunkte abbildet, die für die Gesamtheit eines gegebenen Sachverhalts zusammengetragen werden. Ihr liegt die Methodik bei der Analyse zu Grunde, als Prisma alle für den konkreten Kontext relevanten Befunde zu filtern und somit den Sachverhalt in seiner Gesamtheit zu modellieren. Die obere Ebene hilft dabei, Tatsachen zu klassifizieren und kann im Diskurs als zentrale definitorische Richtschnur erachtet werden, während die untere Ebene Umstände quantifiziert und somit als kasusspezifischer Nexus fungiert. Wichtig ist, dass in einem konkreten Fall alle Komponenten greifen und miteinander interagieren. Die von Felder aufgezeigten Ebenen sind daher nicht unabhängig voneinander, sondern müssen vor dem Hintergrund eines bestimmten juristischen Streitfalls stets neu konstruiert werden.

Neben den von Felder genannten Kriterien spielt immer der Einzelfall die übergeordnete Rolle, von dem ausgehend die intrajuristischen Faktoren als auch die verschiedenen Standpunkte aller beteiligten Akteure reflektiert und mit geltendem Recht abgeglichen werden. Dies wird vor allem dann sichtbar, wenn man sich einen konkreten Rechtsfall ansieht und seine Rahmenbedingungen und Frames berücksichtigt. Dies illustriert das nachstehende Beispiel.

Im Jahr 2010 wurde vor dem Kujbyšever Bezirksgericht der Stadt Omsk (*Куйбышевский районный суд г. Омска*) verhandelt, wie der zunehmenden Schadstoffemission vor Ort entgegengewirkt werden könne[159]. Dabei rückten sog. Nichtöffentliche Aktiengesellschaften (*Закрытые акционерные общества*, kurz *ЗАО*, heute *Непубличное акционерное общество*) in den Fokus, die über unterschiedliche Transportfahrzeuge verfügten, welche sich in abgeschlossenen Flächen wie Stellplätzen und Garagen befanden. Bei einer Überprüfung im Jahr 2009 wurde in einem Fall festgestellt, dass stationär und ohne Genehmigung ein deutlich messbarer Schadstoffausstoß bei einer Aktiengesellschaft mit Fahrzeugen nachweisbar war, woraufhin der Staatsanwalt verfügte, dass zunächst eine entsprechende Nutzungsgenehmigung eingeholt werden müsse[160]. Bei der Gerichtsverhandlung wies die Direktorin der Aktiengesellschaft die Vorwürfe zurück und argumentierte, dass alle Fahrzeuge

159 Alle Informationen unter http://kuybcourt.oms.sudrf.ru/modules.php?id=1583&name=docum_sud.

160 Im Föderalen Umweltgesetz ist dies bereits im ersten Absatz erwähnt, Absatz 16.1 stellt heraus, dass für stationäre Objekte mit entsprechender Luftverschmutzung Gebühren anfallen.

immer, auch im statischen Zustand, negativen Einfluss auf die Umwelt hätten, der vorliegende Fall stelle somit keine nennenswerte Ausnahme dar und erfordere daher auch keine Sondergenehmigung. Das Gericht befand jedoch, dass es sich erstens bei der Aktiengesellschaft nicht um ein Transportunternehmen handelte, und dass zweitens die umweltrelevanten Praktiken im Hinblick auf die Vorgaben des Transportministeriums und des Gesetzes zum Umweltschutz zweifelhaft umgesetzt seien. Das Gericht vermied an dieser Stelle die Diskussion darüber, ab welchem Punkt Transportmittel einer zusätzlichen Genehmigung unterliegen, sondern verwies stattdessen direkt auf die Gesetzesgrundlage, die im Zusammenhang mit dem Gesamtkontext der Luftverschmutzung offensichtlich wurde: In Anlehnung an das Luftschutzgesetz (*Об охране атмосферного воздуха*) aus dem Jahr 1999 sei (neben weiteren Beanstandungen) eine Genehmigung bei stationär bedingter Luftverschmutzung einzuholen. Mit Verweis auf Artikel 34 des Umweltschutzgesetzes sei es zudem erforderlich, dass bestimmte Anforderungen an Nutzflächen bestehen, und falls diese nicht erfüllt werden, kann das Gericht Tätigkeiten unterbinden. Auf der Grundlage der Zivilprozessordnung und des Steuerkodex der Russischen Föderation wurde letztlich entschieden, dass die Aktiengesellschaft den Schadstoffausstoß zu unterbinden hat und 4000 Rubel Gebühr bezahlen sollte.

Der vorliegende Gerichtsfall ist deshalb interessant, weil er sich auf eine Grauzone bezieht, nämlich die Nutzung von immobilen Flächen, an denen Schadstoffe freigesetzt werden, dies aber wiederum von beweglichen Maschinen. Somit ist hier die Sichtweise des Gerichts eine völlig andere als die der Aktiengesellschaft, der offenbar auch die Rechtslage nicht hinreichend bewusst gewesen sein könnte. Ungeachtet dessen zeigt sich an diesem Beispiel sehr deutlich die Diskrepanz zwischen Laien- und Expertenwissen: Während die Angeklagten mit Argumenten zu überzeugen versuchten, die keinerlei juristische Konsequenz nach sich ziehen würden[161], so war den Richtern nicht nur der Zusammenhang zwischen Nutzung einer stationären Fläche und den daraus resultierenden Konsequenzen bekannt, sondern auch die Tatsache, dass das Föderale Umweltgesetz für entsprechende Fälle einen breit gefächerten Auslegungsspielraum bietet. Das Gericht hatte dank der darin vorgesehenen Genehmigungspflicht für entsprechende Objekte ein schlagkräftiges Argument, um seine Ansichten durchzusetzen. Die von Dietrich Busse (2015: 381) als „Meta-Elemente" bezeichneten kognitiv motivierten Einheiten, die das

161 Es wird nicht gesagt, ob sich die Aktiengesellschaft durch einen Anwalt vertreten ließ, der eigentlich von dieser Sachlage Kenntnis haben könnte.

juristische Wissen um einen Begriff konkretisieren, spielen hier eine entscheidende Rolle, denn:

> Frames bzw. Wissensrahmen integrieren in vielfältiger Weise Informationen, die über die normalen ‚deskriptiven' Frame-Elemente (die typische ‚Dingmerkmale' und Ähnliches spezifizieren) hinausgehen [...]. (Busse 2015: 381)

Dadurch ergibt sich für den vorliegenden Fall, dass stationär bedingter Schadstoffausstoß auch dann genehmigungspflichtig ist, wenn er von beweglichen Objekten produziert wird (was die angeklagte Aktiengesellschaft erfolglos bestritt). Um zu diesem Ergebnis zu gelangen, muss das Umweltgesetz in den Vordergrund rücken, in dem entsprechende Vorgaben enthalten sind, und nicht die grundsätzlichen Merkmale von Fahrzeugen. Es muss also davon ausgegangen werden, dass die Nutzung der entsprechenden Flächen und Maschinen durch die Angeklagten bereits die Intention integriert, einen Schadstoffausstoß unreflektiert in Kauf zu nehmen[162]. Das Umweltgesetz hat gleichzeitig aber auch einen Nachteil: Mit seinen zahlreichen unspezifizierten und sehr weiträumig auslegbaren Formulierungen kann es auch als Grundlage dienen, um von Aktiengesellschaften, Unternehmen oder Privatpersonen kostenpflichtige Genehmigungen einzufordern, ohne dass dabei ein greifbarer Schaden von der Umwelt abgewendet würde. So wäre es beispielsweise sinnvoll, neben reinen Genehmigungen auch zu veranschlagen, dass effiziente Maßnahmen bei der Freisetzung von schädlichen Stoffen ergriffen werden müssten, um diese zu verringern, etwa die Installation moderner Filteranlagen, Umrüstungen auf umweltfreundliche Geräte oder eine angemessene Verarbeitung.

In einer Publikation der Bundeszentrale für politische Bildung stellt Andreas Heinemann-Grüder die Merkmale zusammen, die den Föderalismus und die regionale Gesetzgebung in Russland kennzeichnen (ab hier aus Heinemann-Grüder 2018). Die 85 Föderationssubjekte wurden im Jahre 2000 zu sieben

---

162 Busse nennt ein Beispiel, welches aufschlussreich für den vorliegenden Fall ist: „Im Beispiel des Diebstahl-Paragraphen sind über das Begriffselement ‚Absicht rechtswidriger Zueignung' Intentionen als begriffswesentlich integriert (wie es für Strafrechtbestimmungen typisch ist). Eine wissensanalytische Beschreibung dieses Elements erfordert nicht nur eine Erfassung der ‚Absicht der Zugeignung', sondern impliziert auch ein ‚Wissen der Rechtswidrigkeit der Tathandlung bzw. des Tateffekts', obwohl ein Element wie ‚Wissen' in der Oberflächenstruktur des Paragraphen gar nicht thematisch ist" (Busse 2015: 381). Mit anderen Worten bedeutet dies, dass sich die Aktiengesellschaft nicht auf ihre Position hätte verlassen sollen, sondern sich dahingehend informieren müssen, welche juristischen Konsequenzen ihr Handeln nach sich ziehen kann.

föderalen Bezirken zusammengefasst, zehn Jahre später wurde im Nordkaukasus ein achter Föderalbezirk geschaffen, seit 2014 bildet die annektierte Krim mit der Stadt Sevastopol' ebenfalls einen eigenen föderalen Bezirk (der international jedoch nicht als solcher, sondern nach wie vor als integraler Bestandteil der Ukraine betrachtet wird). Im Föderationsrat als zweiter Kammer des Parlaments repräsentieren zwei Vertreter (jeweils einer in der Exekutive und in der Legislative) die Anliegen ihrer Region, ihre Zuständigkeit erstreckt sich über wichtige Entscheidungen wie etwa die Ernennung von Richtern des Verfassungsgerichts, des Obersten Gerichts oder des Obersten Arbitragegerichts. Eine wesentliche Anmerkung bei Heinemann-Grüder ist der Verweis auf die zu geringen Kompetenzen, über die eine Region letztlich selbst verfügt, um eigenständige Entscheidungen zu fällen:

> In Russland gilt ein einheitliches staatliches Machtsystem, in das die Regionen einbezogen sind. Die Verfassung zählt die Zuständigkeiten der Zentralmacht auf. Die Autonomie der Regionen leidet generell unter der mangelnden Trennung zwischen föderalen und regionalen Zuständigkeiten bzw. der faktischen Wahrnehmung der ‚gemeinsamen Zuständigkeiten' durch den Zentralstaat. (Heinemann-Grüder 2018)

Diese „gemeinsamen Zuständigkeiten" sind besonders im Rahmen von Umweltpolitik sichtbar, was wiederum aus der Rechtsgrundlage deutlich hervorgeht. Sie ist fast ausschließlich daran orientiert, die föderalen Bestimmungen aufzugreifen und regional zu verorten, oftmals ohne in Inhalten wesentliche eigene Akzente zu setzen. Mit der Gesetzgebung auf regionaler Ebene können die einzelnen Föderationssubjekte im Hinblick auf ihre Regelung von umweltrelevanten Fragestellungen demnach auch nur eingeschränkt untersucht werden, etwa im Hinblick auf die Frage, welche regionalen Schwerpunkte sich bereits aus der geopolitischen Lage eines Subjekts ergeben und welche Rolle diese in der Jurisprudenz spielen[163]. Letztlich kann aber auch festgestellt werden, dass die Reformen der 2000er Jahre dazu geführt haben, dass seither die Regionen mit einer geringeren Kompetenz in zahlreichen rechtlichen Aspekten ausgestattet sind:

> Mit Putins Reformen wurde die staatliche Macht ab dem Jahr 2000 wieder stärker zentralisiert. Die Reformen bezogen sich auf die Durchsetzung föderalen Rechts, vor allem

163 Während das Föderale Umweltgesetz also allgemeine Rahmenbedingungen für den Umweltschutz schafft, strukturieren regionale Rechtsgrundlagen lokale Ansprüche. Dadurch wird ermöglicht, dass regionalspezifische Schwerpunkte gesetzt werden können, die wiederum direkt vor Ort verwaltet und überprüft werden.

> durch die Annullierung regionaler Rechtsakte und die Rechts- und Fachaufsicht gegenüber den Gouverneuren und Regionalparlamenten. (Heinemann-Grüder 2018)

Dies schlägt sich auch auf Fragen der Gestaltung von Umweltpolitik nieder. Elena Minakova stellt in der Einleitung ihres Sammelbandes zur Lage des Umweltschutzes am Beispiel der Republik Tatarstan heraus, wie sich dort die Rechtsgrundlage darbietet. Demnach wurden unterschiedliche normative Akte publiziert, die als Grundlage für die Umsetzung von juristischen Fragen dienen[164]. Sie zählt folgende relevante Rechtstexte auf (zit. nach Minakova 2011: 11)[165]:

- Постановление Кабинета Министров РТ от 12.12.2005 г. № 596 «Об образовании Межведомственной комиссии по экологической безопасности, природопользованию и санитарно-эпидемиологическому благополучию в Республике Татарстан».
- Концепция экологической безопасности РТ на период 2007–2015 годы, утвержденная постановлением Кабинета Министров РТ от 03.09.2007 г. № 438.
- Экологический кодекс Республики Татарстан, принятый Государственным Советом РТ 15 декабря 2008 года от 15 января 2009 г. № 5-ЗРТ.
- Программа «Энергоэффективность в Республике Татарстан на 2006–2010 годы».
- Разработана программа экологической безопасности Республики Татарстан на 2010–2015 гг., которая в настоящее время находится на согласовании.

So ist beispielsweise der Umweltkodex der Republik Tatarstan (im Original *Экологический кодекс РТ от 15.01.2009 N 5-ЗРТ (с изменениями и дополнениями)*[166]) als wichtige Referenz zu betrachten, da er letztlich als

164 Zum Zeitpunkt der Publikation waren dies bereits 28 Dokumente.

165 Nicht genannt wird hier das Umweltschutzgesetz der Republik Tatarstan (*Об охране окружающей природной среды в Республике Татарстан*), da es den von Heinemann-Grüder angesprochenen Annullierungen unterlag und durch einen Umweltkodex ersetzt wurde. Somit ist die Eigenständigkeit in der Handhabung umweltpolitischer Fragen nur noch im Einklang mit föderaler Gesetzgebung möglich, was es letztlich auch nicht erforderlich macht, zentrale Inhalte festzulegen, die nicht schon im entsprechenden Föderalen Gesetz vorgeschrieben sind und andere Standpunkte vorgeben würden. Diese müssten noch nicht einmal entgegen der nationalen Rechtslage formuliert sein, sie könnten sogar strenger sein im Hinblick auf Ressourcennutzung oder Export. Die stärkere Zentralisierung ist somit umweltpolitisch betrachtet ein wichtiger Schritt für die Machtbefugnisse Moskaus auf Kosten regionaler Bedürfnisse.

166 Abrufbar unter http://base.garant.ru/8148342/.

Grundlage der regionalen Jurisprudenz fungiert und weniger umfangreich als das Föderale Umweltgesetz ist. Im Abschnitt 1, welcher weitestgehend definitorischen Charakter hat und in zahlreiche grundsätzliche Problemstellungen und Definitionsfragen einführt, werden im Artikel 1 die Zuständigkeiten definiert, die sich u.a. auf Grundlage der Verfassung der Russischen Föderation legitimieren:

> 2. Экологическое законодательство Республики Татарстан регулирует отношения в области природопользования, охраны окружающей среды и обеспечения экологической безопасности.

Im Artikel 4 spricht das Gesetz nur recht knapp an, auf welche Gebiete und Objekte es sich bezieht und wovor diese geschützt werden sollen:

> Объектом охраны окружающей среды от загрязнения, истощения, деградации, порчи, уничтожения и иного негативного воздействия хозяйственной и (или) иной деятельности являются компоненты природной среды, природные объекты и природные комплексы.

Ausführlicher werden im zweiten Teil die Vollmachten vorgestellt, die den Organen auf der Ebene der Republik Tatarstan und in der lokalen Selbstverwaltung zukommen. So wird etwa in Artikel 6 dargelegt, dass diese Organe u.a. ein Mitspracherecht bei der Umsetzung föderaler Vorgaben haben und eigene Gesetze erlassen und kontrollieren können. Im Unterschied zum Föderalen Umweltgesetz werden zudem die Befugnisse des Präsidenten der Republik aufgelistet, er kann den Kurs vorgeben und in relevanten Fragen wichtige Entscheidungen im Einklang mit der Gesetzgebung fällen (Artikel 7). Das Ministerkabinett hat wiederum die Möglichkeit, zahlreiche Kontrollen zur Gewährleistung des Umweltschutzes durchzuführen, wovon jedoch diejenigen Objekte ausgenommen sind, die zentral überprüft werden (Artikel 8):

> [...] контроль в установленном федеральным законодательством порядке платы за негативное воздействие на окружающую среду по объектам хозяйственной и иной деятельности, за исключением объектов, подлежащих федеральному государственному экологическому надзору [...]

Dadurch wird letztlich gewährleistet, dass Zuständigkeiten für die im Föderalen Umweltgesetz geforderten Kontrollen konkretisiert werden, weshalb wir es bereits mit einer Form der Rechtsnormkonkretisierung in Anlehnung an die Studien von Li (2011, 2017: 235) quasi auf halbem Weg zu tun haben: Zwar werden keine Personen namentlich genannt, die sich der Aufgaben annehmen sollen (dies wäre eine Konkretisierung, die in juristischen Formulierungen weiträumig vermieden wird), es wird aber das umgesetzt, was ein übergeordnetes

Gesetz verlangt, nämlich die Festlegung regionalspezifischer Zuständigkeiten. Zugleich sind in dem gesamten Dokument zahlreiche Passagen enthalten, die nahezu identisch oder sehr ähnlich mit dem Föderalen Umweltgesetz sind und daher keiner nochmaligen Darstellung bedürfen[167]. Die Wiederholungen tragen zur Harmonisierung des regionalen Umweltgesetzes mit dem föderalen bei und unterstreichen letztlich dessen Bedeutung, zudem können dadurch unterschiedliche Bewertungsmaßstäbe verhindert werden.

7.5 Zusammenfassung

Im Rahmen der Gesetzgebung in der Russischen Föderation sehen wir, dass dem Recht eine Sonderrolle bei der Raumstrukturierung zukommt. Es dient dazu, den Status bestimmter Naturschutzgebiete so zu regulieren, dass Verhaltensregeln und Einschränkungen, aber auch Möglichkeiten der Nutzung im Einklang mit der nationalen Rechtsprechung stehen. So kann für jedes Naturgebiet, welches im Staat als besonders zu schützendes Objekt erachtet wird, eine Einordnung in eine bestimmte Schutzzone vorgenommen werden, deren semantische Extension im nationalen Recht bereits fixiert ist. Mit anderen Worten legt der Staat fest, wie er den Umweltschutz regelt und in welchen konkreten Regionen er welche Maßnahmen ergreift.

Im Gegensatz dazu stehen internationale Rechtsdokumente, die sich in zwei wesentlichen Punkten von den nationalen Rechtsdokumenten unterscheiden. Erstens sind sie nie ausschließlich in russischer Sprache verfasst, ursprünglich zumeist in Englisch. Dies macht Übersetzungen erforderlich, in denen zahlreiche Schwierigkeiten auftreten, bevor ein russisches Äquivalent entsteht. Zweitens beziehen sich die Inhalte der Texte, die für Russland wie andere Staaten der

---

167 So etwa der Umweltkodex der benachbarten Republik Baschkortistan (*Экологический Кодекс Республики Башкортостан (с изменениями на 4 марта 2014 года)*, online unter http://docs.cntd.ru/document/935106450). Er ist entsprechend dem der Republik Tatarstan aufgebaut. Diese Besonderheit hängt wohl auch mit der Feststellung Heinmann-Grüders zusammen, dass die Regionen nicht in erster Linie auf Alleinstellungsmerkmale im Hinblick auf die föderale Rechtslage ausgelegt sind, sondern interne Strukturbesonderheiten benennen: „Obschon formal gleichgestellt, sind die Republiken berechtigt, eine eigene Verfassung zu erlassen, sie können zudem internationale Verträge unterzeichnen, solange sich diese an die russische Verfassung halten. Besonderheiten der Republiken bestehen zudem in der traditionellen Namensgebung, der Anzahl der Abgeordneten in Regionalparlamenten und spezifischen Gesetzgebungskompetenzen" (Heinmann-Grüder 2018).

Erde gleichermaßen Anwendung finden sollen, oftmals auf sehr allgemeine und abstrakte Phänomene, die länderübergreifend existieren, so etwa der Klimawandel, Überflutungen oder Dürreperioden. Mit internationalen Abkommen versucht man Lösungsstrategien umzusetzen, an denen sich mehrere Staaten weltweit beteiligen, und bereits aus diesem Grund kann ein internationales Dokument sich nicht auf eine einzige Region beziehen (wenngleich konkrete Gebiete wie der Amazonas-Regenwald gelegentlich exemplifizierenden Charakter erfahren).

Im folgenden Kapitel wird darauf eingegangen, wie ein internationales rechtsverbindliches Dokument adäquat übersetzt werden kann, bevor einige Beispiele aufgezeigt werden, deren Übersetzung höchst diskutabel ist und in Russland zu Irritationen führt.

8. Internationale Rechtslinguistik

Es existieren etliche internationale Verträge, die sich dem aktuellen Thema Umweltschutz verpflichten und Strategien vorgeben, an die sich die unterzeichnenden Staaten halten sollen. Spätestens seit den zahlreichen weltweit abgehaltenen Klimakonferenzen der Vereinten Nationen in den 1990er Jahren nimmt deren öffentliche Wahrnehmung deutlich zu, so wie etwa die Verhandlungen rund um das Kyoto-Protokoll 1997 oder dessen Nachfolger, das Übereinkommen von Paris aus dem Jahr 2015 illustrieren. Die internationale Gemeinschaft hat das Thema Umweltschutz fest auf ihrer Agenda platziert und ist bemüht, weltweite Ansätze zum Klimaschutz juristisch zu verankern. Auch Russland ist in derartige Aushandlungsprozesse involviert und hat bereits Verträge unterschrieben und ratifiziert[168]. Deren Ziele und Inhalte sind u.a. stark abhängig davon, welche Parteien beteiligt sind, welche Maßnahmen ausgehandelt werden und wo sie Gültigkeit erfahren sollen. In der aktuellen Diskussion um umweltpolitische Handlungsstrategien, die internationale Probleme aufgreifen und um Lösungsansätze bemüht sind, rücken mehr und mehr Absichtserklärungen und Arbeitsschritte in den Vordergrund, die sich häufig durch ihre multilaterale Signifikanz auszeichnen und daher in verschiedenen Sprach- und Kulturkreisen zur Anwendung kommen sollen. Dies erfordert in erster Linie eine gemeinsame rechtsverbindliche Richtschnur, an der sich die Unterzeichnerstaaten orientieren können, was aber in der Praxis nur dann umsetzbar wird, wenn eine gültige Textversion in mehreren Sprachen vorliegt. Das bedeutet wiederum, dass Übersetzungen erforderlich sind, die ausgehend von einem Original ein Äquivalent in einer oder mehreren Zielsprachen hervorbringen. Bevor daher einige konkrete Beispiele aus dem internationalen umweltpolitischen Kontext aus juristischer Perspektive und seine russischen Pendants ausgewertet werden können, sollen grundsätzliche Bemerkungen zur Übersetzung von Rechtsdokumenten erfolgen. Dabei lassen sich einige Meilensteine festmachen, die für Übersetzungen im Allgemeinen und für juristische Fachübersetzungen im Speziellen relevant sind.

---

168 Die Dokumente können neben zahlreichen anderen in der Datenbank Ecolex unter https://www.ecolex.org/ eingesehen werden. Hier sind internationale Abkommen aufgelistet, die sich dezidiert dem Umweltschutz widmen oder ihn explizit einschließen.

8.1 Strategien bei der Anfertigung von Übersetzungen

Wenn es internationale Verträge gibt, die für Staaten mit unterschiedlichen Amtssprachen gelten sollen, so sind diese mehrsprachig abgefasst. Dies wiederum bedeutet, dass zunächst hinterfragt werden muss, welche Maßstäbe für eine Übersetzung gelten sollen und wie diese in der Praxis umgesetzt werden.

In einem aktuellen Aufsatz legt Dirk Delabastita die zahlreichen Facetten der Translatologie[169] und ihrer Herausforderungen dar. Er spricht davon, dass noch bis vor Kurzem sehr selten der Brückenschlag zwischen Kontaktlinguistik und Übersetzungswissenschaft gewagt wurde, dass man aber mittlerweile eine Annäherung beider Disziplinen aneinander beobachten könne (Delabastita 2019: 791). Dies kann vor dem Hintergrund neuerer Ansätze interessant sein, die (sozio)kognitive Aspekte aufgreifen und zu einer weiteren Interaktion der Forschungstraditionen beitragen können (Delabastita 2019: 798). Es handelt sich natürlich auch für die Untersuchung juristischer Fachtexte um ein bislang kaum bearbeitetes Feld, ungeachtet dessen kann es offenbar nicht in dem Maße ergebnisoffen appliziert werden wie etwa in der Übersetzung von Texten ohne verbindlichen Charakter. So existieren in der Jurisprudenz oftmals klare Vorstellungen davon, wie eine lexikalische Interpretation durchgeführt werden kann, welche Referenzwerke geprüft werden und welche inhaltlichen Konzepte auf dieser Grundlage anzusetzen sind. Dies engt möglicherweise den von Delabastita vorgeschlagenen Ansatz ein, ohne ihn in seiner Gesamtheit in Frage zu stellen, da der Jurist nur bis zu einem gewissen Grad auf genormte soziokognitive Ressourcen zur Dekodierung lexikalischer Einheiten zurückgreifen kann, und zwar genau dann, wenn die Fachterminologie eigene Definitionen kennt. Eva Wiesmann nennt einen Fall, in dem dies durchaus praxisrelevant für den Übersetzer eines juristisch gültigen Dokuments ist. Konkret geht es um die Übersetzung des englischen *domicile* und des italienischen *domicilio* ins Deutsche, das trotz der vermeintlichen Ähnlichkeit in den Ausgangssprachen sehr verschiedene Referenzen erfährt:

> Während zwischen ‚domicilio' und ‚Wohnsitz' […] so viele Gemeinsamkeiten bestehen, dass eine Übersetzung von ‚domicilio' mit ‚Wohnsitz' in vielen Fällen möglich ist […], sind die Unterschiede zwischen ‚domicile' und ‚Wohnsitz' historisch bedingt

169 Delabastita umreißt die Strukturen schriftlicher und mündlicher Übersetzung, wobei letztere die Tätigkeit eines Dolmetschers ist, die oftmals nahezu in Echtzeit vor sich geht und hier nicht im Fokus steht, da Rechtstexte sehr bedacht schriftlich ausgestaltet werden müssen, um ihre Langzeitgültigkeit beizubehalten.

so groß, dass sich die Übersetzung des einen Terminus mit dem anderen als äußerst problematisch erweist [...] (Wiesmann 2004: 123)

Daher müsse man zur Wiedergabe des englischen Terminus auf das Fremdwort Domizil zurückgreifen, um den Inhalt zu treffen. Soziokulturell und in den Ansätzen Delabastitas gesprochen eröffnet sich zwar hier das Frame des Wohnraums, aber was damit noch in Verbindung gebracht wird, ist in den bei Wiesmann angeführten Sprachen sehr unterschiedlich konnotiert und erschwert die Übertragung ins Deutsche[170].

Im Rahmen von Übersetzungstheorien[171] und ihrer Anwendbarkeit in den Rechtswissenschaften liegen zahlreiche Studien vor, die es ermöglichen, sich dem Thema differenziert und mit diversifizierten Ansätzen zu nähern. So ist etwa die Untersuchung von Susan Šarčević aus dem Jahr 1997 zu nennen, in der sich die Autorin dezidiert mit der Theoriebildung der Übersetzbarkeit von Recht auseinandersetzt. Sie weist zunächst auf ein Grundproblem hin, welches sich aus dem Tätigkeitsbereich von Übersetzern und Rechtswissenschaftlern ergibt: Während die Übersetzer das Recht oftmals nicht hinreichend als eigenständigen Komplex erfassten und daher fehlerhafte Rückschlüsse auf seine Übersetzbarkeit zogen, konzentrierten sich Juristen häufig auf Terminologie und blendeten den Gesamtkontext aus (Šarčević 1997: 5). Daher stellt sie ihren Überlegungen einen Grundsatz voraus:

Despite the emphasis on preserving the letter of the law, legal translation is not a process of transcoding, i.e., translating a string of words from one language into another. As in other areas of translation, the basic unit of legal translation is the text, not the word. (Šarčević 1997: 5)

Weiterhin hält sie an gleicher Stelle fest, dass juristische Texte unbedingt juristischen Standards genügen müssen, worin einer der zentralen Unterschiede zu anderen Teilbereichen der Übersetzungswissenschaft gesehen werden kann[172].

170 Auch Alexander Trunk stellt heraus, dass vor allem der Rückgriff auf englische bzw. amerikanische Termini und deren Integration in das russische Rechtssystem in den 1990er Jahren mit erheblichen Problemen einherging, da „die Begrifflichkeit dieser Rechtsordnungen sich häufig nicht in die tradierte Systematik des russischen Rechts einfügt" (Trunk 2016: 22).

171 Vgl. hierzu auch die Anmerkung von Lew Zybatow, man müsse zwischen Dolmetschen, Sachtext- und Fiktivtextübersetzen unterscheiden und dafür jeweils eigene Modelle anwenden, da sie unterschiedliche Arten von Texten hervorbringen (Zybatow 2004: 304, zit. nach Albl-Mikasa 2011: 41).

172 So können kleine Nuancen bereits dazu führen, dass der Sinn in der Zielsprache juristisch verzerrt aufgefasst werden kann oder unbeabsichtigte Konsequenzen

Es geht demnach also nicht nur um die Wiedergabe einer Aussage in einer anderen Sprache, sondern vielmehr um den Transfer eines Sachverhalts von einem Rechtssystem in ein anderes (Šarčević 1997: 13 mit Verweis auf Didier 1991)[173].

Recht zu übersetzen ist eine hochkomplexe Angelegenheit, da zahlreiche Faktoren berücksichtigt werden müssen, die das Textverständnis beeinflussen und in einer bestimmten Rechtstradition eine Eigendynamik entfalten. Da es diese wiederzugeben gilt, muss ein Übersetzer ein sehr genaues Sachverständnis an den Tag legen, und zwar in doppelter Hinsicht: Er muss auf der einen Seite die Fachterminologie kennen, die in der Ausgangs- und in der Zielsprache üblich ist, und auf der anderen Seite muss er zumindest ein Grundverständnis von rechtlichen Sachverhalten und deren Abbildung in unterschiedlichen Rechtssystemen haben (Bagłajewska-Miglus/Dudicz 2019: 135)[174]. So kann er auf eine angemessene Strategie zurückgreifen, die eine adäquate Übersetzung ermöglicht, die auf die sprachlichen und kulturellen Bedürfnisse der Zielsprache eingeht. Anders ausgedrückt geht dem Prozess des Übersetzens der des Verstehens voraus, so dass ein Übersetzer zuallererst die gleiche Aufgabe hat wie ein Jurist (Bagłajewska-Miglus/Dudicz 2019: 135–136).

---

nach sich zieht. Im Gegensatz dazu kann beispielsweise ein Übersetzer schöngeistiger Literatur ganz gezielt nach derjenigen Textform suchen, die aus seiner Sicht dem Werk oder der Intention des Originals am besten entspricht, und das in aller Regel ohne rechtliche Konsequenzen für sich oder andere berücksichtigen zu müssen. Ewa Rajewska spricht auch von gewissen Schwierigkeiten mit der Wahrheit („kłopoty z prawdą"), die in der Literatur auftreten (Rajewska 2018: 15). Petra Žagar-Šoštarić und Agnješka Bolf betrachten literarisches Übersetzen eher als Freiheit mit gewissen Rahmenregeln (Žagar-Šoštarić/Bolf 2019). Lew Zybatow geht davon aus, dass die Schnittstelle von Weltwissen und Sprachwissen auf Grund ihrer Komplexität eine besonders wichtige Grundlage für die Translationswissenschaft darstellt (Zybatow 2006: 162–163, zit. nach Albl-Mikasa 2011: 41). Sie umfasst also mehr als Textwiedergabe, Wissensaktivierung oder Überführung des Ausgangstextes in die Zielsprache, sondern erfordert das Abwägen zahlreicher Bedingungen, die sich assoziativ, kognitiv oder sprachinhärent mit der Wortwahl verküpfen lassen und somit die Rezeption beeinflussen, vgl. dazu auch im Sammelband unter der Herausgeberschaft von Zybatow 2005.

173 Im Prinzip erfolgt durch Didier eine sehr wichtige Unterscheidung, denn er trennt rechtssysteminterne (*traduction juridique*) von rechtssystemübergreifenden (*transposition juridique*) Übersetzungen (Wiesmann 2004: 122).

174 Die Autoren sprechen letztlich sogar von einer vierdimensionalen Ausrichtung des Übersetzers, welche eine sprachliche, rechtssystemische, teleologische und historische Interpretation erfordert, um dem Anspruch gerecht zu werden, ein Äquivalent des Originals zu produzieren (Bagłajewska-Miglus/Dudicz 2019: 136–137).

Im deutschen Sprachraum hat sich vor allem Radegundis Stolze intensiv um die Erforschung von hermeneutischen Handlungsstrategien bemüht, die die adäquate Wiedergabe eines Rechtstextes in einer anderen Zielsprache ermöglichen. Ihr erscheint dabei eine Herangehensweise sinnvoll, die im Idealfall ein zutreffendes Äquivalent in der Zielsprache hervorbringt, im ungünstigsten Fall mit direkten Entlehnungen operiert. Insgesamt lässt sich ihr Ansatz wie folgt darstellen (adaptiert nach Stolze 2014: 273): Für einen Rechtstext ist es zuerst einmal wünschenswert, eine wörtliche Übersetzung des Konzepts oder eine verständliche Lehnübersetzung zu finden. Wenn diese Optionen nicht möglich sind, kann ein Lehnwort übernommen werden, oder aber ein Ersatz wird gefunden, der in der Zielsprache gebräuchlich und unverwechselbar ist. Alternativ kommt auch eine Bezeichnung in Frage, die in der Zielsprache üblich ist und in einer älteren Bedeutung den Vorstellungsgehalt der Ausgangssprache wiedergibt. Sollte auch dies nicht realisierbar sein, so bleibt die Verwendung eines allgemeineren Ausdrucks oder eines Hyperonyms, oder aber eine Übersetzung als explikative Erweiterung. Abschließend zieht Stolze noch Formen in Betracht, in denen der ursprüngliche Ausdruck sichtbar bleibt, nämlich dann, wenn er nach der zielsprachigen Benennung in Klammern angefügt wird, um die Referenz klar zu dokumentieren, wenn er beibehalten und in einer Anmerkung entsprechend aufgeschlüsselt wird, oder wenn er direkt als Neologismus entlehnt wird, um seine Besonderheit zu unterstreichen. Stolze legt damit eine wesentliche Klassifizierung zur Vorgehensweise bei der Übersetzertätigkeit vor, die in erster Linie darauf abzielt, den Vorstellungsinhalt eines Wortes in einem spezifischen Zusammenhang abzubilden[175].

Die slowenische Translationswissenschaftlerin Alenka Kocbek klassifiziert in einem Beitrag die Verfahrensregeln des Übersetzers als „Dekalog“ und umreißt die Aufgaben, die sich daraus für ihn ergeben (ab hier aus Kocbek 2015). Sie beruft sich bei der Aufbereitung des Materials sowohl auf die integrativen Ansätze in Anlehnung an die britisch-österreichische Übersetzungswissenschaftlerin

175 Man sollte auf Radegundis Stolzes Anmerkung verweisen, wenn sie hervorhebt, dass es in diesem Bereich keine Universalien oder absolute Verhaltensgesetzmäßigkeiten gibt, und dass der Translator letztlich auch gar keine Regeln anwendet, sondern dass er vielmehr eine Strategie verfolgt, „die er begründen kann. […] Diese offene Perspektive befreit von den Zwängen der Bindung an ‚Modellübersetzungen‘ […]“ (Stolze 2015: 356). Das zeigt, dass die Elaboration von Verfahrenskatalogen und Hilfestellungen bei der Übersetzung nur bedingt regelhaften Charakter erfährt, auch wenn diese durchaus interessante Ansätze vermitteln. Zur Hermeneutik in der Fachterminologie siehe zudem Bitiurca (2015: 65–112).

Mary Snell-Hornby sowie auf die ältere funktionale Perspektive auf Texte (*skopos*), die von der deutschen Translatologin Katharina Reiß und ihrem Kollegen Hans J. Vermeer bereits in den 1980er Jahren vorgestellt wurde. Diese beiden Strömungen werden miteinander verbunden und generieren ein interkulturell begründetes Vorgehen bei der Erstellung einer Übersetzung (Kocbek 2015: 73)[176]. Ihre zehn Punkte beinhalten im Einzelnen einen übersichtlichen Rahmenplan, der bei der Erstellung einer Fachübersetzung sehr dienlich erscheint und daher auch kurz vorgestellt werden soll. Zunächst muss herausgefunden werden, in welchem Kontext die Übersetzung erstellt wird und welche *skopoi* bedient werden müssen. Dazu gehört insbesondere zu hinterfragen, welchen Zweck der Text in der Zielsprache erfüllen soll und wie ihn die Rezipienten auffassen sollen. Der zweite Schritt besteht darin, im Einklang mit den herausgestellten *skopoi* zu überpüfen, um welche Art der Übersetzung es sich handeln soll (in Anlehnung an Deborah Cao[177] sind das für Rechtsdokumente normative, informative oder allgemein deskriptive Texte juristischer Natur). Anschließend müssen die Rechtssysteme ergründet werden, die im Zusammenhang mit der Übersetzung stehen. Oftmals treten in internationalen Verträgen mehrere Rechtssysteme miteinander in Kontakt, so dass man sich auf ein hierarchisch übergeordnetes und verbindliches System festlegt, an dem sich sowohl der Ausgangstext als auch der übersetzte Text orientieren müssen. Anschließend gilt es zu prüfen, wie eng diese beiden Rechtssysteme miteinander verwandt sind, um einer rechtsspezifischen Wahrnehmung bestimmter terminologischer Affinitäten gerecht zu werden[178]. Ist diese Zuordnung erfolgt, so muss das Verhältnis zwischen

---

176 Im Unterschied zu Stolze (2014, 2018), die einen Katalog von Optionen zur Suche nach geeignetem Vokabular in einer Zielsprache darbietet, legt Kocbek einen Aktionsplan vor, dessen Punkte allesamt bei der Übersetzungstätigkeit berücksichtigt werden sollen. Beide Vorgehensweisen sind letztlich besonders praxisrelevant.

177 Cao geht in ihren Studien der Frage nach, wie eine Übersetzung von rechtskräftigen Texten gelingen kann und fokussiert sich vor allem, aber nicht nur, auf zwei- und mehrsprachige Räume, etwa auf Kanada oder die EU (Cao 2007).

178 Das zeigt sich u.a. an Eva Wiesmanns Muster der Übersetzung von *Wohnsitz* und *Domizil*, welches zuvor zitiert wurde. Ein anderes Beispiel wäre die semantische Konzeptualisierung des Wohnraums im Russischen (*дом* für *Einfamilienhaus* und für *Mietshaus*) und im Französischen (*maison* für *Einfamilienhaus*, aber *immeuble* für *Mietshaus*). Und auch das Rechtssystem, welches sich in den hier thematisierten Fällen oftmals auf das Common Law und die Unterschiede zum kontinentalen Recht bezieht, ist bedeutsam. Alenka Kocbek formuliert die Relevanz dieser systemischen Unterscheidung der Rechtssysteme wie folgt: „Hence, a translator should be well acquainted with the major legal families, their differences

den beteiligten Sprachen und den vertretenen Rechtssystemen erörtert werden. Dies kann relevant werden, wenn beispielsweise ein Vertrag in englischer Sprache als *lingua franca* zwischen zwei oder mehreren Parteien geschlossen wird, die in ihrer Sprache das kontinentale Rechtssystem anwenden. Dies macht es erforderlich, geläufige Formulierungen aus dem angelsächsischen Vokabular zu übernehmen, gleichzeitig aber das kontinentale Recht damit in Verbindung zu bringen[179]. Anschließend ist der Quelltext einer Analyse zu unterziehen und dabei sind Meme herauszufiltern, die das Kulturem[180] in seiner Gesamtheit modellieren. Dazu gehört insbesondere

> a good knowledge of the text conventions applied in contracts in different legal cultures and thus of the universal features of contract texts as well as of the prototypical traits which mark contract texts in different legal cultures. (Kocbek 2015: 81)

Erst nachdem eine entsprechende Identifikation erfolgt ist, kann die Formulierung für den Zieltext abgefasst werden. Es steht außer Frage, dass dies über die Anforderungen hinausgeht, die an Übersetzer außerhalb des Rechtsgeschehens

---

and common traits and thus be able to anticipate the potential pitfalls resulting from the (un)relatedness of legal systems“ (Kocbek 2015: 76). Es sei an dieser Stelle auch darauf verwiesen, dass Russland dem kontinetaleuropäischen Recht traditionell nahesteht, wenngleich sich unterschiedliche Einflüsse auf die Gesamtheit des Rechtsverständnisses auswirkten (Wedde 2006: 24 mit Querverweisen auf Ajani 1995 und Boguslawskij 1997, weiterhin Primaczenko 2010: 77 in Fußnote 103). Alexander Trunk spricht davon, dass das russische Recht vor allem deshalb dem kontinentalen Rechtskreis angehört, da es über dessen drei wesentliche Charakteristika verfügt, nämlich eine „systematische Kodifikation der zentralen Rechtsgebiete, die stärkere Betonung gesetzlicher Vorschriften im Vergleich zum Fallrecht der Gerichtsentscheidungen sowie die historische Prägung durch römisches Recht“ (Trunk 2016: 21). Problematisch gestaltet sich genau deshalb die Übersetzung aus dem Englischen (vgl. Kocbek 2015).

179 Eine Schwierigkeit in der Ausgestaltung besteht weiterhin darin, dass etwa Verträge im kontinentalen Rechtsrahmen oftmals deutlich kürzer sind als im angelsächsischen (Kocbek 2015: 78).

180 Kocbek betrachtet Rechtsterminologie grundsätzlich als Kultureme: „Moreover, taking into account the cultural embeddedness of contracts, it views them as culturemes, i.e. formalized, socially, legally and judicially embedded phenomena, existing in a particular form and function in a given culture […]“ (Kocbek 2015: 73). Dies scheint eine sehr treffende Aussage über die generelle Beschaffenheit von Rechtsterminologie zu sein, denn sie beinhaltet die Komplexität, der sich ein Übersetzer stellen muss, und impliziert eine Vielzahl von Faktoren, die an einen Fachbegriff gekoppelt sein können.

herangetragen werden. So kann es jedoch gelingen, einen mentalen Entwurf zu erstellen, der die erforderlichen Kultureme inkludiert. Diese müssen dann sowohl in der Ausgangs- als auch in der Zielsprache verglichen werden, um eventuelle Konvergenzen und Divergenzen zu erkennen. Nun kann die Endversion des Textes erstellt werden, die alle oben genannten Punkte berücksichtigt, bevor abschließend noch geprüft werden muss, ob die vorgelegte Version juristischen Ansprüchen genügt und sich in gültige Rechtsgepflogenheiten fügt (vgl. detailliert bei Kocbek 2015: 73–85)[181].

Im Prinzip lässt sich sagen, dass die von Stolze (2014) und Kocbek (2015) vorgetragenen Kriterien sich gut miteinander kombinieren lassen, wenngleich sich Stolze eher auf die lexikalische Ebene konzentriert, Kocbek hingegen die Umstände eines kulturspezifischen Transfers in den Vordergrund rückt. Versucht man nun, diese beiden Ansätze als ineinandergreifende Größen axiologisch zu erfassen, so kann dazu Abbildung 7 herangezogen werden:

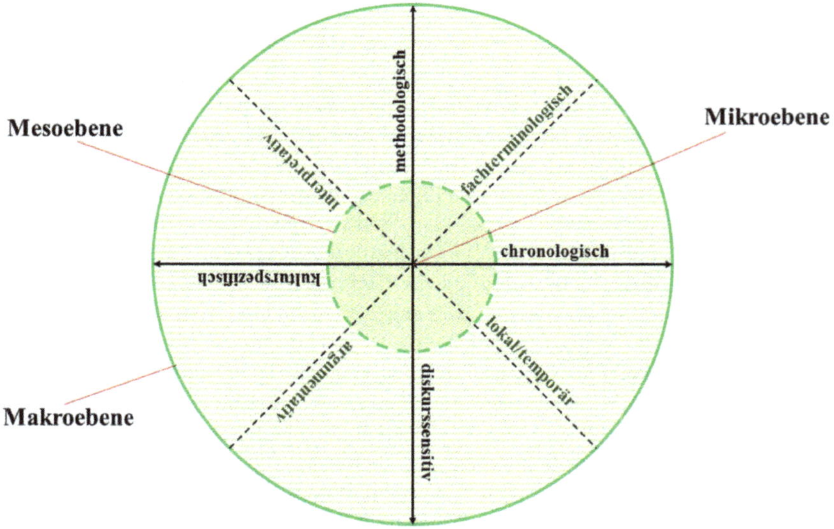

Abb. 7: Axiologische Parameter und Schnittstellen im Rahmen der Übersetzung von Rechtstexten.

181 Der letzte Punkt in dieser Kette kann gleichermaßen als eine von mehreren Begründungen dafür dienen, die Sprache des Rechts mit ihrer normativen Struktur als Machtinstrument zu deuten (Kocbek 2018: 17–18, zur Performanz des Rechts siehe zudem bei Christensen/Lerch 2005).

Im Rechtsrahmen existieren unterschiedliche Merkmale, die für die Übersetzungsaufgabe im Fokus stehen. Vier von ihnen beziehen sich stärker auf die Rahmenbedingungen bei der Erstellung des zielsprachigen Textes (in Abbildung 7 mit schwarzen Pfeilen dargestellt): Zunächst sind dies das methodologische Vorgehen rund um die Begriffswahl und die chronologische Herangehensweise bei der Erstellung und Überprüfung der Arbeit. Auch wenn natürlich beide Ansätze methodologisch und chronologisch gedacht werden müssen, so ist Stolzes Vorgehen stärker onomasiologisch orientiert, während bei Kocbek das Augenmerk vorrangig auf einer Reihenfolge kultursemiotischer und kognitiver Abläufe sowie deren Einbettung in die Gesamtübersetzung liegt. Die diskurssensitive Herangehensweise und die kulturspezifische Einbettung der Tätigkeit hängen explizit mit den Ausarbeitungen bei Stolze und bei Kocbek zusammen, sie sollen hier aber ganz bewusst separat aufgeführt werden, da erstens der jeweilige Diskurs, in dem eine Übersetzung erforderlich wird, in gewisser Weise als permanente Richtschnur neben Lexik und Rechtstradition fungiert, und zweitens eine kulturspezifische Verortung selbst in gleichen Sprachräumen beachtet werden muss, um die Terminologie korrekt zu treffen[182]. Hinzu kommen vier weitere Achsen, die sich sowohl auf die lexikalische Ebene als auch auf die Umstände der Übersetzungstätigkeit beziehen (in Abbildung 7 gestrichelt dargestellt). Wenngleich keine feste Anordnung postuliert werden soll, so ist die fachterminologische Ausrichtung stärker zwischen der methodologischen und der chronologischen Vorgehensweise anzusetzen, die lokale oder temporäre Ebene lässt sich zwischen der chronologischen und der diskurssensitiven Herangehensweise verorten. Zwischen der diskursensitiven und der kulturspezifischen Ebene muss der Übersetzer argumentieren, warum er bestimmte Formulierungen gewählt hat, und schließlich existiert zwischen einem kulturspezifischen und einem methodologischen Ansatz, wie ihn Stolze verfolgt, immer ein Interpretationsspielraum. Dort, wo alle Achsen aufeinandertreffen, kann das Zentrum der Schnittmengen als Mikroebene erkannt werden, auf der die Erkenntnisse aus Ko- und Kontext zusammengeführt und für die Zielsprache modelliert werden. Die Anordnung kann erst einmal nur grobe Tendenzen und Arbeitsaufgaben andeuten, wenngleich die einzelnen Komponenten des Modells ineinander übergreifen und daher möglichst sorgfältig kombiniert werden müssen. Genau darin besteht die Aufgabe des Übersetzers, weshalb das, was er tut, wenn er eine Übersetzung anfertigt, als Mesoebene der

182 Kocbek verweist in diesem Zusammenhang auf den deutschen Sprachraum (Kocbek 2018: 26).

zielsprachigen Textproduktion erachtet werden kann. Erst das Endprodukt, der vollständige neue Text, ist die Makroebene, welcher der Zielsprache und ihren Bedürfnissen in möglichst allen Bereichen gerecht wird, die axiologisch untereinander verbunden sind und aus denen der Übersetzer jeweils Äquivalente entwickelt.

Die Kombination aus Schemata und Orientierungsfaktoren bei der Erstellung von rechtskräftigen Übersetzungen ist deshalb für das Russische bedeutsam, da internationale Abkommen vorliegen, die auch für Russland gelten und Handlungsstrategien im Bereich der Umweltpolitik modellieren möchten. Es kann nun verglichen werden, wie die russischsprachigen Textversionen im Vergleich zu denen in anderen Sprachen aufgebaut sind, welche konkreten Lösungen zur Übersetzung gewählt wurden und wo sich Schnittmengen und Divergenzen zeigen, denn der von Kocbek gewählte Ansatz bedeutet ja nicht, dass es nicht aufschlussreich wäre, die Vorgehensweise des Übersetzers am Endprodukt – dem neuen Text – zu hinterfragen und sprachwissenschaftlich auszuwerten.

Die dynamische Entwicklung der globalen Umweltpolitik, die sich in den vergangenen 30 Jahren bemerkbar macht, findet ihren Niederschlag in russischer Ausprägung in den Abkommen, die auf unterschiedlichen Konferenzen ausgehandelt wurden. Dabei sind markante Veränderungen zwischen den anfänglichen und den neueren Inhalten festzustellen, die sich aus dem geopolitischen Wandel nach der Perestrojka ergeben. Drei russische Übersetzungen sollen an dieser Stelle vorgestellt werden: Die in Rio de Janeiro beschlossene Agenda 21, das Klimaprotokoll von Kyoto und das Übereinkommen von Paris.

8.2 Die Agenda 21 (*Повестка дня на XXI век*)

Die Agenda 21 entstand als Leitfaden für eine nachhaltige Entwicklung im 21. Jahrhundert im Zuge der Klimakonferenz vom 3. bis zum 14. Juni 1992 in Rio de Janeiro. Organisationen, Regierungen und andere Gruppen, die den Vereinten Nationen angehören, unterstützten damit die geplante Umsetzung eines Aktionsplans, welcher weltweit und somit auch in den einzelnen Staaten sowie deren einzelnen Regionen implementiert werden sollte[183]. Ein zentrales Anliegen ist darin die Sicherstellung der angemessenen Rohstoffnutzung bei gleichzeitiger Gewährleistung einer hohen Lebensqualität (Erofeev 2018: 230).

183 Diese Informationen sind abrufbar unter https://sustainabledevelopment.un.org/outcomedocuments/agenda21.

Im Teil 1 wird in Kapitel 8 die „Integration von Umwelt- und Entwicklungsgesichtspunkten in der Entscheidungsfindung“ thematisiert, Unterpunkt a widmet sich in diesem Zusammenhang den Bereichen Politik, Planung und Management[184]. Grundsätzlich ist das selbsterklärte Ziel, das durch die Interaktion dieser gesellschaftlichen Bereiche herbeigeführt werden soll, durchaus ambitioniert:

> 8.3 Übergreifendes Ziel ist die Verbesserung bzw. Umgestaltung des Entscheidungsprozesses mit dem Ziel, sozio-ökonomische und umweltbezogene Fragestellungen voll zu berücksichtigen und eine umfassendere Beteiligung der Öffentlichkeit zu gewährleisten.

Um dies zu erfüllen, sollen nationale Pläne entwickelt werden, die eine Umsetzung ermöglichen, vor allem vor dem Hintergrund, dass Staaten unterschiedliche Prioritäten auf nationaler Ebene verfolgen. Somit sind die Maßnahmen, die entsprechende Umsetzungsmöglichkeiten hervorrufen können besonders wichtig, wie wir etwa im Unterpunkt 8.4.e lesen[185]:

> **Englisch**
> Ensuring transparency of, and accountability for, the environmental implications of economic and sectoral policies […]
>
> **Russisch**
> обеспечение транспарентности и отчетности в связи с экологическими последствиями экономической и секторальной политики […]

Bei der russischen Übersetzung des englischen Begriffs *transparency* entschied sich der Übersetzer für das Fremdwort *транспарентность* anstelle der russischen Lexeme *открытость* oder *прозрачность*. Im Englischen steht *transparency* für eine Offenheit seitens einer Institution gegenüber anderen und ist juristisch nur vage abgesteckt (Fenster 2006: 888–889). Im Russischen ist *транспарентность* ebenfalls nicht eindeutig juristisch erfasst[186]

---

184 Alle Beispiele aus der Agenda 21 werden nach den offiziellen Versionen zitiert, die auf folgenden Internetseiten zugänglich sind: Deutsch unter https://www.un.org/Depts/german/conf/agenda21/agenda_21.pdf, Englisch unter https://sustainabledevelopment.un.org/content/documents/Agenda21.pdf und Russisch unter https://www.un.org/ru/documents/decl_conv/conventions/pdf/agenda21.pdf.

185 In der russischen Version wurden bei den Unterpunkten im Original die lateinischen Buchstaben beibehalten, um Unschärfe bei den Rückschlüssen zu vermeiden.

186 So fehlt ein entsprechender Eintrag etwa im *Большой юридический словарь*, wo aber auch die anderen beiden Einträge nicht vorhanden sind (online abrufbar unter http://www.info-law.ru/dic/1/).

und terminologisch zu unscharf verankert, worauf Pavel Mančenko verweist: *Транспарентность* kann sich hier sowohl auf einen politischen als auch auf einen sozialen Sachverhalt beziehen. In seiner politischen Bedeutung wird damit Offenheit und Zugänglichkeit impliziert, die den Bürgern Ziele, Umsetzungen und Ergebnisse politischen Handelns darlegen. Im sozialen Sinne steht der Terminus für eine möglichst offene Informationskampagne (Mančenko o.J.). Darin und in der Vagheit, die im Englischen transportiert wird kann auch ein Grund dafür gesehen werden, dass in der russischen Übersetzung das Fremdwort gewählt wurde, da auf diese Weise eine sehr weiträumige Begriffsauslegung möglich wird.

Betrachtet man nun aber die Lexik, die den Isotopien der Natur und Umwelt zuzuordnen ist, so werden hier einige Begriffsunterschiede deutlich, die zwar nicht die Gesamtheit des Kerngedankens des Textes ändern, aber als Kultureme anders aufgeladen sind. So wird beispielsweise *national park* im Russischen als *национальный парк* übersetzt (vgl. Unterpunkte 13.6.e, 36.5.e und 36.10.g). Während die Semantik des Terminus im Englischen, insbesondere in den USA eine historische Größe impliziert, aus der die Etablierung großräumiger Schutzgebiete hervorging, so sind sie im heutigen Russland erstmalig 1983 entstanden. Inhaltlich ergeben sich insofern Analogien zum amerikanischen Nationalpark, als dass dieser eine sehr große Ausdehnung besitzt, die in Kernzonen ohne touristische Nutzung und in Zonen mit regulierter Nutzung wirtschaftlicher und touristischer Bedürfnisse aufgeteilt sind (Tennhardt 1997: 14; s. dazu Kapitel 3). Im Unterschied zum amerikanischen Begriffsverständnis

> schützen die meisten russischen Nationalparke weniger herausragende geologische Objekte oder Landschaften, sondern ergänzen vielmahr das Sapowednik-Netz, da sie ebenfalls bestimmte biogeographische Regionen repräsentieren. (Tennhardt 1997: 14)

Somit ist ein Nationalpark im amerikanischen Kontext touristisch ausgesprochen interessant, weil seine Besucher innerhalb gewisser Zonen außergewöhnliche Naturobjekte besichtigen können, was aber die russische Terminologie nicht automatisch impliziert. Für Russland bedeutet sie also eher eine Kategorisierung des Typs streng und etwas weniger streng geschützter Naturräume[187]. Zudem ist es denkbar, dass die Interpretation in Russland nicht vordergründig den Tourismus und die mit ihm verbundenen Faktoren einschließt und dass

187 Dies ist vor dem Hintergrund der russischen Auffassung von Naturgebieten aber kein Widerspruch in sich, sondern vielmehr eine Kontinuität, die sich daran orientiert, Schutzräume zu Forschungszwecken und nicht zu Zwecken des Tourismus zu nutzen, wenngleich letzterer gegenwärtig zunimmt (s. dazu Kapitel 3).

das Land andere Schritte unternimmt als Länder, in denen Nationalparks sehr eng mit dem Gedanken der touristischen Nutzung umwoben sind.

Ein weiteres interessantes Detail lässt sich erkennen, wenn man modale Konstruktionen des englischen Textes mit denen im Russischen vergleicht (Unterpunkt 17.47):

Englisch
States shall cooperate with a view to the conservation of marine mammals and, in the case of cetaceans, shall in particular work through the appropriate international organizations for their conservation, management and study.

Russisch
Государствам следует развивать сотрудничество в целях сохранения морских млекопитающих и в случае китообразных следует, в частности, сотрудничать с соответствующими международными организациями в целях обеспечения их сохранения, их рационального использования и изучения.

Zunächst ist die für das Englische charakteristische Konstellation hervorzuheben, Perlokutionen oder Imperative mit dem Modalverb *shall* zum Ausdruck zu bringen. Seine Bedeutung wurde im multilingualen Rechtsrahmen bereits mehrfach untersucht, dabei wurde die Erkenntnis zu Tage gefördert, dass es viel umfassender als juristischer Imperativ zu verstehen ist als etwa das im Deutschen verwendete Äquivalent *sollen*[188]. Die russische Übersetzung mit *следует* ist hingegen in seiner Semantik etwas schwächer (*etwas verfolgen, einer Sache nachkommen*) und vermittelt daher eher eine Absichtserklärung als eine obligatorische Maßnahme (diese könnte etwa mit Konstruktionen wie *быть должен* oder *быть обязан* transportiert werden). Der Übersetzer wurde also mit einer in der Jurisprudenz recht universell gebräuchlichen englischen Formulierung konfrontiert und entschied sich, sie im Russischen mit einem Äquivalent wiederzugeben, welches die imperative Semantik nur auf niedrigem Niveau andeutet. Obwohl diese Übersetzung auf lexikalischer Ebene absolut korrekt ist, so wurde es hier vermieden, dem Adressaten explizit mitzuteilen, dass er starke Verpflichtungen eingeht und nicht nur eine Absichtserklärung abgibt. Die englische Formulierung kann bei den Rezipienten durchaus Rückschlüsse auf obligatorisch einzuleitende Maßnahmen evozieren, da diese durch das Modalverb *shall* inkludiert werden[189].

---

188 Formulierungen, in denen das Modalverb *sollen* auftritt, implizieren einen sehr unterschiedlichen Grad einer Verpflichtung (aufgearbeitet bei Höhmann 2007: 153 ff.), der zudem sprachspezifisch variieren kann.

189 Möglicherweise ist dies ein Grund dafür, dass *shall* im gesamten englischen Dokument nur sehr selten verwendet wird. Es liegt auf der Hand, dass sich die Verfasser

Eine besonders wichtige Frage ist die nach der verbalen Zuordnung von Verantwortlichkeit für die Ausführung bestimmter Handlungen, die im Rahmen der Agenda zusammengestellt wurden, so wie etwa unter 14.16. Darin geht es um die Gewährleistung der Partizipation der Bevölkerung sowie um die Förderung mit Blick auf die Entwicklung des Humankapitals, welches zu einer nachhaltigen Landwirtschaft beitragen soll. Hier lesen wir:

Englisch
Emphasis should be on management practices, building agreements for changes in resource utilization, the rights and duties associated with use of land, water and forests, the functioning of markets, prices, and the access to information, capital and inputs. This would require training and capacity-building to assume greater responsibilities in sustainable development efforts.

Russisch
Особый упор делается на проведение изменений в практике управления, разработку соглашений, предусматривающих изменения в использовании ресурсов: права и обязанности, связанные с использованием земли, вод и лесов, функционированием рынков, ценами и доступом к информации, капиталу и вводимым ресурсам. Все это потребует организации профессиональной подготовки и усиления потенциальных возможностей для того, чтобы справиться с возросшей отвественностью по осуществлению деятельности, направленной на обеспечение устойчивого развития.

An dieser Stelle ist von Rechten und Pflichten die Rede, die sich durch die Nutzung von Flächen wie Wäldern oder Gewässern ergeben. Da Pflichten Aufgaben sind, denen eine Partei obligatorisch nachkommen muss, scheint das russische Äquivalent zu *duties* mit *обязанности* gut gewählt zu sein, da es eine unabdingbare Verbindlichkeit impliziert (zumal *права и обязанности* in der Jurisprudenz eine sehr lebendige Paarformel bildet, siehe dazu Bondarev 2008). Im Hinblick auf die Nachhaltigkeit der Entwicklung ist weiterhin die Rede von Verantwortung, die mehr denn je übernommen werden soll (ohne dass hier gesagt wird, wem diese obliegen könnte). Beachtenswert ist aber der englische Terminus *responsibilities*, der im Russischen mit *ответственность* wiedergegeben wird und in beiden Sprachen nicht nur Verantwortlichkeit, sondern auch *Haftung* implizieren kann. Wenn wie im vorliegenden Fall kein konkretes Handlungssubjekt erwähnt wird, ist eine derartige Formulierung weniger problematisch als in Fällen, in denen eine konkrete Referenz erkennbar ist,

---

der Problematik bewusst waren und vermeiden wollten, dass für den englischsprachigen Raum der Eindruck eines zu hohen Handlungsdrucks entstehen könnte, der in den Übersetzungen in anderen Sprachen aber gar nicht unbedingt ersichtlich wird.

weshalb bei selbstinszenierter Verantwortlichkeit das polyseme Substantiv *ответственность* vorzugsweise sparsam eingesetzt wird (vgl. Kapitel 6.6 in Anlehnung an Nikolov 2018). Genau dieser Fall lässt sich auch in der Agenda beobachten, wenn es im Unterpunkt 14.18.c heißt:

Englisch
Assign clear titles, rights and responsibilities for land and for individuals or communities to encourage investment in land resources;

Russisch
обеспечить четкое распределение собственности, прав и обязанностей в отношении земельных ресурсов между отделными лицами или общинами с целью стимулировать капиталовложения в развитие земельных ресурсов;

Hier hat man sich im Russischen entschieden, auf eine andere Übersetzung des Substantivs *responsibilities* zurückzugreifen, nämlich *обязанность* (etwa *Verpflichtung, Aufgabe, Funktion*). Dieser Terminus impliziert nicht weniger Pflichten als *отвественность*, er suggeriert aber nicht, dass möglicherweise die Frage der Haftung aufkommt. Hätte man sich für eine entsprechende Übersetzung entschieden, so würde dies bedeuten, bestimmten Personen Verantwortlichkeiten für den Umgang mit Naturressourcen überschreiben zu müssen und sie für die Umsetzung der Vorgaben auch haftbar zu machen. In einem Staat, der in diesen Bereichen selbst sehr aktiv agiert und abhängig von der Rohstoffnutzung ist, wäre eine derartige Auflage wohl kaum im eigenen Interesse.

Neben der Nutzung von Waldflächen ist der Umgang mit Wasser ein zentrales Anliegen der Agenda. Sie spricht sich dafür aus, allen Staaten unabhängig von ihren finanziellen Möglichkeiten einen Zugang zu Süßwasser nachhaltig zu sichern, um damit die Wasserbedürfnisse für Mensch und Umwelt zu gewährleisten. Zu diesem Zweck werden Ansätze und Ziele formuliert, die unter Umständen auch zeitgleich verfolgt werden sollen, um Fragen der Wasserqualität zu berücksichtigen, insbesondere bei der Bewirtschaftung von Wasserressourcen. Dazu gehören die Unversehrtheit der Ökosysteme, die Bewahrung der Gesundheit der Bevölkerung und die Erschließung von Humanressourcen (vgl. Unterpunkt 18.38). Hier ist der erste Aspekt hervorzuheben, denn die Unversehrtheit von Ökosystemen dürfte vor allem in industrienahen Regionen ein Problem darstellen. Daher sei ein Blick auf die vollständige Formulierung der Ziele unter 18.38.a geworfen:

Englisch
Maintenance of ecosystem integrity, according to a management principle of preserving aquatic ecosystems, including living resources, and of effectively protecting them from any form of degradation on a drainage basin basis;

Russisch
сохранение целостности экосистемы благодаря ведению хозяйственной деятельности на основе принципа, предумсатривающего охрану водных экосистем, включая живые ресурсы, и их эффективную защиту от любых видов деградации в пределах водосборного бассейна;

Nun stellt sich die Frage, wie dies in der Praxis umgesetzt werden soll, wenn teilweise zuerst eine entsprechende Infrastruktur aufgebaut werden müsste. Die Aufrechterhaltung von bestimmten Ökosystemen (*сохранение целостности экосистемы*) ist hochgradig von den vorhandenen technischen Vorkehrungen abhängig, um den Anforderungen nachzukommen.

In Anlehnung an die Übersetzungsstrategien nach Stolze (2014) lässt sich nun aufzeigen, dass einige Strategien erkennbar sind, um die Inhalte in das Russische zu übertragen, die aber im Englischen anders ausgedrückt werden. An den bislang zitierten Beispielen lässt sich bereits ein komplexer Prozess der Erstellung eines Zieltextes erkennen[190]:

Tab. 14: Beispiele für Übersetzungsstrategien.

Strategie (nach Stolze)	*Englisch*	*Russisch*
Wörtliche Übersetzung	Maintenance	сохранение
Lehnwort	Ecosystem	экосистема
Ersatz durch zielsprachlich übliche Bezeichnung	Management	хозяйственная деятельность
explikative Erweiterung	Land	земельные ресурсы

Neben den zahlreichen wörtlichen Übersetzungen und einigen Lehnwörtern sehen wir, dass in einzelnen Fällen ein Ersatz durch eine zielsprachlich übliche Bezeichnung oder eine explikative Erweiterung durchaus möglich ist. Es ist davon auszugehen, dass all diese Strategien letztlich dazu dienen, die Verständlichkeit in der Zielsprache zu erhöhen, die Plakativität des Ausdrucks zu steigern und ihn somit transparenter zu machen.

Ein weiteres Dokument von internationaler Tragweite ist das Kyoto-Protokoll. Es soll im Folgenden gezeigt werden, welche Ansätze es vermittelt und wie diese im Russischen sprachlich konfiguriert werden.

190 Zur besseren Veranschaulichung werden im Russischen die Nennformen im Nominativ angegeben.

8.3 Das Kyoto-Protokoll (*Киотский протокол*)

Gegenstand des Kyoto-Protokolls ist es, die Herausforderungen des weltweiten Klimaschutzes anzugehen. 1997 wurden im japanischen Kyoto zu diesem Zweck langwierige Verhandlungen geführt, an deren Ende das Protokoll erst 2005 in Kraft treten konnte[191]. Als Grund für die teils schwierigen Diskussionen zum Inhalt kann u.a. die Tatsache geltend gemacht werden, dass es an vielen Stellen um juristisch verbindliche Verpflichtungen geht, die die Unterzeichnerstaaten erfüllen sollen. Da vordergründig wirtschaftliche Sektoren im Protokoll genannt werden, liegt es auf der Hand, dass dadurch unterschiedliche Interessensphären berührt werden, die in den jeweiligen Ländern individuell bewertet werden. Die Industrieländer verpflichteten sich u.a. dazu, das Niveau von sechs Arten von Treibhausgas um mindestens fünf Prozent unter den Wert von 1990 zu senken[192]. Auf der Klimakonferenz in Doha (Katar) wurde 2012 beschlossen, das Protokoll fortzuführen. Die gesamte EU sagte später zu, ihre Werte auf 20 Prozent im Vergleich zu 1990 zu mindern.

Für Russland taten sich mehrere Problemfelder auf, die sowohl die Umsetzungsverpflichtung als auch die Rahmenbedingungen sowie die vorgegebenen Werte betrafen. Insbesondere ging es dabei um die Wechselwirkungen zwischen der Minderung von Schadstoffemission und ökonomischem Wachstum, was sich aus russischer Perspektive nur schwer vereinen lässt[193]. Im Kyoto-Protokoll steht dazu zunächst in Artikel 1, dass es sich um Vertragsparteien bei den Unterzeichnern handelt, so dass ein internationaler Vertrag zustande kommt, dem jede Partei und somit auch Russland kraft Unterzeichnung nachkommen muss. Weiterhin werden die Emissionswerte in Artikel 3, Absatz 1 und (wie hier zitiert) Absatz 7 wie folgt festgelegt:

---

191 Informationen zum Protokoll und zu seinen Inhalten, die hier genannt oder zitiert werden, sowie die deutsche und die englische Textversion befinden sich auf der Homepage des Bundesministeriums für Wirtschaft und Energie unter https://www.bmwi.de/Redaktion/DE/Artikel/Industrie/klimaschutz-kyoto-protokoll.html.

192 Das Bundesministerium gibt an gleicher Stelle an, dass die BRD in der ersten Phase zwischen 2008 und 2012 das Niveau bereits um 23,6 Prozent senken konnte.

193 Der Politologe Vladimir Pavlenko beruft sich in einem kritischen Aufsatz auf eine Stellungnahme der Akademie der Wissenschaften und deren Präsidenten Osipov zum Kyoto-Protokoll. Man habe vor ernsthaften wirtschaftlichen Risiken gewarnt, die der Russischen Föderation bereits in der ersten Phase der Umsetzung ab 2008 entstehen würden. Zudem würden die darin gemachten Vorgaben bedeuten, dass zunächst eine juristische Grundlage für eine Wachstumsbegrenzung geschaffen werden müsste (Pavlenko 2017: 34).

Englisch
In the first quantified emission limitation and reduction commitment period, from 2008 to 2012, the assigned amount for each Party [...] shall be [...] of its aggregate anthropogenic carbon dioxide equivalent emissions of the greenhouse gases [...] in 1990, [...] multiplied by five [...]

Russisch
В первый период действия определенных количественных обязательств по ограничению и сокращению выбросов, с 2008 до 2012 года, установленное количество для каждой Стороны, [...] в эквиваленте диоксида углерода за 1990 год [...] умноженной на пять.

Im Hinblick auf die Anlage B, in der die Zahlen aufgelistet sind, ergibt sich daraus eine Verminderung von fünf Prozent, was im Falle Russlands bedeutet, sich auf eine quantifizierte Emissionsbegrenzung oder Emissionsreduktion von 100 v.H. des angesetzten Basisjahres zu verpflichten[194]. Diese konkreten Verpflichtungen, die die Vertragsparteien eingehen, suggerieren, dass es einen erheblichen Handlungsbedarf gibt, um die Ziele zu erreichen. Im Vergleich zu den hier gewählten Formulierungen wirkt die oben genannte Agenda 21 beinahe so, als habe sie nur Empfehlungscharakter, denn im Unterschied zu ihr werden nun die Staats- und Regierungsorgane der in einer Anlage aufgeführten Länder in die Pflicht genommen, was vor allem in der russischen Übersetzung hervorgehoben wird, wenn von *действия [...] обязательств по ограничению и сокращению выбросов* die Rede ist. An dieser Stelle tritt entscheidend die Wortwahl hervor: Da der russische Staat sich nicht selbst haftbar machen will, er aber im Rahmen der Konvention gezwungen ist, Verpflichtungen einzugehen, wird bevorzugt das Substantiv *обязательство* gewählt, nicht *ответственность* (s. dazu weiter oben).

Der Emissionsreduktionswert von fünf Prozent ist eine Größe, die für Russland mit einschneidenden Verlusten einhergehen wird, da vor allem der Rohstoffabbau und seine Verarbeitung zentrale Wirtschaftszeige betreffen. In der Transformationsphase war es den Verfassern des Vertrags offenbar bewusst, dass diejenigen Staaten, die gerade erst im Übergang zur Marktwirtschaft ein neues ökonomisches und politisches Modell entwerfen mussten, nicht unbedingt in der Lage oder gewillt sein werden, diese Vorgaben strikt zu handhaben. Daher wird in Artikel 2, Absatz 6 recht unscharf formuliert von einer gewissen Flexibilität in der Auslegung gesprochen:

194 Als Grundlage gilt hier der Wert von 1990. Der höchste Reduktionswert wird für Island mit 110 v.H. beziffert, der niedrigste liegt bei 92 v.H. für die meisten Vertragsparteien.

Englisch
[…] a certain degree of flexibility shall be allowed […] to the Parties […] undergoing the process of transition to a market economy.

Russisch
[…] определенная степень гибкости предоставляется […] тем Сторонам, […] которые осуществляют процесс перехода к рыночной экономике.

Auf diese Form der Vagheit kann sich Russland also noch so lange berufen, bis sie durch neue Regelungen ihre Gültigkeit verliert. Gleichermaßen wird dadurch ein Handlungsspielraum eröffnet, den das Land aufgreifen kann, sollte es den Pflichten nicht nachkommen können oder die Ziele verfehlen[195]. Ungeachtet dessen schätzen zahlreiche Wissenschaftler die Verbindlichkeit, die Russland mit dem Kyoto-Protokoll eingeht, als zu hoch ein, was eindeutig mit dem ökonomischen Grundgerüst des Staates zu tun hat. So bemängeln Vasil'cov und Jašalova:

> При этом России, ввиду ее сырьевой экономической ориентации, в соответствии с Киотским протоколом, было разрешено не снижать, а хотя бы не увеличивать объем выбросов ПГ, а именно – страна не должна была превысить показатели объема выбросов ПГ 1990 года. (Vasil'cov/Jašalova 2018: 43)

Bei der Gesamtdarstellung des Problems muss weiterhin berücksichtigt werden, dass die auferlegten Werte suggerieren, dass Überprüfungen, Ergebnisse oder Nachweise eingefordert werden können, und auch diese müssten dann abgeliefert und womöglich auch begründet werden. Wir haben es also insgesamt mit einer ganz anderen Form der Verbindlichkeit zu tun als noch in der Agenda 21, was insbesondere von kritischen Stimmen zum Anlass genommen wird, darin potentielle Hindernisse für die russische Ökonomie zu sehen[196]. Es dauerte

---

195 Dies betrifft natürlich auch andere Staaten, die in den Anlagen entsprechend gekennzeichnet sind, auch einige EU-Mitglieder wie Polen oder Slowenien. Dass dort aber ganz andere sozioökonomische Verhältnisse den Umgang mit Naturressourcen bestimmen, wird durch die unklare Angabe einer flexiblen Auslegung nicht explizit reguliert. So scheint es sich hier um eine Ermessensentscheidung zu handeln, die von zahlreichen Faktoren abhängen kann und gar nicht näher definiert wird.

196 Besonders problematisch ist eigentlich das Ausmaß, in dem Russland seine Emissionen drosseln müsste, denn die Daten zeigen, dass Russland nach den USA den zweithöchsten Wert der gesamten Kohlendioxid-Emissionen aller Vertragsparteien aufweist. So erklärt sich auch die Befürchtung, die Reduktion der Werte würde das Land besonders hart treffen, was insofern nachvollziehbar ist, als dass die ökonomische Ausrichtung anderer Staaten ressourcenbedingt anders gelagert ist (etwa im Vergleich zur Tschechischen Republik oder Kroatien).

somit noch bis zum Jahr 2004, bevor die Russische Föderation sich entschied, das Protokoll zu ratifizieren, was zwar nicht endgültig die Bedenken gegenüber den Restriktionen beseitigte, wohl aber doch dank des ausgleichenden Faktors der Flexibilität erreicht werden konnte, denn diese kann auch durch internationale Kooperationen oder Investitionen zum Zweck der Erfüllung der Vorgaben realisiert werden[197]. Des Weiteren können Reduktionseinheiten, die sich aus gemeinsamen Projekten ergeben, auf andere Vertragsparteien umgelegt oder sogar erworben werden (vgl. Artikel 6), so dass letztlich auch an dieser Stelle Russland insbesondere von internationalen Kooperationen, aber auch vom Emissionshandel profitieren kann. Und im Prinzip hatte Russland dadurch noch einen ganz entscheidenden Vorteil, den es rund um die flexible Auslegung für sich zu nutzen wusste: Dadurch, dass in den 1990er Jahren zahlreiche Betriebe stillgelegt wurden, ist der tatsächliche Wert ohnehin viel niedriger als gefordert. Die überschüssigen Freiräume kann Russland verkaufen, ohne dabei auf vereinbarte Umweltschutzziele eingehen zu müssen, wie das Bundesministerium für Umwelt, Naturschutz und Reaktorsicherheit feststellt:

> In Kyoto wurden einigen Staaten (u.a. Russland, Ukraine) deutlich mehr Emissionsrechte zugebilligt, als sie (aufgrund des Zusammenbruchs der Industrien nach 1990) absehbar benötigen werden. Diese so genannte ‚heiße Luft' kann per Emissionshandel verkauft werden – mit der Folge, dass Emissionshandel mit diesen Ländern zu mehr Emissionen führt und keine wirklichen Reduktionen erfolgen. (https://web.archive.org/web/20121105141317/http://www.bmu.de/klimaschutz/internationale_klimapolitik/glossar/doc/2902.php#gruppe)

In der Praxis lässt sich hier also eine gewisse Wert-Zweck-Orientierung erkennen, wie sie Kuße (2012) im politischen Diskurs verortet: Für die russische Seite sind die Rahmenbedingungen trotz langem Zögern und trotz erheblicher Vorbehalte seitens der Ökonomie schließlich doch akzeptabel, weil sie in der

197 Darin ist durchaus ein Anreiz zu sehen, der ausländische Investoren anlocken kann, wie Anastasia Gromova schreibt: „Формат проектов совместного осуществления привлекателен, прежде всего, возможностью получения иностранных инвестиций в обмен на квоты сокращения выбросов парниковых газов. Внедрение проектов совместного осуществления открывает широкие возможности для привлечения средств в сферы, где в силу недостаточной финансовой отдачи имеется дефицит ресурсов для капитальных вложений. Инвестор вкладывает средства в модернизацию, предприятие сокращает выбросы парниковых газов, а инвестору передает единицы сокращения выбросов — квоты. Инвестор может зачесть их в свою ‚копилку' или продать на внутреннем или международном углеродных рынках" (Gromova 2011: 29).

Praxis einerseits überhaupt keine ernsthaften Modifikationen erfordern, da man ja bereits die Auflagen erfüllt hatte, und dies nicht auf Grund von größeren umweltstrategischen Anstrengungen, sondern dank der Betriebsschließungen der 1990er Jahre. Andererseits winken große Gewinne durch den Verkauf von Emissionswerten, so dass sich der deklarativ orientierte Umweltschutz im internationalen Rahmen letztlich als profitable Einnahmequelle erweist, ohne nennenswerte Erfolge zu versprechen. Dieser auf den ersten Blick kontraproduktive Effekt, der nicht im Geiste des Abkommens ist, lässt sich auf das Problem zurückführen, eine flexible Handhabung der Umsetzung von Vorgaben nicht klar zu definieren. Russland tut genau das, wozu es sich verpflichtet hat und wozu es berechtigt ist, erfüllt also die Vorgaben, die die Gemeinschaft der Vertragspartner erwartet[198]. Dass in der Praxis aber der gegenteilige Effekt eintritt und nicht das, was man sich auf lange Sicht vorgenommen hatte, ist ein paradoxes Resultat sprachlich konstruierter Vagheit.

Im Hinblick auf die Frage, wie nun konkrete Übersetzungsstrategien erörtert werden können, um etwa die in Artikel 28 festgelegte Verbindlichkeit des Textes in den Sprachen Arabisch, Chinesisch, Englisch, Französisch, Russisch und Spanisch umzusetzen, können einige Auffälligkeiten in der russischen Variante konstatiert werden. Diese zeigen sich etwa an Einworttermini, Mehrworttermini (Ďuricová 2009: 427–428), Standardformulierungen, Fachwendungen und Fachphrasemen, die in den Studien von Rainer Arntz (etwa 2001) beschrieben wurden und in den Empfehlungen für die Terminologiearbeit der Konferenz der Übersetzungsdienste europäischer Staaten aufgegriffen wurden[199]. Demnach setzen sich Fachwendungen aus Verb-Substantiv-Konstruktionen

---

198 Das führte sogar dazu, dass der russische Außenminister Sergej Lavrov auf der Generalversammlung der Vereinten Nationen im Jahr 2015 davon sprach, dass Russland die Auflagen übererfülle und seinen Treibgasausstoß in 20 Jahren um 37% reduziert habe. Das sei weltführend, so der Außenminister (vgl. dazu der Artikel in den *Ria Novosti* unter https://ria.ru/20150927/1285988505.html). Das mag im Hinblick auf die Zahlen anderer Länder nah an den Tatsachen sein, realumweltpolitisch betrachtet ist es jedoch eher eine Aussage, die die Probleme der Realität kaschiert. Umso bemerkenswerter ist es, dass Lavrov die Rechtsverbindlichkeit des Protokolls ausdrückt, die tatsächlich am Ende des bindenden Textes im Artikel 28 aufgegriffen wird, um so zu betonen, wie Ernst es Russland mit dem Umweltschutz meint.

199 Vgl. dazu etwa die Einführung in die Methoden der Terminologiearbeit, die auf der Homepage der Schweizerischen Bundeskanzlei, Sektion Terminologie zur Verfügung steht: https://www.bk.admin.ch/bk/de/home/dokumentation/sprachen/publikationen-zur-terminologie.html. Hieraus (S. 22) sind die nachfolgenden Beispiele und Definitionen entnommen.

zusammen (z.B. *Geld waschen*), Fachphraseme hingegen aus formelhaften Satzteilen, in denen verschiedene und komplexe Strukturen bestehend aus Verb, Substantiv, Adjektiv, Präposition u.a. auftreten (z.B. *nach Treu und Glauben*)[200]. Betrachtet man nun die konzeptionelle Beschaffenheit des russischen Textes, so lassen sich diese Strukturen wiederfinden, wenngleich sie nicht immer mit denen anderer rechtsverbindlicher Übersetzungen übereinstimmen. Daher ist die besondere Modellierung des russischen Textes anhand einiger Beispiele gut erkennbar: Zunächst sind für das Russische einige Einworttermini als juristische Fachausdrücke zu nennen, die sich im Wesentlichen dadurch auszeichnen, dass sie nicht nur im Kyoto-Protokoll Anwendung finden, sondern als charakteristisch für die Gestaltung der Jurisprudenz gelten, und das in mehreren der Sprachen, die verbindlichen Charakter haben, was aus der nachstehenden Tabelle 15 hervorgeht:

Tab. 15: Einworttermini.

Russisch	Englisch	Französisch	Spanisch	Deutsch
Сторона	Party	Parties	Partes	Vertragspartei[201]
обязательства	commitments	engagements	compromisos	Verpflichtungen
пересмотр	revision	révision	revisión	Überarbeitung

200 Die Beschaffenheit von Phraseologismen lässt sich nach Linke/Nussbaumer/Portmann (2001: 139–141) in zwei semantische Wesensmerkmale untergliedern, nämlich eine Semantik der Kompositionalität, die den Aufbau der Konstruktionen regelt, sowie eine Semantik der Arbitrarität, die wiederum definitorische Bedeutungszuordnungen ermöglicht. Ein allgemeinerer Definitionsansatz bei Dobrovol'skij/Piirainen besteht darin, Phraseologismen als „reproduzierbare polylexikale Lexikoneinheit, die unterschiedliche formale und semantische Irregularitätsmerkmale aufweist" zu sehen (Dobrovol'skij/Piirainen 2002: 46), sie unterscheiden sich zudem von Einwortmetaphern, der freien Wortkombination (weshalb sie sich auch durch eine relative Stabilität auszeichnen), sowie von anderen klischierbaren Texten wie Liedern oder Gedichten (Dobrovol'skij/Piirainen 2002: 46–47). Phraseme sind somit lexikalisch fixiert und befinden sich an der Schnittstelle zwischen Grammatik und Lexikon mit einer inneren Syntax (Dobrovol'skij 2011: 113). Alexander Ziem und Alexander Lasch halten zudem fest: „Phraseologismen sind Paradebeispiele für Konstruktionen" (Ziem/Lasch 2013: 152).

201 Das Französische und das Spanische verwenden hierfür ausschließlich Pluralformen (also *chacune des Parties* bzw. *cada una de las Partes*), während das Russische und das Englische an gleicher Stelle mit Paradigmen im Singular arbeiten.

Einworttermini sind in den jeweiligen Rechtstraditionen bekannt, weshalb auf lexikalischer Ebene schnell Entsprechungen gefunden werden können. Schwieriger gestaltet sich hingegen die Frage nach ihrer Semantik, die bereits weiter oben thematisiert wurde und in Abhängigkeit von der jeweiligen Rechtskultur interpretiert werden muss. Im Rechtsrahmen sind letztlich die Mehrworttermini deutlich komplexer als Einwortbenennungen. So verweist Alena Ďuricová auf die Gefahren und Fehlerquellen, die sich durch die Übersetzung von Ein- zu Mehrworttermini bzw. umgekehrt ergeben können. Die Wörter können zwar in der Zielsprache existieren, die Fachsprache des Rechts kann zur Abbildung der Denotate aber andere Formulierungen verlangen (Ďuricová 2009: 428). Dies veranschaulichen ebenfalls Beispiele aus dem Kyoto-Protokoll (vgl. Tabelle 16), zunächst diejenigen, die im Englischen als Einworttermini, im Russischen aber als Mehrworttermini auftreten:

Tab. 16: Ein- und Mehrworttermini.

Russisch	***Englisch***	***Französisch***	***Spanisch***	***Deutsch***
лесное хозяйство	forestry	foresterie	silvicultura	Forstwirtschaft
представление докладов	reporting	établissement de rapports	presentación de informes	Berichterstattung

Für den Einwortterminus *forestry* (*Forstwirtschaft*) stellt das Russische zwar auch das Kompositum *лесоводство* bereit, es ist in der Jurisprudenz jedoch weniger üblich als die hier verwendete Attributgruppe *лесное хозяйство*. Im Unterschied zum Englischen, aber auch zum Französischen oder Spanischen finden wir daher in der russischen Textversion eine Mehrwortbenennung vor. Wichtig ist in derartigen Fällen, dass die Ersetzung fachsprachlicher Terminologie durch allgemein bekannte Synonyme weder das Verständnis noch das Kommunikationsziel verfehlen würde (Ďuricová 2009: 428), weshalb die Entscheidung zu Gunsten einer Variante oftmals mit terminologiebedingten Gepflogenheiten zusammenhängt. Dadurch zeigt sich der fachspezifische Kommunikationscharakter, den die juristische Terminologie bedienen muss, um ihr pragmatisches Ziel zu erfüllen und sprachliche Handlungen nach routinierten Schemata durchzuführen[202]. An einem weiteren Beispiel zeigt sich,

202 Aus diesem Grund verweist Sigrun Comati darauf, dass es eben nicht ausreicht, sich an (lexikalischen) Äquivalenten zu orientieren, sondern dass der situative Usus der Terminologie in den Vordergrund rücken muss (Comati 2009: 480).

wie unterschiedlich attributive Ergänzungen in den europäischen Sprachen, in denen das Dokument verfasst ist, erforderlich sind und selbst bei Mehrworttermini zusätzliche Erweiterungen erforderlich machen:

Tab. 17: Erweiterungen von Mehrworttermini.

Russisch	***Englisch***	***Französisch***	***Spanisch***	***Deutsch***
межправительственная группа экспертов	Intergovernmental Panel	groupe d'experts intergouvernemental	Grupo Intergubernamental de Expertos	zwischenstaatliche Sachverständigengruppe
период действия обязательств	commitment period	période d'engagement	período de compromiso	Verpflichtungszeitraum

Die englische Bezeichnung *Intergovernmental Panel* kann im Russischen nicht ohne die Erweiterung um die tatsächlichen Handlungsträger wiedergegeben werden, weshalb die Mehrwortbenennung *Межправительственная группа экспертов* analog zum Französischen und Spanischen verwendet wird. So werden die Handlungssubjekte und deren erforderliche Qualifikation hervorgehoben. Ähnlich verhält es sich mit dem Beispiel *Verpflichtungszeitraum*: Im Russischen wird hierbei nicht nur der Zeitabschnitt als solcher definiert, sondern auch hinzugefügt, dass gewisse Verbindlichkeiten innerhalb dieses Zeitraums gültig sind (daher *период действия обязательств* statt **период обязательств* zu engl. *commitment period*). So ist ersichtlich, dass es eine Tendenz im Russischen gibt, Ergänzungen und semantische Erweiterungen eher zu wählen als Verkürzungen oder Auslassungen. Dadurch wird der Anforderung an juristische Übersetzungen entsprochen, möglichst genau das zu benennen, was in der Ausgangssprache im Kern gemeint ist[203] (Reinhardt/Neubert 1984, Draganovici 2002, Comati 2009, Faber/Ureña Gómez-Moreno 2012, Stolze 2014, Trunk 2016; zu weiteren Rahmenbedingungen siehe Pajarín Canales 2018, Stolze 2018, Bagłajewska-Miglus/Dudicz 2019, Ljutakova 2023 u.a.).

Neben der Unterscheidung von Einwort- und Mehrworttermini sind vor allem die Fachwendungen, Fachphrasen und Standardformulierungen interessant. Sie verdeutlichen zahlreiche morphosyntaktische Spezifika des Russischen, unterstreichen die routinierte Verwendung bestimmter Bezeichnungen

203 Auslassungen könnten beim Rezipienten dazu führen, dass wichtige Inhalte verloren gehen, die der Ausgangstext impliziert. Daher ist die praktische Umsetzung einiger Stellen im russischen Text letztlich günstig gewählt.

in einer Fachsprache (die aber nicht zwingend mit denen einer anderen übereinstimmen müssen[204]) und illustrieren die situative Anwendung fachsprachlicher Konstruktionen.

Betrachtet man nun einige Fachwendungen (vgl. Tabelle 18)[205] im Dokument, so fällt auf, dass diese zwar nicht unbedingt im Rahmen ökologischer Terminologie verwendet werden, durchaus aber charakteristisch für die Jurisprudenz sind und im vorliegenden Dokument ihren Bezug zu umweltpolitischen Fragestellungen entfalten. Dazu zählen u.a. die nachfolgenden Beispiele:

Tab. 18: Fachwendungen.

Russisch	*Englisch*	*Französisch*	*Spanisch*	*Deutsch*
превышать количество	exceed amounts	dépasser les quantités	excedar de las cantidades	Mengen überschreiten
помогать Сторонам	assist Parties	aider les Parties	ayudar a las Partes	Vertragsparteien unterstützen

Im Prinzip haben wir es bei allen Fällen mit Einwortbenennungen zu tun, bei denen ein Verb mit einem Substantiv verbunden wird, gleichermaßen sind im russischen Text aber auch Übersetzungen von Fachwendungen anzutreffen, die aus komplexen Benennungen bestehen und die im Englischen den gleichen Konstruktionstyp aufweisen, im Russischen jedoch durch Genitivkonstruktionen realisiert werden. Auch hierfür finden sich Beispiele, sie können in Verbindung mit fachspezifischer Lexik angetroffen werden und sollen hier als komplexe Fachwendungen erachtet werden:

---

204 In einem Aufsatz zeigt der Translatologe Mihai Draganovici, wie zentral der fachsprachliche Bezug für die Übersetzung ist. Am Beispiel der Wiedergabe deutscher Fachlexik im Rumänischen illustriert er, dass allein das deutsche Lexem *Zug* mit elf Varianten ins Rumänische transferiert werden kann, die alle kontextgebunden und verschieden sind (Draganovici 2012: 309).

205 Diese werden hier verkürzt zitiert, zudem werden in den angegebenen russischen Beispielen z.T. grammatische Grundformen wie Infinitiv oder Singular zur besseren Veranschaulichung gewählt.

Tab. 19: Komplexe Fachwendungen.

Russisch	*Englisch*	*Französisch*	*Spanisch*	*Deutsch*
приобретать единицы сокращения выбросов	acquire emission reductions	acquérir une unité de reduction	adquirir una unidad de reducción	Emissionsre-duktionen erwerben
передавать единицы сокращения выбросов	transfer emission reduction units	céder une unité de réduction des émissions	transferir una unidad de reducción de emisiones	Emissionsre-duktionseinheiten übertragen
сокращение парниковых газов	reduce greenhouse gases	réduire les gaz à effet de serre	reducir los gases de efecto invernadero	Treibhausgase senken

Diese Fachwendungen sind komplexer als die einfachen Fachwendungen aufgebaut. Im Russischen, aber auch in den anderen Sprachen können hier zusätzliche Verbalsubstantive auftreten, so dass die genannten Konstruktionen weitreichendere morphosyntaktische Funktionen erfüllen als einfache Fachwendungen. Sehen wir uns daher einmal genauer das Beispiel *сокращение парниковых газов* und seine Äquivalente in den anderen Sprachen an: Im Russischen finden wir das Verbalsubstantiv *сокращение*, das durch eine Genitivkonstruktion ein Attribut und ein Substantiv an sich bindet (*парниковых газов*), in allen anderen Sprachen bleibt das Verb selbst erhalten. Bereits das Substantiv *Treibhausgas* wird demnach in den hier vorkommenden Sprachen sehr heterogen konstruiert, was die Abbildung 8 illustriert:

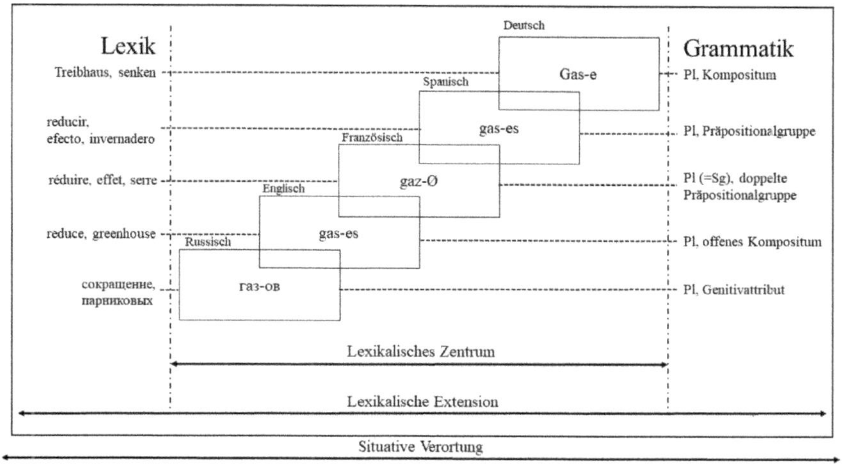

Abb. 8: Terminologische Modellierung im Rahmen der Fachkommunikation und ihrer Übersetzung.

Im semantischen Zentrum steht die Einheit *Gas* (hier im Plural), die sowohl mit lexikalischen als auch grammatischen Elementen interagiert, um den Gesamtbegriff zu evozieren. Auf der Ebene der Lexik werden Substantive, Verben bzw. im Russischen ein Verbalsubstantiv mit dem Zentrum verbunden, so dass im Englischen und im Deutschen Komposita entstehen (*greenhouse gases*, *Treibhausgase*), im Französischen und im Spanischen werden hingegen Präpositionen erforderlich, um den aufgegebenen Genitiv zu kompensieren und wenig gebräuchliche Komposita zu vermeiden (daher *gaz*[206] *à effet de serre* mit zwei relationalen Präpositionen bzw. *gases de efecto invernadero* mit einer Präposition und einem Attribut). Im Gegensatz dazu sind Genitivattribuierungen im Russischen sehr lebendig (*несвободные соединения слов* nach Mečkovskaja 2011: 107). Erst die Konstruktion, bestehend aus lexikalischem Zentrum und seiner grammatischen und lexikalischen Extension, formiert zusammen das, was Alexander Ziem und Alexander Lasch als „kognitiv verfestigte und gelernte Form-Bedeutungspaare" (Ziem/Lasch 2013: 38) bezeichnen. Bis zu diesem

206 August Dauses spricht beim Nullmorphem (welches im vorliegenden Fall den Plural markiert, formell aber mit dem Singular zusammenfällt) von einem „Null- oder Zerozeichen", das eine ganze „Zerodiskussion" nach sich zieht (Dauses 1985: 12, 14).

Punkt haben wir es also mit einer historisch gewachsenen Einheit zu tun, die in Form und Bedeutung klar umrissen ist, aber deren situative Interaktion im fachsprachlichen Jargon anders gestaltet sein kann als in der Umgangssprache oder in der schöngeistigen Literatur. Zur Bedeutung des Kontextes und zu seinem Verhältnis zum Begriff schreiben Maribel Tercedor Sánchez u.a.:

> Context provides access to the linguistic use of the concept. (Tercedor Sánchez u.a. 2012: 57)

Die korrekte Verortung eines Terminus wird also entscheidend dadurch geprägt, in welchem Rahmen er verwendet wird. Wenn also wie im vorliegenden Fall das Substantiv *Treibhausgase* in Verbindung mit dem Verb *senken* auftritt, handelt es sich um eine Formulierung, die rechtsbindend in mehreren Staaten umgesetzt werden soll, so dass sie einen präskriptiven Charakter erfährt (etwa im Unterschied zu einer deklarativen Aussage, die in einem Gespräch zum Thema Umweltschutz im Allgemeinen fallen könnte und der genau diese Verbindlichkeit entzogen ist).

Betrachten wir nun die Kategorie der Fachphraseme, die sich im Kyoto-Protokoll vorfinden. In diesem Bereich lassen sich am deutlichsten domänenspezifische Formulierungen erkennen und zahlreiche Beispiele aufzeigen. Dies mag damit zusammenhängen, dass sich bestimmte Sachverhalte nicht adäquat mit Ein- oder Mehrwortbenennungen wiedergeben lassen. So müssen gerade komplexe Phänomene auch komplex abgebildet werden, besonders dann, wenn Abstrakta in der Phrase auftreten. Dadurch wird die Gesamtheit der Aussage ohnehin nicht mit konkreten Eckpunkten versehen, sondern vielmehr eine Offenheit von Möglichkeiten und Faktoren innerhalb eines bestimmten Rahmens repräsentiert, was die nachfolgende Tabelle 18 veranschaulicht:

Tab. 20: Fachphraseme.

Russisch	Englisch	Französisch	Spanisch	Deutsch
механизм чистого развития	clean development mechanism	mécanisme pour un développement « propre »	mecanismo para un desarrollo limpio	Mechanismus für umweltverträgliche Entwicklung
повышение эффективности использования энергии	enhancement of energy efficiency	accroissement de l'efficacité énergétique	fomento de la eficiencia energética	Verbesserung der Energieeffizienz
международные природоохранные соглашения	international environmental agreements	accords internationaux pertinents relatifs à l'environnement	acuerdos internacionales pertinentes sobre el medio ambiente	internationale Umweltübereinkünfte

Tab. 20: Fortsetzung

Russisch	*Englisch*	*Französisch*	*Spanisch*	*Deutsch*
меры по ограничению и/или сокращению выбросов парниковых газов	measures to limit and/ or reduce emissions of greenhouse gases	adoption de mesures visant à limiter ou à réduire les émissions de gaz à effet de serre	medidas para limitar y/o reducir las emisiones de los gases de efecto invernadero	Maßnahmen zur Begrenzung und/ oder Reduktion von Emissionen

An diesen Beispielen wird deutlich, dass Fachphraseme sehr unterschiedlich konzipiert sein können, wovon auch ihre definitorische Heterogenität zeugt. Fachphraseme werden entweder als Terminus in Verbindung mit einem Verb gesehen (was für das Russische an einigen Stellen bereits eine problematische Definition wäre), oder man betrachtet sie als Terminus in Kombination mit anderen lexikalischen Einheiten, oder aber man erachtet sie als eine syntaktische Verbindung, die mindestens aus zwei Elementen besteht (Siewert 2013: 57, mit zahlreichen entsprechenden Querverweisen). Dies macht ihre Übersetzung zu einer sehr anspruchsvollen Aufgabe, schließlich muss klar sein, welches Fachphrasem der Zielsprache entspricht. Dieses Problem greifen Faber/Ureña Gómez-Moreno (2012: 84) auf und verweisen auf die Rolle der konzeptuellen Repräsentation, die wiedergegeben werden muss, so dass terminologische Referenzen nicht immer ausreichende Hilfsmittel sind. Sie halten fest:

> Rather than a database where information is collected and stored, what is really needed is a knowledge base where this data is related and organized in the form of templates or knowledge propositions. In other words, the resource should be based on conceptual representation. (Faber/Ureña Gómez-Moreno 2012: 84)

Diese Feststellung ist natürlich für die Übersetzungswissenschaft von zentraler Bedeutung, worauf auch Stolze (2018) oder Kocbek (2015) in ihren Untersuchungen verweisen, bei Fachphraseologismen kommt sie ganz besonders zum Tragen. Sehen wir uns dazu etwa das Beispiel *повышение эффективности использования энергии* an und vergleichen es mit dem englischen *enhancement of energy efficiency*: Die Substantive *повышение* und *enhancement* sowie *эффективность* und *efficiency* können durchaus als äquivalent zueinander betrachtet werden, allerdings fällt auf, dass im Russischen mit *использование* eine lexikalische Erweiterung erforderlich wird. Ohne diesen Zusatz würde sich die russische Aussage auf die Verbesserung der Beschaffenheit der Energie beziehen, tatsächlich geht es aber um deren Nutzung. Dieser kognitive

Zusammenhang muss im Russischen (im Unterschied zum Englischen) zwingend lexikalisch abgebildet werden, so dass der Übersetzer auf eine entsprechende Wiedergabe achten muss, um der Aufgabe gerecht zu werden, die konzeptuelle Repräsentation aufzugreifen. Zieht man nun noch die anderen Sprachen zum Vergleich hinzu, so wird deutlich, wie weiträumig diese Repräsentationen den lexikalischen Bestand erfassen, der das Fachphrasem evoziert: Während in allen Fällen das Substantiv *соглашения* (*Übereinkünfte*) im Plural das semantische Zentrum darstellt, welches durch die Ergänzungen wie *международные* (*internationale*) und *природные* (*Umwelt-*) erweitert wird, komplettieren das Französische und das Spanische den Begriff mit weiteren Spezifizierungen. Diese erfahren somit ausschließlich eine systeminhärente Bedeutung und stellen in Bezug auf den Gesamtbegriff periphere Modalitäten dar. Die Skizze in Abbildung 9 soll konstruktionsgebundene Zusammenhänge von Einzelsprachlichkeit und Spezifizierung des Fachphrasems illustrieren:

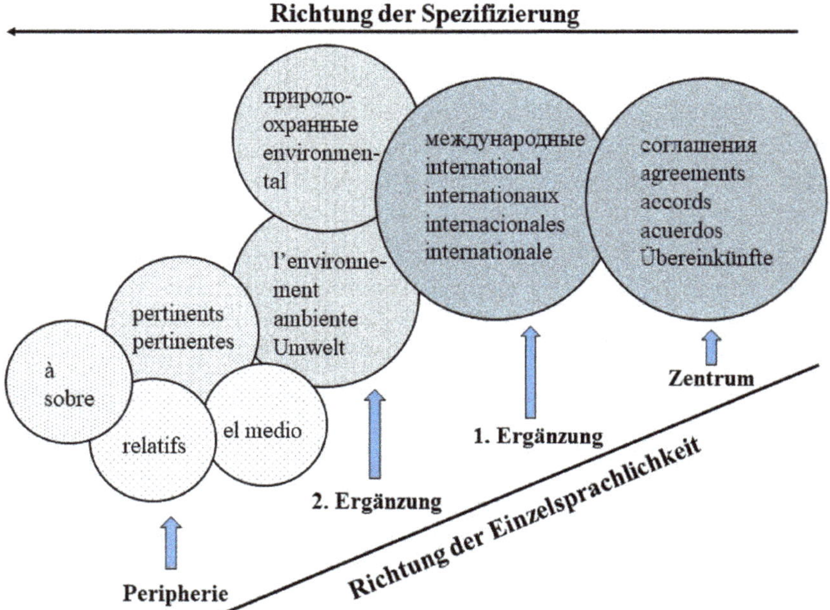

Abb. 9: Zusammenhänge von Einzelsprachlichkeit und Spezifizierung im Fachphrasem.

Das semantische Zentrum ist bei allen Sprachen gleich, es ist der am meisten allgemein aufzufassende Inhalt, der aber bestimmter Expansionen bedarf, die wiederum einzelsprachlich verankert und nach Linke/Nussbaumer/Portmann (2001: 140) nachschlagbar sind. Je weiter links sich ein Phänomen in der Abbildung 9 befindet, desto sprachinhärenter und somit desto spezifischer ist es im Hinblick auf die Gesamtheit des Fachphrasems. Es markiert seine peripheren Komponenten und gibt Aufschlüsse über seine formale Kompositionalität (etwa das Heranziehen von präpositionalen, nominalen und adjektivischen Erweiterungen im Französischen und Spanischen, die im Russischen nicht erforderlich sind)[207].

Auch für Standardformulierungen muss die konzeptuelle Repräsentation freilich beachtet werden, man kann aber davon ausgehen, dass diese auf Grund ihrer immer feststehenden Struktur bereits genormt und somit auch in Fachwörterlisten zu finden sind. Die Standardformulierungen, die sich im Kyoto-Protokoll erkennen lassen, sind nicht mit der darin enthaltenen ökologischen Terminologie verbunden, sondern gehören ausschließlich den schriftlichen Gepflogenheiten der Jurisprudenz an. Sie inkludieren keinerlei Verweise auf umweltpolitische Fragen, sondern verdeutlichen vielmehr, dass es sich um ein rechtsverbindliches Dokument handelt:

Tab. 21: Standardformulierungen.

Russisch	***Englisch***	***Französisch***	***Spanisch***	***Deutsch***
ссылаясь на положения	recalling the provisions	rappelant les dispositions	recordando las disposiciones	eingedenk der Bestimmungen
в удостоверение чего	in witness whereof	en foi de quoi	en testimonio de lo cual	zu Urkund dessen

Es zeigt sich, dass im Russischen einige terminologische Besonderheiten auftreten, die dazu beitragen, ein angemessenes Äquivalent des Textes zu konzipieren. Problematisch sind für die praktische Umsetzung letztlich diejenigen Passagen, die zu wenig Konkretheit und damit einhergehend Vagheit und weiträumigen Interpretationsspielraum bieten, allen voran der unscharfe (und im Nachgang sicher auch unglücklich gewählte) Terminus *Flexibilität* (Artikel 3, Absatz 6). Was darunter zu verstehen ist, wird nämlich nicht näher genannt,

207 Insbesondere ist es George Lakoff, der sich für periphere grammatische Phänomene interessiert und sie im Rahmen kognitiver Analysen verortet (Ziem/Lasch 2013: 40–41, zur Kollokabilität an der sprachlichen Peripherie siehe zudem bei Čermák 2014).

und da es bei dem Kyoto-Protokoll um verbindliche Handlungsstrategien geht, spricht nichts dagegen, diese Strategien auf statistische Datengrundlagen zu beziehen. Flexibilität als staatlich vorgegebene Handlungsstrategie ist im russischen Umweltgesetzt nicht vorgesehen, sondern vielmehr zeichnet es sich durch teilweise rigide Vorgaben aus, die Flexibilität geradezu verhindern. Das bedeutet gleichermaßen, dass das Fehlen einer konkreten Vorgabe dazu führen kann, unterschiedliche Schwerpunkte bei der Findung von Handlungsstrategien zu setzen. Über den Emissionshandel und dank des Wegfalls eines Teils der sowjetischen Industrie konnte Russlands Außenminister Lavrov diese Flexibilität implizit aufgreifen und von Russlands weltführender Position bei der Bekämpfung des Klimawandels sprechen[208], und das, obwohl die realen Umweltprobleme bis heute nicht entschieden genug angegangen wurden.

Im Jahre 2012 lief das Kyoto-Protokoll aus, es wurde in Doha ein Kompromiss zur Fortsetzung der Emissionsreduktion ausgehandelt, an dem sich vergleichsweise wenige Staaten beteiligten. Russland stellte bei der einberufenen Klimakonferenz eine weitere Zusammenarbeit in Aussicht[209], allerdings dauerte es bis 2020, bevor die ausgehandelten Neuerungen greifen konnten. Sie wurden zeitnah durch das Übereinkommen von Paris ersetzt, welches die Maßnahmen nach Ablauf des Kyoto-Protokolls auf weitestgehend freiwilliger Basis regelt.

8.4 Das Übereinkommen von Paris (*Парижское соглашение*)

Das Übereinkommen von Paris ist seit dem Jahr 2020 in Kraft[210]. Es wurde von allen Staaten der Erde bis auf Syrien angenommen, aber noch nicht von

---

208 Reinhard Nowak weist in Anlehnung an J. L. Austin darauf hin, dass implizite Äußerungen zwar nicht unbedingt missverständlich sein müssen, dass sie aber stark situativ bewertet werden können: „Sind nun implizite Äußerungen nichts Anderes, als innerhalb eines besonderen Kontextes mißverständliche Äußerungen – dazu bedarf es keiner besonderen Kennzeichnung –, so ist die These fragwürdig, daß es zu jeder von ihnen eine explizite, unmißverständliche Entsprechung geben müsse" (Nowak 1981: 39). In diesem Sinne stellt sich aber generell die Frage, wie abstrakte Aussagen im politischen Kontext mit der in unterschiedlichen Kommunikationstheorien geforderten Klarheit einer Aussage (etwa bei Šipka 2011: 112–113) harmonieren können, wenn sie unscharf formuliert sind.

209 Ein lesenswerter Überblick zum sog. *Mini-Kompromiss* findet sich in der FAZ unter https://www.faz.net/aktuell/wirtschaft/kyoto-protokoll-verlaengert-mini-kompromiss-beim-welt-klima gipfel-11986836.html.

210 Das Original wurde in englischer Sprache verfasst, was auf dem Briefkopf des offiziellen Dokuments der UNO vermerkt wurde. Es trägt jeweils den Zusatz, in

allen ratifiziert. Es formuliert umfassende Ziele zur Verhinderung der globalen Erwärmung und von Naturkatastrophen, die daraus entstehen können, bezieht sich aber auch auf den Umgang mit Ressourcen und Finanzen, um Klimaziele zu erreichen. In Artikel zwei werden drei Kernziele des Übereinkommens genannt[211]: Weltweit soll erstens das Klima beeinflusst und ein Anstieg der Temperatur um unter 2°C im Verhältnis zur vorindustriellen Periode erwirkt werden, so dass eine Begrenzung des Anstiegs auf 1,5°C angepeilt wird. Zweitens soll eine Anpassung und Widerstandsfähigkeit an die neuen klimatischen Bedingungen angestrebt werden, um Nachteile etwa bei der Nahrungsmittelproduktion abzuwenden, und drittens ist ein emissionsarmer Fluss von Finanzmitteln vorgesehen. Auch wenn im gleichen Artikel im Absatz 2 auf die unterschiedliche Verantwortlichkeit nationaler Gegebenheiten verwiesen wird, so scheinen diese ambitioniert anmutenden Ziele durchaus enorme Herausforderungen an zahlreiche Staaten darzustellen. Für den Fall der Russischen Föderation würde das etwa weitreichende Einschnitte in der betrieblichen Produktion bedeuten, die nur schwer oder gar nicht durch andere Wirtschaftszweige kompensiert werden könnten. Dementsprechend ist das Dokument bereits an dieser Stelle hinreichend problematisch formuliert und anfällig für Kritik von Ökonomen, denn im Absatz zwei lesen wir im Original und in der russischen Übersetzung Folgendes (Unterstreichungen durch M. H.):

Englisch
This Agreement will be implemented to reflect equity and the principle of common but differentiated responsibilities and respective capabilities, in the light of different national circumstances.

Russisch
Настоящее Соглашение будет осуществляться таким образом, чтобы отразить справедливость и принцип общей, но дифференцированной ответственности и соответствующих возможностей в свете различных национальных условий.

Die unterstrichenen russischen Lexeme stellen im juristischen Kontext Schlagworte dar, die eine besondere kulturinhärente Semantik für das Russische

welcher Sprache ein übersetztes vorliegendes Dokument existiert (dort steht etwa „Distr.: Limited. 12 December 2015. Russian. Original: English"). Der russische Text ist abrufbar unter http://unfccc.int/resource/docs/2015/cop21/rus/l09r.pdf, der englische unter http://unfccc.int/resource/docs/2015/cop21/eng/l09r01.pdf.

211 Die deutsche Version des Übereinkommens befindet sich auf der Homepage des Bundesministeriums für Umwelt, Naturschutz und nukleare Sicherheit unter https://www.bmu.de/fileadmin/Daten_BMU/Download_PDF/Klimaschutz/paris_abkommen_bf.pdf.

tradieren und in unterschiedlichen Sprachen nicht automatisch miteinander harmonieren. Claudia Woldt (2013) zeigt in ihrer Studie sehr deutlich, dass ein Abstraktum wie *справедливость* (*Gerechtigkeit*) in einer mehrdimensionalen kultursemiotischen Tradierung gedacht werden muss, die sich nicht unbedingt an Objektivität des Sachverhalts orientiert und daher auch nicht in einer Reihe mit objektiver *Wahrheit* (bzw. *Realität*) angesiedelt werden muss. Allein das macht es aus russischer Lesart sehr komplex, wenn nun dieser Terminus in einem Satz mit *ответственность* (*Verantwortlichkeit*, *Verantwortung*, *Haftung*) genannt wird, denn wie soll eine Führungspersönlichkeit, die auf Grund ihrer Position mit der Personifizierung von Gerechtigkeit in Verbindung gebracht werden kann, für ihr Handeln haftbar gemacht werden[212], wenn ihre Tätigkeiten doch zugleich akzeptabel interpretiert werden können[213]? Die Verquickung von guten Absichten und mehrdeutigen Auslegungsmöglichkeiten des Textes geht aber noch weiter, wenn die Rede von *возможности* (*Möglichkeiten*) ist: Diese können leicht mit Alternativen in Zusammenhang gebracht werden und daher eine gewisse Unverbindlichkeit im Detail suggerieren. Genauer gesagt werden sie viel eher mit Intransitivität assoziiert als mit transitiven Handlungsmustern, so dass nicht hinreichend der Blick auf die implizierten Aufforderungen zu situativ bedingtem selbstverpflichtendem Handeln hervorgehoben wird[214]. Als ausgesprochen grenzwertige Formulierung dürfte jedoch das Syntagma *национальные условия* gelten, vor allem dann, wenn explizit auf die Relevanz unterschiedlicher eigenstaatlicher Bedürfnisse verwiesen wird.

---

212 Die Datenbank http://www.tesaurus.ru/dict/ nennt im Eintrag *ответственность* von insgesamt 101 Assoziationen die folgenden als die häufigsten: *нести* (5), *долг* (3) und *материальная* (2), so dass offenbar ein gewisser Zusammenhang zwischen *Verantwortung tragen*, *jemandem etwas schuldig sein* und *materielle Leistungen erbringen* besteht. Es dürfte im Übereinkommen jedoch eher darum gehen, gewissenhaft zu handeln und dabei bestimmte Grundziele und Werte des Klimaschutzes als Maßstab zu sehen.

213 Davon zeugen etwa die Debatten um den Status der Krim, um nur ein stark politisiertes Beispiel zu nennen.

214 Aus der Datenbank http://www.tesaurus.ru/dict/ geht hervor, dass für das Substantiv *возможность* insgesamt 110 Assoziationen genannt wurden, von denen die wichtigsten *шанс* (5), *выделиться* (2), *выиграть* (2) und *разбогатеть* (2) sind. Diskursbedingt kann natürlich nicht ausgeschlossen werden, dass *возможность* Verbesserungsmöglichkeiten jeglicher Art impliziert, zumal der Kontext diese Verschränkung bereitstellt. Ungeachtet dessen scheint mir der Verweis darauf wichtig, dass es sich um ein Lexem handelt, welches leicht anders interpretiert werden kann, als es im Geiste des Übereinkommens ist.

Allein diese Aussage kann alle zuvor genannten Absichten wieder zu Nichte machen, denn es fehlt an einer klar festgelegten Hierarchie der Begrifflichkeiten. So ist nicht determiniert, was im Einzelfall Vorrang hat, eine bestimmte Verantwortlichkeit oder nationale Belange? Dies wäre ausgesprochen wichtig zu benennen, denn nur so könnte eine nachhaltige Umsetzung gelingen, die im Interesse des Umweltschutzes tragfähig ist[215].

Die im zitierten Abschnitt unterstrichenen Wörter sind spezifische Schlagworte im juristischen Rahmen, die aus sprachwissenschaftlicher Perspektive im Kontext von Umwelt und Ökologie analysiert werden können. Schlagwörter stellen die „weithin akzeptierte und gebräuchlichste Bezeichnung für saliente Lexik in öffentlich-politischen Diskursen" dar (Schröter 2015: 396) und lassen sich in Anlehnung an einen Klassifizierungsversuch von Schröter/Carius (2009) nach Leuschner/Schröter (2015: 157) in vier größere Gruppen teilen, nämlich Hochwert-, Unwert-, Fahnen- und Stigmawörter. Schröter verweist in einem Beitrag darauf, dass in den 1980er Jahren Arbeiten erschienen, die die Dichotomie von Hochwert- und Unwertwörtern parteipolitisch untersuchten und zu dem Schluss kamen, dass Hochwertwörter parteiübergreifend positiv bewertet werden (*Demokratie, Freiheit, Menschenrechte*), Unwertwörter jedoch von allen Parteien negativ (*Terrorismus, Diktatur, Umweltverschmutzung*; Schröter 2015: 399). Dabei kann es zu Konkurrenzen um die deskripitive und deontische Semantik kommen, die ebenfalls in einigen Studien zum politischen Diskurs in Deutschland aufgegriffen wird (Schröter 2015: 401). Fahnenwörter lassen sich hingegen mit dem Profil einer Gruppe bzw. Partei und ihren Anschauungen verbinden und werden eingesetzt, um eine positive Selbstdarstellung zu manifestieren, während „ein Stigmawort die umgekehrte Funktion [hat]: nämlich die, eine konkurrierende politische Partei/Gruppe negativ zu bewerten" (Schröter 2015: 400). Auf Grund ihrer diskursiven Verankerung und der somit möglichen gezielten Verzerrung semantischer Nuancen betrachten Leuschner und Schröter Schlagwörter nur in einem gewissen Rahmen als adäquat beschreibbar und somit diskurs- und kontextgebunden, sie eröffnen zudem perspektivisch und vereinfacht Kommunikationsinhalte, vermittelten Brisanz und sind

215 Offenbar hat Vladimir Putin diese Lücke, die sich auch im Rahmen anderer Verträge und Verbindlichkeiten, denen die Russische Föderation nachkommen soll, zu schließen versucht, als er im Juli 2020 über die neue Verfassung des Landes abstimmen ließ. Darin wird festgelegt, dass nationales vor internationalem Recht vorrangig gilt. Bei Unannehmlichkeiten könnten dann alle Inhalte des Übereinkommens von Paris ihre Anwendbarkeit auf Russland rechtskräftig verlieren, wenn sie mit der Begründung nationaler Bedürfnisse kaschiert werden.

inhaltlich prinzipiell umstritten[216]. Es lässt sich insgesamt ein hoher semantischer Interpretationsspielraum bei Schlagwörtern erkennen (Leuschner/Schröter 2015: 158–159). Vordergründig wird bei ihrer Analyse neben der Häufigkeit eines Phänomens auch darauf geachtet, Kollokationen sichtbar zu machen und metaphorische Kontexte zu berücksichtigen, um Wissenssegmente herauszuarbeiten und angemessen darzustellen (daher ist auch die Rede von einer *Kollexemanalyse*, Leuschner/Schröter 2015: 159–161). Vor diesem Hintergrund kann nun gezeigt werden, welche Schlagworte aus dem Bereich der Ökologie in der russischen Übersetzung des englischen Originals im Übereinkommen von Paris vorkommen und welche semantischen Repräsentationen sie eröffnen[217]:

Tab. 22: Schlagworte aus dem Bereich der Ökologie.

Deutsch	***Englisch***	***Russisch***	***Schlagwortart***
Integrität aller Ökosysteme	integrity of all ecosystems	целостность всех экосистем	Hochwertwort
Klimagerechtigkeit[218]	climate justice	климатическая справедливость	Hochwertwort
Treibhausgase	greenhouse gas	парниковые газы	Unwertwort
Temperaturanstieg	temperature increase	рост температуры	Unwertwort
Bedrohung durch Klimaänderungen	threat of climate change	угрозу изменения климата	Unwertwort

216 Damit scheint gemeint zu sein, dass sie keiner einheitlichen Definition folgen müssen, sondern ihre Bedeutung aus den verschiedenen Kontexten und Diskursen heraus erfahren, in denen sie Verwendung finden. So dürfte eine Einwortmetapher wie etwa „Umweltschutz“ in erster Linie positiv aufgeladen sein und daher weitestgehend als Hochwertwort oder Fahnenwort fungieren, obgleich in bestimmten Kontexten andere Konnotationsformen erscheinen können.

217 Insbesondere geht es bei Leuschner und Schröter um stereotype Repräsentationen, die mit Hilfe von *Aktanten*, *Experiencern* und *Zielen* sowie daran geknüpften Füllwerten (*filler*) abgerufen werden. Für den vorliegenden Fall ist dieses Vorgehen aber nicht erforderlich, da bereits die assoziativen Strukturen, die etwa in einem Wörterbuch oder in zugänglichen Korpusdaten verfügbar sind, semantische Verknüpfungen aufzeigen. Hinzu kommt die spezielle diachrone Bewertung einiger Schlagworte, siehe Woldt (2013: 25 ff.).

218 Dieser Terminus steht jeweils in Anführungsstrichen, gemeint ist der weltweite Schutz der Biodiversität (vgl. Vorbemerkungen zu den Artikeln des Übereinkommens).

Tab. 22: Fortsetzung

Deutsch	***Englisch***	***Russisch***	***Schlagwortart***
weltweite Herausforderung	global challenge	глобальный вызов	Fahnenwort
Internationaler Warschau-Mechanismus[219]	Warsaw International Mechanism	Варшавский международный механизм	Fahnenwort
Verluste und Schäden[220]	Loss and Damage	потери и ущерб	Stigmawort

Das Übereinkommen von Paris enthält eine ganze Fülle von Schlagwörtern, von denen einige in der Tabelle 22 exemplarisch aufgezeigt werden. Die hier erwähnten Beispiele dokumentieren, dass der ökologische Diskurs in internationalen Abkommen mit zahlreichen Termini aufgeladen wird, die konventionalisierte Kultursemiotiken transportieren und im Russischen eine eigene Prägung erfahren: So evoziert etwa der Begriff „Treibhausgase" (*парниковые газы*) Assoziationsketten, die sich musterhaft wie folgt skizzieren lassen[221]:

219 Dabei handelt es sich um ein Instrument, welches 2013 etabliert wurde, um den Umgang mit Schäden und Verlusten durch den Klimawandel („*Loss and Damage*") zu regeln, siehe nähere Angaben unter dem Link https://www.deutscheklimafinanzierung.de/blog/2017/07/die-finanzierung-von-klimawandelbedingten-schaeden-und-verlusten-ein-blick-auf-regelungssystem-undumsetzungsoptionen/.

220 Damit sind die negativen Folgen gemeint, die durch den Klimawandel hervorgerufen werden.

221 Alle hier aufgeführten Lexeme treten entweder als Assoziationen auf oder stehen im Korpus (NKRJa) in unmittelbarer Verbindung mit dem Terminus oder einem seiner beiden syntaktischen Einzelkomponenten *парниковый* und *газ*. Grammatische Kategorien wie Numerus oder Genusmarkierung können an dieser Stelle vernachlässigt und daher weitestgehend kongruent abgebildet werden.

Abb. 10: Musterhafte Assoziationskette des Terminus *парниковые газы* (Treibhausgase).

Die in Abbildung 10 aufgelisteten Assoziationen, die ausschnitthaft andeuten, welche semantischen Repräsentation und zum Teil auch welche Kollokationen ein Unwertwort an sich binden kann, können in ihrer Intension und Extension erweitert werden. Es wird ersichtlich, dass viele der abgebildeten Assoziationen negativ-beängstigende Erscheinungen tradieren, von denen einige sogar sehr explizit sind (*яд, смерть, плохие, опасно* usw.). Diese negative Begriffsaufladung ist nach Schröter (2015) das Kernmerkmal eines Unwortes, allerdings kann die Vorstellung davon, was Negativität eigentlich ist, recht unterschiedlich sein. Daher sind Assoziationsanalysen und Kollokationsbeispiele hilfreich, um bestimmte semantische Tendenzen nachzuzeichnen. Weiterhin darf der Kontext nicht außer Acht gelassen werden, denn das Übereinkommen von Paris stellt eine Maßnahme zum Umweltschutz dar, innerhalb dessen „Treibhausgase" ohnehin als globales Problemfeld verortet werden (Nicodemus 1998: 64, Figge 2013: 25, Bedall 2014: 251, Henzelmann 2016 u.a).

Im Übereinkommen werden die Zuständigkeiten und die damit verbundenen Verantwortlichkeiten deutlich stärker thematisiert als im Kyoto-Protokoll. Dies hat zur Folge, dass sich die teilnehmenden Parteien selbst und freiwillig zu Schritten verpflichten, die nicht unbedingt im Interesse ihrer Volkswirtschaft sind, was in Russland starke Kontroversen hervorrief. Beispiele dafür sind folgende vier Artikel und Absätze:

Englisch
Each party to such an agreement shall be responsible for its emission level as set out in the agreement […]

Russisch
Каждая Сторона такого соглашения несет ответственность за свой уровень выбросов, как он установлен в соглашении […] (Artikel 4, Absatz 17)

Englisch
Emission reductions resulting from the mechanism […] shall not be used to demonstrate achievement of the host Party's nationally determined contribution if used by another Party to demonstrate achievement of its nationally determined contribution.

Russisch
Сокращение выбросов, являющееся результатом применения механизма, […] не используется для демонстрации достижения принимающей Стороной определяемого на национальном уровне вклада, если оно используется другой Стороной для демонстрации достижения ее определяемого на национальном уровне вклада. (Artikel 6, Absatz 5)

Englisch
Each Party shall regularly provide the following information: (a) A national inventory report of anthropogenic emissions by sources and removals by sinks of greenhouse gases, prepared using good practice methodologies accepted by the Intergovernmental Panel on Climate Change and agreed upon by the Conference of the Parties serving as the meeting of the Parties to the Paris Agreement;

Russisch
Каждая Сторона регулярно представляет следующую информацию:а) информацию в отношении национального кадастра антропогенных выбросов из источников и абсорбции поглотителями парниковых газов, составляемого с использованием методологий на основе надлежащей практики, принятых Межправительственной группой экспертов по изменению климата и согласованных Конференцией Сторон, действующей в качестве совещания Сторон Парижского соглашения; (Artikel 13, Absatz 7)

Englisch
The technical expert review under this paragraph shall consist of a consideration of the Party's support provided, as relevant, and its implementation and achievement of its nationally determined contribution. The review shall also identify areas of improvement for the Party […]

Russisch
Рассмотрение техническими экспертами согласно настоящему пункту включает в себя рассмотрение предоставленной Стороной поддержки, в соответствующих случаях, а также осуществления и достижения ею ее определяемых на национальном уровне вкладов. Рассмотрение также определяет области, требующие улучшений, для этой Стороны […] (Artikel 13, Absatz 12)

Aus diesen Artikeln geht hervor, dass die straffe Handhabung in der Umsetzung der Vorgaben sowie ihre Überprüfung der zentrale Selbstzweck des gesamten, auf Freiwilligkeit beruhenden Übereinkommens sind. Zunächst sind darin gute Ansätze zu sehen, die dem Ziel dienen sollen, Emissionsreduktionen herbeizuführen, die Schritte auf diesem Weg zu dokumentieren und einer Expertenkommission zur Prüfung vorzulegen. Probleme in der Interpretation ergeben sich dennoch: In Artikel 4, Absatz 17 ist diesmal die Rede davon, dass die Vertragsparteien selbst für ihre Emissionen verantwortlich sind (*Каждая Сторона такого соглашения несет ответственность за свой уровень выбросов*), im Russischen wurde hier *ответственность* als Äquivalent für das englische *to be responsible* gewählt, so dass die russische Lesart ganz klar eine Haftung impliziert (Nikolov 2018: 136). In Artikel 6 wird im Absatz 5 indirekt auf den zuvor erwähnten Emissionshandel verwiesen, so dass nun verlangt wird, dass nur tatsächlich erzielte Resultate verbucht werden sollen, und dies auch nur von einer Partei, darüber hinaus sollen die erzielten Ergebnisse im Kampf gegen den Klimawandel auch noch einer Kommission von Sachverständigen vorgelegt werden. Die Dokumentation soll nach bestimmten Richtlinien vorgenommen werden (Artikel 13, Absatz 7) und Verbesserungsvorschläge aufweisen, die im nationalen Maßstab angewandt werden sollen (Artikel 13, Absatz 7)[222].

Aus wirtschaftlicher Perspektive sind all diese Kontrollmechanismen für die Russische Föderation nicht sonderlich verlockend. Es ist nicht sicher, welchen konkreten Nutzen sie für den Staat bringen sollen, denn abgesehen von besseren Emissionswerten könnten zahlreiche Nachteile an anderer Stelle entstehen, die etwa in den westeuropäischen Industriestaaten nicht in diesem Umfang zu befürchten wären, da sie ungleich weniger vom Rohstoffexport abhängen. So beurteilt der Politologe Vladimir Pavlenko die Folgen, die durch das Pariser Protokoll auf das Land zukommen ausgesprochen kritisch, da seine Einbindung in den nationalen Kontext keine rechtliche Grundlage habe und die Wirtschaftskraft stark beeinträchtigen werde:

> [...] в ущемлении конституционных прав граждан, вопреки которым государство не расширяет, а снижает возможности по удовлетворению их потребительского спроса в сфере промышленности и энергетики. (Pavlenko 2017: 33)

Er zählt auf, in welchen Formaten die Problematik des Übereinkommens bereits debattiert wurde und nennt fünf Risikofaktoren, die sich seiner Einschätzung

222 Wohlgleich sollte erwähnt werden, dass dabei unterschiedliche Maßstäbe für Industrie- und Entwicklungsländer angesetzt werden. Laut Artikel 10, Absatz 6 ist finanzielle Unterstützung zur Durchführung gemeinsamer Maßnahmen vorgesehen.

nach für Russland durch eine Ratifizierung ergeben würden (Pavlenko 2017: 28, 30 ff.), wobei vor allem die eigenstaatliche Souveränität eine große Rolle spielt. Diese werde untergraben, stattdessen würden Abhängigkeiten erzeugt, die von auswärts diktiert würden:

> Парижское соглашение противоречит принципу суверенитета, расширяет масштабы внешнего контроля над внутренней политикой. (Pavlenko 2017: 33)

Im Prinzip zeigen diese Befürchtungen, wie sensibel die Wortwahl des Übereinkommens aus russischer Perspektive beurteilt werden kann. Zahlreiche Formulierungen kollidieren mit dem russischen Selbstverständnis eines souveränen Staates, welcher äußere Einmischungen nicht wünscht und selber festlegen möchte, welche Maßnahmen er für angemessen hält, was man an einem einfachen Beispiel, dem Artikel 27, illustrieren kann:

> **Englisch**:
> No reservations may be made to this Agreement.
>
> **Russisch**:
> Оговорки к настоящему Соглашению не допускаются.

Mit anderen Worten wird hiermit ausgeschlossen, dass Vorbehalte gegenüber dem Übereinkommen verlautbart werden können, so dass die Zustimmung einen absolut verbindlichen Charakter erfährt[223]. Es verwundert daher nicht, dass hieraus eine gewisse Abhängigkeitssituation oder sogar Unmündigkeit abgeleitet werden kann, denn eine souveräne, selbstbewusste und selbstbestimmte Innen- und Außenpolitik ist ja gerade das, was die aktuelle russische Regierung als ausgesprochen wichtig erachtet[224]. Darin lässt sich ein gewisses

223 Die einzige Option, die einen Konflikt mit dem Übereinkommen tilgen kann, ist letztlich ein Austritt, der in Artikel 28 geregelt wird. Aus diesem Grund konnten die USA unter Trump 2017 auch nur dieses Register ziehen, um sich von den Vorgaben des Textes zu entbinden. Ungeachtet dessen muss aber auch betont werden, dass das Kyoto-Protokoll rechtsverpflichtend war, das Übereinkommen von Paris aber auf Freiwilligkeit beruht, auch wenn die Teilnehmer sich an deutlich straffere Vorgaben halten sollen (siehe dazu auch Doff/Arkhipov/Fedorinova 2019).

224 So schreibt Lauri Mälksoo über Russlands Präsident Putin, er berufe sich wiederholt auf die Relevanz der Selbstbestimmung der Staaten und zitiert eine seiner Reden aus dem Jahr 2018 im Hinblick auf die Grundsätze der UN-Charta mit den Worten: „Souveränität und Gleichheit souveräner Staaten sowie die Nichteinmischung in ihre inneren Angelegenheiten. Wir sind kategorisch gegen politisch motivierte protektionistische Maßnahmen“ (Mälksoo 2018). Nichteinmischung in innere Angelegenheiten wird somit als Fundament des Völkerrechts erachtet, so dass ein verbindliches Dokument, welches von Russland Rechenschaft

Narrativ erkennen, nämlich das des Souveränitätsverlustes, das genau aus derartigen Passagen herausgelesen werden kann. Es zeigt sich daher, dass die Urheber dieses Dokuments sich anscheinend nicht der Brisanz bewusst waren, die derartige Formulierungen innerhalb der Russischen Föderation hervorrufen können. Die spitzen Reaktionen von Politologen wie Pavlenko (2017) waren daher vorprogrammiert, denn Souveränitätsverlust wird als Bedrohung nationaler Interessen aufgefasst. Das Narrativ wird dadurch verstärkt, dass kollektive Formulierungen, die eine Verbindlichkeit und vor allem einen Nachweis über Handlungen abfordern in Russland leicht als Bevormundung aufgefasst werden, obwohl dies gar nicht der Intension des gesamten Vorhabens entspricht. Den Vereinten Nationen dürfte es in erster Linie wohl kaum darum gehen, aufwendige Kontrollen durchzuführen, um sich in Russlands Angelegenheiten einzumischen, sondern vielmehr steht das Ziel der Emissionsreduktion im Vordergrund, und zwar weltweit, was aber in regelmäßigen Abständen an nationale Vorgänge angepasst werden muss. Hieran offenbart sich auch ein gewisser Unterschied in der Rezeption von Recht nach Nußberger (2008): Während in Westeuropa der zielführende Sinn eines Rechtsdokuments oberste Priorität bei seiner Auslegung erfährt, so orientiert man sich in Russland stärker an einzelnen Formulierungen. Diese divergenten Interpretationsspielräume sind aber auch aus translatorischer Perspektive interessant, denn sie zeigen, dass es nicht hinreichend ist, lexikalische und semantische Äquivalente eines Textes zu produzieren, wenn diese dann kultursemiotisch trotz aller Stimmigkeit des Wortlauts anders aufgefasst werden können oder wie im vorliegenden Fall zu Kontroversen führen, die sogar die nationale Sicherheit bedroht sehen. Der bosnische Translatologe Dalibor Kesić zieht aus derartigen Konstellationen die Lehre, dass ein breiterer Kontext eine ganz wichtige Referenz für die Entstehung einer Übersetzung ist. Das Blickfeld der Übersetzer habe sich von endlosen Äquivalenz-Debatten hin zur Frage verschoben, wie eine Übersetzung kulturinhärent bewertet wird, aber auch ihr Entstehungsprozess und das Produkt werden stärker in diesem Spannungsfeld hinterfragt (Kesić 2018: 351–352). Daher unterstreicht er:

über innerstaatliche Abläufe verlangt, geradezu prädestiniert ist, um Kontroversen hervorzurufen. Weiterhin stellt der Autor fest: „Jahrelang gab Russland der territorialen Integrität und staatlicher Souveränität Vorrang vor dem Recht auf Selbstbestimmung“ (Mälksoo 2018), wobei sich gerade im vorliegenden Übereinkommen eine Vermischung dieser Sphären erkennen lässt und die staatliche Souveränität geradezu als Ausgangspunkt für selbstbestimmtes umweltbewusstes Handeln erachtet wird.

> Culture thus becomes an essential and ubiquitous element in any translatorial consideration. […] Overlooking this facet would be tantamount to overlooking culture in translation and vice versa. (Kesić 2018: 352)

Eine nahezu logische Konsequenz, die sich aus der kulturellen Einbettung des Übereinkommens von Paris und seiner Rezeption in Russland ergibt, ist der schwierige Umgang mit vorhersehbaren wirtschaftlichen Nachteilen. Diese abzuwenden kann eigentlich nur dann gelingen, wenn es genügend internationale Projekte gibt, die sich am Aufbau moderner Produktionstechnik in Russland beteiligen und somit dazu beitragen, die formulierten Ziele zu erreichen. Obwohl das Abkommen bereits 2016 seitens der Russischen Föderation unterzeichnet wurde, erfuhren die Monita der russischen Seite in einem Erlass der Regierung am 21. September 2019 deutlichen Nachdruck[225]. Es wurde beschlossen, dass das Übereinkommen nicht applizierbar und nicht mit geltenden sozioökonomischen Verhältnissen kompatibel sei und daher auch nicht ratifiziert werden könne, auf der Homepage der Regierung findet sich neben dem Erlass auch der Hinweis, dass es im Widerspruch zur nationalen Rechtslage steht („Соглашение не содержит предусмотренных российским законодательством оснований для ратификации", http://government.ru/docs/37917/). So wurde durch das von Dmitrij Medvedev unterzeichnete Dokument kurzfristig vor dem UN-Klimagipfel eine Ratifizierung durch die Russische Föderation verhindert. Dies wird von Kritikern als politischer Schachzug gewertet, um einerseits den hohen Auflagen zu entgehen, die eine Umstrukturierung der ökonomischen Verhältnisse nach sich ziehen würde, und zweitens wird es als Einknicken vor Oligarchen und Lobbyisten aus den Führungsreihen des Landes betrachtet, die die vorgesehenen Maßnahmen unbedingt verhindern wollten[226]. Darüber berichten Natasha Doff, Iliya Arkhipov und Yuliya Fedorinova in einem Beitrag für Bloomberg, der 2019 nur einen Tag nach dem Erscheinen des Erlasses der Regierung durch Medvedev veröffentlicht wurde. Sie verweisen darauf, dass der Staat mit seiner Unterschrift ursprünglich sein Interesse an dem Übereinkommen bekundete, allerdings sei dies wohl lediglich ein geopolitisches Kalkül gewesen:

---

225 Noch im Jahr 2019 ging man fest davon aus, dass Russland das Abkommen ratifizieren würde, und leitete entsprechende Maßnahmen ein. Bis zum 01. September sollte ein Gesetzesentwurf vorliegen, der dies ermöglichen sollte, denn Russland hat sich selber das Ziel gesetzt, seine Emissionen deutlich zu reduzieren (Bjulleten' 2019: 4).

226 Einige der Gegner des Übereinkommens vertraten hingegen die Position, dass fehlende nationale Obligationen die Staatsorgane zusätzlich ermutigen könnten, den Betrieben weitere Auflagen zu erteilen (Doff/Arkhipov/Fedorinova 2019).

> Putin has finally decided to ratify the 2015 Paris Agreement – and the reasons have less to do with the fate of the planet than with geopolitics and gross domestic product. (Doff/Arkhipov/Fedorinova 2019)

Weiterhin sei unklar, ob überhaupt etwas unternommen werde, um den Ansprüchen des Übereinkommens gerecht zu werden[227]. Diese Sichtweise teilt offenbar auch eine Forschergruppe, die die Vorbedingungen untersucht, die überhaupt zur Durchführung relevanter Maßnahmen erforderlich sind. Das Ergebnis der Einschätzung, an der maßgeblich deutsche Forscher mitwirkten, unterstellt Russland, aber auch den USA, Saudi-Arabien, der Ukraine und der Türkei, für einen Wandel zu wenig vorbereitet zu sein. Auch das Vorbereitungsstadium anderer Staaten wird eingeschätzt, und wie unterschiedlich die Vorkehrungen offenbar sind, wurde in einer Karte unter Verwendung weltweiter Daten zusammengetragen[228]. Aus dieser Karte geht auf den ersten Blick hervor, dass für die meisten Länder der Erde aber offenbar überhaupt keine belastbaren Einschätzungen vorliegen und dass nur vereinzelt Staaten existieren, deren aktuelle Klimapolitik mit den Zielen des Übereinkommens von Paris kompatibel ist (Doff/Arkhipov/Fedorinova 2019).

Aus den Zusammenhängen, die man rund um die Übersetzung und Bewertung des Übereinkommens beobachtet, lässt sich eine Kette von diskursiv relevanten Faktoren und Ereignissen modellieren. Sie beruht auf der Grundlage unterschiedlicher textueller Äußerungen, entfaltet zahlreiche Interpretationsoptionen und motiviert praktische Schlussfolgerungen und Handlungen. Musterhaft können an dieser Stelle drei Formulierungen hinterfragt und weitergedacht werden: Welches Potential offenbaren diese Äußerungen und wie können sie aus russischer Sicht interpretiert werden? Welche Wirkung sollen sie entfalten, welche sprachlichen Nebeneffekte treten hervor, die die ursprünglichen Ansätze möglicherweise sogar kaschieren? Dies ist in der Tabelle 23 exemplarisch gegenübergestellt:

---

227 Die Haltung der russischen Regierung wird in dieser Frage oftmals als ambivalent beschrieben, denn einerseits ist der Klimawandel ein enormes Problem mit verheerenden Auswirkungen wie den Überschwemmungen in der Region Irkutsk im Juli 2019, den flächendeckenden Bränden in Sibirien im gleichen Jahr, hinzu kommen außerdem Umweltkatastrophen unfassbaren Ausmaßes wie das Auslaufen von Tonnen von Diesel in den Fluss Ambarnaja nahe Norilsk, siehe dazu der Bericht in der Tagesschau (Ruck 2020). Ganzen Regionen, deren Permafrostböden ganzjährig gefroren sind, drohen massive Umweltkatastrophen, wenn der Untergrund auftaut. Man wisse daher, dass viel zu tun sei, um die Erderwärmung zu verlangsamen, lege aber gleichzeitig immer weitere Öl- und Gasfelder frei (Doff/Arkhipov/Fedorinova 2019).

228 Es muss kritisch angemerkt werden, dass die Ansprüche und Auflagen natürlich sehr hoch sind und aus rein westlicher Perspektive konstruiert wurden.

Tab. 23: Wortwahl und Interpretationsspielräume.

Wortwahl	***Intention***	***These***	***Antithese***	***Bewertung***	***Konklusion***	***Praxis***
сокращение выбросов *Reduktion der Emissionen*	Ökosysteme schützen, Temperatur-anstieg mindern, Lebensqualitat verbessern	Umsetzung dient der gesamten Menschheit, Gefahren-eindämmung, saubere Produktion	Schwächung der Wirtschaft und fehlende Alternativen, zu hohe Kosten	schwer umsetzbar, solange Alternativen zu teuer sind	nur realisieren, wenn attraktive Bedingungen in Aussicht gestellt werden	Russland unter-zeichnet das Ubereinkommen, ratifiziert es aber nicht
рассмотрение техническими экспертами *Überprüfung durch Sachverstandige*	Entwicklung nachvollziehen, auswerten, verbessern, künftige Arbeit planbar machen	Übersicht durch Daten, Vergleiche ziehen, Strukturen erkennen, Methoden verbessern	exogene Kontrolle statt Selbstbe-stimmung, Einmischung, Unkalkulierbarkeit	Schwächung der eigenen Positionen, fehlende rechtliche Grundlage, ökonomischer Schaden	Klarheit schaffen, Vorteile erkennen, Rechte einfordern, Verweis auf nationale Interessen	Rechtslage optimieren[229]
определять области, требующие улучшений, для этой Стороны *Aufschluss über verbesser-ungswürdige Bereiche bei der Vertragspartei*	Fehler und Schwachpunkte finden, diese ausbessern, künftig bessere Resultate erzielen, Vertrauen stärken	gemeinsam an der Problem-lösung arbeiten und gegenseitige Unterstützung anbieten, Netzwerk-bildung	Fremdkontrolle, nachprüfen, Lücken im System und in der Funktionalitat aufdecken, die nicht öffentlich sind	stellt ein Problem dar, innere Strukturen werden von Außenstehen-den evaluiert, Einflussnahme auf Ergebnisse nicht vorhersehbar	Einflussnahme auf Ergebnisse sicher stellen, Forderungen von außen gering halten, öffentliches Ansehen wahren	guten Willen zur Kooperation bekunden, sich aber auf die Lösung ernsthafter Probleme nur unter Vorbehalt einlassen

229 Mit der geplanten Verfassungsreform stellt Russland sicher, dass nationales vor internationalem Recht Vorrang hat. Daher ist die künftige Arbeit nicht nur im Hinblick auf das Übereinkommen von Paris, sondern generell mit internationalen Verträgen aus russischer Sicht entschärft, da die Einwirkung von außen deutlich minimiert wird.

Es kann schlussgefolgert werden, dass Formulierungen wie *сокращение выбросов*, *рассмотрение техническими экспертами* und *определять области, требующие улучшений, для этой Стороны* intrinsisch eine Problematik beeinhalten: Bei allen drei Beispielen wird offenbar nicht abgewogen, wie sie aus Sicht der russischen Politik und Ökonomie interpretiert werden können, so dass die Intention der Aussage nicht unbedingt mit ihrer Wahrnehmung beim Adressaten übereinstimmen muss. Dies ist zwar ein Phänomen, welches in der Kommunikation des Öfteren vorkommen kann, wenn es aber um die Reichweite internationaler Abkommen geht, sollte es möglichst gelingen, einen Konsens zu finden. Die von Kesić (2018) geforderte Orientierung an dem kulturellen Wirkungsfeld einer Übersetzung ist daher ein nicht zu unterschätzender Faktor, so dass es durchaus sinnvoll wäre, die Absichten eines Ausgangstextes so zu übersetzen, dass sie auch in der Zielsprache unmissverständlich wirken. Wie dies gelingen kann, ist sicher nicht nur davon abhängig, für welche lexikalischen Äquivalente sich ein Übersetzer entscheidet, sondern auch davon, welche juristischen, politischen, historischen, kulturellen und allgemein-kognitiven Deutungsmöglichkeiten diese eröffnen. Sollte es aber dazu kommen, dass ein tradiertes Vorhaben den nationalen Interessen an einer Stelle widerstrebt, so bleibt letztlich nur der Verweis auf die Selbstbestimmung der Völker sowie die Bekundung des guten Willens zur weiteren Kooperation, ohne Verpflichtungen im Sinne des Vertrags einzugehen. Weiterhin wird deutlich, dass von einigen Akteuren auf russischer Seite eine gewisse Hemmschwelle der Akzeptanz exogener Kontrollen ohne eigene Einflussnahme aufkeimt, die aus der Hervorhebung der Relevanz einer nationalen Selbstbestimmung geradezu erwartet werden muss. Die Interpretation verschiebt sich zu sehr auf die Fremdkontrolle und liegt nicht auf dem eigentlich gemeinten Ziel, im gegenseitigen Einverständnis und in reziproker Transparenz darüber zu berichten, welche konkreten Fortschritte zu verzeichnen sind und welche Probleme bleiben. Dass sich Putin aber dennoch von Anfang an zum Übereinkommen von Paris bekannte und es unterzeichnete, ist offenbar der in Aussicht gestellten Zusammenarbeit internationaler Netzwerke geschuldet, die durchaus für Russland attraktiv sind, wenn sie Geld, Technologie und Wissen ins Land bringen und gleichzeitig einen Beitrag zur Verbesserung der klimatischen Lage zu leisten versuchen, denn den jährlichen Temperaturanstieg zu bremsen ist für Russland ein ausgesprochen wichtiges Unterfangen (Doff/Arkhipov/Fedorinova 2019). Ausländische Investitionen sind daher auf dem Gebiet der Modernisierung des Landes nicht nur hochwillkommen (man bedenke auch hier die Wert-Zweck-Orientierung nach Kuße 2012), sondern würden zudem

Russlands guten Willen auf dem Weg zur Verbesserung des weltweiten Kampfes gegen den Klimawandel unterstreichen.

Eine weitere Auffälligkeit lässt sich im gesamten Dokument darin erkennen, dass in ihm zahlreiche Kalkierungen aus dem Englischen enthalten sind[230]. Dadurch lassen sich womöglich auch einige Unschärfen und assoziative Optionen erklären, die sich für das Russische eröffnen, denn Kalkierungen laufen unter Umständen Gefahr, eine lexikalische Einheit für eine Zielsprache zu adaptieren, ohne dabei die semantische Aufladung vollumfänglich zu erfassen. So spricht etwa Diana Blagoeva davon, dass gesellschaftliche Umbrüche in den Jahren nach 1989 lexikalische Innovationen herbeiführten, die erforderlich waren, um sich der neuen Realität auch sprachlich zu stellen. Kalkierungen eignen sich ihrer Einschätzung nach dafür besonders gut, denn sie sind leicht verständlich und suggerieren eine gewisse Familiarität mit Imitationen, wobei den Sprachträgern oftmals gar nicht bewusst ist, dass es sich um Fremdeinflüsse handelt (Blagoeva 2007, zudem Zemskaja 2004, Fórián 2008). Dies spricht zunächst einmal dagegen, die adaptierten Formulierungen als kompliziert zu erachten, denn wenn sie bereits als gut integriert empfunden werden, kann man davon ausgehen, dass sie hinreichend transparent sind, um ihre kommunikative Funktion zu erfüllen. Andererseits heißt dies aber noch nicht, dass sie in der Jurisprudenz als gefestigte Einheiten erscheinen und fähig sind, sprachliche Routinemuster so darzustellen, wie dies möglicherweise in der Ausgangssprache der Fall ist. Insbesondere die Konzeptosphäre der Gesellschaft und der Politik, zu deren Subkategorien auch Fragen der Umweltpolitik gehören, werden als sehr dynamische Felder erachtet, die sich in den letzten Jahren als treibende Kraft bei der Herausbildung fachspezifischer Neologismen erwiesen (etwa im Falle der Terminologie in Bulgarien und in der Tschechischen Republik, bedingt durch den zeitversetzten Beitritt beider Staaten zur EU, vgl. detailliert bei Blagoeva 2013). Betrachten wir dazu einmal das Beispiel *Klimagerechtigkeit*, welches in den Vorbemerkungen in Anführungszeichen steht. Im Englischen finden wir das (offene) Kompositum *climate justice*, welches im Russischen mit der Attributivgruppe *климатическая справедливость* wiedergegeben

230 Gleiches gilt auch schon für das Kyoto-Protokoll, Kalkierungen nehmen also einen sehr wichtigen Platz in beiden Dokumenten ein. Folgt man dem etymologischen Wörterbuch nach Šadže/Sirotjuk/Šadže (2016), so haben die meisten Kalkierungen aus dem Bereich der Umwelttерminologie im Griechischen oder im Lateinischen ihren Ursprung. Dies verwundert wenig und hängt damit zusammen, dass in diesem Bereich sehr viele Fachbegriffe aus den beiden Sprachen stammen.

wird[231]. Während *justice* im Englischen in erster Linie positive Sachverhalte wie *equity, fairness* und *impartiality* tradiert (so etwa im *Cambridge Dictionary*), so zeigen die Studien von Claudia Woldt (2013), dass der Begriff *справедливость* im Russischen eine weiträumigere Aufladung erfährt, personengebunden an ein Staatsoberhaupt verstanden werden kann nicht zwingend als Zustand, der durch die Gesetzgebung modelliert ist. Wird damit nun auch noch das Klima in Verbindung gebracht, so droht der Terminus im Russischen die Bindung an Personen zu verlieren, die weder politisch noch ökonomisch aktiv sind. Die Frage ist daher, wer sich an der Herstellung der Klimagerechtigkeit beteiligen oder von ihr profitieren sollte. Für diejenigen wiederum, die etwa in der Politik tätig sind, ist der Begriff der Gerechtigkeit stark an einen Interpretationsspielraum gebunden, in dem ausgehandelt wird, was nun darunter genau zu verstehen ist und wie das Phänomen erwirkt werden soll. Während dies natürlich auch für das Englische gilt, so rückt im Russischen der Interpretationsspielraum der Machthaber stärker in den Vordergrund. Eine mögliche Schlussfolgerung wäre also, dass aus der Perspektive des Englischen mehrere Akteure auf eine Klimagerechtigkeit hinwirken können, dass aber nicht unbedingt die Politiker selbst relevant sind, sondern letztlich die Belastung der Ökosysteme durch entsprechende Gesetze gedrosselt werden soll. Im Russischen ist auch diese Aufschlüsselung denkbar, das Lexem *справедливость* ist aber komplexer und nicht automatisch ohne die nicht immer vorhersehbare Entscheidung der Herrscher zu erklären. Sie ist daher eher als etwas Induktives zu verstehen, das nicht unbedingt einer inhaltlichen Erklärung bedarf, und daher bleibt die Frage, wie nun Klimagerechtigkeit erzielt, umgesetzt oder aufrecht erhalten werden soll auf den ersten Blick ausgesprochen vage.

Die Problematik, eine *Klimagerechtigkeit* im russländischen Kontext zu sehen, erörtert der Philosoph Andrej Vjačeslavovič Prokof'ev bereits in einem

---

231 In der Stanford Encyclopedia of Philosophy finden wir einen sehr langen Eintrag von Simon Caney zum Begriffsumfang, zu den Zielen und Fragen, die sich durch eine erhoffte Klimagerechtigkeit eröffnen. Daraus geht hervor, dass es sich um einen ausgesprochen komplexen Mechanismus handelt, der normative, gesellschaftliche und ökonomische Verflechtungen aufgreift und eine Umverteilung der bisherigen Umweltbelastungen vorsieht. Ziel ist es, einen Handlungskompass zu erstellen, der darauf hinarbeitet, die intrinsichen Werte der Umwelt in den Mittelpunkt zu rücken, denn: „Climate ethics, one might say, includes more than justice" (Caney 2020). Insgesamt handelt es sich um ein ganzes Paket von Maßnahmen, die umgesetzt werden sollen, um durch saubere Energien einen internationalen Ausgleich im Hinblick auf Umweltverschmutzung zu ermöglichen.

früheren Aufsatz aus dem Jahr 2011. Er merkt zunächst an, dass man sich auf Grund der Polysemie des Begriffs *справедливость* entschied, in der russischen Übersetzung lediglich auf den engeren semantischen Rahmen zu verweisen und somit *equity* als semantischen Ausgangspunkt anzusetzen. Er verweist aber auch darauf, dass ein Grundproblem bestehen bleibt, wenn sich Industriestaaten auf eine Verantwortung aller Länder berufen und an sie appellieren, bereits aus Eigeninteresse Emissionsbeschränkungen zu akzeptieren. Dabei würden entwickelte Ökonomien völlig verkennen, dass so der Lebensstandard ärmerer Länder perspektivisch eher sinken würde und dass durch die vorgesehene Einflussnahme die Souveränität dieser Länder beschnitten werde (Prokof'ev 2011: 140). Vor allem stört er sich daran, dass der Terminus *справедливость* überhaupt ins Spiel gebracht wird, um jegliche Vorhaben moralisch zu legitimieren und so allen Ländern gleichermaßen ins Gewissen zu reden, wodurch der Russischen Föderation wie auch schon im Falle des Kyoto-Protokolls weitere Verantwortung für die Zukunft der gesamten Menschheit auferlegt werde (Prokof'ev 2011: 140–141). Im Prinzip kommt durch diese Auflagen eine besonders komplexe Struktur an die Oberfläche, und zwar in doppelter Hinsicht:

> [...] перед Российской Федерацией стоит сложная двухчастная задача: определить, в чем состоит ее подлинный национальный интерес, а затем найти такие способы его продвижения, которые не противоречили бы честным условиям международной климатической кооперации. (Prokof'ev 2011: 141)

Prokof'ev betont gut nachvollziehbar, dass eine positive Entwicklung an einer Stelle (also ein Fokus auf den Umweltschutz) gleichzeitig eine andere positive Entwicklung (nämlich die Prosperität des Landes) verhindert, dass also im Sinne des Allgemeinzwecks und des kollektiven Mehrwerts argumentiert werde, gleichzeitig aber aus den sich abzeichnenden Einbußen immense kollektive Nachteile resultieren. Dabei hänge das Maß der Gerechtigkeit stark von der Kooperation anderer Parteien ab (Prokof'ev 2011: 141–142). Gleichheit der Menschen untereinander und Gerechtigkeit könne nur dann hergestellt werden, wenn vorhandene Möglichkeiten genutzt und Fähigkeiten eingesetzt statt eingeschränkt werden (Prokof'ev 2011: 144). Dies ist für den Verfasser vor allem deshalb ein wichtiger Punkt, weil er Klimagerechtigkeit eng mit den Rechten des Einzelnen an der Atmosphäre in Verbindung bringt. Es sei aber grundsätzlich fragwürdig, ob und wie eine gleichmäßige Teilhabe an der Verteilung von natürlichen Stoffen in der Atmosphäre praktisch umgesetzt werden könne, wenn normative Rechtsansprüche darauf nicht konkretisiert sind (Prokof'ev 2011: 147–148). Letztlich verweist Prokof'ev darauf, dass es unzählige Diskussionen um die Inhalte gab, die die konkrete Strategie und das Vorgehen zur Umsetzung bestimmter Klimaschutzmaßnahmen bestimmen sollten. Die Schlussfolgerung lautet daher, dass die Frage in Russland bislang noch nicht abschließend geklärt sei, wie sich der Staat im Hinblick auf die geforderten Maßnahmen positionieren wird, dass aber allein schon der Diskussionsbedarf als positives Signal zu werten sei (Prokof'ev 2011: 161). Dennoch wird im Text ganz unmissverständlich auf die ökonomischen Aspekte verwiesen, denn Russland blickt einer Eingrenzung der zum Teil mühevoll aufgebauten Wirtschaftsstrukturen verständlicherweise kritisch entgegen. Damit würden nicht nur Umsätze zurückgehen, sondern auch der Lebensstandard der Bevölkerung drastisch sinken, und genau das möchte man verhindern. Das mag auch damit zusammenhängen, dass es nicht nachvollziehbar wirken könnte, warum man den eigenen Standard einschränken soll und dabei gar nicht weiß, ob er sich durch Klimaschutzmaßnahmen je wieder erhöht. Somit bleibt festzuhalten, dass *Klimagerechtigkeit* aus russischer Perspektive als ein sehr unscharfer oder sogar existenzbedrohender Begriff gedeutet werden kann, der in sich unstimmig und irreführend wirkt und der auch nicht in der Lage ist, die Verbesserung des Lebensstandards mit der Erhöhung der Klimaqualität in Einklang zu bringen. Das russische Pendant zur *climate justice* muss in seiner Form *климатическая справедливость* geradezu als unausgewogener Kategorietransfer und letztlich auch als Harmonisierungsversuch mit kanonisierten Termini aus dem angelsächsischen Sprachgebrauch gedeutet werden.

An Kalkierungen[232] wie *климатическая справедливость* zeigt sich also, dass sie umfassende Diskussionen im Rahmen der politischen, ökonomischen und philosophischen Landschaft Russlands hervorrufen, da sie vorab nicht hinreichend auf ihre mögliche Wahrnehmung verschiedener gesellschaftsrelevanter Akteure geprüft wurden. Erstens ist die Attribuierung *климатическая* für das sehr umfassende und nicht immer einfach nachvollziehbare russlandspezifische Konzept der *справедливость* denkbar ungeeignet, um daraus realistische Handlungsschemata abzuleiten. Es muss außerdem gefragt werden, welche Klimazone Russlands zuerst „gerechter" gemacht werden könnte und warum sie Vorrang hat. Sollte es die subtropische am Schwarzen Meer sein, die subarktische im Norden oder die kontinentale an der Ostseeküste? Und wie geht man mit dem daraus resultierenden Binnengerechtigkeitsgefälle sinnvoll

232 Swetlana Mengel verweist darauf, dass Kalkierungen im gegenwärtigen Russischen neben Lehnlexik einen sehr wichtigen Platz einnehmen. Dies hängt auch mit der zunehmenden Internationalisierung des Wortschatzes zusammen (Mengel 2018: 154–155).

um? Zweitens wird durch die Kontrollmechanismen, die das Übereinkommen von Paris vorsieht, eine exogen vollzogene Institutionalisierung des Gerechtigkeitsbegriffs suggeriert, die weder der umweltpolitische noch der ökonomische Diskurs russlandintern vorsehen. Und drittens mündet die Opazität der Kalkierung darin, dass sie in all ihren Facetten erst einmal aufgeschlüsselt werden muss und dass dies konsequent nur vor dem Hintergrund eigener Interessen und Begriffsverständnisse geschehen kann. Im Ergebnis ist nicht nur die Terminologie problematisch, sondern ihre Akzeptanz bleibt in letzter Instanz aus, da sich Russland weigert, das Übereinkommen zu ratifizieren und eine schwammig umrissene Klimagerechtigkeit als Leitfaden in seiner politischen Agenda aufzugreifen. Um in Russland tragfähig zu sein, müsste das gesamte Dokument à jour gebracht werden und ökonomische Nachteile für das Land kategorisch ausschließen.

Darüber hinaus stellt sich aber auch eine ganz andere Frage, nämlich wie man das Konzept der *Klimagerechtigkeit* nicht etwa auf die Zukunft projiziert, sondern aus einer synchronen oder gar diachronen Perspektive heraus interpretieren soll. Als Ausblick gedacht verweist der Terminus durchaus darauf, dass in bestimmten Bereichen Verbesserungen wünschenswert sind, oder dass weder Hoffnungen noch Anstrengungen ausbleiben, um die klimatischen Verhältnisse zu korrigieren. Betrachtet man ihn aber synchron, so wird man sich fragen, welche Form der Gerechtigkeit zu erkennen ist, wenn an bestimmten Punkten der Welt Naturkatastrophen regelmäßig vorkommen: Besteht dann Gerechtigkeit darin, dass sie vorkommen, wo sie vorkommen und wo nicht, oder aber darin, dass man sie alle verhindern will, aber dazu nicht in der Lage ist? Diachron scheint der Terminus noch verworrener: Gehen Umweltprobleme aus der Vergangenheit mit einem Gerechtigkeitsverständnis einher und wenn ja, von wem geht diese Gerechtigkeit aus? Wäre es dann nicht sogar falsch, man würde Ungleichheiten beseitigen? Dies zeigt, dass der Begriff *Klimagerechtigkeit* im Detail zu stark auf eine Nivellierung der Verhältnisse abzielt, die wohl kaum eintreten dürfte, denn unabhängig von der wirtschaftlichen Leistung eines Landes sind klimabedingte Einflüsse schlecht steuerbar. *Klimagerechtigkeit* wird daher zu einer Hoffnung, die leicht mit Utopie verwechselt werden kann, wenn sie im luftleeren Raum in Anführungszeichen erscheint und wenn noch nicht einmal definiert wird, was die Unterzeichner sich darunter konkret vorstellen sollen bzw. welche Maßnahmen realistisch sind, um gerechte Mechanismen der Umverteilung der Emissionen und zugleich der Beeinflussung der Luft- und Wasserqualität weltweit zu entwickeln.

Das Problem der Kalkierungen lässt sich im Übereinkommen von Paris aber nicht gänzlich in die Richtung interpretieren, als dass es von Unschärfe oder

Unklarheiten dominiert werde. So lassen sich zunächst zwei grundsätzliche Typen von Kalkierungen erkennen, nämlich einerseits diejenigen, die nicht vordergründig zum Umweltschutz gehören, sowie andererseits diejenigen, die in erster Linie Phänomene des Umweltschutzes betreffen. Der erste Typ ist recht geläufig im Übereinkommen, so dass sich Beispiele wie *early warning systems* > *системы раннего предупреждения*, *emergency preparedness* > *готовность к чрезвычайным ситуациям* oder *slow onset events* > *медленно протекающие явления* anführen lassen (vgl. Artikel 8, Absatz 4, a-c). Es scheint jedoch so zu sein, dass vor allem Kalkierungen wie *системы раннего предупреждения* (*Frühwarnsysteme*) einen gewissen Bekanntheitsgrad erlangt haben, hinzukommt, dass sie mit technischen Einrichtungen in Verbindung gebracht werden und somit ihre Plakativität gesteigert wird. Im Unterschied dazu sind Kalkierungen, die sich ausschließlich auf den Umweltschutz beziehen in der Regel nur für ein Spezialpublikum verständlich, aber nicht immer unumstritten, wie das Beispiel der *Klimagerechtigkeit* zeigt. Andere Fälle (etwa *temperature goal* > *температурная цель*; Artikel 7, Absatz 1 oder *climate risk pooling* > *создание пулов климатических рисков*; Artikel 8, 4, f) bedürfen oftmals einer inhaltlichen Aufladung durch bestimmte administrative oder juristische Vorgaben, so dass sie häufig auf Umstände oder Tendenzen verweisen, die es umzusetzen gilt. Aus diesem Grund ergänzt das Russische hier die Prozessualität durch das Abstraktum *создание*, wodurch impliziert wird, dass konkrete Handlungsstrategien zur Durchführung bestimmter Abläufe definiert werden müssen.

8.5 Zusammenfassung

Der Rechtsrahmen eines Staates trägt entscheidend dazu bei, wie man sich Fragen der Ökologie und des Umweltschutzes nähert und wie man sie bewertet. Dies kann in zweierlei Hinsicht geschehen: Einmal vor einem nationalen, staatsinternen Hintergrund, der die Eckpunkte abbildet, die in einer konkreten Gesellschaftsstruktur möglich oder erforderlich sind, um ein Ordnungsprinzip für umweltrelevante Aufgaben zu schaffen. Es können aber auch internationale Maßstäbe festgelegt werden, denen gegenüber sich weltweit Staaten verpflichten und die in einem Netzwerk globaler Akteure umgesetzt werden. Die nationalen Gesetze, die in den vergangenen Jahrzehnten nach der Perestrojka erlassen wurden, wurden in zahlreichen Punkten von der westlich-demokratischen Gesetzgebung beeinflusst (Nußberger 2008) und greifen bestimmte Typologisierungen auf, wie sie in Westeuropa oder in den USA üblich sind (vgl. etwa die Kategorien der Schutzgebiete; Tennhardt 1997: 12). Bei den Dokumenten handelt es sich jedoch eher um eine Zusammenstellung von Vorschriften, die recht streng wirken und auch wenig Auslegungsspielraum eröffnen, allerdings bleiben die Zusammenhänge an einigen Stellen vage, die Vorschriften wirken wenig aufeinander abgestimmt und können auch nur selten als benutzerorientierte Dokumente betrachtet werden. Das weitaus größere Problem ist dem gegenüber das Missachten von Regeln und Grundsätzen, um Profit aus den natürlichen Ressourcen zu schlagen (so etwa das daraus resultierende großflächige Auslaufen von Diesel aus einem Konzern in Norilsk im Jahr 2020). Man kann also davon ausgehen, dass es zwar gewisse Grundstrukturen gibt, die eine rechtliche Verankerung der Thematik ermöglichen, dass jedoch die Effektivität in der Umsetzung und der ernstgemeinte Schutz der Umwelt den Interessen von Geschäftsleuten nachstehen. Diejenigen Gesetze und Übereinkommen, die auf internationaler Kooperation fußen, unterscheiden sich daher auch in vielerlei Hinsicht von den nationalen Gesetzen Russlands. Zunächst entspringen sie dem Kerngedanken, den Naturschutz als intrinsische Grundlage für die Existenz menschlichen Zusammenlebens, aber auch verschiedener schützenswerter Ökosysteme zu erachten. Dies kann natürlich auch als Basis der russischen Dokumente gesehen werden, die internationalen Textdokumente wurden allerdings in einer anderen Sprache als dem Russischen verfasst und müssen daher übersetzt werden. Die Übersetzung wiederum muss den Kerngedanken aufgreifen und ihn letztlich so ins Russische übertragen, dass die Umgehung der entsprechenden Verordnungen auch durch Konzerne und Arbeitgeber eine zu ahndende Fehlhandlung darstellt. Da dies in Russland vor allem bei staatlichen Großkonzernen nicht immer einfach durchsetzbar ist, deutet sich bereits der erste elementare Konflikt an, welcher zwischen nationaler und internationaler Jurisprudenz zu erwarten ist. Zwar bleibt dies im Prinzip auch gültig, wenn internationale Verträge in Russland zur Geltung kommen, allerdings haben entweder bereits vorab ausländische Partner ein Mitspracherecht, haben die übersetzten Dokumente mitausgearbeitet oder aber sie haben Einblick in das Geschehen vor Ort, so dass es aus russischer Sicht sehr wichtig ist, die darin festgelegten Maßstäbe einzuhalten. Wie das Übereinkommen von Paris zeigt, sind es offenbar aber gerade Kontrollmechanismen von außerhalb des Landes, an denen sich nicht nur Politiker, sondern auch Wissenschaftler stören und die ihren Unmut aus einer sehr spezifischen eigenen Sichtweise heraus logisch nachvollziehbar äußern.

Aus sprachwissenschaftlicher Perspektive lassen sich in diesem Rahmen ebenfalls zwei Problemzonen erkennen. Einerseits ist die nationale Jurisprudenz in ihrer semantischen, lexikalischen und assoziativen Komposition relativ gut nachzuvollziehen. Dies hängt damit zusammen, dass eine Terminologie verwendet wird, die im russländischen Gebrauch der Fachsprache auf eine bestimmte Tradition zurückblicken kann und somit in der Rechtsauffassung verankert ist. Im Unterschied dazu weisen diejenigen internationalen Übereinkommen, die auch für Russland Rechtsverbindlichkeit erlangen sollen, gewisse Unschärfen auf, die von unreflektierten semantischen Nuancen bis hin zu Kalkierungen ohne adäquate Entsprechungen im Russischen reichen. Der Leipziger Translatologe Gerd Wotjak liefert eine einhellige Erläuterung für die Hintergründe, die sich in derartigen Fällen erkennen lassen, denn er spricht davon, dass sich terminologische Routinen

> [i]n Form sememisierten, d. h. anteilig in die lexikalische Bedeutung eingefrorenen, sozialisierten und usualisierten Weltwissens, hier des Einzelsachverhaltswissens mit Bezug auf den geteilten soziokulturellen Hintergrund [... manifestieren]. (Wotjak 2011: 172)[233]

Das bedeutet zwar nicht, dass übersetzte Dokumente grundsätzlich einen Problemfall innerhalb der russischen Jurisprudenz darstellen. Es zeigt vielmehr, dass kultursemiotische Referenzen nicht nur bei der Erstellung der Übersetzung beachtet werden müssen, sondern dass sie auch die Implementierung in das nationale Recht nachhaltig begünstigen bzw. verhindern (weshalb gerade die Umstände, die die Rezeption einer Übersetzung beeinflussen, bereits vorab hinterfragt werden sollten; Kesić 2018). Wenn etwa Kalkierungen zwar den lexikalischen Wunschinhalt abbilden, gleichzeitig aber semantische oder

---

233 Weiterhin beschreibt Wotjak, welche Interaktion zwischen kognitiven und bewertenden Strategien bei den Rezipienzten beachtet werden muss: „Dabei wirken kulturelle Aspekte darauf ein, welche Merkmale / Eigenschaften als konzeptuell wie kommunikativ relevant selektiert werden, welche Tiefenschärfe bei der Bezeichnung / Sachverhaltswissensrepräsentation wie Bedeutungskonstitution als erkenntnis- wie bezeichnungsrelevant angesehen und demzufolge mit einer bestimmten generischen oder auch vagen LE [lexikalischen Einheit; M. H.] bzw. auch mit mehreren konkreteren Bezeichnungen in deren Semantik eingefroren synchron relativ invariant verknüpft wurde. Bei diesem direkten, durch die LE qua Bedeutung indizierten kulturbezogenen Konzeptualisierungen gehen über kommunikative Austauschbeziehungen eine mehr oder minder große geteilte Anzahl und Auswahl propositional-denotativer Wissenskomponenten in den Bedeutungskern ein. Daneben finden aber auch geteilte Bewertungen / Einstellungen / Emotionen, insofern diese nicht in toto selbst die Bedeutung konstituieren, als vergesellschaftete periphere Komponenten konnotativ-wertend-emotiver Art in den Bedeutungen ihren Platz. In diesen Fällen fungieren die betreffenden LE dank ihrer Bedeutungen als direkte Indikatoren kultureller Phänomene, seien es nun kulturelle Phänomene / Objekte oder aber kulturell gebrochene Bewertungen von Phänomenen der Designatswissensdomäne“ (Wotjak 2011: 172).

kognitive Felder eröffnen, die in der Ausgangssprache fehlen, können sie zu Faktoren werden, die eine allzu schnelle Akzeptanz bestimmter internationaler Verträge und deren Transparenz verhindern. Dass Russland es ablehnt, entsprechende Assekuranzen zu geben, ist vor diesem Hintergrund nicht nur zu erwarten, sondern es wäre für das Land auch ein voreilig eingegangenes und unüberlegtes Risiko, da völlig offen ist, wie beispielsweise die aus den Übersetzungen verwendete Lexik in konkreten Rechtsfällen ausgelegt werden würde und welches Rechtsverständnis dafür die Grundlage sein sollte.

In diesem Kapitel wurden die Zusammenhänge zwischen internationalen Abkommen und die Aussagekraft der russischen Übersetzung thematisiert. Es wurden einige Problemfelder aufgezeigt, die sich auf terminologische Affinitäten konzentrieren, woraus wiederum praktische rezeptive Missverständnisse resultieren. Im nachfolgenden Kapitel wird die lexikalische um eine grammatische Komponente erweitert. Es wird die Theorie der Konstruktionsgrammatik vorgestellt und Analysen ausgewählter Beispiele durchgeführt. Diese zeigen, dass zwischen Lexik und Grammatik keine scharfen Trennlinien existieren, die abgehandelten Beispiele belegen aber auch, dass der diskursive Kontext von Aussagen deren Rezeption nachhaltig steuert.

9. Konstruktionsgrammatik

In den beiden vorangegangenen Kapiteln stand die Frage im Vordergrund, wie terminologische Feinheiten berücksichtigt werden können, wenn nationale und internationale Rechtsdokumente entstehen und ihre Gültigkeit für die Russische Föderation entfalten sollen. Die daraus resultierenden rechtlichen Zusammenhänge sind zwar zunächst in Form von Rechtsgrundlagen fixiert, es ist gleichermaßen unumgänglich, sie in den öffentlichen Raum einzuflechten und somit das Recht an dem Ort zu kommunizieren, an dem es seine Gültigkeit besitzt. Dadurch entstehen unterschiedliche Aussagen, die unter einem konstruktionsgrammatischen Blickwinkel beleuchtet werden sollen. Dieser Ansatz wird deshalb gewählt, weil er die Grenze zwischen Lexik und Grammatik relativiert. Im Rahmen eines konkreten Diskurses werden multiple Einflüsse berücksichtigt, die sowohl intra- als auch extralinguistische Komponenten heranziehen und somit zur kognitiven Modellierung der Realität beitragen.

9.1 Die Theoriebildung nach Adele Goldberg

Die Theoriebildung rund um die Konstruktionsgrammatik (kurz *CxG* oder seltener *KxG*) ist vor allem auf die Studien von Adele Goldberg zurückzuführen. Während es zwar schon in den 1970er und 1980er Jahren zahlreiche Ansätze gibt, die sich die CxG aneignet und die auch nicht im Widerspruch zu ihr stehen (etwa die weiter unten angesprochenen Arbeiten zur kognitiven Linguistik), so ist es doch ihr zu verdanken, dass man Form und Bedeutung in ein neues Verhältnis zueinander setzt. Eine Konstruktion wird als Form-Bedeutungspaar dargestellt, welches nicht nur lexikalische, sondern auch komplexe syntaktische Strukturen beinhalten kann. Weiterhin ergibt sich die konkrete Bedeutung der entsprechenden Konstruktion nur aus der Gesamtheit ihrer Komponenten (und nicht etwa aus den einzelnen Teilbedeutungen; vgl. dazu auch Ziem/Lasch 2013: 10). Demnach ist zwar von einem konventionellen Zeichenbegriff auszugehen, der in Anlehnung an de Saussure zu analysieren ist, gleichzeitig aber auch als eigenständige Kategorie betrachtet werden muss, da er sich in zahlreichen Kernpunkten deutlich davon abhebt und komplexe morphologische, syntaktische und pragmatische Konzepte umfasst (Ziem/Lasch 2013: 15). Wichtig ist außerdem, dass man auf zwei Definitionen zurückgreifen kann, die in unterschiedlichen Publikationen von Adele Goldberg eingeführt wurden und die hier zitiert werden sollen (zit. nach Ziem/Lasch 2013: 11 und 16). Goldbergs erste Definition aus dem Jahr 1995 lautet demnach:

> According to Construction Grammar, a distinct construction is defined to exist if one or more of its properties are not strictly predictable from knowledge of other constructions existing in the grammar: C is a construction iff_{def} C is a form-meaning pair $<F_i, S_i>$ such that some aspect of F_i or some aspect of S_i is not strictly predictable from C's component parts or from other previously established constructions.

Goldberg geht also davon aus, dass eine oder mehrere Eigenschaften einer Konstruktion nicht durch die Kenntnis des Lexems selbst oder durch die Kenntnis anderer grammatischer Strukturen vorhersehbar sind. Es geht also im Kern darum, dass die reine Kenntnis von Lexik und Grammatik nicht dazu führt, daraus die Bedeutung einer bestimmten Konstruktion herzuleiten. Dies deutet gleichermaßen darauf hin, dass ein kontextuelles Wissen erforderlich ist, um eine korrekte Zuordnung zu gewährleisten. Es liegt auf der Hand, dass diese Annahme geeignet ist, um Ansätze aus der kognitiven Linguistik oder aber auch der Phraseologie zu integrieren, denn beide Strömungen akzentuieren auf die Begleitumstände, die mit einer Aussage einher gehen. Die Phraseologie ist wiederum ein Gebiet, dem man sich traditionell in der Slavistik und insbesondere in Russland seit Jahrzehnten widmet, so dass die Ansätze, die von Goldberg vertreten werden, gewissermaßen bereits in zahlreichen Studien zur russischen Phraseologie inkludiert sind und dort ebenfalls eine lange Tradition haben (vgl. Berkov/Mokienko/Šuležkova 2000, Bierich 2005, Georgieva 2011, Georgieva/Šuležkova 2020 uvm.). Somit lässt sich sagen, dass Strömungen wie etwa die Phraseologie bereits große Überschneidungen zur CxG aufweisen. Gleiches gilt für die kognitive Linguistik, die insgesamt stärker in die Erforschung der CxG einbezogen wird.

In Goldbergs Publikation aus dem Jahre 2006 finden wir dann folgende erweiterte Definition (Goldberg 2006: 5):

> Any linguistic pattern is recognized as a construction as long as some aspect of its form or function is not strictly predictable from its component parts or from other constructions recognized to exist. In addition, patterns are stored as constructions even if they are fully predictable as long as they occur with sufficient frequency [...].

Die Erweiterung von Goldbergs Definition der CxG ist in erster Linie mit einer Überarbeitung ihrer früheren Thesen zu sehen. Im Jahre 2006 legt sie eine neue Studie vor, die sich stark am gebrauchsbasierten Kriterium von Konstruktionen orientiert. Darin unterstreicht sie vor allem den Unterscheid zur generativen Grammatik, da sich die CxG vordergründig Details in der Erforschung anderer sprachwissenschaftlicher Zusammenhänge widmet, was Goldberg mit folgenden Worten erläutert:

> Unlike mainstream generative grammar, constructionist approaches tend to emphasize the detailed semantics and distribution of particular words, grammatical morphemes, and cross-linguistically unusual phrase patterns; the hypothesis behind this methodology is that an account of the rich semantic/pragmatic and complex formal constraints on these patterns readily extends to more general, simple, or regular patterns. (Goldberg 2006: 5)

Im Zusammenhang mit dieser Herangehensweise wird deutlich, dass mindestens drei Aspekte hervortreten. Erstens ist es der Bruch mit der generativen Grammatik, die als zu sehr verallgemeinernd wahrgenommen wird. Zweitens ist es die Tatsache, dass sich Übereinstimmungen zu kognitiven und phraseologischen Ansätzen erkennen lassen, denn gerade die semantische und die pragmatische Ebene spielen bekanntlich eine wichtige Rolle in diesen beiden Strömungen (wobei sie im Hinblick auf kognitive Ansätze eher individuell ausgerichtet sein können, in der Phraseologie eher auf die Gesamtheit der Sprechergruppe). Drittens ist zu erkennen, dass es zu einer Untersuchung aller beteiligten Mechanismen kommt, die sich sowohl aus der Sprache heraus (Morphologie, Syntax usw.) als auch aus den Begleitumständen heraus erklären kann. Dies ist beispielsweise dann der Fall, wenn eine bestimmte allgemein gehaltene Aussage einen speziellen Interpretationsspielraum bereits durch den Ort erfährt, an dem sie getätigt oder schriftlich fixiert wird, denn dann muss der Rezipient diesen entsprechenden Ort als Teil einer kognitiven und pragmatischen Komponente in seine Analyse einbeziehen (s. dazu auch im Unterpunkt zur visuellen Linguistik). Somit entsteht eine Konstellation, die der situativ bedingten Ergründung von Konstruktionen gerecht wird und die Annahmen Goldbergs in die Praxis umsetzt. Inhaltlich zwar nicht neu, thematisch und analytisch aber deutlich erweitert ist daher auch der grundsätzliche Ansatz der CxG, vor allem das Merkmal der kognitiven Verfestigung zu betonen, welches Konstruktionen zu Grunde liegt (Ziem/Lasch 2013: 16). Goldberg schreibt, dass nicht nur Redewendungen, geflügelte Worte oder Phraseologismen durch Konstruktionen entstehen, sondern auch einfache Sätze in einer Sprache, die verstanden werden:

> Even basic sentence patterns of a language can be understood to involve constructions. That is, the main verb can be understood to combine with an argument structure construction [...] (Goldberg 2006: 6)

Sie kommt daher zu dem Schluss, dass Konstruktionen in jeder Sprache existieren und als essentielle Einheiten sowohl für seltene als auch für komplexe

Strukturen fungieren (Goldberg 2006: 9). Ein wichtiger Teil ihrer Fragestellung ist dann dem „Wie“ und „Warum“ („how“ and „why“) gewidmet, vor allem in Hinblick auf die Problematik, wie Sprachlerner diese Strukturen erfassen und lernen, sie anzuwenden, aber auch die sehr generell formulierte und an dieser Stelle nicht weiter aufzugreifende Frage, warum Sprachen überhaupt das sind, als was wir sie kennen und verwenden (Goldberg 2006: 11). Während gerade letztere Thematik auch sprachphilosophische Aspekte inkludiert, so scheint der erste Ansatz bis heute nicht vollumfassend beantwortet oder nicht hinreichend beantwortbar zu sein. Hier müssen psycholinguistische, soziolinguistische und individuelle Komponenten einbezogen werden, um eine entsprechende Antwort zu generieren. Goldberg beruft sich auf die Erkenntnisse, die sog. *Usage-based Models* (vgl. dazu Langacker 1988) zu Tage gefördert haben (Goldberg 2006: 12–13). Außerhalb der Linguistik habe man ergründet, dass gegenstandsspezifisches Wissen immer mit Verallgemeinerungen korreliert, was sich auch auf sprachwissenschaftliche Zusammenhänge übertragen lässt. Gebrauchsbasierte Herangehensweisen werden nun bevorzugt, um eine Sprache und ihre Struktur zu beschreiben:

> The construction-based framework captures linguistic generalizations within a given language via the same type of inheritance hierarchies that have long been used for representing non-linguistic generalizations [...] Broad generalizations are captured by constructions that are inherited by many other constructions; subregularities are captured by positing constructions that are at various midpoints of the hierarchical network. (Goldberg 2006: 13)

Die Verfasserin geht also davon aus, dass Verallgemeinerungen eine ganz wesentliche Rolle bei der Ergründung von Konstruktionen einnehmen, was aber auch die Sicht auf diejenigen Phänomene ändert, welche wir häufig als „Ausnahmen“ oder „Sonderfälle“ erachten. Die Position, die hier vertreten wird, lautet – ganz allgemein gesprochen –, dass es diese so nicht gibt oder dass zumindest die Terminologie geschärft werden muss, denn es handelt sich um vorhandenes Sprachinventar, welches lediglich im Hinblick auf seine Hierarchie (etwa die frequente oder zeitgebundene Nutzung) divers behandelt wird. Mit anderen Worten geht es also nicht um die Klassifikation von Vorkommnissen im Sinne von quantitativen Zuordnungen oder ihrem Seltenheitswert, sondern vielmehr darum, sie als gleichwertige Elemente in einem Netzwerk von Informationsströmen zu beschreiben, die immer wieder neu, aber nicht willkürlich untereinander kombiniert werden können. Zusammenfassend lässt sich daher annehmen, dass Sprache im Rahmen der theoretischen Ansätze der CxG als eine Familie von Konstruktionen gedeutet werden kann, deren

Strukturen sich sowohl durch semantische Verfestigung als auch durch pragmatische Einbettung und temporäre Weiterentwicklung kennzeichnen.

9.2 Weiterentwicklung der Ansätze

Vor dem Hintergrund der CxG werden weiterhin Analysen durchgeführt und Modelle erstellt, die die Interaktion von Text und Kontext im Detail veranschaulichen. Die CxG ist bislang keine uniformierte Forschungstradition, darüber hinaus scheint es nur wenige Parameter zu geben, die auf eine Geschlossenheit des Forschungsgegenstandes abzielen. Im Handbuch der CxG unter der Herausgeberschaft von Thomas Hoffmann und Graeme Trousdale wird einleitend auf die wesentlichen Eckpfeiler eingegangen. Demnach handelt es sich bei der Theorie um einen Ansatz, welcher an die zentralen Erkenntnisse nach de Saussure anknüpft und im Zeichen ein arbiträres und konventionelles Konstrukt aus Form und Bedeutung sieht (Hoffmann/Trousdale 2013: 1). Den Ursprung der Forschung umreißen die Verfasser mit den folgenden Worten:

> Over seventy years after Saussure's death, several linguists then explicitly started to explore the idea that arbitrary form-meaning pairings might not only be a useful concept for describing word and morphems but that perhaps all levels of grammatical description involve such conventionalized from-meaning pairings. This extended notion of the Saussurean sign has become known as a 'construction' (which includes morphemes, words, idioms, and abstract phrasal patterns) and the various linguistic approaches exploring this idea were labelled 'Construction Grammar'.

Es wird zunächst auf eine grundlegende Annahme innerhalb der CxG hingewiesen, die von unterschiedlichen Autoren auch immer wieder betont wird, nämlich die Postulierung eines Kontinuums zwischen Lexikon und Grammatik. Somit wird eine scharfe Trennlinie zwischen lexikalischen und grammatischen Einheiten abgelehnt und vielmehr davon ausgegangen, dass sprachliche Konstruktionen immer aus beiden Elementen zusammengesetzt sind. Im Laufe der Jahre haben sich in der CxG ausgesprochen heterogene Grundannahmen herausgebildet, denen primär die Ablehnung der Chomsky'schen Thesen und gleichzeitig die Annahme gemeinsam ist, dass sich menschliche Sprache aus einem Set aus Form-Bedeutungspaaren zusammensetzt, wobei zwischen Lexikon und Grammatik nicht scharf unterschieden werden dürfe. Die Komplexität dieser Ausgangspositionen wird in einer Überblicksdarstellung von Alexander Lasch und Alexander Ziem einführend dargelegt und im Rahmen der germanistischen Sprachwissenschaft unterschiedlich verortet[234]. Im Jahr 2013 erscheint unter ihrer Autorenschaft eine Publikation in der Reihe „Germanistische Arbeitshefte", die im weitesten Sinne als grundlegende Einführung in die CxG betrachtet werden kann[235]. Im Vorwort begründen die Verfasser, warum ihre Studie zum Verständnis konzeptioneller Fragen beitragen soll:

> Obwohl die Entwicklung eines konstruktionsgrammatischen Ansatzes durch die Arbeiten von Fillmore (1988), Lakoff (1987), Langacker (1987) ihren Ursprung bereits in den späten 1980er Jahren hat, liegt bislang keine Überblicksdarstellung zur konstruktionsgrammatischen Forschung vor. Dieses Defizit hat uns dazu veranlasst, die vorliegende Monographie zu verfassen. Sie versucht, in knapper Form über Methoden, Anwendungsbereiche und Grundlagen der Konstruktionsgrammatik zu informieren und Impulse für weitere Studien zu geben. (Ziem/Lasch 2013: V)

Weiterhin wird das Wesen von Konstruktionen erläutert und ihre Bedeutung als sprachwissenschaftlicher Gegenstand strukturiert (Ziem/Lasch 2013: 7–29). Demzufolge beruht die CxG auf der Grundannahme, dass Sprache nicht nur als mentales, sondern explizit auch als wesentliches soziales Phänomen beschrieben werden müsse (Ziem/Lasch 2013: 8). In der CxG wird daher auch der Ansatz abgelehnt, Sprache sei ein angeborenes Konstrukt. Daher wird

> [...] Sprachfähigkeit als ein Phänomen, das auf allgemeine kognitive und soziale Fähigkeiten als notwendige und hinreichende Bedingungen für die menschliche Sprachkompetenz angewiesen ist [betrachtet]. [...] Kurzum, die Konstruktionsgrammatik ist eine empirische Wissenschaft, die menschliche Sprachen auf der Basis von Konstruktionen zu erfassen und zugleich in ihrer jeweiligen Komplexität ernst zu nehmen versucht. (Ziem/Lasch 2013: 9)

Die Konstruktion als solche wird hier als teilweise ausgesprochen komplexes Form-Bedeutungspaar dargestellt, welches nicht nur lexikalische, sondern auch komplexe syntaktische Strukturen beinhalten kann. Weiterhin ergibt sich die konkrete Bedeutung der entsprechenden Konstruktion nur aus der Gesamtheit ihrer Komponenten (und nicht etwa aus den einzelnen Teilbedeutungen; Ziem/Lasch 2013: 10). Demnach ist zwar von einem konventionellen Zeichenbegriff

---

234 Obwohl hier die germanistische Forschungslinie im Vordergrund steht, so sollte dennoch unbedingt erwähnt werden, dass darin die Erkenntnisse aus der angloamerikanischen Forschung im Wesentlichen adaptiert werden. Dies ist notwendig, da sich die CxG in großen Teilen in den USA entwickelte.

235 Diese zusammenfassende Übersicht liefert robuste inhaltsorientierte Ergebnisse über die bisherige Forschungslandschaft. Aus diesem Grund eignet sie sich besonders als Lektüre zu einem kurzen inhaltlichen Abriss über die wesentlichen Strömungen.

auszugehen, der in Anlehnung an de Saussure zu analysieren ist, gleichzeitig aber auch als eigenständige Kategorie betrachtet werden muss, da er sich in zahlreichen Kernpunkten deutlich davon abhebt und komplexe morphologische, syntaktische und pragmatische Konzepte umfasst (Ziem/Lasch 2013: 15), die sich wie folgt klassifizieren lassen:

> Der Formseite einer Konstruktion werden syntaktische, morphologische und phonologische Eigenschaften zugerechnet, der Bedeutungsseite semantische, pragmatische und diskurs-funktionale Eigenschaften. (Ziem/Lasch 2013: 28)

Um sich nun methodologisch an eine konstruktionsgrammatische Fragestellung heranzuwagen, steht zunächst die grundsätzliche Problematik im Raum, welcher der unterschiedlichen Ansätze gewählt werden soll, um eine Modellierung vorzunehmen. Hier scheinen zwei Rahmenbedingungen hilfreich zu sein: Erstens die Orientierung an der kognitiven Strömung der CxG, die sich im vorliegenden Fall eher anbietet als die formalistische[236], und zweitens die Frage danach, welche Parameter einfließen müssen, um Modellierungen aussagekräftig zu gestalten.

Die Autoren gehen anschließend auf methodologische Zugänge ein, die in der CxG zu berücksichtigen sind. Zunächst weisen sie darauf hin, dass es eine einzige und einheitliche Form der CxG nicht gibt, sondern dass vielmehr unterschiedliche Ansätze untereinander konkurrieren, die verschiedene Schwerpunkte setzen (Ziem/Lasch 2013: 31). Als ein wesentliches Charakteristikum der CxG kann geltend gemacht werden, dass sie in strikter Opposition zur generativen Transformationsgrammatik steht. Den inhaltlichen Gegensatz erläutern sie wie folgt:

> Der wesentliche Unterschied zwischen der Konstruktionsgrammatik und der Transformationsgrammatik besteht darin, dass der Konstruktionsgrammatik ein monostratales und nicht-modulares Sprachmodell zugrunde liegt und dass sprachliche Organisationsprinzipien nicht als sprachspezifisch und angeboren gelten, sondern vielmehr von allgemeinen kognitiven Fähigkeiten abgeleitet sind [...]. (Ziem/Lasch 2013: 33)

Zudem steigen Konstruktionen zu den grundlegenden Einheiten auf, die das Wesen einer Sprache ausmachen und werden somit zu ihren Kernelementen

---

236 In der kognitiven Strömung der CxG werden Konstruktionen als „kognitiv verfestigte und gelernte Form-Bedeutungspaare“ begriffen und deren Interaktion im Sprachgebrauch hinterfragt, in der formalistischen Richtung besteht der Kerngedanke jedoch darin, „Konstruktionen als morphologisch oder syntaktisch komplexe symbolische Einheiten einer Sprache“ aufzufassen (Ziem/Lasch 2013: 38, 42, s.u.).

(Ziem/Lasch 2013: 34). Der Heterogenität, durch die sich die CxG bis heute auszeichnet, stehen jedoch gewisse Tendenzen entgegen, die sich in allen Strömungen erkennen lassen. Diese kann man mit Hilfe folgender Prinzipien zusammenfassen (nach Ziem/Lasch 2013: 36–37):

- grammatische Konstruktionen sind Zeichen
- Konstruktionen stellen einheitliche Repräsentationsformate dar und
- Grammatik fungiert als strukturiertes Inventar von Konstruktionen

Im Wesentlichen lassen sich in der CxG zwei typologische Richtungen erkennen, denen unterschiedliche Schwerpunkte in der Erforschung sprachlicher Komponenten zu Grunde liegen. Die erste orientiert sich am Sprachgebrauch und an der kognitiven Wahrnehmung von Konstruktionen und ist somit eng an die kognitive Linguistik angelehnt (Ziem/Lasch 2013: 38). Daher werden Konstruktionen in diesem Rahmen als „kognitiv verfestigte und gelernte Form-Bedeutungspaare" begriffen und deren Interaktion im Sprachgebrauch hinterfragt (Ziem/Lasch 2013: 38). Die Verfasser zeigen unterschiedliche Ansätze auf und arbeiten heraus, welche jeweiligen theoretischen Voraussetzungen, welchen Hauptgegenstandsbereich und welche angewandten Methoden sich bei der Argumentation erkennen lassen (Ziem/Lasch 2013: 39). Als erste wichtige Vertreter der kognitiven Strömung nennen sie Lakoff und Goldberg, die vor einem sprachtheoretischen Hintergrund vor allem darauf großen Wert legen, vollständig beschreibbare und psychologisch realistische Analysen vorzulegen. Im Hinblick auf den Gegenstandsbereich halten die Verfasser fest, dass Lakoff sich für periphere grammatische Phänomene interessiert, während Goldberg sich mit der Erforschung von Argumentationsstrukturen an Kernfragen der Syntaxtheorie orientiert. Im Hinblick auf die Arbeitsmethoden geht es im Wesentlichen darum, eine lose Belegsammlung zu erfassen und von dieser ausgehend semantische oder syntaktische Eigenschaften zu erkennen, die sich nicht kompositionell feststellen lassen. Zudem werden Korrelationen zwischen den unterschiedlichen Rollen des Verbs und in neuerer Zeit auch neurologische Ansätze aufgegriffen (Ziem/Lasch 2013: 40–41). Im Unterschied dazu ist die zweite kognitive Orientierung eher daran interessiert, Konstruktionen zu formalisieren. In den Ausführungen nach Langacker, die einen weiteren grundlegenden kognitiv-semantischen Ansatz darstellen, gelten andere Grundvoraussetzungen zur Einbettung theoretischer Modelle. Der Kerngedanke besteht jedoch darin, „Konstruktionen als morphologisch oder syntaktisch komplexe symbolische Einheiten einer Sprache" aufzufassen (Ziem/Lasch 2013: 42). Somit wären flektierte Nomen als Konstruktionen anzusehen, deren jeweiliges Lexem als Wörterbuchform hingegen nicht. Weiterhin werden Konstruktionen in Anlehnung an das Zeichenmodell von de Saussure als symbolische Einheiten betrachtet und kennzeichnen sich zudem dadurch, dass zwischen ihnen Vererbungstendenzen bestehen (Ziem/Lasch 2013: 42). Was den Gegenstandsbereich der Untersuchungen anbelangt, so ist Langacker daran interessiert, sehr umfangreich grammatische Phänomene aufzugreifen und sie theoretisch zu reflektieren. Vor diesem Hintergrund lässt sich seine Arbeit als Meilenstein in der Forschung betrachten, denn seine Thesen gehen deutlich über die vorheriger Studien hinaus:

> Langacker hat damit den Nachweis erbracht, den Goldberg und Lakoff bislang schuldig geblieben sind, dass nämlich der vertretene konzeptionelle Rahmen dazu taugt, die Grammatik – und nicht nur einen kleinen Teilbereich davon – deskriptiv adäquat erfassen und erklären zu können. (Ziem/Lasch 2013: 43)

Die Methoden, die dem zugrunde liegen, orientieren sich an Introperspektion und der exhaustiven Analyse sprachlicher Daten (Ziem/Lasch 2013: 44). Die dritte grundlegende Strömung innerhalb der kognitiven Ausrichtung der CxG wird als radikale CxG (*Radical Construction Grammar*) bezeichnet und geht zurück auf die Studien von William Croft. Neben der gebrauchsbasierten Ausrichtung arbeitet diese Richtung auch sprachvergleichend. Der Zusatz „radikal" lässt sich folgendermaßen erklären:

> Radikal ist dieser Ansatz, insofern er auf der Basis von systematischen sprachvergleichenden Studien syntaktische Relationen wie Subjekt und Objekt und ebenso Wortart-Kategorien wie Verb und Nomen generell auf den Prüfstand stellt und deren linguistische Brauchbarkeit prinzipiell in Zweifel zieht. Croft kommt zu dem ‚radikalen' Ergebnis, dass es zum einen keine syntaktischen Relationen gebe und dass zum anderen Wortarten nicht als abstrakte Kategorien („Nomen", „Verben" etc.), sondern vielmehr allein als integrale Bestandteile von Konstruktionen existieren. (Ziem/Lasch 2013: 44)

Vor allem syntaktische Theorien und sprachliche Universalien werden negiert und stattdessen die These postuliert, es handele sich um sprach- und konstruktionsspezifische Eigenschaften (Ziem/Lasch 2013: 44). Als sprach- und zeichentheoretische Voraussetzungen gelten hier eine Anlehnung an das Zeichensystem nach de Saussure sowie die Negierung syntaktischer und semantischer Universalien, vor allem das Baustein-Modell der generativen Syntaxtheorien. Die Begründung lautet:

> [Die Bausteine] ließen sich empirisch nicht identifizieren und seien vielmehr nur in Abhängigkeit von der Konstruktion, deren Teil sie bilden, zu bestimmen. (Ziem/Lasch 2013: 45)

Ferner geht Croft davon aus, dass seine Theorie nicht als reduktionistisch betrachtet werden soll, sondern vielmehr authentische Sprachdaten auswerten und bestimmte Gebrauchsfrequenzen hinterfragen möchte (Ziem/Lasch 2013: 45–46). Das Erkenntnisinteresse wird u.a. von der Aufgabe geleitet, morphosyntaktische Eigenschaften zu erkennen und den Konstruktionsbegriff aus diesem Blickwinkel zu beleuchten. In diesem Zusammenhang werden inhaltsbezogene Konzepte, formbezogene syntaktische Räume und Form-Bedeutungs-Korrelationen untersucht, was unter Einbezug einer Distributionsanalyse geschieht. Diese Methode konzentriert sich auf „sprachliche Einheiten als [Bestandteile] von syntaktischen Strukturen" (Ziem/Lasch 2013: 47). Durch sprachvergleichende Analysen soll es demnach gelingen, Aussagen über die tatsächliche Distribution sprachlicher Phänomene zu tätigen (Ziem/Lasch 2013: 47).

Diesen kognitiv motivierten Strömungen stehen formal ausgerichtete Ansätze gegenüber, die zu unifizierten Modellierungen tendieren und einen zweiten großen Schwerpunkt innerhalb der Forschungstradition bilden. Sie zeichnen sich dadurch aus, dass sie als unifikationsbasiert gelten können, denn ihnen ist die Grundannahme gemeinsam, sprachliche Merkmale zu vereinigen (Ziem/Lasch 2013: 48). Dies geschieht vor dem Hintergrund, als dass sie die Implementierung technischen Hilfsmaterials wie etwa Computer oder Roboter vorantreiben, zudem erweisen sie sich als hilfreiche Instrumente, um Strukturen des zu erforschenden Gegenstandsbereiches detaillierter zu erkunden (Ziem/Lasch 2013: 48). Charakteristisch für unifikationsbasierte Arbeiten ist weiterhin, dass sie sprachliche Einheiten, die sich durch die postulierten Generalisierungen ergeben, nicht als redundant und somit auch nicht als Teil des Sprachwissens betrachten (Ziem/Lasch 2013: 49).

Ein wichtiger Ansatz, der gegenwärtig eine zentrale Rolle einnimmt, ist das Einbeziehen quantitativ gestützter Methoden, die sich an Korpora orientieren und so auf eine weitreichende empirische Basis zurückgreifen. In der Korpuslinguistik lassen sich Konstruktionen gut identifizieren, da nachvollziehbare und überprüfbare Daten verarbeitet werden, etwa mit Hilfe elektronischer Korpora (Ziem/Lasch 2013: 69). Der Hintergrund der quantitativen Beobachtungen liegt darin, als dass angenommen wird, dass

> es in einer Sprache eine Vielzahl von Mustern gibt, die über strukturelle Regularitäten zwischen Wörtern hinaus auch einen inhaltlichen Zusammenhang der Wörter reflektieren. (Ziem/Lasch 2013: 69)

Kollokationen bilden einen wesentlichen Rahmen zur Erforschung sprachlicher Konstruktionen, ebenso wie Routineformeln und grammatische Phraseme.

Diese müssen aber nicht unbedingt quantitativ eruiert werden, sondern können experimentell beschrieben werden[237]. Alexander Ziem und Alexander Lasch betrachten die CxG letztlich als einen integralen Bestandteil der kognitiven Linguistik und stellen fünf Prinzipien heraus, denen eine zentrale Funktion im Rahmen der Theoriebildung zukommt. Demnach sind Konventionalität, Kognitivität, Konstruktivität, Konzeptualität und Kontextualität wesentliche Eckpfeiler, die gelichermaßen in der CxG verankert sind. Vor diesem Hintergrund schlagen sie eine erweiterte Definition der CxG vor:

> Konstruktionen sind (a) nicht-kompositionelle und konventionalisierte Form-Bedeutungspaare, die (b) kognitiv einen gestalthaften Charakter haben, gleichwohl aber (c) konstruierte Einheiten und als solche (d) konzeptueller Natur sind, insofern sie sich (e) kontextgebunden im Sprachgebrauch herausbilden und verändern. (Ziem/Lasch 2013: 77)

Alexander Ziem und Alexander Lasch erklären nun, was sie konkret unter diesen fünf sogenannten K-Prinzipien verstehen (ab hier nach Ziem/Lasch 2013: 79–89): Das erste Prinzip beruht auf Konventionalität und auf Nicht-Kompositionalität. Zusammengehörende Einheiten, die man erlernen muss, um eine Sprache angemessen zu verwenden, stellen für sie eine wesentliche Komponente bei der Produktion und Rezeption von Form-Bedeutungspaaren dar. Die lexikalischen Konstituenten alleine können eine zusammengesetzte idiomatische Bedeutung nicht erklären, folglich muss sie durch Hintergrundwissen eines sprach- und kulturspezifischen Umfeldes erschlossen werden. Zweitens greift das Prinzip der Kognitivität, dem jedoch nicht alle Strömungen der CxG aufgeschlossen gegenüberstehen (insbesondere die sog. Berkeley-Studien sowie die sog. Sign Based CxG). Im Hinblick auf die Forschungen Fillmores, in dessen Studien immer wieder die Rede von Frames als kognitiven Einheiten ist, zeigt sich die Unabdingbarkeit der Kognitivität als Bedingung für Konventionalität. Der dritte Aspekt widmet sich dem Prinzip der Konstruktivität, bei dem es darum geht, dass sich Konstruktionen immer dann vorfinden, wenn mehrere sprachliche Formen zu einer komplexen Einheit miteinander kombiniert werden. Hier unterscheiden die Verfasser zwei Arten voneinander, nämlich eine semantische und eine kognitive Konstruktivität. Während sich die semantische Definition auf eine arbiträre Form- und Inhaltsseite als auch auf die gestalthafte Wahrnehmung von Konstruktionen als Einheit bezieht, so ist

---

237 Hier ist man im Wesentlichen an einer gebrauchsbasierten Analyse interessiert, die sich an experimentellen Mechanismen, oftmals beim Spracherwerb orientiert (Ziem/Lasch 2013: 74–75).

die kognitive Konstruktivität ihrer Meinung nach auf den Umstand bezogen, dass „Konstruktionen Ergebnisse rekurrenter Kategorisierungen sind, die kognitive Routinisierungen zur Folge haben" (Ziem/Lasch 2013: 85). Das vierte Prinzip ist das der Konzeptualität; hier wird davon ausgegangen, dass es keinen Bereich innerhalb einer Sprache gibt, der nicht konzeptionell gestaltet sei. Konventionelles Wissen und konzeptuelle Metaphern zeigen, dass Konstruktionen automatisch konzeptionell mit einer weitestgehenden Orientierung an der sprachlichen Oberfläche sind. An fünfer Stelle steht bei den Verfassern das Prinzip der Kontextualität, da der Kontext einer Äußerung in Form von Hintergrundwissen unmittelbare Auswirkungen auf die CxG hat. Konstruktionen lassen sich nur unter Einbeziehung eines konkreten Kontextes analysieren und näher besprechen, so dass auch für die vorliegende Arbeit der Kontext als eines der wesentlichen Elemente aufzufassen ist, auch wenn er oftmals nur selektiv hinterfragt werden kann.

Dieser Überblick bringt die wesentlichen Ansätze zusammen, um die es in der CxG geht und arbeitet ihre Gemeinsamkeiten und Unterschiede heraus. Weiterhin finden wir einige Aufsätze, die ebenso grundsätzliche Charakteristika der Forschungstradition vorstellen. Dazu ist ein weiterer Text von Alexander Ziem aufschlussreich, in dem der Autor erläutert, was in den unterschiedlichen Forschungszweigen überhaupt unter dem Konzept des Konstruktikons verstanden wird (ab hier aus Ziem 2014). Seine einleitende Hinführung zu dem Thema beruht auf folgender Annahme:

> Die Konstruktionsgrammatik betrachtet sprachliche Einheiten mit dem Ziel, ‚Bausteine' einer Sprache zu identifizieren, sie form- und inhaltsseitig möglichst genau zu beschreiben und sie hinsichtlich ihrer Interaktion miteinander systematisch zu erfassen. (Ziem 2014: 15)

Er geht davon aus, dass Sprache vor diesem Hintergrund ein „prinzipiengeleitetes System" sei, welches „sich aus miteinander korrelierten Elementen zusammensetzt" (Ziem 2014: 15). Dabei stehe in erster Linie die Erkenntnis im Vordergrund, dass grammatische Einheiten menschliches Wissen widerspiegeln. Eben daraus resultiere die kritische Haltung gegenüber der Auffassung, eine Trennlinie zwischen Grammatik und Lexikon zu verorten, denn auch von Regeln könne man im eigentlichen Sinne gar nicht sprechen. Vielmehr handele es sich um „konventionalisierte Form-Bedeutungspaare", die in Form von Konstruktionen auftreten (Ziem 2014: 16). Die in diesem Zusammenhang oftmals verwendete „Baustein-Metapher" reiche nicht aus, um das Wesen der Konstruktionen innerhalb eines funktionierenden Netzwerks von Informationsströmen zu erkennen, was der Autor wie folgt begründet:

> Konstruktionen existieren als ‚Bausteine' sprachlichen Wissens nicht isoliert, sondern unterhalten vielmehr systematische Beziehungen untereinander, die sie zu einem Netzwerk von Konstruktionen verbinden und so erst zu Wissen im Sinne von kognitiv verfügbaren und anwendbaren – wenngleich nicht zwangsläufig explizierbaren – Einheiten des Langzeitgedächtnisses werden lassen. (Ziem 2014: 16)

Weiterhin umreißt er einige Besonderheiten, die sich im Zuge der Untersuchung der CxG verorten lassen und geht darauf ein, wie Sprache und Wissen vor diesem Hintergrund gedeutet und in Verbindung miteinander gesetzt werden. Er spricht einen wichtigen Aspekt an, nämlich die Tatsache, dass die CxG bislang vor allem im englischsprachigen Raum und erst in jüngster Vergangenheit auch im deutschsprachigen Raum von Interesse ist (Ziem 2014: 16). Dies unterstreicht gleichzeitig die Notwendigkeit, ebenfalls in der Slavistik den Gegenstand aufzugreifen und zu vertiefen. Grundsätzlich legt man den Studien drei Prinzipien zu Grunde:

> (i) Sprache ist keine autonome kognitive Instanz, sondern eine soziale Größe;
> (ii) Grammatik ist Ausdruck von Konzeptualisierungen und gleichsam ein kognitives ‚Epiphänomen';
> (iii) sprachliches Wissen entsteht durch den Sprachgebrauch und lässt sich nur in Relation zu diesem adäquat beschreiben und modellieren. (Ziem 2014: 17)

Neben diesen grundsätzlichen Wesensmerkmalen der Forschungsarbeiten geht er davon aus,

> dass (a) es keine scharfe Grenze zwischen Lexikon und Grammatik gibt, (b) Sprachwissen Wissen ist, (c) (das System der) Sprache gebrauchsbasiert ist und (d) sich sprachliches Wissen vollständig durch Konstruktionen erfassen lässt [...]. (Ziem 2014: 17)

Anschließend verweist Alexander Ziem darauf, dass eine Trennung zwischen sozialem und Erfahrungswissen kaum möglich sei, worin ein weiteres Argument für die Untrennbarkeit zwischen Lexikon und Grammatik zu sehen sei. Dies hinge auch damit zusammen, dass sämtliche Informationen und komplexe Ausdrücke, die weder durch das Lexikon noch durch die Grammatik abgebildet werden, eigentlich separat erfasst werden müssten. Das beziehe sich hauptsächlich auf idiomatische Ausdrücke (Ziem 2014: 17–18). Deren Eigenschaften lassen sich nicht kompositionell erklären, so dass „abstrakte grammatische Strukturen und Funktionen ebenfalls den Status von Konstruktionen haben" (Ziem 2014: 18). Darüber hinaus müsse man aber auch Morpheme, Sprichwörter, Idiome und zahlreiche andere Konstruktionen aufgreifen, um sie als „einheitliches Format für alle morphosyntaktischen Einheiten im Sprachsystem" abzubilden (Ziem 2014: 19). Wichtig ist dem Verfasser der Hinweis darauf, dass man nicht von einer beliebigen Kombinierbarkeit ausgehen könne, sondern dass es gewisse Hierarchien und Anordnungsoptionen gebe, darüber hinaus bleibe

> [f]estzuhalten [...], dass das Identifizieren von Konstruktionen eine Aufgabe ist; eine andere, kompliziertere und anspruchsvollere Aufgabe ist es, eine Konstruktion in ein Netzwerk von Konstruktionen so einzupassen, dass semantisch den konkreten Gebrauchsbedingungen Rechnung getragen wird [...]. (Ziem 2014: 20)

Ziem argumentiert weiterhin, dass Konstruktionen stets durch Erfahrungen motiviert seien. Somit charakterisierten sie sich durch Prozesse der Abstrahierung, welche auf tatsächliche Kommunikationsmuster zurückgehen. Damit ist der Gedanke verbunden, dass empirisch angelegte Untersuchungen praxisnahe Aufschlüsse über sämtliche Verwedungsmodi geben (Ziem 2014: 21–22). Dieser Punkt bringt uns unweigerlich zur Frage, wie diskurssensitive Komponenten in Relation zu Themenkomplexen gesetzt werden können, die in der CxG analysiert werden.

9.3 Konstruktionsgrammatik und Diskurslinguistik

Nun macht es auf den ersten Blick den Anschein, dass die CxG im Wesentlichen an intralinguistischen Fragestellungen ausgerichtet ist. Bei der Lektüre zahlreicher Arbeiten kann dieser Eindruck entstehen und sogar verfestigt werden, vor allem dann, wenn es um theoretische Modellierungen geht. Dass die Interaktion mit diskursinhärenten Themenfeldern dabei oft im Hintergrund steht, obwohl sie eine deutliche Relevanz erfahren kann (siehe dazu auch die Beispielanalysen), wird in einem weiteren Beitrag von Alexander Ziem dargelegt, auf den ich mich im Folgenden berufe und seine Kernthesen[238] knapp zusammenfasse (im Einzelnen ab hier aus Ziem 2018). Ziem geht davon aus, dass die Diskurslinguistik bisher kaum grammatische Phänomene berücksichtigt,

238 Ziem stellt unterschiedliche Thesen auf, die aber nicht alle für den weiteren Verlauf relevant werden. Daher sei für eine detailliertere Auseinandersetzung mit diesen Annahmen direkt auf seinen Text aus dem Jahr 2018 verwiesen. So bedarf etwa seine These, dass Sprache und Sprachgebrauch das Denken und Handeln von Individuen beeinflussen keiner näheren Erläuterung, da dieses Phänomen als Gegenstand jeder fundierten sprachwissenschaftlichen Einführung hinreichend bekannt sein sollte und bereits in den Darstellungen von de Saussure umfassend und präzise zur Geltung kommt. Hier ist es daher wichtig, einige zentrale Annahmen aus der Gesamtheit von Ziems Darstellung zu extrahieren, die als argumentationsunterstützend und somit dienlich bei den weiter unten durchgeführten Analysen wirken.

während es in der CxG noch nicht hinreichend gelungen ist, prototypische Beschreibungen für Diskursstrukturen zu liefern. Er stellt fest, dass die CxG geeignet ist, um einen methodologischen Rahmen für diskursinhärente Analysen abzustecken, um so einen „übergeordneten Erklärungszusammenhang" herzustellen (wobei man natürlich auch den umgekehrten Ansatz wagen und den Diskurs zur Deutung von konstruktionsgrammatischen Phänomenen verorten könnte). In Anlehnung an Ziem kommt die Einbettung grammatischer Zusammenhänge in die Diskurslinguistik jedoch entschieden zu kurz, so dass sein Ansatz vor allem darin besteht, die CxG in diskursanalytische Studien zu integrieren. Eine wichtige Schnittstelle zwischen Diskurs und CxG verortet er in der Konventionalität und dem Usus der Einheiten, die an einem Diskurs bzw. an einer grammatischen Konstruktion festzumachen sind. Daraus leitet er Konsequenzen für die empirische Ergründung von Sachverhalten ab, die sowohl grammatischen als auch kontextuellen Faktoren Rechnung tragen müssen. Ein wichtiger Punkt besteht darin, die kommunikative Äußerung als kleinste Analyseeinheit zu betrachten und somit den konkreten Gebrauch von Sprache zu hinterfragen[239]. Der Zusammenhang zwischen CxG und Diskurs wird zudem in dem von Östman vorgeschlagenen Terminus „Diskurs-Konstruktionen" gesehen. Das heißt, dass eine bestimmte diskursgrammatisch relevante Einheit eine spezielle Bedeutung entfaltet, die durch einen konkreten Text oder Diskurs motiviert wird. Als Beispiel werden Hinweise in Kochrezepten genannt, die sich auf die Zubereitung einer Speise beziehen. Dass aber Text und Diskurs wichtig sind wird daran ersichtlich, dass eine Vielzahl von Aussagen eben nicht auf ihren textuellen Inhalt reduziert und analysiert werden kann, sondern gerade der Diskurs und somit auch das konkrete Umfeld, in dem der Text erscheint, ganz eindeutig seine Sinnrichtung steuern. In diesem Zusammenhang verweist Ziem auf eine Reihe von aktuellen Studien, denen die Annahme gemeinsam ist, dass sprachliche Verfestigungen oder Musterbildungen deshalb in Erscheinung treten, weil sie als frequentive Einheiten in einem Diskurs auftauchen.

Weiterhin spricht Ziem auf die Möglichkeiten an, die sich durch das Programm FrameNet (https://framenet.icsi.berkeley.edu) ergeben. Er zeigt auf,

---

239 So, wie die Rezeption einer Aussage von ihrem Ko- und Kontext gesteuert werden kann, so kann die Wahrnehmung durch diskursinhärente Phänomene zusätzlich beeinflusst werden, aber auch die visuelle Gestaltung und die natürliche Umgebung können verstärkend auf die Interpretation wirken. Auf diese Weise werden im Sinn von Ziem (2018) Sprach- und Weltwissen in der Praxis verbunden, s. in den nachfolgenden Unterkapiteln.

welche Strategien der Analyse sich durch die Nutzung des Programms eröffnen und kommentiert dies entlang eines Beispiels. Darauf und auf die zentralen Annahmen seines Textes (Ziem 2018) wird in der Analyse im Unterpunkt 9.4 eingegangen. Es wird darin argumentiert, dass allgemeine Aussagen, die an unterschiedlichen Orten denkbar oder erwartbar wären, durch ihr Erscheinen im Rahmen eines konkreten Diskurses durch diesen lizensiert werden und somit genuine, situative Konstruktionen darstellen. Die bei Ziem erwähnten quantitativen und frequentativen Korrelationen stehen dabei im Hintergrund, da in der vorliegenden Arbeit nicht die Frequenz, sondern die situative Einbettung einer bestimmten Aussage, ihre grammatische Modellierung und die mit ihr einhergehenden kulturspezifischen Affinitäten im Vordergrund stehen. Bevor diese Analyse durchgeführt wird, sollen kurz die Forschungsschwerpunkte im Rahmen der CxG in Russland vorgestellt werden.
Für die Erforschung des gegenwärtigen Russischen liegen neben zahlreichen Einzelaufsätzen im Prinzip zwei umfassende Sammelwerke vor, die sich mit der CxG befassen. Unter der redaktionellen Leitung von Ekaterina Rachilina wurde im Jahre 2010 ein Band herausgegeben, welcher den Titel *Лингвистика конструкций* trägt (Rachilina 2010). In einem einleitenden und vier anschließenden großen Teilen thematisiert die Herausgeberin jeweils in Einzelarbeit oder gemeinsam mit anderen Linguisten auf über 580 Seiten unterschiedliche Herangehensweisen an die CxG. Die zweite Textsammlung, die mit nahezu 800 Seiten ausgesprochen umfangreich und vielfältig die CxG im Rahmen der russischen Linguistik verortet, ist das Werk mit dem Titel *Русский язык: грамматика конструкции и лексико-семантические подходы*. Es entstand an der Russischen Akademie der Wissenschaften und erschien im Jahr 2014 in der Sankt Petersburger Reihe „Acta Linguistica Petropolitana“. Die Publikation ist in fünf große Kapitel untergliedert, die sich der kleinen Syntax und der peripheren Verbbedeutung, der Verbalvalenz, den paradigmatischen Beziehungen zwischen Syntax und Semantik, der Syntax im weiteren Rahmen und syntaktischen Erscheinungen aus diachroner Perspektive widmen. Bereits diese Untergliederung verweist auf die engen Verflechtungen zwischen der CxG und Fragen der Semantik, der Syntax und der Pragmatik.

Beide Bände untersuchen sehr verschiedene Probleme der CxG und stellen somit (anders als das Werk von Ziem/Lasch 2013) keine grundsätzliche Einführung in die Thematik dar, sondern inkludieren Vorarbeiten in ihre Fallstudien (auch wenn im Band unter der Herausgeberschaft von Ekaterina Rachilina ein profunder thematischer Überblick von Rachilina/Kuznecova (2010) vorangestellt wird). Die Schwierigkeit, die sich gerade bei der Betrachtung der Petersburger Publikation ergibt, ist darin zu sehen, dass die Einzelstudien oftmals kaum von denen zu unterscheiden sind, die sich den Kerngebieten der Sprachwissenschaft widmen (etwa Syntax und Semantik), so dass hier zwar oft von Konstruktionen die Rede ist, gleichzeitig aber der Zugang zu zentralen Thesen der CxG nicht immer erkennbar ist. Ungeachtet dessen ist die Fülle der Beiträge beachtlich und sie eignen sich, um einen Überblick über die facettenreichen Herangehensweisen an das Thema zu bekommen (gebündelte Übersicht außerdem bei Frâncu 2016: 193–194).

Kommen wir damit zur gebrauchsbasierten Herangehensweise und sehen uns dazu ein Beispiel aus dem Russischen an. Das Vorgehen ist dabei von der Frage geleitet, wie sich die CxG in einen bestimmten Kontext einbinden lässt und wie man bei der Analyse dieses Kontextes empirisch vorgehen kann.

9.4 Gebrauchsbasierte Ansätze

Erwähnt sei zunächst einmal die Relevanz der kognitiven Schule, die sich gut in die Erforschung konstruktionsgrammatischer Fragestellungen einbauen lässt. Als erste wichtige Vertreter der Strömung nennen Ziem/Lasch (2013) George Lakoff und Adele Goldberg, die vor einem sprachtheoretischen Hintergrund darauf großen Wert legen, vollständig beschreibbare und psychologisch realistische Analysen vorzulegen. Im Hinblick auf den Gegenstandsbereich halten die Verfasser fest, dass Lakoff sich vor allem für periphere grammatische Phänomene interessiert. Die Arbeitsmethoden orientieren sich im Wesentlichen daran, eine lose Belegsammlung zu erfassen und von dieser ausgehend semantische oder syntaktische Eigenschaften zu erkennen, die sich nicht kompositionell feststellen lassen (Ziem/Lasch 2013: 40–41). Die Ansätze sind deshalb interessant, weil Lakoff sprachliche Routinen als Metaphern erachtet (vgl. Lakoff/Johnson 1980), so dass kognitive Ansätze in erster Linie einen empiriebasierten Sprachgebrauch hinterfragen möchten. Eine Auswertung tatsächlicher Sprachverwendung muss demnach auch situativ interpretiert werden, was George Lakoff in einem Aufsatz wie folgt formuliert:

> The commitment to make one's account of human language accord with what is generally known about the mind and brain from disciplines other than linguistics. The cognitive commitment [...] forces one to be responsive to empirical results from cognitive and developmental psychology, cognitive anthropology, neurobiology, etc. (Lakoff 1991: 54)

Grundsätzlich gilt die Vorstellung, dass mit zentralen Kategorien und mit Prototypen operiert wird, um abstrakte Zusammenhänge zu deuten (Lakoff 1991: 54). Daher wird empirischem Material ein ausgesprochen hoher Stellenwert eingeräumt, da es in der Praxis dazu beiträgt, dass sich bestimmte prototypische Strukturen überhaupt verfestigen können. In diesem Zusammenhang ist die Rede von Generalisierungen, worunter Lakoff Aussagen über Kategorien versteht (Lakoff 1991: 54), die kontextbezogen interpretiert werden müssen. Aufgearbeitet wird diese Problematik beispielsweise in einem Beitrag von Pamela Faber und Clara Inés López Rodríguez, die terminologische Studien zur Kognitivistik in unterschiedliche Forschungsströmungen einbetten und dabei auf zwei kognitiv basierte Theorien verweisen, von denen die erste die soziokognitive ist (Faber/López Rodríguez 2012: 17–22). Sie ermöglicht eine Fokussierung auf das kognitive Potential, welches in der Terminologieforschung in Fachsprachen seinen Niederschlag findet sowie eine Verknüpfung verbaler, situativer und kognitiver Aspekte im Rahmen von bestimmten Diskursen. Es wird daher von folgender Grundlage ausgegangen:

> What makes Sociocognitive Terminology different from other theories is its emphasis on conceptual organization, and its focus on category structure from the perspective of Cognitive Linguistics. (Faber/López Rodríguez 2012: 18)

Die Autorinnen verweisen ebenso auf die Studien von George Lakoff, der von idealisierten Prototypen spricht, welche kulturspezifische Erwartungshaltungen implizieren und deshalb kognitiv sind, da sie mentale Kategorisierungen motivieren. In der Studie wird ebenso angemerkt, dass ein gegebenes Vorstellungskonzept unterschiedlich nah oder fern vom Prototyp positioniert werden kann. Daher muss immer mit graduellen Abstufungen operiert werden, allerdings bleibt ein generelles Problem, nämlich das Außenvorlassen von syntagmatischen Daten (Faber/López Rodríguez 2012: 20). Eine ganz grundsätzliche Erkenntnis besteht letztlich aber darin, dass der Erforschung von Relationstypen überhaupt Raum gewidmet wird:

> Although the traditional generic-specific and part-whole relationships are contemplated, there is a greater emphasis on other types of relationships that enrich the resulting knowledge structure, such as conceptual relations that encode cause-effect, object-function, etc. [...] This opens the door to the multidimensional representation of concepts. (Faber/López Rodríguez 2012: 21)

Prototypen werden als alleinige Basis für Kategorisierungen abgelehnt, denn im Hinblick auf ihre subjektive Gestalt ist es oftmals kaum möglich, eine exakte Definition zu liefern, weshalb sämtliche Konzepte zusammengetragen werden müssen, die als Summe des Vorstellungsinhalts figurieren.

Die zweite Strömung, die von den Autorinnen vorgestellt wird, ist die framebasierte Terminologie (Faber/López Rodríguez 2012: 22–24), die zahlreiche Überschneidungen mit dem soziokognitiven Ansatz aufweist, aber auch mit kommunikativen Theorien überhaupt. Auch hier wird dafür plädiert, das Verhalten von Terminologie in ausgewählten Texten zu untersuchen:

> For example, it also maintains that trying to find a distinction between terms and words is no longer fruitful or even viable, and that the best way to study specialized knowledge units is by studying their behavior in texts. (Faber/López Rodríguez 2012: 22)

Aus diesem Grund bedarf es eines umfangreichen Fachwissens, um die Texte korrekt zu interpretieren. Die Untersuchung dieses Fachwissens stützt sich wiederum auf die von Fillmore (u.a. 1976) verorteten Prinzipien der Framesemantik. Ähnlich wie im Projekt FrameNet[240] wird davon ausgegangen, dass terminologische Strukturen in einem Netzwerk von Interaktionen greifen und dadurch ihre situative Bedeutung beschreibbar wird. Letztlich handelt es sich bei Frames um verortete Wissensstrukturen (Faber/López Rodríguez 2012: 24)[241]. In einem seiner späteren Artikel stellt George Lakoff heraus, dass vor allem die sprachliche Umgebung einen wichtigen Ansatzpunkt darstellt und verweist darauf, dass das Wissen überhaupt nur auf Frames (und neurologischen Prozessen) fundiert (Lakoff 2010: 71). Aus diesem Grund werden oftmals mehrere assoziative Raster aktiviert, die ein bestimmtes Frame beinhalten und ein mit ihm verbundenes Netzwerk von Informationen aktivieren (Lakoff 2010: 72).

Im Folgenden sei nun ein konkretes Beispiel aus dem Russischen analysiert, das in unterschiedlichen Alltagssituationen auftreten kann und in Naturschutzgebieten eine spezielle diskursive Einbettung erfährt. Es handelt sich dabei um die Aufschrift *Вход и въезд запрещён*, welche man generell an Objekten finden kann, zu denen kein Zutritt genehmigt ist. Am Rande des Volga-Kama-Biosphärenreservats, welches noch im Kapitel zur visuellen Linguistik separat thematisiert wird, sind einige Schilder aufgestellt, die diese kurze Aufschrift tragen. Man

---

240 Siehe dazu unter https://framenet.icsi.berkeley.edu.

241 Dass nun die kognitive Strömung einen besonderen Stellenwert innerhalb der russischen Sprachwissenschaft erfährt, zeigt sich an der kaum überschaubaren Fülle an Publikationen, die sich dem Thema unter verschiedenen Blickwinkeln annähern. So scheint die Monographie von Nina Mečkovskaja sehr dienlich, die die unterschiedlichen Strömungen und Akteure in den GUS-Staaten gebündelt vorstellt (Mečkovskaja 2010). Darin kritisiert die Autorin den Umstand, dass oftmals nur der Titel einiger Arbeiten bestimmte Begriffe wie „Konzept" oder „Kognitivistik" aufgreift, in den jeweiligen Abhandlungen aber Thematiken dargelegt würden, die sich weit von den definitorischen Grundsätzen entfernen, weshalb sie festhält: „Разнобой в понимании основ когнитивной лингвистики не позволяет видеть в ней отдельную и цельную исследовательскую дисциплину" (Mečkovskaja 2010: 16).

kann sie vor dem Hintergrund der theoretischen Ausarbeitungen zur CxG als Konstruktion betrachten, worauf ich im Folgenden näher eingehen werde. Es wird auch darauf Bezug genommen, dass die Aussage aufgrund ihrer diskursspezifischen Einbettung als integraler Bestandteil des ökologischen Diskurses appliziert wird. Die Aufschrift wird daher als aussagekräftig erachtet, um die Zusammenhänge zwischen CxG und Diskurs ist zu exemplifizieren.

Informationstafeln mit derartigen kurzen Hinweisen sind im öffentlichen Raum keine Seltenheit. Sie teilen dem Betrachter mit, wo er sich befindet, welche Besonderheit in einem konkreten Raum zu beachten ist oder was er zu tun und zu unterlassen hat. Dazu existieren zahlreiche Untersuchungen, die Schildern oder – ganz allgemein gesprochen – Aufschriften im öffentlichen Raum konkrete Funktionen attestieren, ihre Verwendung analysieren und daraus unmittelbare Schlussfolgerungen ziehen, die die Motivation einer Aufschrift erläutern (Landry/Bourhis 1997, Hogan-Brun/Ramonienė 2005, Sloboda 2009, Jaworski/Thurlow 2010, Gonçalves 2012, Blackwood 2015, Pavlenko 2017, Müller 2021, Henzelmann 2022a, 2023 u.v.a.). Bei einer Analyse einer Aufschrift im öffentlichen Raum können drei große Komplexe untersucht werden, nämlich erstens ihre textuelle Beschaffenheit, was einer Einschränkung auf rein sprachliche Phänomene entsprechen würde. Zweitens kann man ein Schild auf seine sekundären Informationen hin analysieren, etwa im Hinblick auf die vorkommenden Farben, das Material oder die Schriftgröße. Die dritte Möglichkeit besteht darin, ein Schild einer Analyse zuzuführen, die multimediale Parameter einbezieht und hinterfragt, welche Effekte ihr Zusammenspiel mit dem Text hervorruft. Ich möchte diesen dritten Weg wählen und ihn in zwei Richtungen einschlagen. Zunächst scheint mir die textuelle Beschaffenheit der Aufschrift relevant. Sie kann theorisiert und in ein konstruktionsgrammatisches Schema überführt werden, welches explizit diskursinhärente Merkmale appliziert. Dadurch kann es gelingen, den Inhalt der Aufschrift texttheoretisch zu modellieren und gleichzeitig ihren konkreten Wirkungsradius in der außersprachlichen Realität zu berücksichtigen. Die zweite Richtung wird im nächsten Kapitel anvisiert und besteht darin, sekundäre Informationen wie Farben, Embleme, Schriftgrößen oder Kultursemiotik zu hinterfragen und diese ebenfalls mit dem außersprachlichen Kontext in Relation zu setzen.

An dieser Stelle sei auch noch der Hinweis gegeben, aus welchem Grund eine entsprechende Konstellation gleichermaßen als semiotisch und pragmatisch basierte Information in einen situativen Kontext eingebettet werden kann und sich demnach auch zur Analyse in Naturschutzgebieten eignet. Nun wäre es zweifelsfrei denkbar, dass entsprechende Aufschriften auch an einer Fabrik oder in einer Stadt und somit an ganz anderen Orten aufgestellt wären, so dass der Text hier keine unikale Zuordnung zu Naturphänomenen markiert. Ungeachtet dessen ist aber für die Rezeption die Frage relevant, *wo* sich die Aufschrift befindet und *was* sie in diesem konkreten Fall bezweckt. Wäre die Aufschrift beispielsweise an einer Fabrik, so wären bestimmte Assoziationen zu Gefahrenquellen, Besitzkonstellationen oder der Beschaffenheit des Geländes relevant. Das bedeutet, dass die damit verbundenen Assoziationen rund um einen spezifischen Kontext konstruiert werden. Daraus resultiert wiederum, dass ein Schild, welches etwa den Zusatz *Заповедник* trägt, situationsspezifische Konstruktionen evoziert, die auf eine spezielle Umwelt- und Naturproblematik verweisen. Dadurch wird eine kontextuelle Zuordnung möglich, auf die (etwa im Hinblick auf grammatische Variation) auch Goldberg (2006: 9) verweist. Mit anderen Worten können wir also davon ausgehen, dass eine bestimmte Aussage, die im Raum verortet wird, nicht nur durch den abgedruckten Text selbst, sondern auch durch die Umgebung ihre Intension entfaltet. Darin ist eine gewisse Kontinuität zu sprachwissenschaftlichen Grundsätzen zu sehen, etwa im Bereich der Lexikologie, dort wiederum in der Homonymie. So wissen wir ohne Kontext nicht, was ein „Zug" ist, wenngleich sich als erster Gedanke wohl das Synonym zu „Bahn" und somit das Transportmittel anbietet. Ungeachtet dessen kann natürlich auch beim Konsum von Tabakwaren von einem „Zug" die Rede sein, ebenso kann durch starkes Lüften ein „Zug" entstehen (diese und weitere Beispiele bei Draganovici 2012). Das heißt also, dass wir einen konkreten Kontext brauchen, um eine korrekte semantische Zuordnung vorzunehmen. Wenn sich nun Aufschriften im öffentlichen Raum befinden, kann die Zuordnung (analog zur Textumgebung) durch den Ort, an dem ein Schild mit einer Aufschrift angebracht ist, die semantische Seite unterstützen. Das zeigt wiederum, dass der Zusammenhang bei einem schriftlichen Hinweis im öffentlichen Raum unter der Prämisse analysiert werden kann, dass eine konkrete Verbindung zwischen dem Text und dem Ort, an dem er sich befindet, aufgebaut wird. Ist dies wie im nachfolgenden Beispiel der Fall, so ist eine inhärente Interaktion zwischen Text und Textumgebung festzustellen, die dazu führt, dass konstruktionsgrammatische Analysen ebenso von diesem Rahmen profitieren können. Somit kann eine Aussage, die auf den ersten Blick recht allgemein und nicht objekt- oder ortsgebunden wirkt, sehr wohl in einem bestimmten Zusammenhang reflektiert werden, der explizit die Umstände einbezieht, die durch die Umgebung oder den Bezug des Textes evoziert werden und assoziative Raster aufwerfen oder diese verstärken. Man kann also sagen, dass eine allgemeine Aussage durch den Kontext oder die Umgebung spezifiziert wird und dass dieser Zusammenhang die kognitive Rezeption der Aussage mit einer ganzen Fülle von Informationen anreichert. Weiter unten werden wir zudem sehen, dass genau aus diesem Grund bereits bei der konzeptionellen Gestaltung von Aufschriften genau auf ihre semiotische Wirkung geachtet werden muss, um kognitive Impulse zu setzen und so den Rezipienten wichtige Inhalte oder Assoziationen zu vermitteln.

Im Rahmen von Naturschutzgebieten spielen also bestimmte diskursive Komponenten eine Rolle, die die Interpretation vor dem Hintergrund des Umweltschutzes motivieren. Der Auswertung der Aufschrift *Вход и въезд запрещён* liegt hier ein gebrauchsbasierter Ansatz zu Grunde, der eng mit kognitiven Rastern verknüpft ist. Diese können als verfestigte Einheiten auftreten[242], auch wenn es bislang kein einheitliches Modell gibt, welches die Form- und Inhaltsseite von Konstruktionen allumfassend abstrahiert. Legt man der Analyse des Beispielsatzes der Aufschrift die Studie von Alexander Lasch (2015: 139) zu Grunde, der Konstruktionen als gestalthafte Routine auffasst und davon ausgeht, dass beispielsweise Nominalkonstruktionen mit Komplement nach dem Bildungsmuster *[[NP]+[[DET*$_{GEN}$*]+[Lebens]]]* eine soziale Konvention markieren, so darf die These aufgestellt werden, dass gleiches für die Konstruktion *[[NP*$_{1}$*]+[Konj]+[NP*$_{2}$*]+[запрещён]]* gilt. Lasch untermauert seine These anhand eines *corpus driven approach*, denn er plädiert dafür, den korpuslinguistischen Ansatz „als Hypothesengenerator für eine diskursanalytische Untersuchung" auszuwerten (Lasch 2015: 139). Übertragen wir nun diese Vorgehensweise auf das Russische und hinterfragen, welche Nominalphrasen im Nationalkorpus (NKRJa) um die Einheit *[запрещён]* ergänzt werden (erst einmal ohne dabei die Genus-, Kasus- oder Numerusmarkierung zu beachten), so kommen wir zu folgendem Ergebnis: Es findet sich im Nationalkorpus nur ein einziger Beleg für die Musterkonstruktion *Вход и въезд запрещён*, wenngleich es sehr wohl möglich ist, weitere Beispiele genau nach dem gleichen Verfahren zu bilden, etwa:

- *Въезд и выезд запрещен.*[243]
- *Продажа и покупка запрещена.*[244]
- *Алкоголь и сигареты запрещены.*[245]

242 Was die Bewertungen epistemischer Modalitäten anbetrifft siehe insbesondere Krause 2007: 26 ff. Die Autorin verweist darauf, dass „das Wissen des Individuums über diese Welt" als Basis der Beurteilung von Sachverhalten geltend gemacht werden kann (Krause 2007: 26).

243 https://fedpress.ru/news/52/society/2491204.

244 https://www.zakon.kz/4677201-s-centralnykh-ulic-almaty-stali.html.

245 https://gazeta-n1.ru/stock/eda-i-napitki/53505/.

- *Охота и рыбалка запрещены.*[246]
- *Фото и видеосъёмка запрещены.*[247]
- *Еда и напитки запрещены.*[248]
- *Музыка и танцы запрещены.*[249]

Die (nahezu nicht vorhandenen) Daten zu diesem Konstruktionstyp im russischen Nationalkorpus können so ausgelegt werden, dass wir es zweifelsfrei mit einer wenig frequenten Konstruktion im Russischen zu tun haben, so dass der gleiche Text als Aufschrift, wie er im Naturschutzgebiet vorkommt sehr wenig konventionalisiert und offenbar nur recht eingeschränkt reproduzierbar ist[250]. Andererseits zeigen die oben angeführten Beispiele, dass der NKRJa eine Tendenz andeutet, aber nicht erschöpfend die Kombinationsmöglichkeiten abbildet, die in einer Sprache zur Verfügung stehen. Dies muss die Datenbank auch gar nicht leisten, es zeigt sich vielmehr, dass es sich bei einer Auswertung nicht um ein Verfahren handelt, welches Ausschließlichkeitscharakter hat. Aus diesem Grund scheint es umso interessanter, eine (wie Lakoff es nennt) peripher erscheinende Konstruktion zu analysieren und ihr bestimmte Eigenschaften zuzuweisen.

Eine weitere Aufschrift, die wir im Volga-Kama-Biosphärenreservat lesen, trägt den diskursrelevanten Zusatz *Заповедник* und lautet somit *Заповедник. Вход и въезд запрещён*. Sie kann im Hinblick auf die Überschrift *Заповедник* und den sich daran anschließenden Satz *Вход и въезд запрещён* untersucht werden, und zwar zunächst einmal auf den zwei Ebenen, die Ziem/Lasch (2013: 28) als Formseite und als Bedeutungsseite der Konstruktion erachten[251]. Wir stellen fest, dass es sich hierbei um eine allgemeine Aussage handelt, die man an zahlreichen anderen Stellen finden könnte, die aber kontextbezogenes

246 https://rybalka.com/.

247 http://photolime.ru/articles/item/foto-videosyomka-zaprety.html.

248 https://www.svetoznak.ru/catalog/zapreshchayushchie_znaki_iso/p022_eda_i_napitki_zapreshchen y_no_eating_or_drinking/.

249 https://tatarstan24.tv/news/novosti-tatarstana/v-kazani-otkryli-pervuyu-v-rossii-shkolu-po-tantsam-na-pilone-dlya-musulmanok-intervyu-s-osnovatelnitsey-stu dii .

250 Darauf wird im Teil zur visuellen Linguistik eingegangen und unter 10.6 sind die entsprechenden Abbildungen der Schilder zu sehen.

251 Im Prinzip kann man davon ausgehen, dass eine Konstruktion durch diese beiden Parameter metaphorisch als „Münze" betrachtet werden kann, da diese ebenso aus zwei untrennbar verbundenen Seiten besteht und nur durch diese beiden Seiten zu einer zusammenhängenden Einheit wird.

Wissen voraussetzt und dementsprechend den konkreten Raum interpretationsunterstützend einbezieht. In Anlehnung an die Ausführungen von Ziem (2018) ist hinzuzufügen, dass bestimmte Prozesse zur Musterbildung innerhalb von Diskursen beitragen. Ein entsprechender Fall liegt dann vor, wenn er frequentiv bemessen werden kann und eine hohe Produktivität erkennen lässt. Diese können wir im vorliegenden Fall eindeutig postulieren, da an Naturschutzgebieten immer wieder Warnschilder und Begehungsverbote angebracht sind. Ziem geht davon aus, dass drei Parameter eine zentrale Rolle im Rahmen der diskursiven Relevanz einnehmen, nämlich die soziale Varianz, die zeitliche Varianz und die Varianz des diskursiv-thematischen Zusammenhangs. Diese Parameter gehen oftmals ineinander über, wovon im Folgenden die Rede sein wird. Signifikant ist in erster Linie die gebrauchsbasierte (und somit diskursiv eingebundene) Perspektive, während wir an dieser Stelle nicht näher auf die quantitative Komponente eingehen werden[252]. Was die temporäre Varianz anbelangt, so sind Verbote oftmals zeitlich neutral, also ohne konkreten Referenzpunkt, was ihre dauerhafte Gültigkeit untermauert. Wichtig ist daher,

252 Der quantitative Ansatz ist zweifelsfrei berechtigt, aber nicht in allen diskursiven Zusammenhängen sind durch quantitative Erhebungen relevante Ergebnisse zu erwarten. Dies zeigt sich etwa bei der Untersuchung von Sprache im öffentlichen Raum, die vor allem in urbanen und mehrsprachigen Räumen durchgeführt wird (Gonçalves 2012, Müller 2021 u.v.a.). Hier ist es durchaus aussagekräftig, unterschiedliche Sprachen oder Schriftsysteme quantitativ zu bewerten, da dadurch gesellschaftsinhärente Präferenzen dokumentiert werden können. Mit deutlich weniger Material muss man sich jedoch im ländlichen Raum zufriedengeben (eine der vergleichsweise wenigen Studien dazu ist die von Møhl 1997), und noch seltener sind Aufschriften in kaum oder nicht bewohnten Gebieten wie Naturschutzräumen bzw. Nationalparks anzutreffen (Henzelmann 2022a, 2022b). Wenn man also beispielsweise auf einer belebten Einkaufsstraße in Moskau, Minsk oder New York zwei oder drei Kilometer jede Aufschrift sammelt, diese nach Typen oder Funktionen klassifiziert und dabei noch gestalterische Merkmale wie Farbe oder Größe einfließen lässt, so wird man eine Fülle an Material (wahrscheinlich in mehreren Sprachen) erhalten, dessen genauere quantitative Verteilung zu analysieren sicher lohnenswert ist. Legt man die gleiche Entfernung auf einem Waldwanderweg in unbewohntem Gebiet zurück, so wird man nur vereinzelt auf Schilder treffen, auf denen die gleiche optische Gestaltung, oft ein identischer Text und lediglich unterschiedliche Entfernungen angegeben sein können. Eine Quantifizierung ist für derartige Räume nur wenig aussagekräftig, es zeigt sich vielmehr, dass stattdessen bestimmte diskursinhärente Komponenten oder die farbliche Gestaltung genutzt werden, um gezielt ein Narrativ zu evozieren, welches dem Diskurs gerecht wird (Henzelmann 2021a). Mehr dazu auch im Unterkapitel zur Lingusitic Landscape.

sich auf diskursiv-thematische Komponenten zu konzentrieren und diese vor einem (konstruktions)grammatischen Hintergrund zu reflektieren. So lässt sich zunächst in einem Überblick knapp darstellen, welche grundlegenden formalen Elemente am Aufbau des Beispiels *Заповедник. Вход и въезд запрещён* partizipieren und wie sich das im konkreten Fall manifestiert, wobei erst einmal die Formseite betrachtet werden soll (vgl. Tabelle 24):

Tab. 24: Formseite einer Konstruktion.

Formseite	***Beispiel und Kommentar***
Phonologie	/v/ – stimmhafter labiodentaler nichtpalataler Frikativ
Morphologie	*Заповедник-Ø* – Nullmorphem markiert das Maskulinum im Nominativ Singular
Syntax	*Вход и въезд запрещён.* – Wortverbindung

Wir können zunächst bestimmen, welche phonetischen, morphologischen und syntaktischen Eigenschaften sich in der Aufschrift des Schildes widerspiegeln und diese klassifizieren. Auf der Ebene der Phonologie könnten nun alle einzelnen Phoneme beschrieben werden, im Hinblick auf die Morphologie alle Morpheme und die Syntax ließe sich ebenfalls deskriptiv formalisieren, weshalb hier nur einige Beispiele exemplarisch angedeutet sind. Sehen wir uns nun auch noch die Bedeutungsseite der Konstruktion an. Dazu kann das Programm FrameNet genutzt werden[253], um die semantischen Rollen des Terminus *Заповедник* (*Naturschutzgebiet*) zu definieren, obgleich ein ernsthafter Nachteil darin besteht, dass hier ausschließlich mit dem englischen Äquivalent *Nature Reserve* operiert werden kann, welches im Programm nicht aufgelistet ist. Stattdessen wird man an die Daten für den Eintrag *Nature* bzw. die semantischen Rollen für *Natural Features* verwiesen. Für eine allgemeine Übersicht ist das aber dennoch hilfreich und ermöglicht zumindest den Verweis auf folgende semantische Rollen:

- Ort: lokaler Bezug zu dem genannten Raum
- Konstituenten: aus denen das Gebiet sich zusammensetzt
- Besitzumstände: wer der Eigentümer oder Verwalter ist

253 Die Begriffe wurden adaptiert an die Suchergebnisse auf der Homepage unter https://framenet2.icsi.berkeley.edu/fnReports/data/frameIndex.xml?frame=Natural_features.

- Beschreibungen: des Gebietes und Klassifizierung der vorzufindenden Objekte
- Grund: Ursache für die Existenz des Naturschutzgebietes
- Name: des Gebietes
- Typ: des zu schützenden Gebietes

Durch semantische Rollen wird nach Ziem (2018) semantisches Wissen durch Frames transportiert, welches wiederkehrende, aber auch kulturspezifische Erfahrungen aufruft und dazu beiträgt, sie in individuelle Sachverhalte einzuordnen. Sehen wir uns einmal in Tabelle 25 an, welche inhaltlichen Komponenten auf der Grundlage von Framewissen mit der Bedeutung zum entsprechenden Naturschutzgebiet einhergehen:

Tab. 25: Bedeutungsseite einer Konstruktion.

Bedeutungsseite	***Beispiel und Kommentar***
Semantik	*Заповедник* – Staatliche Naturschutz- und Biosphärenreservate, ranghöchste Kategorie staatlicher Naturschutzgebiete
Pragmatik	*запрещён* – ein bestimmter Sachverhalt soll unterlassen werden, Gründe können kontextuell erörtert und diskutiert werden („*Was könnte alles passieren, wenn ich etwas (nicht) befolge?*")
Diskursfunktion	*Вход и въезд запрещён.* – präskriptiv-normativ, Verbot kann nicht in Frage gestellt werden, da es eine juristische Festlegung dokumentiert („*Nichtbefolgung zieht obligatorisch Sanktionen nach sich*")

Hieran sehen wir ausschnitthaft, welche möglichen Perspektiven beschrieben werden können, wobei man allerdings feststellt, dass der Interpretationsspielraum größer ist als bei den formalen Eigenschaften. Zudem ist vor allem die Diskursfunktion hochgradig im Zusammenhang mit kultursemiotischen, aber auch mit ortsgebundenen Realitäten zu interpretieren, so dass wir es besonders an dieser Stelle mit einer weiträumigen Interaktion kognitiver, aber auch landesspezifischer Phänomene zu tun haben. Form und Bedeutung bilden letztlich eine Einheit, die nach fünf Komponenten in Anlehnung an Ziem/Lasch (2013: 77) analysiert und als Konstruktion determiniert werden kann. Für die Aufschrift *Вход и въезд запрещён* kann man diese Komponenten betrachten und wie in Tabelle 26 verorten:

Tab. 26: Referenzwerte einer Konstruktion.

Komponete (Ziem/Lasch 2013: 77)	*Вход и въезд запрещён.*	*praktische Realisierung*	*mögliche Referenzwerte*
Konventionalität	Verbote sind einzuhalten	Warnung, Verbot, Rechtslage	kulturinhärente Erwartungshaltungen
Kognitivität	eine höhere Instanz macht eine Vorschrift	Personen und Sachverhalte, die angesprochen werden	Erfahrungswerte und Konzeptualisierungen (vgl. Evans/Bergen/ Zinken 2007: 5, Steen 2005)
Konstruktivität	gilt sowohl zu Fuß als auch motorisiert	kausale und sprachliche Kombinationen ergeben einen nachvollziehbaren Sinn	Kenntnisse der Semantik und Routinisierungen (Ziem/Lasch 2013: 85)
Konzeptualität	Kenntnis der verwendeten Wörter als Konzepte	Orientierung an der sprachlichen Oberfläche	Modellierung von sprachlichen Einheiten und damit verbundenes konventionalisiertes Wissen
Kontextualität	ökologischer Diskurs	diskursive Frame-Semantik (Fedorova/ Henzelmann 2016), Schlagworte (Leuschner/Schröter 2015), kulturanthropologische Semiotic Landscapes (Henzelmann 2021a)	Informationsvermittlung und Themenzuspitzung

Eine Konstruktion ist somit das individuelle, repetitive und variable Korrelat der fünf Komponenten, die von Alexander Ziem und Alexander Lasch (2013) eingeführt werden. Diese kann sehr unterschiedlich gestaltet sein, im vorliegenden Fall sehen wir, dass Substantiven eine zentrale Rolle zukommt[254]. Betrachten wir daher einmal genauer, wie sich einzelne Elemente der Aussage

254 Auf Grund der Tatsache, dass von individuell gestalteten Repräsentationsstrukturen ausgegangen wird (Ziem/Lasch 2013), ist zu erwarten, dass auch zahlreiche andere Zusammenhänge theoretisch hinterfragt werden, etwa Verbalkonstruktionen (Pöppel 2018), oder aber auch pragmatische Marker (Dobrovol'skij/Pöppel 2015), Kasusgrammatik (Rachilina 2010: 247–286), Syntax (Muravenko 2014),

verhalten und modellieren die Befunde dann im Rahmen der gesamten Konstruktion. Dazu bietet sich zunächst einmal das Substantiv *вход* als NP_1 der Konstruktion *[[NP$_1$]+[Konj]+[NP$_2$]+[запрещён]]* an, es dient im konkreten Fall zur Bezeichnung eines dynamischen Vorgangs, der unterbleiben soll. Um nun aber über die Frage hinauszugehen, welche semantisch-kognitiven Rollen dieser Nominalphrase zukommen, muss überprüft werden, welche Mechanismen sie als Konstruktion in diesem konkreten Beispiel charakterisieren und vor exakt diesem Hintergrund interessant erscheinen lassen. Auf der formalen und inhaltlichen Ebene sind vier Parameter für eine Einordnung erforderlich: Das Lexem *вход* ist erstens integraler Bestandteil des lexikalischen Inventars des Russischen, so dass daran zweitens die Zusammenhänge zur Lexikologie anknüpfen. Es muss daher immer bedacht werden, dass die lexikalische Einheit im Lichte ökologischer Gegebenheiten reflektiert wird. Daran sind drittens unvermeidlich Fragen der Semantik gekoppelt, um dem Saussure'schen Pardigma der Binarität bestehend aus *signifiant* und *signifié* überhaupt erst gerecht zu werden, hinzukommt, dass den Termini diskursgebundene Funktionen obliegen. Schließlich müssen die lexikalisch-semantischen Einheiten viertens mit Hilfe von grammatischen Strukturen verknüpft und hierarchisiert werden. Die Ergebnisse entsprechender Sprachhandlungen sind daher hochgradig zirkumstanziell zu hinterfragen und müssen im Wesentlichen auf den Kontext projiziert werden. Darüber hinaus sind Mechanismen zu explizieren, die eine Verbalisierung begleiten: Das Substantiv *вход* als lexikalisches Inventar des Russischen ist für sich betrachtet erst einmal eine kontextfreie Aussage, die aber durch ihre Realisierung etwa in einem Satz bereits kontextualisiert wird. Dadurch ergeben sich Analyseoptionen, die durch das Welt- und Fachwissen, aber auch die direkte Umgebung, in der die Aussage angesiedelt ist, geleitet werden und sich in der Rekurrenz von Konventionen widerspiegeln. Somit kann man für ein Substantiv N_1 (hier: *вход*) als Bestandteil der Konstruktion *[[NP$_1$]+[Konj]+[NP$_2$]+[запрещён]]* die Modellierung in Abbildung 11 verorten, die die Formseite, den semantischen Inhalt und kognitive Parameter aufgreift:

---

die gesprochene Sprache (Hilpert 2015, Imo 2015, Thielemann 2019), Sprachkontakt und Mehrsprachigkeit (Wasserscheidt 2016), Schlagwortanalysen (Leuschner/Schröter 2015) u.v.m. Der Spannbreite der Themen sind letztlich keine Grenzen gesetzt, da der individuelle Charakter einer Konstruktion immer wieder neue Konstellationen beschreibbar macht. Daher verwundert es auch nicht, dass sich die Autoren oftmals viel Raum nehmen, um ein Einzelbeispiel umfassend auszuleuchten.

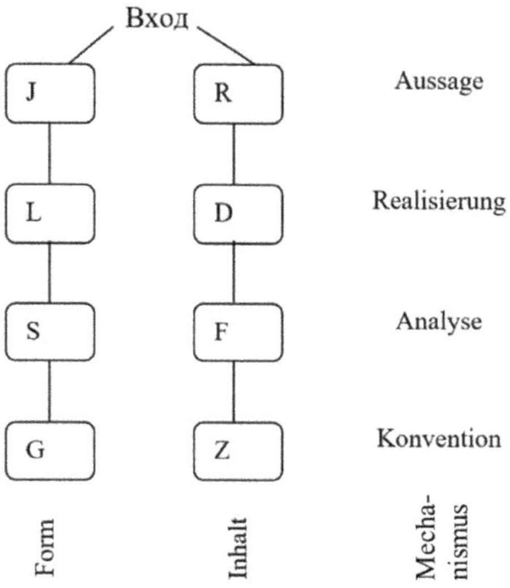

Abb. 11: Formen, Inhalte und Kommunikationsmechanismen am Beispiel des Substantivs *вход*. Legende links: J = Sprache (nach russ. *jazyk*, um die Dopplung der Abkürzung zur Semantik zu vermeiden), L = Lexikologie, S = Semantik, G = Grammatik. Legende rechts: R = Raum, D = Diskurs, F = Funktional, Z = Zirkumstanziell.

Jede Form und jeder Inhalt, die durch eine Verlautbarung transportiert werden, sind in einen bestimmten Kommunikationsmechanismus eingebunden. So ist die Aussage *вход* selbst, ganz allgemein gesprochen, Teil der russischen Sprache und kann deshalb im russischsprachigen öffentlichen Raum eindeutig verwendet werden. Spezifiziert man nun den Terminus, so kann er auf der Ebene des lexikalischen Inventars beschrieben werden und wird dadurch auch in einem bestimmten Diskurs prinzipiell anwendbar. Findet weiterhin eine Diskursanalyse statt, so werden Fragen der Semantik, aber auch der Funktionalität sprachlicher Routinisierungen im weitesten Sinne relevant. Schließlich binden diese Routinemuster immer auch grammatische Modellierungen an sich und müssen zirkumstanziell in einem speziellen Kontext ausgewertet werden.

Nun muss weiterhin hinterfragt werden, wie *вход* als N_1 mit den anderen Einheiten der Konstruktion *[[NP$_1$]+[Konj]+[NP$_2$]+[запрещён]]* interagiert. Um dieser Problemstellung auf den Grund zu gehen, kann erstens eine Einordnung der oben erwähnten Parameter in die Gesamtkonstruktion vorgenommen werden, und zweitens können semantisch-syntaktische Interaktionen aufgezeigt werden. Beginnt man mit der Darstellung der Formen, Inhalte und Kommunikationsmechanismen, die an der Konstruktion beteiligt sind, so kann man grundsätzlich davon sprechen, dass die Beobachtungen, die oben zum Substantiv *вход* angestellt wurden, vollständig auf die Gesamtkonstruktion übertragbar sind. Daraus resultiert wiederum folgendes Schema:

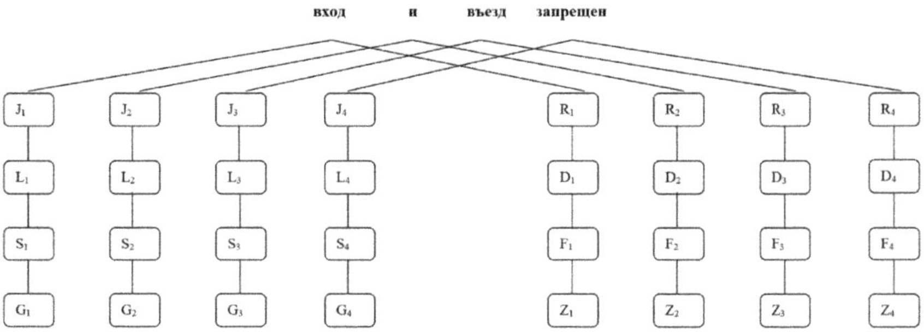

Abb. 12: Legende links: J = Sprache (nach russ. *jazyk*, um die Dopplung der Abkürzung zur Semantik zu vermeiden), L = Lexikologie, S = Semantik, G = Grammatik. Legende rechts: R = Raum, D = Diskurs, F = Funktional, Z = Zirkumstanziell.

Im Einzelnen lässt die Abbildung 12 eine komplexe Aufschlüsselung von Parametern zu, die die kognitiven Zusammenhänge zwischen der Aufschrift und der daraus resultierenden Rezeption beeinflussen. Somit sind sie im Sinne von Ziem (2018) als prägende Prozesse im Diskurs zu verstehen, da sie die Anforderung erfüllen, eine thematisch begründete Relevanz zur Einordnung in übergeordnete Zusammenhänge abzubilden (und somit vor allem gebrauchsbasiert gedacht werden müssen). Dies lässt sich der nachstehenden Übersicht in Tabelle 27 am Beispiel des Substantivs *вход* und seiner Einbettung in die Gesamtaussage entnehmen:

Tab. 27: Einbettung des Substantivs *вход* in einen konkreten Kontext.

Form	***Kontext***	***Inhalt***	***Bezug***	***Kommunikation-mechanismus***	***Art und Zweck***
Sprache	Russisch	Raum	Russland, Tatarstan	Aussage	deskriptiv
Lexikologie	Wortstruktur (Radford u.a. 1999: 193), slavische Etymologie	Diskurs	Ökologie	Realisierung	schriftlich

Tab. 27: Fortsetzung

Form	***Kontext***	***Inhalt***	***Bezug***	***Kommunikation-mechanismus***	***Art und Zweck***
Semantik	Definition und Bedeutung (Radford u.a. 1999: 200)	Funktional	Verbot verhängen	Analyse	präskriptiv
Grammatik	Substantiv, Singular, Nominativ, nicht animiert	Zirkum-stanziell	Ort (Reservat), Zeit (unge-bunden)	Konvention	Verbot einhalten

Wir können also erkennen, dass unterschiedliche Formen, Inhalte und Mechanismen der Kommunikation dazu beitragen, den russischen Beispielsatz normkonform zu modellieren, ihn mit einer bestimmten Intention an die Adressaten zu kommunizieren und korrekte Interpretationen zu ermöglichen. Dabei muss der Umstand bedacht werden, dass das Kommunikat in russicher Sprache abgefasst ist, um der sprachlichen Realität des öffentlichen Raums der Russischen Föderation gerecht zu werden und somit eine Aussage deskriptiv zu tätigen. Es bedarf dementsprechend einer Fachterminologie, die dem Leser bekannt und verständlich ist und dabei unmissverständlich einen Bezug zur Ökologie und somit auch zum ökologischen Diskurs eröffnet. Hierbei übernimmt das Medium der Schriftlichkeit die Umsetzung der Kommunikationshandlung, womit wiederum Prozesse der Semantik und der Grammatik interagieren. Auf der Ebene der Semantik muss dann klar sein, welche terminologischen Grenzen die verwendeten Begriffe ausweisen und welche Funktion ihnen dadurch im Rahmen der konkreten Aussage zukommt, im vorliegenden Fall bedeutet dies ein *Verbot verhängen*. Somit liegt auf dieser Ebene eine Präskription vor, die beim Rezipienten auch entsprechend erkannt werden soll. Dazu tragen nicht nur die untereinander grammatisch einwandfrei kombinierten Einheiten bei, sondern auch die Anwendung der Schriftsprache, die grundsätzlich Hierarchien konserviert, sowie die Struktur der Aussage als permanent zu verstehende und somit zirkumstanzielle Komponente. Darüber hinaus spielen Konventionen eine zentrale Rolle, aber auch Farben, Schriftgrößen und andere Äußerlichkeiten tragen dazu bei, dem Verbot Nachdruck zu verleihen.

Nun kann man die Überlegung anstellen, wie sich diese und andere relevante Faktoren aus einer konstruktionsgrammatischen Perspektive heraus lesen. Dazu bietet sich die Orientierung an einer Musteranalyse an, wie sie von Ziem/Lasch (2013: 138) durchgeführt wurde: Sie schematisieren den Beispielsatz *Der Kohlewagen rumpelt hinterher* und veranschaulichen im Hinblick auf das Frame-Net-Modell, dass die semantische und die syntaktische Struktur einen übergeordneten Rahmen bilden, innerhalb dessen sich ein umfangreicher Spielraum zur Realisierung konkreter Ausdrucksformen gestaltet. Der Fokus richtet sich auf den Prädikationsrahmen und auf den Aussagerahmen, daher rückt für sie auch eher die Bedeutungsseite einer Konstruktion in den Vordergrund, und nicht etwa deren formseitige Beschreibung (Ziem/Lasch 2013: 140–141), wenngleich auch die formalen Zusammenhänge modelliert werden. So ist die Orientierung an der Studie von Croft (2001) unter Berücksichtigung des Frame-Net-Modells die Grundlage für eine Darstellung der Zusammenhänge, die sowohl syntaktische als auch semantische Strukturen einbeziehen, gleichzeitig aber auch die zentralen Eigenschaften aller an der Konstruktion beteiligten Elemente aufgreifen. Adaptieren wir nun einmal die Grundstruktur, die Ziem/Lasch (2013: 138) skizzieren und übertragen sie auf den russischen Beispielsatz *Вход и въезд запрещён*. Auf diese Weise soll illustriert werden, welche semantischen und syntaktischen Relationen ihn als Konstruktion auszeichnen. Wir nehmen an, dass dieser Satz sich als diskursinhärentes Muster eignet, um zu veranschaulichen, dass repetitive Formulierungen, die nicht objektgebunden auftreten und daher an unterschiedlichen Orten vorkommen, im Wesentlichen durch den Diskurs geprägt werden, in dem sie verortet sind. Mit anderen Worten bedeutet dies, dass es nicht in erster Linie um die Frage geht, wie oder wo die einzelnen Elemente des Beispiels noch in Erscheinung treten könnten, sondern vielmehr darum, sie als konkrete Verortung von Sprache in der ihr zugewiesenen Position (also im Naturschutzgebiet) zu erörtern. Daraus ergibt sich die Visualisierung in Abbildung 13:

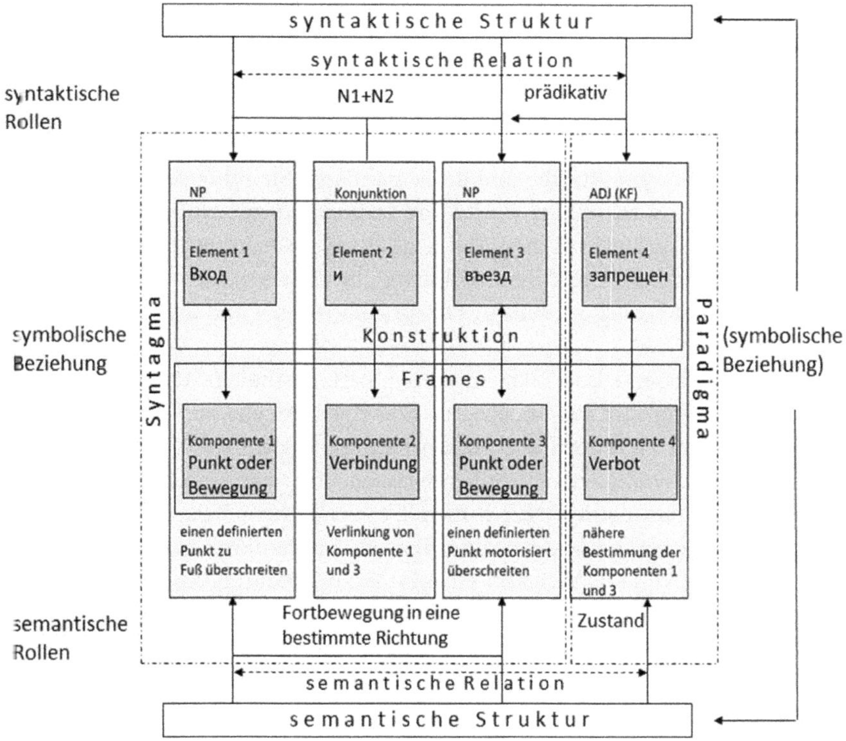

Abb. 13: Die Konstruktion *[[NP$_1$]+[Konj]+[NP$_2$]+[запрещён]]* und ihre Realisierung als *Вход и въезд запрещён.*

Während Alexander Ziem und Alexander Lasch (2013: 134–138) der Bedeutung des Verbs innerhalb der Konstruktion eine wichtige Rolle beimessen, sehen wir, dass im russischen Beispiel ein vollwertiges Verb fehlt. Stattdessen fungiert *запрещён* formal als Adjektiv in seiner Kurzform, die bekanntlich eine prädikative Funktion übernimmt. Da der Konstruktionstyp *[[NP$_1$]+[Konj]+[NP$_2$]+[запрещён]]* der Ausgangspunkt der Modellierung ist, kann *запрещён* als feststehendes Paradigma betrachtet werden, welches seinerseits ergänzt werden muss. Die zwei Nominalphrasen *вход* und *въезд* füllen die Platzhalter *NP$_1$* und *NP$_2$* konkret aus, sie werden mit *запрещён* verknüpft und stellen so die Satzwertigkeit der Konstruktion dar. Beide Nominalphrasen sind daher auf der Ebene der Syntagmatik angesiedelt und sind austauschbar (vgl. die zitierten Mustersätze), sie werden zudem mittels der Konjunktion *и* verbunden. Die einzelnen Aktanten der Konstruktion werden als Elemente bezeichnet, die durch bestimmte syntaktische Mechanismen verlinkt werden. Demgegenüber stellen die Frames, die auf der Ebene der Semantik evoziert werden, Komponenten dar, die sehr weiträumig betrachtet werden können und somit die Inhaltsseite der Konstruktion sowohl verallgemeinern als auch näher beschreiben. Die syntaktische und die semantische Struktur der Konstruktion sind durch eine symbolische Beziehung zueinander gekennzeichnet, die die Interaktion von grammatischen und lexikalischen Ordnungsstrukturen arbiträr zusammenführt. Diese Symbolik ist nicht immer exakt zu erfassen, sondern sie stützt sich eher auf routinierte Sprachattitüden und damit verbundene Konventionen.

Zusammenfassend lässt sich an dieser Stelle festhalten, dass die Ansätze der CxG dazu geführt haben, sich auf Einzelphänomene zu fokussieren, ihre Systemhaftigkeit zu hinterfragen und so zu ergründen, wie sich Zusammenhänge des Sprachverhaltens modellieren lassen, ohne eine strikte Trennung von Lexikon und Grammatik vorzunehmen. Das vorliegende Beispiel *Вход и въезд запрещён* zeigt, dass eine Abstrahierung der Satzstruktur nach dem Muster *[[NP_1]+[Konj]+[NP_2]+[запрещён]]* erfolgen kann. Dadurch lässt sich einerseits überprüfen, durch welche weiteren Elemente die Nominalphrasen aufgefüllt werden können, um normkonforme Aussagen im Russischen zu produzieren. Andererseits lässt sich darstellen, welche internen Strukturen sich in diesem Beispiel erkennen lassen, wie sie zusammenhängen und welche diskursiv motivierten Assoziationen sie aufwerfen, was gleichzeitig auf die situativ zu interpretierende Intention der Aussage verweist. Dadurch zeigt sich weiterhin, dass bereits ein kurzer Satz eine Vielzahl von Phänomenen beleuchten kann, die seine Deutung beeinflussen. Dazu gehören bestimmte kognitive Raster, welche auch als Routinen beschrieben werden, da sie sich im Sprachgebrauch verfestigt haben und wiederholbar sind. Somit wird der Sachverhalt, der auf einem Schild das Zugangsverbot zu einem Naturschutzgebiet kommuniziert, in einen weiteren Rahmen gerückt und nicht nur die Aussage als solche, ihre semantische oder syntaktische Funktion hinterfragt, sondern die Wechselwirkungen zwischen multiplen Größen wie Semantik, Syntax, Kognition, aber auch individuelle Erfahrungswerte und Wahrnehmungsstrategien treten in den Vordergrund. Dies kann entweder durch korpusgestützte Daten statistisch untermauert werden, es können aber gleichermaßen auch singuläre Erscheinungen in das Interessenspektrum rücken und so eine Analyse sprachlichen Materials befördern, die Ausnahmen nicht scharf von Regelerscheinungen abgrenzt, sondern in erster Linie an ihrer Beschreibung interessiert ist.

Neben den hier vorgestellten Überlegungen zur theoretischen Modellierung eines Beispielsatzes kann man die Frage aufwerfen, wie in der Aussage situative und perspektivische Komponenten reguliert werden. Dazu gibt es wichtige Ansätze in der Forschung, worauf im Anschluss eingegangen wird.

9.5 Situation und Perspektivierung

Wenn wir bei der Konstruktion *Вход и въезд запрещён* bleiben und uns ansehen, welche Situation und welche Perspektivierung durch sie motiviert wird, so bietet sich eine Analyse nach Václava Kettnerová als geeignete Vorlage an. Demnach kann man zunächst einmal davon ausgehen, dass in einer Aussage zwei Komponenten erfasst werden, nämlich die Situation, bei der es im Wesentlichen um die Rolle des Prädikats geht, und ihre Perspektivierung. Kettnerová (2014: 68–77) beruft sich auf die zentralen Erkenntnisse der bohemistischen Sprachwissenschaft, in der die beiden Termini modelliert und umfassend beschrieben wurden und stellt diese vor. So nennt sie die wichtigsten Vertreter der Forschung und skizziert ihre Standpunkte beginnend beim Begriff „Situation". Dieser zerfällt seinerseits mindestens in zwei Subkategorien, von denen die erste eine konkrete, reale und objektive Gegebenheit bezeichnet, die statischer oder dynamischer Art sein kann. Die zweite Subkategorie erachtet die Situation als abstraktes Modell einer realen Gegebenheit, der eine bestimmte Ausdrucks- und Bedeutungsform in einer konkreten Sprache zugeordnet werden kann (Kettnerová 2014: 68). Daneš u.a. (1987)[255] verorten eine „Situation" recht umfassend und gehen mit Verweis auf Chrakovskij von drei Subkategorien aus, nämlich erstens von einer realen Gegebenheit, die sich in der Welt abspielt, zweitens von einer Inhaltssituation, die nicht hierarchisierten Propositionen entspricht und drittens von einer typisierenden und somit schemenhaften Situation, die durch Hierarchisierungen realisiert wird (Kettnerová 2014: 68–69). Letztere Einordnung ist besonders interessant, da sie im Kern die Schematizität sprachlicher Muster abbildet, die gegenwärtig in der CxG verortet werden[256]. In ihrer Publikation aus dem Jahre 1998 nennen Grepl und Karlík

255 Die Querverweise auf Studien, in denen der Themenkreis behandelt wird, werden hier nach Kettnerová (2014) zitiert.

256 Das zeigt aber gleichermaßen, dass die Erkenntnisse der CxG bereits bei zahlreichen Slavisten zu finden waren, sie erfahren nur jeweils andere Bezeichnungen. So sprechen Daneš u.a. von „typisierten Situationen" (Kettnerová 2014: 69; „sprachliche Routinen", „Frames", „Kategorisierungen" u.a. dominieren in der CxG). Auch Rachilina/Kuznecova verweisen darauf, dass bestimmte Erkenntnisse, die aus

einen ähnlichen Standpunkt, sie sprechen aber davon, dass die Sprache nicht mit der Wiedergabe eines fotographischen Inventars verglichen werden könne, sondern immer nur mit Ausschnitten daraus, die sie als „Mikrosituationen" bezeichnen (Kettnerová 2014: 70). Ähnlich wie Daneš u.a. werde davon gesprochen, dass diese Mikrosituationen keine komplexen lexikalisch-semantischen Verbstrukturen abbilden, sondern vielmehr die syntaktisch relevanten semantischen Eigenschaften (Kettnerová 2014: 70). In der von Štícha (1984) vorgelegten Studie werde eine Situation sogar in vier Ebenen aufgeteilt, die sich wie folgt beschreiben lassen: Erstens die außersprachliche und außergedankliche Realität, zweitens die kognitive Ebene, die sprachlich-gedankliche Zusammenhänge herstellt, drittens der kommunikative Inhalt, der kognitiv mit dem jeweiligen Thema korreliert, und viertens die kognitiv-semantische Ebene, die formale und semantische Eigenschaften zum Ausdruck bringt (Kettnerová 2014: 70–71). Eine weitere Interpretation der Situation ergibt sich aus der Untersuchung bei Kováčová (2005), die den Zusammenhang zwischen Sinn und Text in den Vordergrund rückt und auf dieser Grundlage davon ausgeht, dass die lexikalische Bedeutung eines Verbs durch die kognitive Rolle ausgedrückt wird, die die Situationsteilnehmer ihr zuschreiben (was an der Inversion *kaufen – verkaufen* sehr deutlich illustriert wird; Kettnerová 2014: 73). Somit nimmt Kováčová an, dass hier ein und dieselbe Situation vorliegt; der zentrale Unterschied zwischen den Verben besteht demnach in der Verortung der Partizipanten innerhalb einer bestimmten Situation und im Rahmen der Valenz. Damit kommen wir nun

---

den amerikanischen Studien bekannt wurden, im Kern bereits durch russische Linguisten aufgezeigt, aber nur anders benannt wurden: So wurde der Konstruktionsbegriff als solcher schon relativ lange verwendet, er wird zudem in zahlreichen russischen Grammatiken sogar bereits in den 1960er Jahren aufgegriffen, um sprachliche Elemente zu charakterisieren, die in ihrer Komplexität als Einheit funktionieren (Rachilina/Kuznecova 2010: 50). Zwei Monographien, die sich zweifelsfrei in das Paradigma konstruktionsgrammatischer Ansätze einfügen, sind deutlich vor den ersten Überlegungen zur heutigen CxG erschienen, nämlich die von Švedova aus dem Jahre 1960 und die von Apresjan von 1967. Letzterer habe auf die Problematik verwiesen, die sich aus einer Grenzziehung zwischen Lexikologie und Grammatik zwangsläufig ergibt, zudem habe er deutlich die innere Anordnung von Konstruktionen thematisiert und sich somit bereits gegen die generative Strömung gewendet (Rachilina/Kuznecova 2010: 52). Dadurch kann schlussgefolgert werden, dass die Initiatoren konstruktionsgrammatischer Ansätze unbedingt auch in der russischen Forschungstradition zu suchen sind. Es liegen demnach konzise Ausarbeitungen in russischer Sprache vor, die in westlichen Studien weitestgehend übersehen werden.

auch zur Perspektive und zur möglichen Perspektivierung der Situation, welche nach Kováčová nur eine Variante der Situation darstellt und Möglichkeiten der Strukturierung, der Hierarchisierung und der Oberfläche syntaktischer Relationen konfiguriert (Kettnerová 2014: 74–76). Kettnerová schlussfolgert daraus, dass auch die Diathese von Aktiv und Passiv die gleiche Situation wiedergeben muss, da die strukturelle Bedeutung in beiden Fällen gleich ist, was sich ändert ist ausschließlich die Oberflächenstruktur der Syntax (Kettnerová 2014: 76).

Die Übersicht, die Kettnerová zusammenstellt, eignet sich nun auch als Inspiration für eine differenzierte Darstellung der Situation und der Perspektive des Satzes *Вход и въезд запрещён*, welcher sich etwa auf mehreren Schildern am Waldrand des Volga-Kama-Biospärenreservats wiederfindet (vgl. dazu auch im Kapitel 10). Bei diesem Satz handelt es sich formal betrachtet um die Wiedergabe eines Zustandspassivs, welches keinen Handlungsträger benennt, sondern vor allem die Information akzentuiert, dass eine bestimmte Handlung zu unterbleiben hat. Hervorzuheben ist an dieser Stelle, dass das Agens zwar ausgedrückt werden könnte, es reicht jedoch aus, wenn es impliziert ist, und dafür bietet sich das Zustandspassiv sehr gut an, denn dadurch, dass es angewandt wird, ist es irrelevant, wer sich hinter dem Agens verbirgt, da diese Struktur eine Entkopplung der Personengebundenheit vornimmt. Darüber hinaus markiert der zum Ausdruck gebrachte Zustand auch eine permanente Sachlage, die losgelöst von temporären Parametern interpretiert werden muss und somit allgemeine und dauerhafte Gültigkeit erfährt. So evoziert das Zustandspassiv die Unversehrtheit und Unveränderlichkeit der Aussage und hebt sie in den Rang einer allumfassenden, unantastbar wirkenden Formel (zur Funktion des Passivs siehe etwa bei Vogel 2006: 31–32). In diesem Zusammenhang ist hervorzuheben, dass es hinreichend ist, wenn ein Agens impliziert ist, explizit ausgedrückt werden nur die Argumente (*вход* bzw. *въезд*) und die Kerninformation (*запрещён*), da sie oberste inhaltliche Priorität besitzen. Vor diesem Hintergrund können nun auch die Partizipanten an der Situation in Anlehnung an Kettnerová definiert werden, die aus einem implizierten Agens (im weiteren Verlauf als Ø gekennzeichnet) und einem expliziten Patiens sowie einer Kerninformation bestehen. Diese sind auf Grund bestimmter Valenzmerkmale untereinander verbunden, wobei das Agens als nicht ausgedrücktes Element an dieser Stelle ausgeklammert werden kann. Aus der Kombination von Partizipanten und ihren Valenzstrukturen innerhalb der Aussage ergibt sich eine Oberflächenstruktur, aus der grammatische Kategorien ablesbar sind. Kettnerová (2014: 127 u.ö.) modelliert diese Dreiteilung unter Anwendung einer Schematisierung, welche übertragen auf den Mustersatz *Вход и въезд запрещён* in Abbildung 14 folgende Korrespondenzen erkennen lässt:

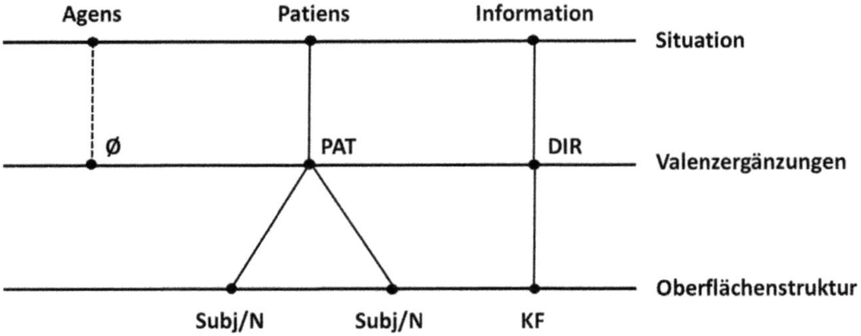

Abb. 14: Korrespondenz situativer Partizipanten, Valenzergänzungen und Oberflächenstruktur, Agens nicht ausgedrückt.

Das von Kettnerová an unterschiedlichen Beispielsätzen illustrierte Schema kodiert die Zusammenhänge, die sich innerhalb des Satzrahmens verorten lassen. Diese sind dreidimensional ausgerichtet, so dass in jedem Satz eine Situation beschrieben wird, an der bestimmte Partizipanten teilhaben, dass die Anordnung durch bestimmte Verknüpfungen in ein sinnvolles Verhältnis zueinander gerückt wird, und dass sowohl die Partizipanten als auch die Verknüpfungen in der Oberflächenstruktur gekennzeichnet sind.

Würde man nun den Satz um ein Agens erweitern, so wäre eine Dativkonstruktion sinnvoll, die wiederum die Valenzeigenschaften des Zustandspassivs widerspiegelt, etwa *Вам вход и въезд запрещён*. Diese Aussage motiviert folgende Darstellung der satzinternen Korrespondenzen:

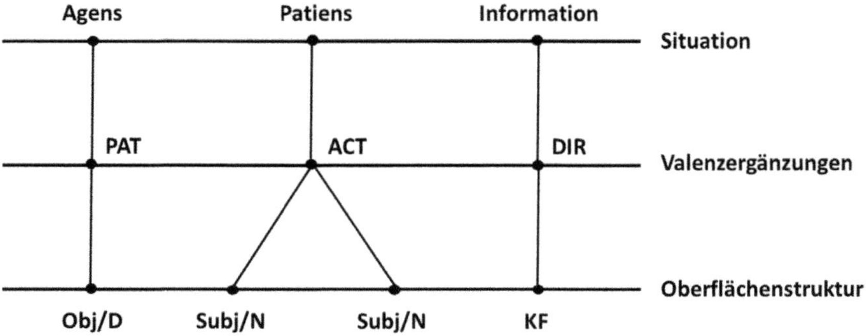

Abb. 15: Korrespondenz situativer Partizipanten, Valenzergänzungen und Oberflächenstruktur, Agens in Form eines Objekts ausgedrückt.

Durch die Nennung eines Agens, das an der Oberfläche als Objekt erscheint, wird der Adressatenkreis in Abbildung 15 präzisiert. Die Information, die dadurch evoziert wird, bezieht sich also auf den unmittelbaren Rezipienten, sie schränkt eine Aussage ein, die so umfassend wie möglich ihre Gültigkeit erfahren soll. Somit ist die Einbindung des Agens an dieser Stelle streng genommen ein Indikator für Ungenauigkeit, da durch seine Erscheinung an der Oberfläche die Intention der Gesamtaussage gemindert wird. Noch komplizierter würde sich die Aussage gestalten, wenn man das Objekt durch ein Subjekt ersetzen würde, welches mit dem Agens korrespondiert. Auf Grund der Gegebenheiten der Valenzstrukturen des Verbs *запрещать* wäre dies auch gar nicht ohne Weiteres möglich, vielmehr müsste man eine völlig neue Aussage anführen, die möglicherweise auch die Aufgabe der Satzsubjekte nach sich ziehen würde, etwa *Вы не должны входить и въежать*. Der imperative Charakter der Aussage würde damit deutlich abgeschwächt werden, zudem würde sie unnötig verlängert bei gleichzeitiger Reduktion ihrer semantischen Tragweite. Alternativ wäre auch denkbar, das Verb *запрещать* beizubehalten, dafür aber einen unpersönlichen Handlungsträger zu nennen, hinter dem sich wiederum konkrete Personen befinden müssen (*Мы запрещаем вход и въезд* oder *Мы запрещаем Вам вход и въезд*). Diese Formen werden aber in rechtskräftigen Aussagen nur dann verwendet, wenn personengebundene Tätigkeiten beschrieben werden, was im vorliegenden Fall aber gerade unterbleiben soll (siehe dazu Kapitel 7). Die einzig konsequente Schlussfolgerung, die sich aus der Betrachtung der Diathese zwischen Aktiv und Passiv ergibt ist daher, dass sich Passivkonstruktionen als dominante Strukturen im Naturraum anbieten, um relevante Informationen zeit- und personenungebunden zu kommunizieren, was in der nachstehenden Gegenüberstellung gebündelt aufgeführt ist:

Tab. 28: Aussagen ohne und mit Agens.

Aussage ohne Agens	***Aussage mit Agens***
Person nicht identifizierbar, also alle gemeint	Person identifizierbar, daher nicht auszuschließen, dass bestimmte Personen ausgenommen sind
Irrelevanz, wer der Rezipient ist	Relevanz des Rezipienten
Zeit nicht identifizierbar, also immer	Zeit als Momentaufnahme interpretierbar
Intension der Aussage maximal	Intension der Aussage eingeschränkt
Extension der Aussage maximal	Extension der Aussage eingeschränkt

Aus der Tabelle 28 geht hervor, dass die Kommunikation der Absicht, die sich hinter dem Aufstellen des Schildes im Naturschutzgebiet verbirgt, mit einem ausgewiesenen Agens in jedem Fall nachteilig interpretierbar wäre. Dies müsste nicht zwangsläufig geschehen, aber der erforderliche Spielraum wäre zumindest vorhanden und könnte zu Missverständnissen führen.

Die Perspektivierung wird im vorliegenden Beispiel also dadurch hervorgerufen, dass eine Nennung des Agens bewusst nicht stattfindet und stattdessen eine Betonung des Patiens und der Information beobachtet werden kann. Die Tatsache, dass öffentliche Hinweise, die einen hohen Grad an Verbindlichkeit implizieren, sehr häufig unter Verwendung von passiven Formen abgefasst sind, hängt in hohem Maße auch mit ihrer Rechtsbindung zusammen: Rechtstexte verwenden immer dann das Passiv, wenn das Agens weniger relevant ist als das Patiens, die Handlung, die Umstände oder weitere Informationen (vgl. dazu Kapitel 7 und 8).

Anders verhält es sich hingegen in denjenigen Fällen, in denen die Besucher eines konkreten Ortes direkt und gezielt angesprochen werden. Als einleitender Zusatz zu geltenden Regeln können Grußformeln o.ä. auftreten, die unmittelbar an die Gäste adressiert sind und ihnen suggerieren, dass alle anschließenden Informationen sich an sie persönlich richten, was man etwa einer Tafel am Rajfa-Kloster im nördlichen Teil des im Volga-Kama-Biosphärenreservats entnehmen kann (vgl. Abb. 16)[257]:

257 Neben der Überschrift sind hier zahlreiche Details der Vorschriften interessant im Hinblick auf ihre Formulierungen, die an dieser Stelle aber nicht näher betrachtet werden (etwa *для съемки требуется благословение руководства* … anstelle von … *разрешение руководства* …). Hier soll es ausschließlich um die Form der Anrede gehen, die die Rezipienten direkt involviert.

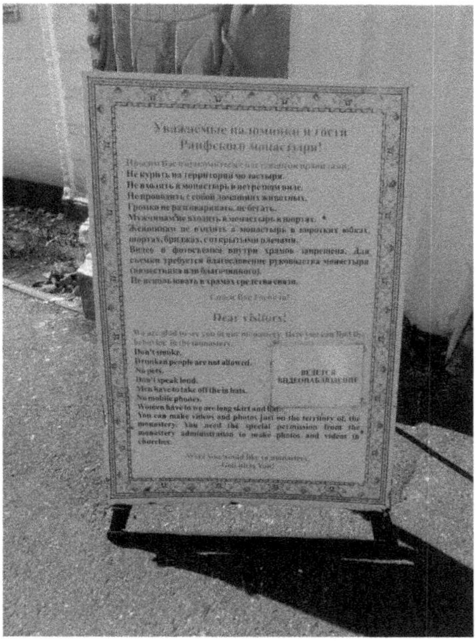

Abb. 16: Informationstafel am Rajfa-Kloster im Volga-Kama-Biosphärenreservat. (Foto: Martin Henzelmann)

Hier werden die Pilger (*паломники*) und Gäste (*гости*) genannt, welche sich mit den geltenden Bestimmungen vor Ort vertraut machen sollen (*Просим Вас ознакомиться с настоящими правилами*). Die Hinweise werden nicht nur in russischer, sondern auch etwas verkürzt in englischer Sprache ausgewiesen.

Diese Form der Vermittlung eines geltenden Rechtskanons und der damit verbundenen Erwartung an das Verhalten der Gäste ist im ersten Moment nicht weniger verbindlich zu interpretieren als im oben erwähnten Beispielsatz *Вход и въезд запрещён*. Auf der Situationsebene kann man sogar davon ausgehen, dass in beiden Fällen eine identische Intension vorliegt, die durch das Anbringen einer Aufschrift im öffentlichen Raum das Verhalten der Rezipienten steuern soll. Der Unterschied liegt in der Oberflächenstruktur und in der funktionalen Tragweite der Verben und ihrer Valenzstrukturen. Während das Verb *запрещать* (*verbieten*) einen maximalen Grad an Unterlassung impliziert, so ist dies bei *просить* (*bitten*) bei Weitem nicht der Fall. Daher ist *запрещать* bereits auf primärer Ebene als Imperativ zu deuten, während *просить* erst auf sekundärer Ebene und durch die Erweiterung des Kontextes (insbesondere durch *ознакомиться с настоящими правилами*) zu einem solchen wird. Somit ist nach Kettnerová auch hier nicht die Situation, sondern zunächst die Oberfläche eine andere. Mit den Partizipanten der Situation hängt es aber auch zusammen, dass die Verben in beiden Fällen unterschiedlich sind und verschiedene Valenzmuster aufweisen (*запрещать* + DAT, *просить* + AKK, *ознакомиться с* + INSTR). Dadurch handelt es sich in erster Linie um einen pragmatischen Unterschied zwischen den Kommunikationsformen, denn die Anrede der Pilger und Gäste als *Уважаемые паломники и гости* zielt darauf ab, eine persönliche oder zumindest weniger distanzierte Atmosphäre zu kreieren. Im Unterschied zu einer Konstruktion mit dem Verb *запрещать* wirkt die Formulierung in Verbindung mit dem transitiven Verb *просить* daher auch nicht fordernd, sondern wohlwollend. Daran schließt weiterhin die Tatsache an, dass ein Gast, welcher als solcher identifiziert wird, auch einen Gastgeber haben muss, welcher bereits aus eigenem Interesse ein vorbildliches Verhalten an den Tag legen sollte. Unter der Verwendung eines Agens wird in diesem Fall eine klare Abgrenzung vorgenommen, nämlich zwischen dem sakralen Ort und seinen Regeln sowie der Umgebung, was wiederum den Rückschluss zulässt, dass Unterschiede zum Verhalten im Biosphärenreservat denkbar sind (dort darf man beispielsweise bestimmte Kleidungsstücke beliebig tragen, die im Kloster unerwünscht sind). Es wird somit keine allgemein gültige Rechtsnorm, sondern eine lokale Ausprägung von Erwartungshaltungen manifestiert. In Anlehnung an Klettnerová kann nun modelliert werden, wie beispielsweise das Verb *ознакомиться* in der konkreten Aussage dazu führt, dass bestimmte Korrelationen im Satzrahmen von *Просим Вас ознакомиться с настоящими правилами* auftreten:

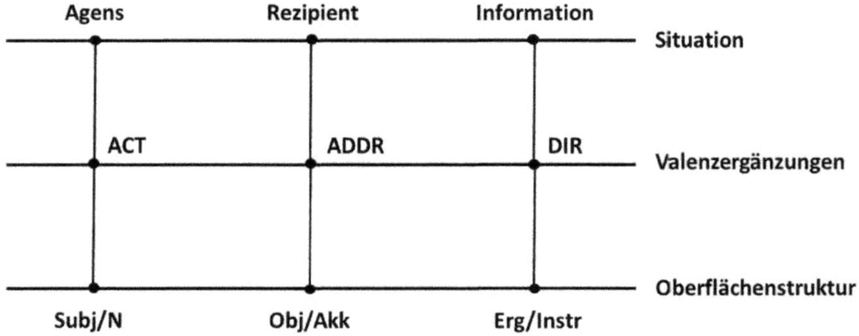

Abb. 17: Korrelationen im Satzrahmen nach Kettnerová 2014. *Erg* steht hier für *Ergänzung* und *Instr* für *Instrumental*.

Die Oberflächenstruktur lässt in Abbildung 17 ganz deutlich erkennen, dass es eine konkrete Institution gibt, die bestimmte Regeln erlässt und durch das nicht ausgedrückte, aber durch die Personalendung des Verbs (*просим*) eindeutig markierte Subjekt (*мы*) hervorgerufen wird. Wichtiger ist aber die Tatsache, dass der Rezipient als Person gelten kann, die den Text liest und somit aufgefordert wird, die Grundsätze zu befolgen.

9.6 Zusammenfassung

Dank der Konstruktionsgrammatik stehen unterschiedliche sprachtheoretische Modellierungen zur Verfügung, die darauf abzielen, Routinen und Usus sprachlicher Ausdrucksformen zu analysieren. Um dies zu ermöglichen, existieren multiple Instrumente, die empirischer oder texttheoretischer Natur sind. Im Prinzip sind der Forschung dadurch keine engen Grenzen gesetzt, da unzählige Aussagen eine konstruktionsgrammatische Komponente enthalten, die anhand der zur Verfügung stehenden Modelle ausgewertet werden kann. Umso wichtiger erscheint es, die dargestellten Zusammenhänge zwischen Konstruktionsgrammatik auf der einen und konkreter Diskursform auf der anderen Seite aufzuzeigen. Daraus wird ersichtlich, dass eine gebrauchsbasierte Verwendung sprachlicher Mittel deutlich vom jeweiligen Diskurs beeinflusst sein kann. Daraus ergibt sich gleichermaßen, dass dieser Diskurs als Rahmen für eine gebrauchsbasierte Analyse berücksichtigt werden muss, da er Informationen bereitstellt, die innerhalb des entsprechenden Diskurses relevant sind (und an anderer Stelle vielleicht gar nicht oder ganz anders wahrgenommen werden).

In Naturräumen ist es aber nicht nur wichtig, Sprache in ihren semantischen, lexikalischen und grammatischen Strukturen zu hinterfragen, um somit Rückschlüsse auf bestimmte Spezifika ziehen zu können. Vielmehr ist ein semiotischer Zugang eine sinnvolle Ergänzung zur Interpretation von visuellen Kommunikaten, da er neben sprachlichen Zeichen auch andere Informationen reflektiert, die sich auf einer Darstellung erkennen lassen. Die Interaktion von Sprache und eben diesen weiteren Symbolen ist es, die im ökologischen Diskurs besonders interessant erscheint und im nächsten Abschnitt präsentiert wird.

10. Visuelle Linguistik

10.1 Theoretische Verortung in der Sprachwissenschaft

Sprache wird im öffentlichen Raum eingesetzt, um unsere Wahrnehmung der Umgebung zu strukturieren. Die Analyse dieser Strukturierung ist integraler Bestandteil der visuellen Linguistik. Sie wird in einer umfassenden Studie von Noah Bubenhofer beschrieben. Für ihn scheinen „in der Linguistik Diagramme eine äußerst bedeutende Rolle zu spielen" (Bubenhofer 2020: 4), was in seinen einleitenden Anmerkungen begründet wird. Für die vorliegende Abhandlung ist das sechste Kapitel von Bubenhofers Monographie jedoch relevanter, da darin der Sprachgebrauch an einem Ort theoretisiert wird, weshalb im Folgenden nur darauf eingegangen wird (ab hier aus Bubenhofer 2020: 209 ff.). Der Verfasser stellt hier eine Fallstudie zu sogenannten Geokollokationen vor, die er in einem geographischen und einem diskurslinguistischen Rahmen verbindet. Die Untersuchung

> zielt auf die Frage, welche diskursiv geprägten Konstruktionen von Welt existieren und wie diese untersucht werden können. So sind es Diskurse, die bestimmte Assoziationen zu Orten und Regionen prägen. (Bubenhofer 2020: 209)

Nicht nur die Benennung eines konkreten Ortes oder Raumes, sondern auch eine bestimmte diskursiv geprägte Semantik trage demnach zur Denotation eines Toponyms bei. Diese wird aber nicht aus kognitiver Sprecherperspektive auf bestimmte Assoziationen projiziert, sondern Bubenhofer geht datengeleitet vor und orientiert sich an Massenmedien. Dabei ist für ihn das Konzept der Geokollokationen wegweisend, womit er Kollokationen meint, „bei denen die Basis ein Toponym ist" (Bubenhofer 2020: 210). Was bei ihm im Vordergrund steht ist die statistische Berechnung entsprechender Kollokationen, die sich aus einem selbstgewählten Zeitschriftenkorpus ergeben und somit auch Angaben über Häufigkeiten ermöglichen. Frequenzen und Signifikanzniveaus werden dabei erfasst, etwa im Hinblick auf Assoziationen zu bestimmten geographischen Orten und deren Vorkommen im Korpus (Bubenhofer 2020: 211–213). Es kann davon ausgegangen werden, dass bestimmte Hintergründe bei der terminologischen Einordnung berücksichtigt werden müssen, von denen insbesondere folgende genannt werden: Ambiguität/Homonymie (etwa wenn ein Ortsname mehrfach in einem Staat vorkommt)[258], Historizität (zeitlich

258 Als Beispiel nennt Bubenhofer „Berlin" als potenziell mehrdeutigen Ortsnamen. Denkt man an die Teilung der Stadt, könnte man aber mit dem sich anschließenden

abgegrenzte Benennungen wie etwa „Sowjetunion"), Strittigkeit (beispielsweise beim international nicht eindeutig geregelten Status des „Kosovo") sowie die orthographische und sprachliche Variation (Bubenhofer 2020: 213–214; genannt werden hier u.a. die „Tschechei" und „Tschechien", wobei ja gerade der erstgenannt Terminus als politisch nicht korrekt gilt und die amtliche Bezeichnung „Tschechische Republik" sogar fehlt). Im Weiteren stellt sich der Verfasser zur Aufgabe, Angaben zu Toponymen statistisch auszuwerten und die Ergebnisse zu visualisieren (Bubenhofer 2020: 218 ff.). Zu diesem Zweck werden unterschiedliche Programme und Homepages genutzt, die das Vorgehen ermöglichen und zudem verschiedenartige Visualisierungen zulassen.

Für den vorliegenden Fall spielen die von Bubenhofer angestrebten frequentiven und statistischen Erhebungen nur begrenzt eine Rolle. Vielmehr interessieren uns Einzelfälle und ihre Verortung in einem konkreten Kontext, der wiederum an den ökologischen Diskurs angeschlossen wird. Es ist also nur an vereinzelten Stellen Gegenstand der Betrachtung, wie häufig eine bestimmte Kollokation in welcher Quelle belegbar ist, denn bereits die Tatsache, dass sie überhaupt vorkommt, integriert sie in den ökologischen Diskurs. Daher werden auch keine umfassenden Datenbanken ausgewertet und nicht wie bei Bubenhofer mit Javascript oder anderen computergestützten Programmen gearbeitet, sondern es wird mit einigen Ausnahmen der umgekehrte Weg der Analyse gewählt: Einzelfälle werden im Hinblick auf ihre konkrete Gestaltung aus multidimensionaler Perspektive ausgewertet. So spielen neben dem Text auch die Schriftgröße und Farben eine zentrale Rolle bei der Rezeption unterschiedlicher Indikatoren im öffentlichen Raum. Diese sollen ganz allgemein als visuelle Kommunikate bezeichnet werden, die oftmals eine Kombination von

---

Argument, nämlich der Historizität günstiger argumentieren, oder aber man geht davon aus, dass das Toponym etwa in den USA auftaucht, was aber vermutlich nicht die zentrale Assoziation abbildet und daher die Ambiguität erst auf den zweiten Blick erkennen lässt, nämlich dann, wenn es nicht um die deutsche Hauptstadt geht. Ein Beispiel, welches die Ambiguität viel eindeutiger hervorhebt, ist das Toponym „Neustadt", da es nicht so zentral konnotiert ist wie „Berlin" und daher der Kontext stärker beachtet werden muss. Im slavischen Kulturkreis scheinen die Beispiele „Novo(e) Mesto", „Bystrica" oder „Kamenica" in ihren jeweiligen Varianten dieser Kategorie zu entsprechen (vgl. allein in der Tschechischen Republik: „Nové Město" (Praha), „Nové Město" (Karviná), „Nové Město" (Hradec Králové), oder zur besseren Unterscheidung mit einer geographischen Ergänzung, die oftmals durchquerende Flüsse, nahegelegene Landschaften oder Landesteile aufgreift, so etwa „Nové Město nad Metují", „Nové Město pod Smrkem" oder „Nové Město na Moravě").

Text, Bildern, Farbvariation und Material erkennen lassen und dadurch bereits wertvolle Aufschlüsse darüber geben, weshalb sie mit den Gegebenheiten des ökologischen Diskurses harmonieren.

10.2 Der Einsatz visueller Kommunikate

Visuelle Kommunikate[259] können in unterschiedlicher Form eingesetzt werden und verschiedene Funktionen in sich tragen. Auf semiotischer Ebene erweist sich eine Abgrenzung von Text und Bild als Problemfeld, gleichzeitig ist in der digitalisierten Gesellschaft ein deutliches Interesse an Zusammenhängen zwischen Sprache und Bild zu erkennen (Warnke/Spitzmüller 2008: 12). Eine scharfe Trennlinie zwischen Text und Bild scheint daher schwierig, vor allem dann, wenn beides in Bezug zueinander gesetzt wird. Daher gilt es, folgender Überlegung Beachtung zu schenken:

> Die mögliche [...] Dimensionsvernetzung von Textualität und Visualität muss im Einzelnen klären, was text-, bild- und raumbezogene Methoden leisten und was sie nicht leisten (können und wollen). (Warnke/Spitzmüller 2008: 14)

Nach einigen theoretischen Überlegungen soll diese Vernetzung von Dimensionen an unterschiedlichen Beispielen aufgezeigt werden, wobei ein besonderer Schwerpunkt auf der textlichen Gestaltung liegt. Texte im öffentlichen Raum werden oftmals als multimediale Kommunikate eingesetzt, zu denen neben einem sprachlichen auch ein bildlicher Code herangezogen wird[260]. Dadurch werden Informationen ganz gezielt nicht nur durch einen, sondern durch zwei

---

259 Unter „visuellen Kommunikaten" verstehe ich ganz allgemein gesprochen alle Tafeln, Bilder oder Texte im öffentlichen Raum, die statisch konzipiert sind. Unter *Bildern* sind explizit auch *Illustrationen* als symbolische oder ikonische Zeichen zu verstehen, sie sind bildhafte Kommunikate. Im Zentrum der Arbeit stehen aber ausschließlich Texte im öffentlichen Raum, die teilweise mit Bildmaterial ergänzt werden und in ihrer Form im Naturschutzgebiet anzutreffen sind.

260 Daher ist es nicht möglich, sie einzig im Rahmen von textlinguistischen Theorien zu erfassen (Dressler 1973, de Beaugrande/Dressler 1981, Blumenthal 1983, Vater 1992, Kor Chahine 2009, Černjavskaja 2015 u.a.), auch wenn diese durchaus in die Analyse mit einfließen, aber auch eine rein graphische Betrachtung würde wichtige Interaktionen zwischen Text und Darstellung nur eingeschränkt berücksichtigen. Wir befinden daher, dass multiple Ansätze günstig sind, um visuelle Kommunikate, in denen eine Text-Bild-Korrelation vorhanden ist, vielseitig zu interpretieren. Zu dieser Schlussfolgerung gelangt man mit Blick auf die einschlägige Literatur und neue Forschungstendenzen, siehe im Anschluss.

Kanäle gestreut und das Potential zur Vermittlung von Sachverhalten weiträumiger realisiert, als in monomedialen Kommunikationssituationen (Bartmiński/Niebrzegowska Bartmińska 2009: 71–72). Das bringt uns zu der Frage, ob ein multimedialer Text überhaupt als autonom betrachtet werden kann, wenn er als Teilkonzept einer kontinuierlichen Intertextualität gedacht werden muss, die immer auf seiner Einbettung in andere Kontexte beruht (Bartmiński/Niebrzegowska Bartmińska 2009: 74). Auch wenn die Problematik, die hier von Jerzy Bartmiński und Stanisława Niebrzegowska Bartmińska aufgeworfen wird in erster Linie literaturtheoretische Rezeptionen widerspiegelt, so können die Überlegungen dennoch auf eine linguistische Silhouette projiziert werden. Der Ausgangspunkt für die Untersuchung visueller Kommunikate kann daher so abgegrenzt werden, dass erstens die Rolle zwischen Text und Abbildung (einschließlich Bildern, Zeichen, Symbolen, Farben etc.) hinterfragt wird, dass beide Komponenten zweitens in einem umfassenden situativ-kontextuellen Zusammenhang zueinanderstehen, und dass sie drittens kognitive Impulse setzten, die ein Rezipient möglichst klar zuordnen soll[261]. Im Hinblick auf diese Typologisierung sind aber auch bestimmte Einschränkungen vorzunehmen, die in der Studie von Bartmiński und Niebrzegowska Bartmińska herausgestellt werden und nicht Gegenstand der vorliegenden Betrachtung sind. Dies betrifft in erster Linie audiovisuelle Kommunikate wie etwa Filme, Musik oder Theaterstücke, so dass sich hier der Fokus einzig auf das Verhältnis von Text im öffentlichen Raum oder seiner Verwendung im Zusammenhang mit unterschiedlichen Abbildungen konzentriert[262]. Daher rücken bestimmte Merkmale des Textes und seiner Umgebung auf einer konkreten Fläche und in einem bestimmten Kontext in den Vordergrund, die es zu dokumentieren gilt. Auch dieser Zusammenhang wird im weitesten Sinne von Bartmiński und Niebrzegowska Bartmińska angesprochen, wenn sie zunächst einmal die graphische Umsetzung einer Information als technisches Produkt erachten, welches eine synchrone, raumbezogene, aber auch leblose Materie darstellt (Bartmiński/Niebrzegowska Bartmińska 2009: 106). Für statische Texte müsse zudem darauf

261 Was natürlich auch nur innerhalb eines bestimmten kulturell vorgeprägten Rahmens geschieht, welcher oftmals als *языковая картина мира* bezeichnet und im Rahmen einer *русская культурная зона* gedeutet wird (vgl. dazu etwa Pacsai 2011).

262 Man könnte auch zwischen einer Typologie der statischen (nur Text, nur Bild, Text und Bild in Interaktion/gemeinsam auf einer Fläche) und der dynamischen Formen (Klänge oder bewegliche Bilder in Interaktion mit Texten) multimedialer Texte differenzieren. Die von mir untersuchten Kommunikate im öffentlichen Raum beziehen sich ausschließlich auf statisches Material ohne Ton oder Animation.

geachtet werden, alle notwendigen Kerninformationen klar zu vermitteln, die für die Interpretation erforderlich sind (also wer sich wo, wann, warum und an wen wendet; Bartmiński/Niebrzegowska Bartmińska 2009: 107). Hinzu treten Nebeninformationen, so dass wir von einem Haupttext (bestehend aus der zentralen Mitteilung) und einem Nebentext (Anmerkungen, Zitate, Verweise) sprechen können (Bartmiński/Niebrzegowska Bartmińska 2009: 108). Diese Form der Kommunikation wird im Wesentlichen auch in statischen visuellen Kommunikaten beibehalten, wobei Nebeninformationen nicht obligatorisch auftreten müssen, gleichzeitig erscheinen die zentralen Informationen nicht selten in Form von kurzen Sätzen, Ellipsen, Schlagworten oder Abkürzungen. Die Frage nach deren Interpretation kann zunächst über die Theorie der Linguistic Landscapes erfolgen, die sich mit der Verwendung von Sprache im öffentlichen Raum und den damit verbundenen Besonderheiten befasst.

10.3 Linguistic Landscapes

Thom Huebner von der San José State University weist in der Einleitung eines Sonderhefts des Journal of Humanities darauf hin, dass die omnipräsente Verwendung von Sprache dazu geführt hat, dass wir sie oft gar nicht hinreichend beachten, und das, obwohl geschriebene Sprache im öffentlichen Raum sehr zahlreiche Funktionen einnimmt. So ist sie immer Teil einer größeren sprachlichen Raumordnung, sie trägt zur Lokalisierung von Orten, Gemeinschaften und Machtverhältnissen bei und gibt darüber hinaus Auskunft über die soziolinguistische Vitalität einer Sprachform (Huebner 2016: 1). Somit muss eigentlich viel genauer hinterfragt werden, welche konkrete Aufgabe einer Sprache im öffentlichen Raum in einer bestimmten Gesellschaft zukommt. Es kann analysiert werden, welche Handlungsträger und Objekte und welche Relationen zu anderen Disziplinen bei der Untersuchung des Raums eine Rolle spielen (Huebner 2016: 3). Hier setzt die Forschungsrichtung der Linguistic Landscapes (seltener: Sprachenlandschaft, häufig abgekürzt: LL) an und hinterfragt, wie sich die Beschaffenheit von Sprache auf Wegweisern, Hinweisschildern, Straßennamen, Gebäuden usw. gestaltet (vgl. insbesondere Landry/Bourhis 1997, die kritisch evaluieren, wie das Französische unter dem Konkurrenzdruck des Englischen in Québec im öffentlichen Raum erscheint). Im weitesten Sinne wurde festgestellt, dass die Verwendung von Sprachen im öffentlichen Leben zwei prinzipielle Funktionen erfüllt, nämlich eine informative und eine symbolische (Landry/Bourhis 1997: 25, zit. nach Cenoz/Gorter 2006: 67), was als grundlegende Einteilung zweifelsfrei dienlich ist. Prinzipiell sollte aber gelten, dass eine Sprache, die eine dominante Rolle in der linguistischen Landschaft spielt, Auskunft über zahlreiche Details innerhalb der Gesellschaft gibt, denn

> [it] reflects the relative power and status of the different languages in a specific sociolinguistic context. In this sense it is the product of a specific situation and it can be considered as an additional source of information about the sociolinguistic context [...] (Cenoz/Gorter 2006: 67)

Im Kern kann der Forschungsrichtung der Sprachenlandschaft attestiert werden, dass sie allgemeine Aussagen über die tatsächliche Verwendung von Sprachen in einem bestimmten Staat oder einer geographischen Region auswertet. Durk Gorter (2006a: 1) spricht daher davon, dass es sich oftmals um eine lose Aneinanderreihung von Dokumentationen handelt, die als

> synonymous with or at least related to concepts such as linguistic market, linguistic mosaic, ecology of languages, diversity of languages or the linguistic situation

erachtet werden. Vor dem Hintergrund, dass eine Auswahl den Themenkreis und die Spezifik einzelner Bereiche hinterfragt, sollte dieser lose Charakter der Untersuchung etwas eingegrenzt werden. Es erscheint durchaus sinnvoll und plausibel, einige Auffälligkeiten zu dokumentieren, die im öffentlichen Raum durch Sprache vermittelt werden, und sie dann in einem abgesteckten Rahmen zu klassifizieren. Das Problem, welches von Gorter (2006a: 2–3) beschrieben wird, eine geeignete Materialsammlung zu erstellen, kann für den vorliegenden Fall vernachlässigt werden, da es weder um eine quantitative Erhebung noch um die Frage geht, welche Rolle unterschiedlichen Sprachen innerhalb eines speziellen geographischen Raums zukommt[263]. Ungeachtet dessen ist der Verweis auf die zahlreichen aktuellen Studien besonders wichtig, in denen Mehrsprachigkeit und Sprachenlandschaft miteinander verknüpft werden. So kann untersucht werden, wie sich das Verhältnis unterschiedlicher Sprachen mit unterschiedlichem Rechtsstatus beispielsweise in einer Stadt gestaltet. Während sich Jasone Cenoz und Durk Gorter gezielt auf das Spannungsfeld von Mehrheits- und Minderheitssprachen konzentrieren (Cenoz/Gorter 2006), so widmen sich gegenwärtig zahlreiche Forscher der Frage, welche Sprachen generell in einem bestimmten (oftmals selbst definierten) Raum oder an einem Ort

263 Mit anderen Worten werde ich nicht näher die Frage aufgreifen, welche Rolle dem Tatarischen vor Ort zukommt, da es mir im Kern nicht um eine kontrastive Untersuchung Russisch-Tatarisch geht. Es ist offensichtlich, dass das Russische den öffentlichen Raum als Staatssprache landesweit dominiert und dass daher relevante Hinweise ohnehin immer in russischer, ggf. zusätzlich auch in einer anderen Sprache angeschlagen sind.

anzutreffen sind (etwa Türkisch und Englisch in Nordzypern bei Önal 2014[264] oder Rumänisch, Litauisch und Russisch in der Moldau und in Litauen bei Muth 2012b, Allgemeines zum Verhältnis von Text und Raum weiterhin bei Stanišić 2019). In der Slavistik erfreut sich das Thema ebenso steigender Popularität, wie etwa Untersuchungen zum Russischen in Moskau (Perotto 2015, Kirilina/Kuptsova 2019) und außerhalb der Russischen Föderation (Pavlenko 2012, Pavlenko 2017, Fedorova 2019), oder aber kontrastive Studien zeigen (wie etwa zur Verwendung des Weißrussischen und des Russischen in Minsk, vgl. Müller 2021), um nur einige Beispiele zu nennen. Bei vielen Dokumentationen zur Linguistic Landscape nehmen quantitative Fragestellungen einen wichtigen, häufig sogar einen sehr zentralen Raum ein. Die Überlegungen, welche Frequenzen sich etwa durch statistische Erhebungen bemessen lassen, erachte ich in meiner Herangehensweise als irrelevant, da diese – um es mit den Worten von Ilona Schulze (2018: 5) wiederzugeben – keinerlei Bezug zur Motivationen der Schilderproduzenten oder zu den Sprachkenntnissen der Wahrnehmenden herstellen (und dementsprechend mit den kognitiven Zuordnungen, die sie intuitiv und ad hoc vornehmen können). Auch der von Huebner (2016: 1) erwähnte Hinweis auf die Vitalität einer Sprache ist durchaus fragwürdig. Wenn nämlich statistisch erhoben wird, dass in einer Stadt nach deutschen Aufschriften die meisten in italienischer Sprache vorkommen, etwa an Restaurants, so können wir darin bei Weitem noch keinen Nachweis dafür erkennen, dass die Bevölkerung vor Ort über bessere Kenntnisse des Italienischen als beispielsweise des Englischen verfügt. Stattdessen steht also ausschließlich die Problematik zur Debatte, was mit konkreten sprachlichen Zeichen in der Öffentlichkeit bewirkt werden soll, welche Funktionen etwa

264 Wobei hier ein ganz besonders interessanter Fall hinterfragt wird, denn da der Nordteil Zyperns kein international anerkanntes eigenständiges Gebiet darstellt, de facto aber als solches funktioniert, müsste nach international gültiger Rechtslage eigentlich das Griechische neben dem Türkischen erscheinen, was vor dem Hintergrund des nach wie vor ungelösten Territorialkonflikts aber nicht umsetzbar ist. Somit ist eine Komponente in der Studie enthalten, die in anerkannten Staaten mit einer oder mehreren Sprachen keine Rolle spielt, nämlich das Weglassen der Sprache, die aufgrund internationaler Regelungen eigentlich omnipräsent sein könnte. Andererseits wird man auch im Südteil der Insel nach türkischen Aufschriften suchen wie nach der Nadel im Heuhaufen, und das, obwohl das Türkische die zweite offizielle Amtssprache auf Zypern ist. Alles in Allem zeigt das aber, wie zahlreich die außersprachlichen Umstände sind, die bei der Interpretation von Sprachverwendung im öffentlichen Raum beachtet werden müssen.

durch die Existenz bestimmter Hinweisschilder appliziert werden und wie sich diese in Naturschutzgebieten entfalten. In Anlehnung an die Studie von Ben-Rafael (2009) wird somit hinterfragt, wie sprachliche Standards im öffentlichen Raum implementiert werden, wie sie mit ihrer unmittelbaren Umgebung interagieren und welchen Kontext sie reflektieren.

In einem Aufsatz skizzieren Luk van Mensel, Mieke Vandenbroucke und Robert Blackwood neue Tendenzen, die sich im Rahmen der Erforschung der Linguistic Landscape abzeichnen (ab hier zusammengefasst nach Mensel/Vandenbroucke/Blackwood 2016: 427–439). Die von ihnen als sehr vielversprechende Forschungsrichtung bezeichnete Untersuchung von Sprache und Schrift im öffentlichen Raum wird nach vier zentralen Themenfeldern gegliedert, die gegenwärtig im Fokus stehen. Das erste bezeichnen sie als Multilingualismus und translinguale Mischung, in dem sich die vorgelegten Studien in diesem Bereich auf zahlreiche geographische Punkte beziehen (Mensel/Vandenbroucke/Blackwood 2016: 431, wobei hier unbedingt auf die vergleichsweise spärliche Datenlage verwiesen werden muss, die zur Erforschung dünnbesiedelter Gebiete existiert). Nicht nur das Nebenher verschiedener Sprachen, sondern auch Sprachmischung auf Schildern weckt das Interesse in der gegenwärtigen Forschung (genannt wird Brüssel als Beispiel; Mensel/Vandenbroucke/Blackwood 2016: 431 und 433). Sehr häufig steht bei der Betrachtung die Frage im Raum, welche Rolle dem Englischen als internationale Lingua Franca zukommt, worauf auch in der vorliegenden Ausarbeitung an einigen Stellen verwiesen wird. Die Rede ist zudem von einem „Metrolingualismus“ sowie von „Polylanguaging“[265], was in der Praxis abermals die erdrückende Dominanz der Fokussierung auf Großstädte innerhalb der Forschungstradition unterstreicht. Die zweite Tendenz wird als Sprachpolitik und Spannungsfeld zwischen Sprachen untereinander bezeichnet. Beides ist im öffentlichen Raum in unterschiedlicher Form erkennbar, so etwa die Bemühungen in den 1970er Jahren in Québec, das Französische nachhaltiger in die öffentliche Beschriftung einzubinden als Beispiel für die Sprachpolitik. Es werden aber auch Spannungsfelder

265 Unter *Polylanguaging* versteht man eine Art erweiterte Form des Code-Switching, bei der es darum geht, mehrsprachige multimodale Kommunikationssituationen auszuwerten, in denen aus strategischen Gründen bestimmte sprachliche Einheiten verwendet werden und so gezielt Bedeutungen entstehen. Darüber hinaus wird insbesondere nach dem Zweck der Verwendung unterschiedlicher Sprachen gefragt, etwa wenn in der Schule einzelne Worte aus Herkunftssprachen bewusst verwendet werden, um eine bestimmte Lebensrealität abzubilden (vgl. dazu Jørgensen et al. 2011, Jørgensen/Møller 2014, Gynne 2016: 52).

erkannt, etwa dann, wenn auf zweisprachigen Beschilderungen eine von beiden Sprachen übermalt wird[266] (hier wird das Beispiel zweisprachiger Aufschriften rund um Brüssel angeführt, auf denen das Französische unkenntlich gemacht wurde; Mensel/Vandenbroucke/Blackwood 2016: 435)[267]. Die dritte Richtung in der Forschung bezieht sich auf Minderheitensprachen und Kommodifizierung (also der Erbringung einer Dienstleistung für eine Sprache, die vor Ort neben der Staatssprache eine Rolle spielt). Dies geschieht mit dem Ziel, kleinere Sprachen zu unterstützen und sichtbar zu machen, dazu gehört aber auch die Bildungspolitik und ihre Auswirkung auf die Sprachverwendung. Viertens ist von soziolinguistischen Maßstäben und Mobilität die Rede, was mit der Semiotisierung des Raumes zu tun hat (Mensel/Vandenbroucke/Blackwood 2016: 437):

> In other words, the very spot where you encounter a sign can tell you something about its meaning, its relevance, and its function in the local setting.

Dazu gehören auch Subkultur und Graffiti, die etwa an verlassenen Industrieanlagen zu sehen sind, oder aber Leuchtreklame in Großstädten. Diese und andere Mechanismen dienen der Ergründung einer „Soziolinguistik der Mobilität" (Mensel/Vandenbroucke/Blackwood 2016: 438), auch hier wieder ohne nennenswertes Interesse an Naturräumen (weshalb Gorter (2006b: 83) bereits die Bezeichnung „(Multilingual) Cityscapes" einführte, die er im Hinblick auf die Forschungsinteressen deutlich besser geeignet hielt als „Linguistic

266 Spannungen ergeben sich oft auch aus politischer Ignoranz heraus, was besonders plakativ an den viel kleiner gestalteten sorbischen Aufschriften unter den deutlich größeren deutschen Ortsnamen in der Lausitz lange beobachtet werden konnte. Bis heute wurden keine flächendeckenden Korrekturen dieser leicht als Geringschätzung interpretierbaren Maßnahme durchgeführt, wenngleich man vor Ort immer mehr Schilder sieht, auf denen beide Schriftzüge gleichgroß sind. So ist dennoch ausgerechnet Deutschland eines der wenigen Länder Europas, in denen es immer noch vorkommt, allein durch die Verwendung von Minderheitensprachen im öffentlichen Raum Hierarchien zu produzieren, die indirekt, wenn auch unbeabsichtigt, eine gewisse Inferiorität der Sprechergruppe suggerieren (etwa auch deshalb, weil manchmal gar keine sorbischen Übersetzungen von Zusätzen erscheinen, mit denen sich die deutschen Ortsnamen schmücken). Diese Komponenten gehören meiner Einschätzung nach aber bereits in die Semiotic Landscapes, s. nächster Unterpunkt.

267 Man kann davon ausgehen, dass der hier beschriebene Ikonoklasmus von einem Konflikt zwischen Sprachen oder ihren Sprechern zeugt. Dies kann man noch heute in Bosnien und Herzegowina beobachten, wo in einigen Orten die Ortsschilder in lateinischer und kyrillischer Schrift angeschlagen sind und nicht selten eine der beiden Varianten übermalt ist.

Landscapes", obwohl er in letzter Konsequenz selbst bei der etablierten Terminologie bleibt). Meiner Einschätzung nach lässt sich diese Darstellung der Schwerpunkte in den Ausführungen nach Mensel, Vandenbroucke und Blackwood noch weiter reduzieren, nämlich auf zentrale Vorgehensweisen bei der Erstellung von Studien, die oft miteinander kombiniert werden. Erstens geht es nämlich sehr oft darum, korpusgeleitet die Koexistenz unterschiedlicher Sprachen in ein und demselben Raum zu theoretisieren, und zweitens beobachten wir, dass aus den gewonnenen Daten häufig statistische Erkenntnisse generiert werden.

Im Rahmen des ökologischen Diskurses fokussiert sich die Analyse der Sprache im öffentlichen Raum auf einen relativ gut eingrenzbaren Bestand an Material, es geht nämlich nur um diejenigen Schilder, die einen unmittelbaren Bezug zu Naturschutzgebieten oder Tierarten haben und in aller Regel an ganz bestimmten Orten stehen. Dies kann beispielsweise der Eingang zu einem Nationalpark sein, eine Besuchertafel in einem Naturreservat oder ein Hinweisschild im Wald, welches vor Wildwechsel warnt. Eine verhältnismäßig hohe Konzentration derartiger Aufschriften kann in allen Naturschutzgebieten Russlands veranschlagt werden, in urbanen Zentren, die in der Linguistic Landscape traditionell im Vordergrund des Interesses stehen, wird man sie hingegen deutlich seltener finden.

10.4 Semiotic Landscapes

Zu erwähnen sei an dieser Stelle die Erweiterung der Linguistic Landscapes um eine semiotische Strömung (daher auch Semiotic Landscapes oder seltener semiotische Landschaft, abgekürzt: SL), die die Frage in den Vordergrund rückt, welche wahrnehmbaren Komponenten neben der Sprache selbst zusätzlich eine Auswirkung auf Rezipienten haben (Größe, Form, Farben etc.). Der Vorteil, den dieser Ansatz mit sich bringt, kann in der von Schulze als geringe räumliche Ausdehnung des zu untersuchenden Phänomens gesehen werden (Schulze 2018: 6)[268], denn dadurch werden verallgemeinernde Aussagen bewusst eingeschränkt und stattdessen die Singularität des auszuwertenden

268 Die an dieser Stelle berechtigte Anmerkung, es fehle an einer historischen Aufarbeitung in der Forschung und der Analyse ihrer Wirkung auf die Gegenwart (Schulze 2018: 6), kann für die vorliegende Studie insofern reduziert werden, als dass sehr wohl historisch konnotierte Eigenschaften erkennbar sind, um eine bestimmte Symbolkraft eines Ortes sprachlich zu modellieren. Bedenkenlos kann aber die Auffassung der Autorin geteilt werden, dass rein quantitative Dokumentationen kaum in der Lage sind, „Auskunft über die Varianz und die inhaltliche Breite" (Schulze 2018: 7) zu geben und daher in anderen Kontexten betrachtet

Objekts betont. Das bedeutet zwar nicht, dass bestimmte übergreifende Merkmale nicht attestiert werden könnten (Farbsemiotik, Informationsstrukturen u.a.), sondern es steht viel mehr der Anreiz im Raum, sich mit der Wirkung eines konkreten Gegenstands an einem konkreten Ort auseinander zu setzen. Dies wird letztlich durch Analysefelder evoziert, die in Anlehnung an Joanna Szczęk (2018: 151, mit Verweis auf Ben-Rafael et al. 2006: 14 f.) wie folgt umrissen werden können:

- Urheber bzw. Verantwortliche sprachlicher Botschaften können divergieren und daher unterschiedliche Intentionen vermitteln. Unterschieden wird zwischen Aufschriften, die eine Top-down-Perspektive vermitteln und das Produkt amtlicher Sprachenverwendung sind und denjenigen, die eine Bottom-up-Perspektive vermitteln und denen ein privat-kommerzielles Interesse zu Grunde liegt;
- es kann der Status der beteiligten Sprachen hinterfragt werden, wobei dieser Fall für das Russische wenig aussagekräftig erscheint, denn es ist ohnehin die dominante Staatssprache;
- das semantische Verhältnis zwischen den vorkommenden Sprachen, wobei hier die Studien zur Linguistic Landscape von Minderheitensprachen genutzt werden können, insofern man über den Kontrast zwischen Russisch und Tatarisch reflektieren möchte;
- aufschlussreich kann die Gestaltung von Schrift durch Größe, Stellung, Zeichensatz und Farbe sein, besonders dann, wenn dadurch kultursemiotische Überlegungen inspiriert werden.

Betrachten wir auch einmal die Ausgangslage, die zur Konzeptualisierung der Semiotic Landscapes führte und ordnen ihre Bedeutung für die vorliegende Studie ein. Zunächst ist die wesentliche Grundlage der Semiotik, dass Erkenntnisgewinne durch Symbole tradiert werden, „die allen übrigen Funktionen der Sprache zugrunde [liegen]“ (Klaus 1973: 18). Gerade im 20. Jahrhundert bildeten sich wichtige Zentren zur Erforschung der Semiotik heraus, u.a. in Moskau und Tartu, in denen Zeichen- und Kommunikationsmodelle entworfen wurden (detailliert bei Nöth 2000: 59 ff., Zoljan 2020).

Die Semiotic Landscape ist insgesamt gesehen eine recht junge Disziplin, die sich der Erforschung des öffentlichen Raumes und der darin existierenden Rolle

---

werden. Demgegenüber scheinen Konzepte mit dem Fokus auf Kultursemiotik gewinnbringend zu sein, wenn es um die konkreten Wechselwirkungen von Sprache und Raum in einer bestimmten Gesellschaft geht.

von Sprachen aus semiotischer Perspektive widmet und im Kern auf zahlreiche Tendenzen aus der russischen, französischen und argentinischen Forschungstradition rekurriert, diese bislang aber kaum rezipiert. Man wertet anhand von Einzelbeispielen aus, welche semiotische Bedeutung bestimmten sprachlichen Komponenten im Kontext ihrer konkreten Verwendung zukommt.

Es geht in der Semiotik bekanntlich um die Beschreibung von Bedeutungsstrukturen als Teil der Untersuchung von Sprecherkompetenzen und um die Deutung der Kenntnisse, die zur Entschlüsselung einer Zeichensymbolik hilfreich oder sogar erforderlich sind. Es werden immer auch zusätzliche grammatische Ansätze in den Analysestrang eingeflochten, um eine theoretische Zuordnung von Sinneinheiten zu stützen (Akmajian et al. 2001: 227). Dadurch werden, ganz allgemein gesprochen, Bedeutungsstrukturen erörtert, die im Rahmen der Semiotic Landscapes das Verhältnis zwischen Text und Bildern ausleuchten. Im Wesentlichen entstehen dadurch mentale Vorstellungswerte (Akmajian et al. 2001: 233). Diese imaginären Repräsentationen können sehr individuell sein und hängen stark mit der sprachlichen und kontextuellen Umgebung zusammen bzw. werden durch sie motiviert. Somit wird die Bedeutungstheorie als Mosaik in der Untersuchung der Semiotic Landscapes verwendet, um bestimmte Landschaften – in den meisten Studien sind damit Stadtlandschaften oder Bauobjekte in Großstädten wie beispielsweise Museen gemeint – ausschnitthaft näher zu untersuchen und zu semiotisieren, um so Teilbedeutungen größerer Struktureinheiten zu erklären. Dieser explizite Zusammenhang zwischen Semiotik und Sprachverwendung im öffentlichen Raum führte zur Entstehung einer eigenständigen Forschungsrichtung, die in erster Linie von Adam Jaworski und Crispin Thurlow lanciert wurde, wenngleich die ursprünglichen Gedanken zu diesem Thema bereits lange zuvor bei Lotman (vgl. dazu bei Zoljan 2020: 103) oder in Frankreich bei Hammad (2013, 2015) nachweisbar sind und in den Ausführungen gänzlich fehlen. Jaworski und Thurlow sprechen in der Einführung zu ihrem Sammelwerk davon, dass Sprache im öffentlichen Raum immer in bestimmte kulturelle Kontexte eingebunden ist. Dies macht es ihrer Auffassung nach erforderlich, Ergebnisse zu Tage zu fördern, die über die Ansätze der Linguistic Landscapes hinausgehen, denn

> […] we are keen to emphasize the way written discourse interacts with other discursive modalities: visual images, nonverbal communication, architecture and the built environment […] we thus take semiotic landscape to mean, in the most general sense, any (public) space with visible inscription made through deliberate human intervention and meaning making. (Jaworski/Thurlow 2010 : 2)

Für den vorliegenden Kontext, also sprachliche Erscheinungen im öffentlichen Raum explizit in der Natur zu ergründen, scheint der qualitative Zugang der Semiotic Landscapes wirksamer zu sein als einzig die Linguistic Landscapes zu berücksichtigen, und das aus mehreren Gründen. Die semiotische Forschungsrichtung inkludiert nicht nur Fragen der Semiotik, die durch Symbolik und Schriftverwendung evoziert werden. Weiterhin spielt nicht nur die Verwendung unterschiedlicher Sprachen eine Rolle, was häufig bei den Linguistic Landscapes im Vordergrund steht und im Sinne einer mehrdimensionalen Funktionalität quantitativ interpretiert wird, sondern auch Anordnungen, Schriftarten, Schriftgrößen, Farben, aber natürlich auch der semantische Gehalt der Aufschriften oder ihr kultursemiotischer Kontext selbst. Dieser beinhaltet oftmals wertvolle Nebeninformationen, die sich diskursinhärent deuten lassen. Die Studien zu den Linguistic Landscapes fokussieren sich in erdrückender Überzahl auf Metropolen (vgl. Backhaus 2007, Muth 2012a, Lou 2016, Fedorova 2019, Müller 2021), in denen auf breiten Straßen dicht an dicht unzählige Beschriftungen dokumentiert werden können, oder die Analysen beziehen sich auf die Situation in ganzen Staaten (beispielsweise bei Juffermans 2008 und Sloboda 2009). Ganz anders gestaltet sich die Lage in Naturschutzgebieten, durch die man oftmals lange Fußwege zurücklegen muss, um überhaupt Material zu finden, welches dann auch noch an mehreren Stellen jeweils in identischer Form aufgestellt sein kann. Es ist also ein ungleich höherer Aufwand, in abgegrenzten Naturräumen auf empirische Befunde zu stoßen. Zudem ist zu erwarten, dass die Quantität des Materials viel geringer als in Städten ausfallen wird, da in Naturflächen meist nur unbedingt notwendige Hinweise angebracht sind (etwa in Form von Wegweisern, Instruktionen, Warnungen o.ä.). Quantitative Methoden werden dadurch irrelevant, in einigen Studien zur Linguistic Landscape bietet es sich hingegen durchaus an, die Fülle der Daten quantitativ zu bewerten (vgl. etwa Gorter 2006b).

Zur Ergründung der Interaktion von Sprache und Naturraum in der Russischen Föderation liegen bislang kaum Studien vor, obwohl sich exemplarisch Beschriftungen für eine Analyse anbieten, indem beispielsweise kognitive, perzeptive oder implikative Komponenten eruiert werden. Erste Annäherungen an dieses deutlich ausbaufähige Feld sollen in der vorliegenden Untersuchung aus unterschiedlichen Blickwinkeln vorgestellt werden, wobei die Frage nach primären und sekundären Interpretationsspielräumen aufgeworfen wird.

Im Hinblick auf Studien zu nicht-urbanen Gegenden wie etwa ländlichen Räumen, dünn oder nicht besiedelten Regionen liegen bislang nur sehr wenige Studien vor. Eine wichtige Publikation von Perle Møhl aus dem Jahre 1997 ist der Erkundung der ruralen Landschaft in Frankreich gewidmet, wenig später ist es Wilfried Nöth, der von Ökosemiotik und Semiotik der Natur spricht. Unter dem Terminus „Ökosemiotik“ versteht er Folgendes:

> At the interface between semiotics and ecology, ecosemiotics is the study of environmental semioses, i.e., the study of sign processes which relate organisms to their natural environment. Ecosemiotics or ecological semiotics is related to several other ecosciences such as eco-ethology, human ecology, philosophical ecology, ecopsychology, ecological history or ecolinguistics […]. In contrast to these disciplines, which study various other aspects of the relationship between humans or animals and their umwelt, ecosemiotics focusses on how this relationship is mediated by signs. (Nöth 2001: 71)

Die Zusammenhänge zwischen Natur und Kultur werden somit auf einer semiotischen Ebene angesiedelt, so dass „natürliche Zeichen“ an erster Stelle eine Rolle spielen. Diese waren in dieser Form bislang nicht Gegenstand in der Forschung:

> Natural semiosis in the environment of humans was not an object of its study. The approach to signs was linguocentric […]. (Nöth 2001: 72)

Zu den natürlichen Zeichen werden Phänomene gezählt, die in der Natur vorkommen und Bedeutungen vermitteln können, so etwa Spuren auf dem Weg, Tierlaute, Geräusche, Düfte oder visuelle Eindrücke (mit Verweis auf die Untersuchungen von Joseph Ransdell aus den 1970er Jahren). Der Vorwurf an de Saussure, Naturphänomene völlig zu ignorieren („The exclusion of nature from semiotic consideration is characteristic of the tradition of semiotic rationalism“, Nöth 2001: 77), scheint mir hingegen nicht gerechtfertigt zu sein, denn schließlich bezieht sich de Saussure bei der Darlegung der Konzepte des „signifiant“ und des „signifié“ auf Erscheinungen, die gerade in der Natur eine zentrale Rolle spielen, wie etwa den Baum oder das Pferd. Nöth ist aber unbedingt zuzustimmen, wenn er bemängelt, dass außerhalb der Sprache selbst wenig Spielraum für die Natur und die durch sie bereitgestellten Zeichensysteme eröffnet wird. Da de Saussure aber als Pionier der modernen Sprachwissenschaft zuerst einmal den Weg für neue, umfassendere Konzepte bereitete, ist es ihm nicht vorzuwerfen, sondern eher erwartbar, dass die eine oder andere Strömung nicht umfassend genug ausgeleuchtet oder vorbereitet wurde. Daher können die Arbeiten von Nöth (2000, 2001) als wichtiger Anknüpfungspunkt an de Saussure, aber auch an die (vom Autor vorrangig behandelten) theoretischen Konzepte von Charles S. Peirce (und meiner Einschätzung nach auch an die französische Semiotik) betrachtet werden.

Es fällt auf, dass der Brückenschlag zwischen der Semiotik in einem bestimmten ökologischen Raum und der darin verwendeten Sprache in den wenigsten Fällen hinterfragt wird bzw. dieser Konstellation nur periphere Bedeutung beigemessen wird. Dies trifft insbesondere auf Studien zur Linguistic Landscape zu, die sich – wie oben umrissen – eher auf die Suche nach Sprachmaterial in Großstädten begeben, um dann Aussagen über Sinn und Zweck der (multilingualen) Sprachverwendung zu illustrieren oder zu quantifizieren. Auch im Rahmen der Semiotic Landscapes ist es augenscheinlich, dass insbesondere Naturräume gar keinen festen Platz in der Forschung haben, obwohl sich die Ansätze von Nöth hervorragend als Grundlage für umfassende Analysen eignen und sich ausweiten lassen auf die (insbesondere in den Linguistic Landscapes) so oft gestellte Frage, welche Rolle eine bestimmte Sprache an einem bestimmten Ort spielt, wie sie eingesetzt wird und was damit bezweckt wird. Genau dieser Punkt führt dazu, die Semiotisierung der Naturräume in den Vordergrund zu rücken und neben einer reinen Quantifizierung vor allem Funktionen auszuleuchten, die nicht nur durch unterschiedliche Sprachen (wie anschaulich bei Sloboda 2009 dokumentiert), sondern durch die Interaktion von Sprache und Umgebung hervorgerufen werden. In diesem Zusammenhang muss erwähnt werden, dass für die Umgebung einer sprachlichen Fixierung (für die vorliegende Studie nur in Schriftform) nicht nur die natürliche Entourage aus semiotischer Perspektive relevant ist, sondern auch die Gestaltung des Materials, der Farben und Größen oder weiterer Symbole wie Embleme oder Piktogramme. Es wird dafür plädiert, nicht-urbanisierte Strukturen stärker in die Theoriebildung der Linguistic Landscapes und der Semiotic Landscapes einzubeziehen und die konzeptionelle Ausgestaltung beider Forschungsrichtungen auf diese Weise à jour zu bringen.

Naturräume bieten zweifelsfrei eine interessante Projektionsfläche für die Analyse der Semiotic Landscapes in einem konkret umrissenen Areal, welches etwa ein Nationalpark sein kann (Henzelmann 2021a, 2022a, 2022b), denkbar wären aber auch sämtliche andere Objekte außerhalb urbaner Zentren sowie Dörfer (etwa ein Volksmuseum, ein Radweg entlang eines Flusses, eine Küstenlandschaft oder Friedhöfe)[269]. Das Potential, welches die Fokussierung auf nicht-urbane Regionen für künftige Studien aufgrund einer unübersehbaren Unterforschung des Gegenstands bietet, beinhaltet aber gleichzeitig ein logistisches Problem, vor dessen Hintergrund die geringe Quantität an Studien gelesen werden muss. Dünn oder nicht besiedelte Regionen liefern bei Weitem

269 Wobei auch Museen in Städten durchaus beschrieben werden, so etwa bei Haj Yahya (2021). Rurale Gegenden und Friedhöfe werden bei Sorescu-Marinković/Salamurović (2022) thematisiert.

nicht die Fülle an diversifiziertem Material, wie es eine Stadt ermöglicht. Es ist in einem Nationalpark auch gar nicht denkbar, eine entsprechende Menge an sprachlichen Zeugnissen zu dokumentieren. Die Untersuchung beschränkt sich daher auf einzelne quantitative Ansätze und favorisiert stattdessen (kultur)semiotische Fragen in Verbindung mit dem konkreten Sprachgebrauch an einem bestimmten Ort. Es wird auch nicht der Anspruch erhoben, vordergründige Häufigkeitstendenzen aus den Ergebnissen abzulesen, wenngleich einige Abfragen aus Korpora vorgestellt werden, aber insgesamt geht es eher darum, qualitativ zu ergründen, wie sich die Semiotisierung eines Naturobjekts gestaltet, welche Mittel zu diesem Zweck verwendet werden und welche Rolle der geschriebenen Sprache in diesem Feld der Interaktion zukommt.

Es lässt sich ganz allgemein sagen, dass die Aufschriften der Beschilderungen die wesentlichen Hinweise über ein Naturschutzgebiet geben. Sie weisen den Betrachter durch den Einsatz minimaler sprachlicher Mittel etwa darauf hin, wo er sich befindet oder welchen Raum er nicht betreten soll. Der geschriebene Text fungiert somit als Hauptinformationsquelle für den Besucher. Man kann aber auch einige Nebeninformationen auf den Darstellungen erkennen, die im Folgenden kommentiert werden sollen. Dabei wird es um die Frage gehen, wie textuelle und bildliche Elemente interagieren.

10.5 Spezifik des Verhältnisses von Text und Illustration

Während in den Ausführungen bislang die Frage im Vordergrund stand, welche sprachtheoretischen Modellierungen sich auf Hinweisschildern mit Bezug zur Natur erkennen lassen, so soll es an dieser Stelle um die Einbeziehung weiterer Merkmale gehen, die sich auf entsprechenden Aufschriften wiederfinden. Diese sind gerade vor dem Hintergrund der skizzierten Theoriebildung der Semiotic Landscapes zu lesen, erweitern sie doch den symbolischen Horizont visueller Kommunikate in vielfacher Hinsicht. In seiner fundamentalen Analyse zum Verhältnis von Text und Bild[270] greift Manfred Muckenhaupt Eckpunkte auf,

270 Für die vorliegende Studie wird der Terminus „visuelle Kommunikate“ bevorzugt, auch wenn die linguistische Bildanalyse sich hervorragend eignet, um sich aus theoretisch-konzeptioneller Sicht der Analyse von visualisierten Textformen, etwa Schildern im öffentlichen Raum zu nähern. Der Terminus „Bild“ wird so verwendet, wie ihn die Autoren der zitierten Fachliteratur nutzen, für die inhaltliche Interpretation wird jedoch nicht die ganze Palette der Bildanalyse erforderlich werden. Erstens geht es um statische Kommunikate, die bestimmte Handlungsformen im öffentlichen Raum kommunizieren, zweitens werden diese

die sich bei der funktionalen Bewertung des Zusammenspiels von Texten und Bildern ergeben. Er stellt seinen Überlegungen voran:

> Der Ausgangspunkt unserer Untersuchung von Text und Bild ist die traditionelle Frage nach dem Gegenstandsbezug von sprachlichen Ausdrücken und Bildern, die für die Klärung des Sprach- und Bildbegriffs immer schon als grundlegend angesehen worden ist. [... Der] Zusammenhang zwischen sprachlichen Ausdrücken und Gegenständen, Bildern und Gegenständen im Rahmen von Handlungs- und Kommunikationsformen [wird] untersucht [...] (Muckenhaupt 1986: 11)

Er geht davon aus, dass dafür paradigmatische Fälle auftreten können, die drei Kategorien zugeordnet werden (nach Muckenhaupt 1986: 11–12): Erstens werden Handlungsformen als *Einführungssituationen* bezeichnet, wenn sie einen Gegenstandsbezug zwischen sprachlichen Ausdrücken und Bildern herstellen. Im Zentrum stehen dabei sprachliche Muster, die etwa spielerisch eingesetzt werden, um Referenzen zu verdeutlichen, oder aber Bilder, auf denen Gegenstände abgebildet sind. Zweitens spricht der Verfasser von *Verwendungssituationen*, bei denen sprachliche Ausdrücke und Bilder genutzt werden, um den Bezug zu einem Gegenstand herzustellen (etwa metasprachliche Situationen oder Bezugnahmen auf Sachverhalte, oder aber Bilder, die eingesetzt werden, um über Gegenstände zu informieren). Drittens nennt Muckenhaupt *Klärungssituationen*, worunter er Handlungsformen versteht, bei welchen der Zusammenhang zwischen Text und Bild geklärt wird. Es wird dabei über sprachliche Zeichen erläutert, welcher Inhalt gemeint ist. Im Falle von Bildern haben wir es mit Angaben zu tun, die vermitteln, was auf einer Darstellung thematisiert wird. Manfred Muckenhaupt geht in seiner Untersuchung noch weiter und unterstreicht, dass diese drei Situationen aufeinander aufbauen und dass der Zusammenhang, in dem Text und Bild verwendet werden, eine entscheidende Rolle spielt (Muckenhaupt 1986: 12). In bestimmten Kontexten ist es sogar denkbar, dass ein Bild funktional wie ein sprachlicher Ausdruck eingesetzt wird, so dass Bilder als Vergleichsobjekte besonders gut den kausalen Zusammenhang zwischen Bild und Text verdeutlichen können (hieraus leitet der Verfasser regelhafte Handlungszusammenhänge in bestimmten Kommunikationssituationen für seine Studie ab; Muckenhaupt 1986: 13–14). Als wesentlicher Impuls ist auch sein Ansatz zu verstehen, die Wechselwirkungen zwischen Text und

als Mechanismen zur Implementierung von Handlungsstrategien betrachtet und drittens steht der Text der Kommunikate im Zentrum, alle anderen Komponenten, die die Bildanalyse aufgreift, sollen nur punktuell und in Abhängigkeit vom jeweiligen Kommunikat appliziert werden, vgl. dazu in den Analysen.

Bild deutlich weiter aufzufassen als lediglich die Vermittlung von Informationen darin zu sehen. In Abhängigkeit von der Kommunikationsform und dem Kontext, in den Text und Bild eingebettet sind, können semantische und kognitive Erweiterungen konstruiert werden (Muckenhaupt 1986: 14–15). Dies gilt insbesondere für den Rahmen, in welchem Fragen der Umwelt und Ökologie in Russland plakativ ausgehandelt werden, denn Muckenhaupt (1986: 41–42) geht bereits davon aus, dass Bilder als Beispiele interpretiert werden müssen, die sich ähnlich verhalten, wie es für Ausdrücke üblich ist. Bilder und Symbole werden sehr häufig in Naturräumen verwendet, um als ergänzende Komponenten die Informationsstränge zu beeinflussen und in gebündelter Form die Zusammenhänge in bestimmten Räumen und ihre Relevanz anzudeuten. Die wesentliche Erkenntnis, die man der Studie nach Muckenhaupt entnehmen kann, ist die Tatsache, dass also Bilder auf der Ebene der Kognition sprachlichen Zeichen entsprechen, in Anlehnung an Kettnerová (2014) könnte die Schlussfolgerung somit lauten, dass Bild und Text auf der Ebene der Situation gleichzusetzen sind. Darüber hinaus ist zu ergänzen, dass auch bestimmte Effekte, die in visuelle Kommunikate eingeflochten werden und auf den ersten Blick wenig auffällig erscheinen, dazugehören. So können etwa Farben oder Schriftgrößen eine ähnliche Funktion wie ein Text selbst übernehmen und ein und dieselbe Situation motivieren. Als theoretische Grundlage können weiter die Ausführungen nach Muckenhaupt gelten, denn er geht davon aus, dass einem Bild eine *Bestimmtheits-Voraussetzung* zu Grunde liegen muss, um es überhaupt als Kommunikator anwendbar zu machen. So ist in seinem Beispiel ein Schild mit einem Traktor abgebildet, unter dem der Text „dürfen überholt werden" steht und aus dem optisch hervorgeht, dass es sich um einen definierten Fahrzeugtyp handeln muss. Die Erkenntnis, dass es sich um Traktoren handelt, bedarf aber der Kenntnis dieses Typs, was wiederum einer *Wissens-Voraussetzung* gleichkommt:

> Dementsprechend gilt die Kenntnis von sprachlichen Ausdrücken, mit denen man die Frage nach dem dargestellten Gegenstand beantworten kann, als Kriterium für das Gegebensein der Voraussetzungen. (Muckenhaupt 1986: 43)

Im Prinzip spiegeln sich darin die Grundsätze kognitiver und semiotischer Ansätze wider, die unabdingbar sind, um Interpretationen von Zeichen zu ermöglichen[271].

---

271 An dieser Stelle sollen diese Fähigkeiten aber nicht hinterfragt, sondern vorausgesetzt werden. Die neuronalen und psycholinguistischen Prozesse, die dabei aktiviert werden, können hier nicht näher thematisiert werden.

Im Hinblick auf die Relevanz, die die Interaktion von Text und Bild im Alltag erfährt, konstatiert Franziska Große ein recht überschaubares Vorhandensein von Fachliteratur. Das existente Material lässt sich grob in zwei Hauptströmungen unterteilen, von denen die eine die semiotische Seite betont, die andere stärker psychologische Effekte und Perzeption hervorhebt (Große 2011: 26). Die in der vorliegenden Studie zu untersuchenden Fälle ziehen in erster Linie semiotische Fragestellungen zur Abhandlung der Problematik heran. Dabei wird im Sinne von Große eine Dichotomie verbaler und nonverbaler Diskurssegmente verortet, die „kommunikative Handlungen und Themen auf mannigfaltige Weise und unter Verwendung verschiedenster formaler Mittel [transportieren]" (Große 2011: 197). Besonders hervorzuheben ist weiterhin die Vorstellung davon, dass

> Bild-Texte in ihren sozio-kulturell bedingten kommunikativen Funktionen und Verwendungsweisen als den Sprach-Texten gleichrangige und mit ihnen vernetzte Zeichenobjekte zu betrachten sind. (Große 2011: 197)

Dies bedeutet, dass nicht nur ein Text, sondern auch alle semiotischen Zeichen, die mit ihm auftreten, in der Studie von Franziska Große auf eine Ebene gestellt werden. Ob und wie das funktionieren kann, ist von sehr vielen externen, aber auch individuellen Faktoren abhängig, fest steht jedoch, dass sowohl verbale als auch nonverbale Segmente genutzt werden, um bestimmte Inhalte zu kommunizieren, die wiederum diskursspezifisch gedeutet werden müssen. Es ist daher wichtig zu hinterfragen, in welchen diskursiven Kontext eine Darstellung eingebettet ist, um Zuordnungen zu präzisieren. Für die linguistische Bildanalyse und ihre diskursiv-funktionale Einbettung eignen sich hervorragend neuere Studien wie die als Einführung konzipierten Texte im Sammelband von Diekmannshenke/Klemm/Stöckl (2011). Michael Klemm und Hartmut Stöckl geben darin zunächst einmal einen wichtigen Überblick über Forschungsdesiderate des von ihnen als „Bildlinguistik" bezeichneten Gegenstands. Sie verweisen auf die Problematik, dass sich Analysen von Bildern oft aus kunsthistorischem Blickwinkel heraus begründen, obgleich auch Disziplinen wie Psychologie, Kommunikationswissenschaft, Anthropologie, Informatik u.a. hinterfragen, „wie das Bild als Artefakt in Wahrnehmung, Verstehen und Kultur ‚funktioniert'", dass erstaunlicherweise aber die Linguistik daran bisher wenig Interesse gezeigt habe (Klemm/Stöckl 2011: 8). Im Grundsatz führe dies dazu, dass die Untersuchungen zum Verhältnis von Sprache und Bild in drei Punkten verbesserungswürdig seien: Erstens gehe man zu oft von *dem* Bild aus, ohne zu berücksichtigen, in welchem sozialen Kontext es zu deuten ist und welche konkrete Verwendung es in fest umrissenen Gebrauchsdomänen erfährt. Zweitens würden Beispiele häufig isoliert und idealisiert betrachtet, obwohl sie mit anderen Zeichenmodalitäten interagieren. Drittens würden Bilder oftmals als Transporteur von zu erforschenden Inhalten gesehen, ohne dabei das komplexe Zusammenspiel von Bild und Text hinreichend zu beleuchten (Klemm/Stöckl 2011: 9). Eine Untersuchung von Bildern gestaltet sich demnach als multimodale Aufgabe, die wie die Interpretation von geschriebenen Texten in Anlehnung an die Studien von Gunther Kress und Theo van Leeuwen niemals durch nur ein Zeichensystem erfasst wird, sondern verschiedene Codes und Modalitäten miteinander verlinkt (Geräusche und optische Eindrücke, z.B. Klänge und Farben, Assoziationen etc., Klemm/Stöckl 2011: 10). Als zentrale Aufgaben der Bildlinguistik sehen sie daher

- eine gründliche Beschreibung der semantischen, perzeptuell-kognitiven und pragmatischen Gemeinsamkeiten und Unterschiede zwischen Sprache und Bild,
- die Erörterung semiotischer Potentiale und Defizite,
- Erweiterungen um tonale, nonverbale und paraverbale Komponenten,
- die Untersuchung der Verknüpfungsmuster von Sprache und Bild in medial bestimmten Gesamttexten,
- möglichst viele Gebrauchsdomänen von Sprache-Bild-Kombinationen abstecken,
- die Erörterung der pragmatischen Funktionen sowie
- die Beurteilung der sozialen Wirkungen, ideologischen Implikationen und Beziehungsgefüge in der Kommunikation (Klemm/Stöckl 2011: 10–11).

Des Weiteren formulieren die Verfasser zehn Ausgangsfragen, die sich teilweise bereits aus den genannten Aufgabenbereichen ableiten und von denen nicht alle für die vorliegende Studie relevant werden. So erscheint die Frage von grundsätzlicher Bedeutung, was die semiotischen und kommunikativen Eigenschaften sind, die „[…] das Bild als konstitutives Element komplexer Kommunikate [hat]" (Klemm/Stöckl 2011: 12), während keinerlei Augenmerk auf ästhetische Fragen, Bildsorten oder bewegte Bilder gerichtet werden soll. Die hier vorzunehmenden Untersuchungen orientieren sich ausschließlich an statischen visuellen Kommunikaten, deren Mittelpunkt der Text im Raum ist (der teilweise durch zusätzliche Illustrationen oder Landkarten ergänzt wird). Wichtig erscheinen Disziplinen, die mit der Verwendung von Bildern interagieren und daher ergiebig für die Analyse sein können. Schließlich verweisen Klemm/Stöckl in ihren einführenden Bemerkungen noch darauf, dass sich gerade Linguisten wichtige Präkonditionen bei der Bildanalyse zu eigen machen können:

> Den Sprachwissenschaftlern kommt bei der Auseinandersetzung mit Bildern unter anderem zugute, dass sie den multimodalen Gesamttext im Auge behalten, die Dualität von Struktur und Funktion beachten, Zeichenprozesse konsequent in kommunikativen Situationen und sozialen Gebrauchskontexten beurteilen und das Musterhafte in der Vielfalt des Einzelnen zu erkennen suchen. (Klemm/Stöckl 2011: 13)

In einem weiteren Beitrag im gleichen Sammelwerk nimmt Hartmut Stöckl Bezug auf die Thematik, wie die textuelle Verknüpfung von Sprache und Bild realisiert wird und welche semiotischen Elemente dabei relevant sind (ab hier aus Stöckl 2011). Er orientiert sich an dem Modell der Transkriptivität, welches 2002 von Ludwig Jäger eingeführt wurde, der davon ausgeht, dass es eine „Medienimmanenz" gibt, durch die die Umgebung erst mittels kommunikativer Entäußerungen zugänglich wird. Der dafür aktivierte Zeichengebrauch sei nicht auf ein System reduziert, sondern deutete sich durch sogenannte Transkriptionen an. Eine wesentliche Erkenntnis ist in diesem Zusammenhang, dass Sinn und Inhalte einer kodierten Zeichenmodalität sich nur dann entfalten können, wenn sie in einer anderen wieder abgerufen (expliziert, paraphrasiert u.a.) werden. Auf diese Weise könne überhaupt erst kulturelle Semantik evoziert werden, die die Welt lesbar mache (Stöckl 2011: 47 mit Verweis auf Jäger 2002: 35 und der Ergänzung, man könne hier von einer multimodalen Kompetenz sprechen). Daraus leitet Stöckl u.a. ab, dass die Leistungsfähigkeit verschiedener Semiotiken im Spannungsfeld von Sprache und Bild entscheidend vom pragma-semantischen Potential abhängt, welches die beteiligten Zeichenmodalitäten bereitstellen. Diese Konstellation führt unumgänglich zur kognitiven Semiotik, die Stöckl gesondert aufgreift und kommunikative Funktionen in der Wechselwirkung von Sprache und Bild gegenüberstellt, die auf Grund ihrer Relevanz und zum besseren Verständnis der Gesamtproblematik in Abbildung 18 als Großzitat wiedergegeben werden:

	Bild	**Sprache**
Semiotik (Zeichensystem)	kontinuierlicher Zeichenfluss	diskrete, distinkte Einzelzeichen
	Gestalten integrierende Grammatik (schwach)	Kombinationsgrammatik (stark)
	räumliche Konfigurationen	lineare Einheiten (syntagmatisch)
	ikonisch (wahrnehmungsnah)	arbiträr (wahrnehmungsfern)
Perzeption/ Kognition (Verstehen)	simultane, ganzheitliche Wahrnehmung	sukzessive, lineare Wahrnehmung
	schnell	langsam (vergleichsweise)
	gedächtnis- und wirkungsstark	gedächtnis- und wirkungsschwach
	direkt emotionsverbunden	nicht direkt emotionsverbunden
Semantik (Bedeutungspotenzial)	Bedeutungsüberschuss (semantisch dicht)	Bedeutung fest verankert (semantisch dünn)
	vage und unterdeterminiert	präzise und bestimmt (tendenziell)
	beschränkter semantischer Spielraum, z.B.: Verneinung, Modalität, abstrakte Referenz, Illokutionen, logische Verbindung von Aussagen	unbeschränkter semantischer Spielraum (tendenziell)
Pragmatik (kommunikative Funktionalität)	Zeigen merkmalsreicher Objekte	Handlungen/Ereignisse in der Zeit darstellen
	Anzeigen der Lage von Objekten zueinander im Raum	logische Bezüge zwischen Elementen erklären
	vorwiegend emotionale Appelle	alle Illokutionen und Sprechakte möglich
	Handlungsanweisungen	

Abb. 18: Vergleich der Zeichenmodalitäten Bild und Sprache (entnommen aus Stöckl 2011: 48–49).

Stöckl verweist zudem auf die Relevanz des Kontextes, in dem sich die Hermeneutik im Spannungsverhältnis von Bild und Text entfaltet. In diesem Zusammenhang beruft er sich auf ältere Studien von Halliday und Kress/van Leeuwen, unter Zuhilfenahme derer eine funktionalgrammatische Typologisierung semiotischer Artefakte summiert wird. Dabei werden Darstellung, Interaktion und Vertextung als Eckpfeiler einer visuellen Grammatik herausgestellt, zu den wichtigsten Dekodierungstechniken zählen für ihn Kontext- und Situationserkennung, Gestalterkennung- und integration, Sachverhaltserkennung und Sprache-Bild-Verknüpfung (Stöckl 2011: 52–54)[272].

Die Ausführungen lassen keinen Zweifel daran aufkommen, dass neben dem konkreten Bild und dem sich darauf befindlichen Text der Kontext eine entscheidende Rolle für die Rezeption spielt. Dieser kann sehr umfassende Elemente beinhalten, die weit über die Frage hinausreichen, auf welchen Themenkomplex beispielsweise ein Schild im öffentlichen Raum referiert (etwa auf individuelle Empfindungen, die nur schwer bemessen werden können). So kann man sagen, dass Kontext- und Situationserkennung sowie die Sachverhaltserkennung einen gesondert zu hinterfragenden Ansatz aus der Diskurslinguistik heraus motivieren, während Gestalterkennung und -integration und die Sprache-Bild-Verknüpfung vordergründig optisch-visuelle Daten vermitteln, die der Betrachter durch das Prisma kulturinhärenter Assoziationen entschlüsseln muss. Dieser Prozess der Interpretation vereint letztlich die anderen Aspekte unter der Prämisse eines für die Kommunikation essentiellen Erkenntnisgewinns. Daher mag eine Verknüpfung der einzelnen Indikatoren untereinander vorausgesetzt werden, um eine Interpretation von Bildmaterial mit Texten, Textbezügen oder Kontextbezügen wie in Abbildung 19 zu skizzieren:

272 Die sich anschließenden Untersuchungen von konkreten Fallbeispielen sollen weiter unten vertieft aufgegriffen und im Rahmen des russischen ökologischen Diskurses anhand einiger Beispiele interpretiert werden. Es wird sich zeigen, dass einige Punkte von Stöckls Darstellung, der sich für Werbematerial als Gegenstand der Untersuchung entscheidet, nur bedingt greifen, was einmal mit der ästhetischen Komponente, aber auch mit der spezifischen Diskursform selbst zusammenhängt.

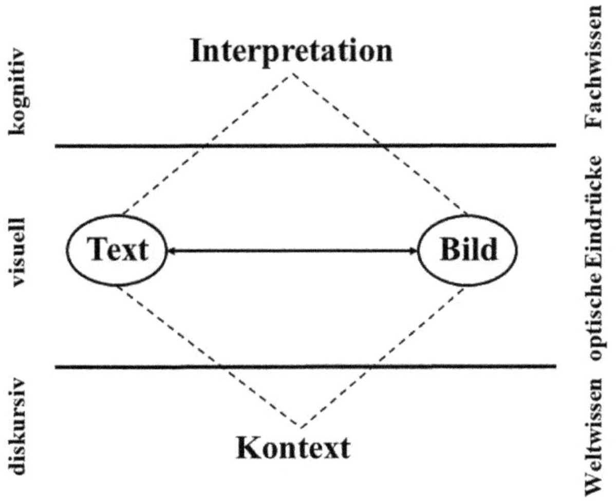

Abb. 19: Text und Bild im Spannungsfeld von Kontext und Interpretation.

Text und Bild sind daran orientiert, das Denotat möglichst allgemein zu veranschaulichen, der Kontext spezifiziert es und die Interpretation ist das Produkt der Konvergenzen beider Aspekte. Dies lässt sich an einem einfachen Beispiel illustrieren: Im ökologischen Diskurs wäre es demnach denkbar, dass an einer Straße der Hinweis *Achtung Wildwechsel* oder *Achtung Kühe* mit einem dazugehörigen dreieckigen Schild angebracht ist, auf dem ein Hirsch bzw. eine Kuh zu erkennen ist (in Anlehnung an Muckenhaupt (1986: 43) und sein Beispiel mit einem Traktor). Dadurch werden Autofahrer durch Text und Bild auf diese Tiere im Besonderen aufmerksam gemacht. Gleichzeitig sollten sie aber auch mit anderen Tieren rechnen, denn die symbolische Nachahmung eines Tieres bedeutet nicht, dass sich der Verweis ausschließlich auf diese Gattung beschränken müsste, wenngleich die dargestellten Arten besonders zu beachten sind. Es ist schließlich bekannt, dass nicht nur Hirsche oder Kühe, sondern etwa auch Rehe, Wildschweine, Hasen oder Füchse die Fahrbahn passieren können. Die logische und sich aus diesen Strukturen ergebende Konsequenz ist, dass von Verkehrsteilnehmern eine behutsame Fahrweise erwartet wird, die vom Wissen geleitet ist, dass Tiere unerwartet die Straße queren können. Eine Beschwerde bei einer richterlichen Instanz, man werde nicht angemessen auf andere Tiere als diejenigen hingewiesen, die auf dem Schild symbolisiert sind, dürfte daher wenig aussichtsreich sein und den realen Zweck des Schildes ad absurdum führen. Ein Richter könnte im Streitfall eine zu starke Fokussierung auf die visuellen Eindrücke bei gleichzeitiger Verkennung des allgemein von Autofahrern zu erwartenden Weltwissens und praktizierter Gepflogenheiten attestieren, und auch tiefensemantisch wäre diese eingeschränkte Auslegung letztlich nicht hinreichend reflektiert[273]. Das Beispiel zeigt aber dennoch, dass gerade die Interpretation eines optischen Eindrucks (sei es nun Text oder Bild) sehr sensibel beobachtet werden muss, um eine adäquate Einbettung in einen komplexen Rahmen wie den ökologischen Diskurs in Russland hinreichend zu erfassen. Dazu seien im Folgenden einige Beispiele aus dem Volga-Kama-Biosphärenreservat vorgestellt, dem größten seiner Art in Europa.

10.6 Sprache im Volga-Kama-Biosphärenreservat

Die Kommunikationsformen, die im öffentlichen Raum auftreten, können recht unterschiedlicher Art sein und daher auch verschieden interpretiert werden. Grundsätzlich kann hinterfragt werden, ob Abbildungen den Text ergänzen, sollte dies aber nicht der Fall sein, so rückt der Text samt seiner semantischen und künstlerischen Gestaltung in den Vordergrund, hinzu kommen Kontext und kognitive Raster. Die Kombination aus diesen multiplen Komponenten kann dokumentiert, ausgewertet und in eine spezifische Diskursform eingebettet werden, zudem lassen sich sprachtheoretische Ansätze aufgreifen und in die Untersuchung mit einbeziehen. Sehen wir uns dazu im Weiteren ein konkretes Beispiel aus dem öffentlichen Raum in Russland an. Dazu eignet sich Material aus dem Volga-Kama-Biosphärenreservat (vollständige Bezeichnung *Волжско-Камский государственный природный биосферный заповедник*) in der Republik Tatarstan nahe der dortigen Hauptstadt Kazan'. Ein Reservat (*заповедник*, s. Kapitel 3) ist in der Kategorie der Schutzzonen als ranghöchstes Naturschutzobjekt gelistet, so dass hier recht strenge Auflagen im Hinblick auf

273 Im Sinne der Generativen Grammatik könnte man sagen, dass es sich bei einem Schild erst einmal nur um die Oberflächenstruktur einer Aussage handelt, unabhängig davon, ob sie als Verbal-Code, Text-Code oder eben als Bild-Code vermittelt wird. Bekannt ist dank Chomskys Studien, dass die Tiefenstruktur viel umfassendere Kategorien als ausschließlich das Erscheinungsbild einschließt und stattdessen sämtliche Inhalte und Bedeutungsmöglichkeiten hinterfragt (vgl. hierzu die grundlegende Darstellung bei Chomsky 1957). Somit ist letztlich die Tiefenstruktur auch sehr interessant für die Analyse der Text-Bild-Interaktion, da eine Beschreibung assoziativer, kognitiver oder diskursiver Parameter als Teil einer Tiefenstruktur des visuellen Kommunikats interpretiert werden kann.

den Umweltschutz und die Nutzung natürlicher Vorkommen gelten. Dementsprechend ist auch das touristische Angebot eingeschränkt. Charakteristisch für russische Reservate ist zudem ihre geographische Zerklüftung, die auch das Volga-Kama-Biosphärenreservat aufweist, da es in einen linksufrigen Distrikt an der Volga (russ. *Раифский участок*) und einen zweiten etwa 100 Kilometer südwestlich von Kazan' (russ. *Саралинский участок*) zerfällt. Gegründet wurde das Reservat im Jahr 1960, in erster Linie zum Schutz der lokalen Wälder, obgleich es eine Vielzahl seltener Flora und Fauna beheimatet (diese und weitere Details siehe auf der Homepage des Reservats unter https://vkgz.ru/ru). Die nachstehenden Karten veranschaulichen die geographische Lage des Reservats:

Abb. 20: Lage der Republik Tatarstan in der Russischen Föderation (ganz links oben) und der Flüsse Volga (links oben im vergrößerten Ausschnitt) und Kama (dort von rechts oben nach links unten). Diese Karte wurde folgender Quelle entnommen: WikiCommons, abrufbar unter https://commons.wikimedia.org/wiki/File:Outline_Map_of_Tatarstan_(with_position_on_the_map_of_Russia).svg. Veröffentlicht vom Nutzer Виктор В. unter einer CC BY-SA 3.0-Lizenz.

Abb. 21: Die geographische Lage des Volga-Kama-Biosphärenreservats in der Republik Tatarstan. Die Karte wurde vom Nutzer Виктор В. veröffentlicht und ist unter WikiCommons gemeinfrei unter https://ru.wikipedia.org/wiki/%D0%A8%D0%B0%D0%B1%D0%BB%D0%BE%D0%BD:%D0%9F%D0%BE%D0%B7%D0%9A%D0%B0%D1%80%D1%82%D0%B0_%D0%A0%D0%BE%D1%81%D1%81%D0%B8%D1%8F_%D0%A2%D0%B0%D1%82%D0%B0%D1%80%D1%81%D1%82%D0%B0%D0%BD#/media/%D0%A4%D0%B0%D0%B9%D0%BB:Relief_Map_of_Tatarstan.png. Das Schutzgebiet besteht aus einem nördlichen (Раифский участок) und einem südlichen Teilabschnitt (Саралинский участок). Lokalisierung hinzugefügt durch M.H. Weiteres Kartenmaterial des Reservats unter https://vkgz.ru/ru/ bzw. https://vkgz.ru/ru/volzhsko-kamskiy-gosudarstvennyy-prirodnyy-biosfernyy-zapovednik.

In einem Waldstück am Rande dieses Biosphärenreservats, welches sich unweit von Kazan', der Hauptstadt der Republik Tatarstan befindet, warnen einige Hinweisschilder vor einem Betreten des umgebenden Waldes. Zu lesen ist auf diesen Schildern, die auf den nachstehenden Abbildungen 22 und 23 zu sehen sind „*Заповедник. Вход и въезд запрещён*“:

Abb. 22: Schild am Waldrand des Volga-Kama-Biosphärenreservats südlich von Kazan'. (Foto: Martin Henzelmann)

Abb. 23: Schild am Waldrand des Volga-Kama-Biosphärenreservats südlich von Kazan'. Aufschrift auf Abb. 22 und Abb. 23: *Заповедник. Вход и въезд запрещён.* (Foto: Martin Henzelmann)

Zunächst können die optischen Eindrücke und somit die künstlerische Gestaltung kurz skizziert werden, die die Beschilderungen kennzeichnen: Auf der Abbildung 22 sehen wir in einem Blauton die Überschrift *Заповедник*, darunter steht in kleineren und schmaler gestalteten hellrosa Buchstaben *Вход и въезд*, bevor schließlich *запрещён* das Wort ist, welches den visuellen Eindruck dominiert. Es ist größer dargestellt als alle anderen Worte und in einem markanten Rosaton gestaltet, der aber auch das Resultat der Verblassung eines Rottons sein kann. Dafür spricht zumindest die Darstellung in Abbildung 23, die nur wenige Kilometer entfernt davon aufgenommen wurde und in der klar ein roter Farbton zu erkennen ist, in dem das gleiche Wort erscheint. Anders als zuvor wurde die Information *Заповедник* rot hinterlegt, hinzu kommt das auffällige Symbol des Einfahrtverbots. Rot ist generell die Farbe des Verbots, der Gefahr und der Hervorhebung wichtiger Sachverhalte (Dobrovol'skij/Piirainen 2002: 265–267), deshalb ist sie auf Zeichen im öffentlichen Raum wie etwa Verkehrs- und Verbotsschildern sehr präsent. Die Aufschriften auf beiden Darstellungen sind auf weißem Untergrund und vollständig in Großbuchstaben gehalten, was ihrer Aussage Nachdruck und Relevanz verleiht, wobei bereits durch die optische Realisierung eine klare Emphase des Signalwortes *запрещён* gegeben ist. Neben den künstlerischen und gestalterischen Details, die für die kognitive Rezeption durchaus eine Rolle spielen, könnten auch technische Rahmenbedingungen wie etwa die Größe, die Höhe der Anbringung oder die Ausrichtung hinterfragt werden. In der vorliegenden Untersuchung werden sie aber nicht als sonderlich relevant erachtet (mit Ausnahme der Tatsache, dass sie in einer Höhe aufgestellt wurden, die eine gute Lesbarkeit befördert).

Eine Analyse, die weitere Faktoren einbezieht (und somit den Ansätzen entgegenkommt, die insbesondere in der Semiotic Landscape verfolgt werden), besteht in der Verlinkung kognitiver Elemente, die eine ganz entscheidende Rolle bei der Interpretation spielen. Allen voran geht es dabei um das Verständnis des Kontextes, in dem derartige Beschilderungen anzutreffen sind und das damit verbundene Weltwissen, um Ortskunde im Allgemeinen, um das Umfeld[274], aber auch um Sprachkenntnisse und eine Zuordnung der Charakteristika bestimmter Symbole. Dies wiederum kann wie im Folgenden in unterschiedliche sprachtheoretische Modelle eingebunden werden.

10.6.1 Visuelle Kommunikate im Volga-Kama-Biosphärenreservat

Exemplarisch kann vor dem Hintergrund der Studien des Sprachwissenschaftlers Hartmut Stöckl ein Blick auf visuelle Kommunikate in der Russischen Föderation geworfen werden, in denen ein Text mit Bildern, Darstellungen, Landkarten u.a. visuellen Formen interagiert. Möchte man nun hinterfragen, welche Rolle visuelle Kommunikate im Volga-Kama-Biosphärenreservat in der Republik Tatarstan spielen, so eignet sich die Beschriftung des öffentlichen Raums innerhalb und rund um das Reservat zur umfassenden Untersuchung ihrer unterschiedlichen Funktionen und Assoziationen. Zu diesem Zweck kann folgende Tafel (vgl. Abbildung 24) an der Zufahrt zum Reservat genauer betrachtet werden:

274 So kann beispielsweise ein Verbot in bestimmten Zusammenhängen eine Verbindlichkeit in unterschiedlicher Intensität markieren, die sprach- und themenbedingt eigene Frames evoziert (vgl. etwa im Überblick bei Kul'kova 2010).

Abb. 24: Schild an der Zufahrt zum Volga-Kama-Biosphärenreservat. (Foto: Martin Henzelmann)

Grundsätzlich können hier zuallererst Text und graphische Darstellungen separat voneinander hinterfragt werden. Lässt man sich von der Gegenüberstellung Stöckls (2011: 48–49, zudem 52 ff.) leiten[275], so muss noch vor der eigentlichen Interpretation des Inhalts eine Kontext- und Situationserkennung erfolgen. Diese basiert auf dem optischen Eindruck, den das Kommunikat vermittelt, welcher sich sowohl aus der inneren Semiotik des Schildes als auch aus seiner Umgebung konstruiert. Die von Stöckl als diskret, distinkte Einzelzeichen benannten Einheiten können in der Gesamtheit der Beschriftung gesehen werden (*Волжско-Камский государственный природный биосферный заповедник. Основан в 1960 году*). Wie bei allen sprachlichen Äußerungen sind auch hier die Zeichen arbiträr und werden miteinander syntagmatisch

275 Hier orientiere ich mich weitestgehend an der Reihenfolge, an der Terminologie sowie an der Kernidee, die Stöckl seiner Darstellung des Werbediskurses zu Grunde legt, wenngleich an einigen Stellen auf Abweichungen verwiesen wird.

kombiniert, sie geben zugleich Aufschluss darüber, welcher Themenkomplex angesprochen wird. Eine ikonische Semiotik wird vor allem durch die Darstellung einer Flusslandschaft aus der Vogelperspektive am linken Rand des Schildes sowie durch die Abbildung der geographischen Karte auf der rechten Seite aktiviert. Auf semiotischer Ebene werden somit textuelle und extratextuelle Symbole kombiniert, die sich auf den ersten Eindruck der Betrachter auswirken. Sie stellen eine wichtige Grundlage für die Verortung des Kommunikats dar. In diesem semiotischen Rahmen kann nun eine kognitive Analyse durchgeführt werden, die umfassender zu sein scheint, als es Stöckl skizziert. Bei ihm werden Inhalte von Bildern simultan und gesamtheitlich schnell wahrgenommen, sie sind gedächtnis- und wirkungsstark und direkt emotionsverbunden. Dies scheint im vorliegenden Fall nicht vordergründig zuzutreffen, denn die graphische Gestaltung am linken Rand sowie das Kartenmaterial wirken eher als Ergänzung, wenngleich sie Naturverbundenheit und ganz allgemein die geographische Beschaffenheit symbolisieren, die mit der Region umwoben ist. Der Text wird hingegen linear aufgefasst und befördert keine direkte emotionale Wirkung, man müsste nun aber genauer auf die Frage eingehen, welche kognitiven Raster sich bei einer Betrachtung aller dargestellten Einheiten ergeben[276]. Somit sind nicht nur die einzelnen Wörter oder andere Segmente für eine Analyse interessant, sondern auch die Farbenwahl und die Größe der jeweiligen Zeichen.

Beginnen wir zunächst einmal bei den Lexemen, welche auf der Tafel zu erkennen sind. Hiermit sind nur diejenigen Elemente gemeint, die unmittelbar auf dem Schild selbst verwendet werden, nicht auf Symbolen, welche ergänzend aufgeführt werden. Der erste und optisch dominierende Bereich besteht aus der Aufschrift *Волжско-Камский государственный природный биосферный заповедник*, welche den Besuchern als lokale Orientierung dient und bestimmte Details kommuniziert, die bei einer genaueren Betrachtung der semantischen Struktur der einzelnen Elemente hervortreten. Jedes dieser Elemente hat einen bestimmten Bezugspunkt zur außersprachlichen Realität, durch den spezielle Assoziationen aufgerufen werden. Diese können im NKRJa und im assoziativen Onlinewörterbuch der russischen Sprache (http://www.tesaurus.ru/dict/) überprüft werden, um die Wesenszüge der einzelnen Termini zu erfassen und grob zu klassifizieren.

276 Es geht bei Stöckl zunächst um die Frage, welche möglichen Perzeptionsstrukturen denkbar sind, so dass man sich zuerst mit Assoziationen und grundsätzlichen kognitiven Kollokationen befassen muss, die als Referenzgrößen auftreten. Erst danach spricht Stöckl die Semantik an.

Darüber hinaus kann die Häufigkeit des Vorkommens eines Eintrags im Korpus oder seiner Assoziation in bestimmten Bereichen dazu beitragen, Hypothesen zu seiner Interaktion mit dem ökologischen Diskurs zu generieren. In der anschließenden Gegenüberstellung werden diese Komponenten auf die partizipierenden Elemente übertragen[277].

Tab. 29: Die Aufschrift *Волжско-Камский государственный природный биосферный заповедник.*

Element	***Bezug***[278]	***häufigste (h) und zentrale (z) Assoziationen***[279]	***Dokumenthäufigkeit im Korpus aus 124.565***	***Konsequenz***
Волжско	Волга (113)	река (h+z: 34)	1.412	wenig verbreitet
Камский	Кама (–)	–[280]	194	fachspezifisch
государст-венный	государство (645)	страна (h+z: 49) наше (z: 26) СССР (z: 16) Российское (z: 10)	6.779	relevant
природный	природа (508)	мать (h≠z: 69) лес (z: 34)	5.573	relevant
биосферный	биосфера (–)	–	69	fachspezifisch
заповедник	заповедник (–)	–	359	fachspezifisch

277 Hierbei wird eine Auswahl getroffen, bei der ausschließlich diejenigen Assoziationen aufgegriffen werden, die eindeutig relevant für die Fragestellung sind. So ist es beispielsweise nicht wesentlich, wenn *Volga* mit dem gleichnamigen Automobil in Verbindung gebracht wird, gleichwohl aber seine Verortung als bedeutender Fluss in Russland. Ohnehin kann bei den zahlreichen Assoziationen, die die Onlineversion aufwirft, nur ein Ausschnitt berücksichtigt werden. Um zu zeigen, welche Rolle den jeweils entnommenen Assoziationen zukommt, wird die Zahl ihrer Erwähnungen in Bezug auf das Gesamtvorkommen zitiert und mit Daten aus dem Korpus in Korrelation gesetzt.

278 In Klammern erscheinen die Gesamtreaktionen, die ein Stimulus als Assoziation hervorruft.

279 Hier wird in Klammern die Häufigkeit ergänzt, die im Bezug zur Zahl der Gesamtstimuli des entsprechenden Bezugswortes auftritt, also werden etwa zu *Волга* insgesamt 113 Reaktionen gemessen, von denen 34 auf *река* entfallen.

280 Im assoziativen Wörterbuch fehlt der Eintrag für *Кама*, *биосфера* und *заповедник*, was darauf schließen lässt, dass der Fluss Kama wesentlich weniger bedeutsam

Wir sehen in Tabelle 29, dass bestimmte Assoziationsmuster zu den Einträgen als zentral gelten können, die oftmals auch am häufigsten genannt werden. Im Falle des Beispiels *Волга* dominiert klar die Vorstellung, dass es sich um einen Fluss handelt, weshalb hier die am weitesten verbreitete Assoziation gleichzeitig eine zentrale Querverbindung zum ökologischen Diskurs herstellt. Im Unterschied dazu ist der Terminus *природа* im ökologischen Diskurs zwar ebenfalls als zentral zu betrachten, er ist aber nicht derjenige, der am häufigsten genannt wurde[281]. Die Referenz auf *государство* ist diejenige, die die meisten Assoziationen insgesamt evoziert, wobei es wichtig ist, dass diese auch sehr häufig mit dem Staat Russland in Verbindung stehen. Zwar haben wir es hier nicht mit einem Assoziationsstrang zu tun, welcher primär diskursinhärent ist, allerdings steckt er doch ganz klar die Rahmenbedingungen ab. Der Bezug zu einem konkreten Land wird dadurch, aber natürlich auch durch die Position des Schildes selbst offensichtlich. Aus der Tabelle geht weiterhin hervor, dass drei Einträge, nämlich *Кама*, *биосфера* und *заповедник* keine Berücksichtigung im assoziativen Wörterbuch finden und somit als fachspezifisches Vokabular zu deuten sind. Da sie zudem weniger als ein Prozent der Einträge im Gesamtkorpus darstellen wird angenommen, dass sie in Bezug auf das Korpus als irrelevant und daher lediglich als spezifisches Vokabular bewertet werden können. Dass nun diese drei Begriffe, die sich nicht im assoziativen Wörterbuch wiederfinden, auch im Korpus nur sehr selten in Relation zur Gesamtzahl der relevanten Dokumente vorkommen, lässt den Rückschluss zu, dass es sich um Begriffe handeln muss, die nur innerhalb bestimmter sprachlicher Nischen existieren, die ein Spezialphänomen aufgreifen oder außerhalb eines bestimmten Diskurses wenig relevant sind.

Der kleinere Zusatz, der dieser Hauptinformation der Tafel beigefügt wurde, besteht aus dem Hinweis *Основан в 1960 году*. Hieraus ergeben sich keine unmittelbaren Referenzen auf einen Naturbezug, sondern vielmehr spielt diese

empfunden wird als etwa die symbolträchtige Volga und die anderen beiden Termini wohl zu spezifisch sind, um in das Testverfahren bei der Erstellung des Wörterbuchs aufgenommen zu werden. Daher können nur die Daten aus dem Korpus grundsätzliche Erkenntnisse für sie andeuten.

281 Die am weitesten verbreitete Assoziation ist mit *мать* jedoch nicht ein Begriff, der unmittelbar mit Naturphänomenen zu tun haben muss, auch wenn dies im übertragenen Sinne durchaus plausibel erscheint. Von einer *Mutter* kann aber auch in völlig anderen Kontexten die Rede sein. Aus diesem Grund erachte ich ihn auch nicht für zentral für die vorliegende Auswertung.

Aussage auf die historische Relevanz des Naturschutzgebiets und konkrete Maßnahmen des Umweltschutzes an.

Will man nun das Schild unter einem weiteren Aspekt untersuchen, so bietet sich das erwähnte Konzept der Semiotic Landscapes an. Diese Forschungsrichtung ist weiter gefasst als die der Linguistic Landscapes, da sie zahlreichen Details Aufmerksamkeit widmet. Die Linguistic Landscape fokussiert sich im Wesentlichen darauf, die Präsenz und die Funktionen unterschiedlicher Sprachen im öffentlichen Leben zu ergründen (vgl. dazu Ben-Rafael et al. 2006, Ben-Rafael 2009, Blommaert 2016), wobei in der Praxis zu sehen ist, dass bevorzugt Großstädte als Untersuchungspunkte gewählt werden. In der Semiotic Landscape sind diese Feststellungen zwar relevant, aber die Forschung blickt noch tiefer: So rücken neben einem Text im öffentlichen Raum selbst auch die darauf verwendeten Farben, Materialien und Anordnungen in den Fokus. Die Theorie geht auf die Ansätze zurück, die von Adam Jaworski und Crispin Thurlow in einem einführenden Sammelband als Erweiterung der Linguistic Landscape unter dem Titel *Semiotic Landscapes, Language, Image and Space* vorgestellt wurden (s. dazu auch im Unterpunkt 10.4). Die Autoren sprechen davon, dass ein extensiver Zugang zur Untersuchung der Wechselbeziehungen zwischen Raum und Text erforderlich ist, um ein möglichst genaues Bild der Einflussfaktoren auf Rezeptionsstrukturen zu erlangen (was im Übrigen aber schon in den 1970er Jahren in Frankreich und davor bereits auch von Lotman umfassend beschrieben wurde). In diesem Zusammenhang sprechen die Autoren weiterhin von einer „social construction of place and people's 'sense of place'" (Jaworski/Thurlow 2010: 7) und merken an, dass öffentliche Räume unter Verwendung bestimmter Zeichen zu dem werden, als was sie wahrgenommen werden. Konzentrieren wir uns vor diesem Hintergrund einmal darauf, welche Rolle die Semiotik der Farben auf der oben abgebildeten Darstellung (Abb. 24) in Interaktion mit Sprache in Naturräumen spielt.

10.6.2 Semiotik der Farben und Symbole

In der Slavistik hat die Erforschung der Farbsemiotik eine weitreichende Tradition, die dazu geführt hat, dass heutzutage über die Bedeutung von Farben in unterschiedlichen slavischen Kulturräumen recht viel bekannt ist. So widmet sich Peter Hill bereits 1970 in seiner Masterarbeit der Signifikanz von Farben und untersucht sie kontrastiv im Sprachenpaar Russisch-Bulgarisch (Hill 1970). Zwei Jahre später erschien seine Studie in deutscher Sprache, in der er den Versuch unternimmt, Farbadjektive aus semiotischer Perspektive zu klassifizieren (Hill 1972). Vor allem zu dieser Zeit befassten sich Sprachwissenschaftler umfassend mit der Frage, ob es Kriterien gibt, die dazu beitragen, dass Farben eine bestimmte Bedeutung entfalten, wie die damit verbundene Entstehungsgeschichte kultursemiotisch zu deuten ist und vor allem welche Relevanz dies aus sprachwissenschaftlicher Perspektive erfährt. Ein weiteres Beispiel ist die Studie von Svetlana Bekova, welche als Textquellen Autoren und Wörterbücher nutzt, um die Entstehungsgeschichte der Farbbedeutung für einen gewissen Kontext zu strukturieren (Bekova 1977). Später wurden vor allem Phraseologismen oder die traditionelle Folklore eines Kulturkreises als Interpretationsgrundlage für eine kulturspezifische Farbsymbolik angesehen (vgl. etwa Schubert 1989).

In einem Fachaufsatz aus dem Jahr 2008 fasst Peter Hill zusammen, wie die metaphorische Verwendung von Farbwörtern in den slavischen Sprachen zu bewerten ist. Man kann seinen Aufsatz gleichermaßen als guten Überblick über den bis dahin aktuellen Wissensstand lesen. Er betont in diesem Beitrag eingehend, dass Farben oftmals verwendet werden, um eine physische Erscheinung oder ein abstraktes Ereignis zu bezeichnen. Ursprünglich – und das kann als ein zentraler Nexus zwischen Sprachwissenschaft, Kulturwissenschaft und Ökologie gesehen werden – bezogen sich Farben auf die natürliche Umwelt (Hill 2008: 63), und weiterhin:

> In 21st-century western societies we are accustomed to synthetic dyes that produce intense hues, but in the natural world such intense hues occur only rarely. (Hill 2008: 63)

Bereits dies zeigt, dass es bestimmte Farben geben muss, die enger im Zusammenhang mit der Natur zu sehen sind als andere. Das bedeutet weiterhin, dass eine intrinsische Referenz auf die Natur offenbar nicht mit allen Farben erreicht werden kann, was anhand der weiter unten dargelegten Beispiele besprochen wird. Hill geht in seinem Aufsatz auf die Klassifikation nach Berlin und Kay aus den 1960er Jahren ein, die von elf Grundfarben sprechen, welche wiederum universell und in unterschiedlichen Abstufungen in sämtlichen Sprachen anzutreffen sind. Während schwarz und weiß die wichtigsten Farbadjektive sind, folgen unmittelbar danach rot und grün (Hill 2008: 64, vgl. dazu außerdem bei Petru 2006), wobei bekanntlich die Rolle der grünen Farbe im Zusammenhang mit der Ökologie metaphorisch immer wichtiger wird (im Rahmen der Beispielanalyse ist die Farbe hingegen nicht dominant).

In aktuellen Studien erweitert sich der Untersuchungsradius auf neuartige und bislang selten im Fokus stehende Phänomene. Dazu zählt etwa die Fragestellung, welche Rolle die Farbsemantik in modernen Sportarten wie Fußball einnimmt und welche sprachlichen Optionen sich dabei kulturspezifisch erkennen lassen. Es werden gezielt farbliche Gestaltungen von Schriftzügen und anderen Symbolen gewählt, die nur im Rahmen eines bestimmten sportbezogenen Kontextes ihre Bedeutung entfalten (Wonisch 2018). Auch kontrastive perzeptionslinguistische Arbeiten mit themenoffenen Assoziationen der Farben rücken gegenwärtig in den Fokus der Analyse. So wird beispielsweise hinterfragt, welche Kollokationen mit dem Farbwort *grün* in den slavischen Sprachen generell und übergreifend möglich sind (etwa im Hinblick auf Naturphänomene), und welche wiederum sprachspezifisch denkbar sind (etwa im Hinblick auf das Weltbild, auf Traditionen, Kultur oder sogar einige Getränke; vgl. dazu bei Kalita 2017 und Kalita/Načeva-Marvanová 2021). Weiterhin widmet man sich gegenwärtig quantitativen Fragestellungen wie beispielsweise der Verteilung von Farben in verschiedenen Domänen, zu denen auch sprachwissenschaftlich-statistische Aspekte gehören (z.B. das Vorkommen eines bestimmten Farbadjektivs im Rahmen eines konkreten Diskurses, etwa *grün* im ökologischen Diskurs oder *rot* in Bezug auf die politische Linke). Der tschechische Sprachwissenschaftler Richard Změlík unterzieht vor diesem Hintergrund die narrative Fiktion von Farben einer umfassenden konzeptuellen Analyse (Změlík 2019).

Die Farbensymbolik spielt gleichermaßen in der kontrastiven Phraseologie eine wichtige Rolle. Dieses Themenfeld wird von Dmitrij Dobrovol'skij und Elisabeth Piirainen in ihrer exhaustiven Studie aufgegriffen. Die darin verorteten Zusammenhänge können gleichermaßen dazu beitragen, einer nicht phraseologisch orientierten Studie Impulse zu geben. Demnach spielten Farben als Ordnungsprinzipien eine Rolle in unterschiedlichen Kulturkreisen[282], gleichwohl weisen sie weniger intersubjektive und allgemeingültige Schnittstellen auf. Farbsymbolik folgt demnach keiner festen Systematik und wandelt sich im Laufe der Zeit (Dobrovol'skij/Piirainen 2002: 228).

Dmitrij Dobrovol'skij und Elisabeth Piirainen gehen bei ihrer Analyse in zwei Schritten vor: Zunächst werden Phraseologismen aus mehreren Sprachen zusammengetragen, in denen unterschiedliche Farben vorkommen, anschließend diskutieren sie den Status einer konkreten Farbe als Kultursymbol. Beziehen wir dies nun auf die Darstellung, die das Schild am Rande des Biosphärenreservats erkennen lässt (vgl. Abbildung 24): Demzufolge ist die Farbe

---

282 Man könnte auch davon sprechen, dass es sich um starke Indikatoren der Implikation bestimmter Informationen handelt, die durch paralinguistische Mittel kommuniziert werden (Kraže 1989: 86), insbesondere bei Signalfarben wie etwa *rot* als Kennzeichnung potentieller Gefahren.

weiß, die den Hintergrund des Schildes bestimmt, im Wesentlichen positiv konnotiert und wird u.a. mit Eigenschaften wie gut, rechtmäßig und deutlich assoziiert. Dies gilt für russische Phraseologismen auch im Hinblick auf Naturerscheinungen wie im Falle von *белый свет* („‚weißes Licht/weiße Welt', die uns umgebende Welt, das Leben in allen seinen Erscheinungsformen", Dobrovol'skij/Piirainen 2002: 235). Weiß kann aber auch für unbekannte Bereiche stehen (angeführt wird das Beispiel *белые пятна/weiße Flecken*, Dobrovol'skij/Piirainen 2002: 237). Aus der Perspektive der kulturellen Symbolik haben wir es demnach mit einer Farbe zu tun, die weitestgehend positiv belegt ist, da sie Reinheit impliziert (Dobrovol'skij/Piirainen 2002: 239). Ergänzt man nun noch gezielt die Naturerscheinungen, die der Farbe weiß im *Русский ассоциативный словарь*[283] zugeschrieben werden, so treten folgende Lexeme hinzu: *снег* (127)[284], *аист* (18), *пудель* (15), *заяц* (10), *медведь* (9), *клык* (8), *лебедь* (8) und *конь* (6). Auf dem zu untersuchenden Hinweisschild ist weiß eindeutig die Farbe, die den visuellen Gesamteindruck quantitativ dominiert. So wird bereits durch den farblichen Hintergrund der Naturbezug aus kognitiver Sicht modelliert: Die räumliche Umgebung, die Reinheit der Natur, der Schnee (und damit auch der Winter), aber auch passend zur Landschaft die Birke als wichtiges Symbol der russischen Kultur[285] werden darin vereint.

Mit Großbuchstaben in einem Braunton wird die Nomination *Волжско-Камский заповедник* dargestellt, die für Besucher auf Grund der Größe als zentrale Information erscheint. Braun wird in der Darstellung nach Dobrovol'skij/Piirainen (2002) nicht gesondert aufgegriffen, so dass es sich hier offenbar nicht um ein weit verbreitetes oder sehr prägnantes Kultursymbol handelt. Im *Русский ассоциативный словарь* sehen wir, dass mit dem russischen Äquivalent für das Adjektiv braun (*коричневый*)[286] von 104 Assoziationen

283 Alle Ergebnisse, die aus dieser Quelle zitiert werden, sind online verfügbar unter http://www.tesaurus.ru/dict/. Für den Eintrag *белый* werden 508 Reaktionen genannt. Die Anzahl, mit der die jeweiligen Referenzen genannt werden, wird hier in Klammern angegeben. Ich beschränke mich auf die Nennungen, die in einem oder mehr Prozent der Fälle zutreffen, also im Falle von *белый* auf mehr als fünf, so dass lediglich die wichtigsten Assoziationen erfasst werden.

284 An zweiter Stelle erscheint *черный* (49), das von Dobrovol'skij/Piirainen (2002: 240) als Antonym zu weiß dargestellt wird.

285 Interessant ist, dass die Assoziation zu *береза* im *Русский ассоциативный словарь* überhaupt nicht erscheint, wenngleich dieses Substantiv in derselben Datenbank am häufigsten mit *белая* in Verbindung gebracht wird.

286 Gerade im lexikalischen Feld der Naturerscheinungen und der Anthropologie ist hier ein hoher Variantenpluralismus zu erkennen, vgl. *бурый* (dunkelbraun, etwa

nur wenige aus dem Bereich der Natur stammen, so etwa *цвет* (23), *медведь* (4), *пес* (3), *земля* (2), *гриб* (1) oder *дерево* (1). Für die Interpretation können aber bereits diese wenigen Beispiele aufschlussreich sein, denn gerade dunkle Böden und Bäume sind Kernbestand des gesamten geographischen Gebiets, so dass sie einen wichtigen Zusammenhang zum gewählten Farbton evozieren. Anders kann hingegen der schwarze und deutlich kleinere Schriftzug *государственный природный биосферный* bewertet werden, dessen Funktion bereits optisch eher als Ergänzung beurteilt werden muss. Die Farbe schwarz fungiert hier nicht als Element, welches allgemein negative und bedrückende Eigenschaften transportiert (wie es gerade bei Phraseologismen der Fall ist, vgl. Dobrovol'skij/Piirainen 2002: 241 ff.), sondern sie steht im deutlichen Kontrast zu dem weißen Untergrund und erscheint daher trotz der geringen Größe der Buchstaben leserlich[287]. Schwarz ist zudem die Farbe, in der nicht nur in Russland, sondern auch in zahlreichen anderen Staaten topographische Aufschriften gestaltet werden, insbesondere die der Ortsnamen selbst (und dies nicht selten auf weißem Untergrund, in Deutschland oder im postjugoslawischen Raum weitestgehend auf gelbem Untergrund). Somit kann das Schwarze an dieser Stelle nicht als Farbeinfluss geltend gemacht werden, welcher Assoziationen zu negativen Erscheinungen lizensiert, sondern es dürfte sich vielmehr um die neutrale Wiedergabe einer Information in einer Form handeln, die im öffentlichen Raum weit verbreitet ist (ganz nach dem Muster einer schwarzen Aufschrift auf weißem Grund, analog zu einem schwarz geschriebenen Text auf einem weißen Blatt Papier).

An der linken Peripherie des Schildes sowie auf der Landkarte, die rechts versetzt angefügt ist, werden unterschiedliche Grüntöne genutzt, die die waldreiche Landschaft symbolisieren. Grün ist die Farbe, die am deutlichsten für einen Zusammenhang zur Umwelt steht, sie ist die Farbe der Blätter, der Gräser und einiger Tierarten. Zudem wird heutzutage längst nicht mehr die Natur allein, sondern auch das Engagement für umweltpolitische Fragen mit dem

---

in Bezug auf ein Fell), *каштановый* (in Bezug auf Haare), *смуглый* (in Bezug auf die menschliche Hautfarbe), *карий* (im Hinblick auf die Augenfarbe) oder *гнедой* (im Hinblick auf die Farbe von Pferden, vgl. https://de.langenscheidt.com/deutsch-russisch/braun#sense-1.4.1).

287 Überhaupt ist weiß der Gegensatz zu schwarz schlechthin, worauf nicht nur Dobrovol'skij/Piirainen (2002) in den Einträgen zu den beiden Adjektiven verweisen, sondern auch das *Русский ассоциативный словарь*: Von 541 Assoziationen zu *черный* wird 75 Mal *белый* genannt. Aus dem Bereich der Natur ist vor allem die Fauna präsent: *кот* (72), *ворон* (23), *пес* (5) oder *пудель* (5).

Adjektiv *grün* in Verbindung gebracht (vgl. die Organisation *Greenpeace*, die in zahlreichen Ländern agierende Partei *Die Grünen*, die ökonomische Bedeutung der *grünen Energie*, gleichermaßen *grün* als Symbol für *Hoffnung*, *Unvergänglichkeit* und *Ausgeglichenheit*, oder aber finanzielle Anreize, die sich aus der Nutzung *grüner Ressourcen und Technologien* ergeben u.v.m., Dobrovol'skij/Piirainen 2002: 281–282, Padrini/Lucheroni 2021: 41, Henzelmann 2023: 204–205). Dabei hat die Farbe weitestgehend die Funktion inne, ambivalente Charakteristika zu vermitteln (vgl. dt. *auf (k)einen grünen Zweig kommen*, wobei in der positiven Variante eine Analogie zur aufblühenden Natur gesehen werden kann, Dobrovol'skij/Piirainen 2002: 275). Weiterhin ist interessant, dass in den Phraseologismen das Adjektiv in seiner Bedeutung mit *viel* oder *sehr* in Verbindung steht und daher in intensivierender Funktion erscheint (Dobrovol'skij/Piirainen 2002: 280). Somit wird eine Relation zu einer hohen Quantität konstruiert, was im übertragenen Sinne auf die unzähligen Waldvorkommen und die große geographische Ausdehnung des Reservats projiziert werden kann. Auf der Landkarte rechts oben ist zudem die Volga als das bedeutendste Gewässer der Region in *blau* dargestellt. Dieser Farbe kommt eine wichtige Kultursymbolik im Rahmen von Naturphänomenen zu, so ist sie nicht nur die Farbe des Wassers, sondern auch des Himmels, etlicher Blumen und Vögel sowie der Kälte (Dobrovol'skij/Piirainen 2002: 272–274). All diese Erscheinungen kommen im Biosphärenreservat vor, es ist insbesondere der Zusammenhang zum Wasser zu nennen, welches überhaupt erst die Grundlage für die Existenz des entsprechenden Schutzgebiets darstellt. Gleichermaßen kann davon ausgegangen werden, dass die Farbe *blau* ebenso wie die Grüntöne, die auf der Landkarte zu erkennen sind, in erster Linie eine Analogie zu den geographischen Gegebenheiten markiert, wie es auf topographischen Karten üblich ist. Eine blaue, aber auch eine rote Linie werden auf der Karte eingesetzt, um interne Grenzverläufe zu markieren. Auch für die rote Farbe lässt sich feststellen, dass sie ausschließlich im Rahmen der Karte eine Funktion erfüllt, sie steht dort für die Kennzeichnung der Gebietsgrenze des Reservats. Obwohl sie im Gesamtkonzept des Schildes kaum hervortritt, ist die rote Farbe dennoch als wichtiges Symbol im Rahmen der Ökologie zu betrachten. Als warme Farbe verkörpert sie u.a. das Feuer (und somit die Doppeldeutigkeit im Hinblick auf Wärme, aber auch auf Gefahr), sie steht für schöne, aber auch für wichtige Sachverhalte und impliziert Warnungen (Dobrovol'skij/Piirainen 2002: 265–267).

Im Hinblick auf die Farben, die auf der Informationstafel verwendet werden, lässt sich festhalten, dass sie zum grundsätzlichen Gesamteindruck passen, den das Schild vermitteln möchte. Alle Farbtöne, die in der Natur erscheinen und somit auch für rezeptive Prozesse eine wichtige Symbolkraft entfalten, kommen vor, mit Ausnahme der gelben Farbe[288]. So ist eine besonders intensive Wechselwirkung zwischen Farben wie blau, weiß, rot und grün zu erkennen, von denen vor allem weiß und grün einen Teil des Bildes prägen (in geringerem Umfang jedoch auch blau). Folgt man einer Anmerkung von Dmitrij Dobrovol'skij und Elisabeth Piirainen, so kann man darin in gewisser Weise das Zusammenspiel der Naturkräfte erkennen[289]:

> Ein anderer alter, nicht mehr bekannter kultursymbolischer Wert von BLAU ist die Antonymie zu anderen Farben: im Kampf zwischen Himmel und Erde verbinden sich BLAU und WEISS gegen ROT und GRÜN [...] (Dobrovol'skij/Piirainen 2002: 273, mit Verweis auf Heinz-Mohr 1991: 107 f.)

Auf diejenigen Farbtöne, die sich in der Natur weniger prototypisch wiederfinden, wurde bei der Darstellung gänzlich verzichtet. So finden wir beispielsweise weder lila noch rosa Elemente, da sie nicht die erforderliche Symbolik implizieren, die im konkreten Raum evoziert werden soll. Selbst wenn diese Farben etwa für die Aufschrift genutzt würden und auf genau das gleiche Denotat verweisen würden, so wäre der kognitive Zusammenhang zu den genuinen Farben von Naturerscheinungen nicht sofort erkennbar oder passend. Vor allem für die graphischen Segmente am linken Bildrand mit dem Vogel, den Wäldern und der Volga schließen sich Farben, die keine Analogie zur räumlichen Realität erkennen lassen, diskursbedingt sogar aus, da dies mit einer Aufgabe des Anspruchs auf Ursprünglichkeit gleichgesetzt werden könnte, gerade letztere soll aber im Reservat konserviert und nicht zerstört werden.

---

288 Die gelbe Farbe ist recht widersprüchlich, sie lässt sich nicht nur mit der Sonne oder Blumen, sondern auch mit stark negativen Eigenschaften verbinden. Dies trifft insbesondere auf den russischen Kulturkreis zu, wo gelb für das Schlechte, für Trennung und Untreue steht (Dobrovol'skij/Piirainen 2002: 286 und 288). Vor diesem Hintergrund ist es umso sinnvoller, in der Graphik auf Gelbtöne zu verzichten, da sie sich nicht in das Gesamtkonzept der positiven, unversehrten Naturdarstellung einreihen würden.

289 Hier kann weiterhin eine Parallele zu bestimmten Konventionen erkannt werden, die sich sprach- und kulturgebunden manifestieren. Prototypische Darstellungen sollen auf einen breiten Rezipientenkreis abzielen und dazu führen, dass die Botschaft des Kommunikats möglichst gut verstanden wird. Das kann natürlich nur dann funktionieren, wenn klar ist, welchen Repräsentationen welche Rolle zukommt und wie diese kontext- und diskursbezogen zu deuten sind. Besonders kulturelle Hintergründe sind dabei hervorzuheben, die in der Regel gebräuchlich und daher auch zuzuordnen sind, sie müssen aber nicht obligatorisch angewandt werden (Coseriu 1988: 258).

Sehen wir uns weiterhin an, wie die semiotischen Zeichen der Tafel strukturiert sind. Welche Elemente bilden das Zentrum, welche die Peripherie? Und was bedeutet das für die Informationsstruktur insgesamt?

10.6.3 Zentrum und Peripherie

Die oben dargestellte Beschilderung lässt sich bereits optisch in ein Zentrum und eine Peripherie aufteilen. Das Zentrum stellt die Aufschrift auf weißem Untergrund dar, welches den Besuchern einen ersten Eindruck von den geographischen Gegebenheiten vermitteln soll. Es ist durch die Größe der Fläche, aber auch durch die Größe der Buchstaben gekennzeichnet. An der Peripherie befindet sich links die Skizze einer Landschaft mit einem Vogel, rechts die Landkarte und unten die Aufschriften und Embleme, die Zusatzinformationen transportieren. Primär informationsorientierte Schaubilder können dank der Wechselwirkung von graphischen Elementen (Abbildungen, Schrift, Embleme etc.) und farblicher Variation durchaus als „kreative und semiotisch dynamische Konstruktionen" (Opiłowski 2013a: 19) betrachtet werden, da sie sich unterschiedliche Ressourcen zu eigen machen und gezielt auf bestimmte Topoi eingehen. Das lässt die Schlussfolgerung zu, dass sowohl die textuelle als auch die farbliche Gestaltung der Projektionsflächen gut durchdacht sind und aufeinander abgestimmt werden mussten, und demnach also auch nicht willkürlich kombiniert wurden. Der Germanist Ulrich Schmitz erklärt diesen Umstand wie folgt:

> [Es] herrscht aber nicht blankes Chaos. Ganz im Gegenteil betreiben die Produzenten sehr viel Aufwand, um per visueller Gestaltung (Corporate Identity, Bildauswahl, Design, Layout und Typographie) jedenfalls optisch Einheit zu erzeugen und die Aufmerksamkeit der Rezipienten zu fesseln und lenken und/oder ihre Orientierung zu erleichtern. (Schmitz 2015: 10)

Es ist davon auszugehen, dass die Darstellungen im Idealfall sowohl farblich als auch semantisch mit dem Themenkreis der Natur harmonieren. Zu erwarten sind entsprechende Schlüsselbegriffe oder Schlagworte, die die Konnotationen auch unabhängig von den verwendeten Farbtönen oder Schriftgrößen vermitteln. Gerade Farben und Größen sind es aber, die bestimmte Hervorhebungen symbolisieren und den Aussagen besonderen Nachdruck verleihen. Dies verweist letztlich auch auf eine doppelte Dichotomie zwischen dem Zentrum und der Peripherie der Gestaltung: Erstens im Hinblick auf den Informationsstrang, nämlich in dem vordergründige von hintergründigen Informationen separiert werden, und zweitens im Hinblick auf die graphische Gestaltung, aus der hervorgeht, dass das textuelle Zentrum der Tafel um Segmente am Rande erweitert wird. Betrachtet man also erneut die Komposition der Tafel, so erkennt man, dass nicht nur ihre farbliche Konstellation, sondern auch die Anordnung der Aufschriften, ihre Größe und die Abbildung weiterer Symbole einer gewissen Struktur unterliegen. Die optisch auffälligste Gestaltung erfährt der Schriftzug *Волжско-Камский заповедник*, etwas kleiner ist der attributive Zusatz *государственный природный биосферный* dargestellt, bevor schließlich die Nebeninformation *Основан в 1960 году* am unteren linken Rand des Schildes erscheint. Dieser Informationskomplex kann als Zentrum der Hinweistafel erachtet werden, und das sowohl aus semantischer als auch aus graphischer Perspektive. Er vermittelt den wesentlichen Kern dessen, was Besucher des Ortes wissen müssen, alle anderen Verweise sind zwar wichtig, aber sie sind zweitrangig und somit im Verhältnis zum Zentrum als peripher zu betrachten. Die Peripherie besteht somit aus allen Darstellungen, die sich am seitlichen und oberen Rand des Hinweisschildes befinden, aber auch aus der Farbsemiotik und aus den angeführten Symbolen. In der Abbildung 25 wird die Informationsstruktur des Hinweisschildes schematisch zusammengefasst:

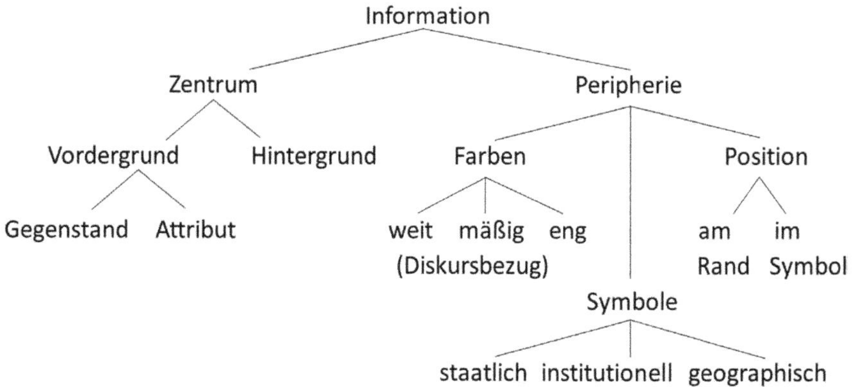

Abb. 25: Informationsstruktur eines Hinweisschilds im Volga-Kama-Biosphärenreservat.

Folgt man nun den Analysen von Hartmut Stöckl (2011: 48–49), der die Informationsstruktur von Bildern mit denen der Sprache vergleicht, und setzt sie in Korrelation zu der hier vorgestellten Trennung von Zentrum und Peripherie, so gelangt man zu einer bemerkenswerten Beobachtung: Wenn bei Stöckl die Perzeption von sprachlichen Mitteln als langsam, emotionsarm und wirkungsschwach dargestellt wird, die Sprache zudem eine enge, dafür aber recht präzise Semantik transportiert, so könnte man zu dem Schluss kommen, dass die sprachlichen Elemente weniger als Bildmaterial geeignet sind, um kurze, relevante Informationsstränge zu vermitteln. Im hier beschriebenen Hinweisschild scheint aber ebenso wie auf der Beschilderung mit dem Schriftzug *Вход и въезд запрещён* das Gegenteil dominant zu sein. Es werden gezielt sprachliche Mittel eingesetzt, die im Unterschied zu Bildern eher langsam und ohne emotionalen Bezug wirken. Das bedeutet nicht, dass die von Stöckl angeführte Gegenüberstellung zur Diskussion steht, sondern es zeigt vielmehr, dass sie nicht mit der Relevanz von Informationsvermittlungsstrukturen kongruiert. In der vorliegenden Analyse lässt sich sehr deutlich nachweisen, dass sprachliche Ausdrücke sowohl perzeptionell als auch graphisch das Zentrum abbilden, und dass der Text Aufschlüsse über Konstellationen der Realität abgibt. Auch die Feststellung, ein Bild transportiere schneller Informationen sei nicht bestritten, aber auch hier kann eine Abhängigkeit von der konkreten Darstellung attestiert werden. Es scheint daher nicht abwegig, dass auch Schlagworte wie etwa *Achtung!* bzw. *Внимание!* eine rasche Wachsamkeit bei Rezipienten evozieren, denn wäre dies nicht so, müsste man darüber diskutieren, wie derartige Hinweise umgehend und flächendeckend ersetzt werden könnten. Mit anderen Worten ist bei dem hier untersuchten Schild am Biosphärenreservat nicht die Geschwindigkeit der Perzeption das entscheidende Kriterium, sondern vielmehr muss dem Rezipienten Zeit eingeräumt werden, den dargestellten Sachverhalt so klar wie möglich zu verstehen. Dazu eignet sich die von Stöckl als semantisch dünn bezeichnete sprachliche Wiedergabe von Sachverhalten, da der Betrachter praktisch gezwungen ist, die Aufschrift zu lesen und sie kognitiv zu verarbeiten. Unklar scheint hingegen die Annahme Stöckls, Bilder würden einen beschränkten semantischen Spielraum eröffnen, eine Formulierung unter Verwendung sprachlicher Mittel hingegen einen tendenziell unbeschränkten (Stöckl 2011: 49). Nun mag es sein, dass einige visuelle Kommunikate unverwechselbar und absolut eindeutig sind und dass Lexik semantisch dehnbar ist, die Frage ist nur, ob nicht auch eine umgekehrte Interpretation denkbar ist. Dies illustriert besonders gut das Beispiel des Substantivs *заповедник*: Während die semantische Ebene, die sich aus den Einträgen des russischen Nationalkorpus ergibt, eine wesentliche Referenz zu Naturräumen erkennen lässt und das Lexem somit tatsächlich als verengt erachtet werden kann, so ist damit noch nicht begründet, dass dies durch eine bildliche Wiedergabe in gleicher Weise gelingen könnte. Wenn so wie in der vorliegenden Darstellung ein Wald, ein Fluss und ein Vogel zu erkennen sind, so ist dies kein ausschließlicher Gradmesser für ein Biosphärenreservat, im Grunde noch nicht einmal für ein Naturschutzgebiet. Es bedürfte also erst eines eindeutigen und unmissverständlichen ikonischen Symbols, welches hinreichend bekannt wäre, um das Lexem zu ersetzen. Alle bildlichen Segmente stellen deshalb periphere Strukturen dar, die für die Rezeption der Tafel etwa vergleichbare Nebeneffekte andeuten wie Schriftgrößen oder die Wahl bestimmter Farben.

Im Hinblick auf das Zentrum des Informationsstrangs können wir im Vordergrund einige Referenzsphären erkennen. Diese erstrecken sich zunächst auf die Klassifikation eines Naturschutzgebietes und den damit zusammenhängenden rechtlichen Status, was sinngemäß auch eine Verantwortlichkeit des Staates gegenüber dem entsprechenden Gebiet impliziert. Damit ist die Schutzfunktion eng umwoben, denn bereits durch das Lexem *заповедник* werden Protektion und gleichzeitig Zugangsbeschränkungen ausgedrückt, was gleichermaßen bedeutet, dass es fest definierte Grenzen des Reservats mit eigenen Regeln und einer hohen Biodiversität geben muss. Im Hintergrund des Zentrums stehen kulturhistorische Zusammenhänge, die beispielsweise durch das Gründungsdatum 1960 hervorgehoben werden. Verstärkt werden diese Eindrücke durch die Symbole der Peripherie (insbesondere das Emblem der UNESCO), die auf die internationale Relevanz des Naturschutzgebiets verweisen und somit seine Bedeutung für die nationale Kultur unterstreichen. Sie halten gleichzeitig ein Erinnerungsnarrativ aufrecht, welches impliziert, dass die historische Bedeutung des Raumes auch gegenwärtig zu respektieren und daher als Lehr- und Bildungsstätte zu betrachten ist. Die Karte am Rand ermöglicht es, sich neben all diesen Informationen auch die geographischen Zusammenhänge zu erschließen. Als weitere periphere Information kann die Farbgestaltung der einzelnen Elemente erachtet werden, die dahingehend konzipiert ist, eine Harmonisierung zwischen der Gestaltung der Tafel und Eindrücken aus der Umgebung zu tradieren. Auch die Anordnung bestimmter Elemente des Schildes vermittelt peripher-relevante Aspekte, die für den Betrachter nützlich sind. Da etwa das Emblem der UNESCO oder die Landkarte nur am Rande sichtbar sind, erscheinen die durch sie gestreuten Informationen in Bezug auf die Bezeichnung des Ortes zweitrangig.

So viel zu der Frage, was uns die Tafel in groben Zügen direkt mitteilt. Interessant ist aber auch das, was sie darüber hinaus vermittelt, nämlich den dominanten Status der russischen Sprache in einer zweisprachigen Republik. Eine Übersetzung oder ein nach ähnlichem Schema konstruiertes Schild in tatarischer Sprache ist nicht vorhanden, so dass hier die Wahrnehmung entstehen könnte, das Russische sei als prestigereichere und allgegenwärtige dominante Variante zu verstehen[290]. Dies lässt sich dadurch erklären, dass dem Russischen

290 Dies muss aber unbedingt differenziert beurteilt werden, denn der Eindruck, das Russische würde hier dem Tatarischen vorgezogen werden, scheint nicht

überall ein offizieller Status zukommt und somit landesweit Kommunikationsformen möglich sind, die nur in russischer Sprache erfolgen. Da nun aber in der gesamten Region auch tatarische Aufschriften sehr verbreitet sind, liegt die Schlussfolgerung nahe, dass zweisprachige Beschriftungen vordergründig einen lokalen oder regionalen Bezug haben, während einsprachige russische Schilder die nationale Tragweite des entsprechenden Objekts belegen.

10.7 Zusammenfassung

Visuelle Kommunikate dienen in erster Linie dazu, den öffentlichen Raum mit Informationen zu füllen. Sie treten in Form von Texten und Bildern auf oder verbinden beides miteinander, so dass die Betrachter die kommunizierten Zusammenhänge möglichst reibungslos entschlüsseln können. Aus den Studien von Warnke und Spitzmüller (2008) geht hervor, dass Text und Bild

hinreichend reflektiert im Hinblick auf die Gesamtsituation in der Republik Tatarstan, wo Zweisprachigkeit eine weitreichende, aber ambivalente Tradition hat. Während Mehrsprachigkeit etwa in der Sowjetunion stark verbreitet war, so galt das Russische als die prestigeträchtige Varietät, welche zudem durch ihren Status supranationalen Charakter erhielt: „All the Slavic languages, irrespective of size, have a long and continuous educational and cultural tradition of multilingualism […] Russian was associated with the supra-national spirit, especially in its role of the language for popularizing Communism […]" (Sussex/Cubberley 2006: 575–576, siehe zur Sprachsituation in der UdSSR auch bei Grenoble 2003). Es wäre interessant, die Rolle beider Sprachen, des Russischen und des Tatarischen, in ihrer gegenwärtigen Funktion im Rahmen der Linguistic bzw. Semiotic Landscapes genauer zu ergründen. Dies wurde zwar bereits in einigen Studien umgesetzt (Solnyshkina/Ismagilova 2015, Aristova 2016, Sharafutdinov 2018), allerdings fokussieren sich die Autoren wie so oft auf urbane Zentren (in diesem Fall Kazan'). Dies mag den Forschungsfragen geschuldet sein, das Nebeneinander von Sprachen aus funktionaler Perspektive heraus zu ergründen, es wäre meiner Einschätzung nach aber auch interessant, diese Fragestellung auf rurale Gegenden zu erweitern und somit Rückschlüsse auf die Regionen zu ziehen, in denen das Tatarische noch viel lebendiger ist als in Kazan' selbst. Allerdings dürfte sich eine derartige Arbeit als ungleich anspruchsvoller erweisen, da einige Orte nur über eine gering erschlossene Infrastruktur verfügen und gleichzeitig damit zu rechnen ist, dass trotz eines deutlichen Mehraufwands weniger Material zusammenkommt als in einer Großstadt, an der sich praktisch an jeder Ecke Aufschriften gegenüberstehen, und dies auf Grund von Produkt- oder Eigennamen gleich in mehreren Sprachen. Auch hier würde der ländliche Raum deutliche Einschränkungen bedeuten, und zwar für die Arbeit des Forschers und die Quantität seiner Befunde, wohl aber genuine Ergebnisse zu Tage fördern.

semiotisch nur schwer voneinander abgegrenzt werden können, vor allem dann, wenn sie in Wechselwirkung zueinander stehen. Daher sprechen sich Bartmiński/Niebrzegowska Bartmińska (2009) für eine Typologisierung visueller und audiovisueller Kommunikate aus, von denen in der vorliegenden Betrachtung ausschließlich visuelle genutzt werden. Man kann sie sowohl vor dem Hintergrund der Linguistic Landscape als auch der Semiotic Landscape verorten, wobei sich die letztgenannte Strömung im Rahmen der Forschungsfrage eher anbietet. Während die Linguistic Landscape oft versucht, die Funktionen unterschiedlicher Sprachen im öffentlichen Raum in Relation zueinander zu setzen und quantitative Daten zu generieren, so fokussiert sich die Semiotic Landscape auf die konkrete Frage, welche Implikationen in einem visuellen Kommunikat qualitativ vorkommen und was sie kognitiv bewirken. Da die Studie keine kontrastive Beschreibung des Russischen und des Tatarischen anstrebt, die beide im untersuchten Gebiet sehr lebendig sind, sondern lediglich die Verwendung der russischen Sprache in konkreten Kommunikationssituationen anvisiert, scheint der Zugang der Semiotic Landscape vielversprechender. Gleichermaßen kann eine genaue Betrachtung des Textes, seiner Gestaltung und der Gesamtdarstellung eines visuellen Kommunikats vor dem Hintergrund verschiedener linguistischer Fragestellungen reflektiert werden. Musterhaft werden daher Hinweis- und Warnschilder thematisiert, welche in unterschiedlicher Form Informationen kommunizieren und die sehr heterogen konzipiert sind. So können diejenigen visuellen Kommunikate, die auf Bilder verzichten, von denen mit graphischen Segmenten getrennt werden. Ausschließlich bildliche Darstellungen werden hier nicht näher hinterfragt, da sie keine primären sprachlichen Ausdrucksformen widerspiegeln müssen und nicht primär die hier zu untersuchende Textkorrespondenz aufweisen. Diejenigen Tafeln, die keine bildlichen Illustrationen inkludieren, können im Hinblick auf ihre lexikalische, grammatische und semantische Reichweite analysiert werden, wobei immer kognitive Aspekte zu berücksichtigen sind (etwa vor dem Hintergrund der Daten, die elektronische Korpora oder semantische Wörterbücher liefern). Ähnlich verhält es sich mit der Betrachtung von Hinweisschildern, auf denen graphische Ergänzungen vorkommen, allerdings rücken hier neben den lexikalisch-semantischen Eindrücken auch Fragen der Farbsemiotik, der Zeichengröße und der Position von bestimmten Elementen in den Vordergrund.

11. Schlussbetrachtungen und Ausblick

Der ökologische Diskurs ist gegenwärtig eines jener Phänomene, die im globalen Maßstab eine immer wichtigere Rolle einnehmen und denen international große Aufmerksamkeit beigemessen wird. Davon zeugen nicht nur die Aktivitäten von Klimaschützern, die sich rund um den Erdball beobachten lassen, sondern auch die Tatsache, dass das Thema Teil einer zukunftsweisenden politischen Agenda ist.

Der Umweltschutz dehnt sich auf Problemfelder aus, die gegenwärtig in der Russischen Föderation sehr unterschiedlich verhandelt und vielfältig interpretiert werden. Dies wird durch die zahlreichen Akteure begünstigt, die in den Diskurs involviert sind und die oftmals divergente Positionen im Hinblick auf zentrale Fragestellungen einnehmen. Die Standpunkte und Kontroversen lassen sich aber nicht nur vor dem Hintergrund ihrer praxisbezogenen Konstellationen reflektieren, sondern deuten gleichermaßen an, welche Optionen sich für eine Verknüpfung der Gesamtproblematik mit linguistischen Untersuchungen bieten. Es wird schnell ersichtlich, dass eine klare Abgrenzung einzelner Problemfelder untereinander erfolgen muss, die exemplarisch als diskursspezifische Phänomene fungieren.

In der vorliegenden Studie wird nach einer Einführung in die russlandspezifische Konstellation ökologischer Thematik davon ausgegangen, dass einzelne Akteure im ökologischen Diskurs eine wichtige Funktion übernehmen. Selektiv werden sie vorgestellt und es wird analysiert, wie sich die Einbindung naturbezogener Themen in ihr Kommunikationsverhalten gestaltet, welche Strategien dabei hervortreten und welche Auffälligkeiten sich erkennen lassen. Eine Vollständigkeit zur Erfassung aller Faktoren, sprachlicher Modellierungen oder domänenspezifischer Komponenten wird dabei nicht angestrebt und auch nicht für realisierbar erachtet. Vielmehr wird auf einzelne Sachverhalte verwiesen, die diskursinhärent interessante Phänomene abbilden.

Die Untersuchung misst sieben Akteuren eine besondere Beachtung bei. Der erste davon ist die Politik, die einen wesentlichen Beitrag zur Gestaltung von Grundlagen im Umgang mit der Natur und ihren Ressourcen leisten kann. Es wird dargestellt, wie der ökologische Diskurs in den politischen Diskurs eingebettet ist und welche Aufgaben ihm in der Russischen Föderation zukommen. Anschließend wird die Arbeit einiger Nichtregierungsorganisationen beleuchtet, die sich nicht selten als Antagonisten zur Politik betrachten. Sie sehen die Tätigkeit vieler Parteien kritisch und bemängeln vor allem deren

Verflechtungen mit wirtschaftlichen und somit finanziellen Interessen, weshalb sie in Russland oftmals einen besonders schweren Stand haben oder Schikanen ausgesetzt sind. Drittens wird hinterfragt, wie die Medien umweltrelevante Themen kommunizieren. Die Wesenszüge der russischen Medienlandschaft werden überblickshaft vorgestellt, weiterhin wird aufgezeigt, welche Auffälligkeiten aus dem Bereich der Natur und des Umweltschutzes auf der Ebene der Lexik vorkommen. Anschließend werden Bildung und Wissenschaft als relevante (wenn auch nicht animierte) Größen im ökologischen Diskurs erachtet, denn die Erkenntnisse, die beispielsweise aus fundierten Studien hervorgehen, können sich andere Diskursteilnehmer zu eigen machen und sie als Argumente für eigene Zwecke nutzen. Ein weiterer wichtiger Aspekt ist der Tourismus, der als Dienstleistungssektor vor allem Werbestrategien nutzt, um sein Angebot zu vermarkten. Auf diese Weise werden Naturerscheinungen in der näheren Umgebung touristischer Objekte als unikale Destinationen angepriesen, die den Aufenthalt von Urlaubern aufwerten sollen. Eine ganz andere Konstellation ergibt sich für die Akteure der Wirtschaft: Hier müssen die Beteiligten ihr Vorgehen rechtfertigen, gerade wenn es um Öl- und Gasförderung geht, die bekanntlich erhebliche Schäden anrichten. Der Umgang mit der Umwelt und ihren Ressourcen muss daher nachvollziehbar dargelegt und gut begründet sein. Letztlich wird eine Gruppe von weiteren Akteuren beschrieben, die sich im Unterschied zu allen anderen hier vorgestellten Beteiligten nicht in straffen Verbandsstrukturen organisiert, sondern die unter Umständen sogar unfreiwillig zu Diskursakteuren werden. Dies betrifft etwa Bewohner von Orten, die sich aus Protest gegen geplante Baumaßnahmen versammeln, gemeinsam demonstrieren oder Blockaden errichten. Sie verfügen oftmals nicht über finanzielle Mittel oder landesweite Informationskanäle, um ihr Anliegen vorzutragen. Sie nutzen daher im Wesentlichen das Internet als Medium und werden häufig von Nichtregierungsorganisationen oder Oppositionellen unterstützt.

Ein weiterer Fokus der Arbeit liegt auf der Frage, wie Umwelt und Naturschutz in juristische Konstellationen der Russischen Föderation eingebunden sind. Der Rechtsrahmen wird dabei als Mittelpunkt der ökologischen Raumordnung verstanden, die sich sowohl aus nationaler als auch aus internationaler Perspektive modellieren lässt. Es werden zunächst einige Besonderheiten der juristischen Fachsprache, der russischen Interpretation von Recht und Gerechtigkeit, ihrer Inhalte und ihrer gesellschaftlichen Tragweite dargestellt, bevor einige föderale Umweltgesetze linguistisch ausgewertet werden. Daran schließt eine Untersuchung der sprachlichen Konfigurierung internationaler Rechtsdokumente an, die ihre Gültigkeit in der Russischen Föderation, aber auch in zahlreichen anderen Staaten erfahren. Es wird u.a. verglichen, welche

Besonderheiten bei der Übersetzung unterschiedlicher Zusammenhänge in das Russische hervortreten und welche Problemfelder sich daraus für die Praxis ergeben. Im Gegensatz dazu wird die Frage ausgeklammert, wie nachhaltig oder effektiv die Gesetze tatsächlich sind, da dies mit sehr vielen extralinguistischen Faktoren zusammenhängt, die teilweise nur schwer überprüfbar oder beweisbar sind. In der anschließenden Übersicht in Abbildung 26 wird dargestellt, welche grobe Aufgabentrennung sich zwischen der theoretischen Erforschung von Themenkomplexen und Praxisfeldern erkennen lässt:

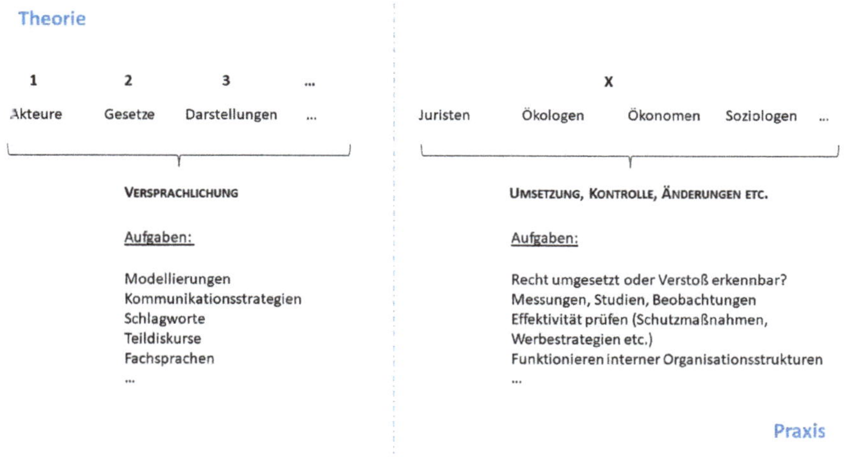

Abb. 26: Theorie und Praxis im russischen Recht.

Somit muss unterschieden werden zwischen einer Versprachlichung von Sachverhalten, die existieren oder hergestellt werden sollen, und der Frage, wie dies in der Realität geschieht.

Neben diesen Sphären können zwei weitere beobachtet werden, nämlich die konstruktionsgrammatische und die visuelle. In der Konstruktionsgrammatik geht es darum, sprachliche Erscheinungen ohne eine strenge Trennung zwischen Lexik und Grammatik zu beschreiben. In der vorliegenden Ausarbeitung wird ein Überblick über Forschungsdesiderate gegeben und ein empirisches Beispiel ausgewertet. Dabei handelt es sich um die Aufschrift *Вход и въезд запрещён*, die zum Teil die Ergänzung *заповедник* trägt. Es wird argumentiert, dass allgemeine Erscheinungen, die auch an anderen Objekten vermutet werden könnten, durch ihre diskursinhärente Verwendung eine eigenständige

Kommunikationssituation bilden und somit in der Lage sind, den Nexus zwischen Konstruktionsgrammatik und Diskurslinguistik zu markieren.

Ein weiterer Themenblock der Arbeit widmet sich der Analyse visueller Kommunikate und ihrer Verortung in der Natur selbst. Hier werden exemplarisch Aufschriften im öffentlichen Raum untersucht, die zum Teil aus der Perspektive der Linguistic Landscapes, vor allem aber aus der der Semiotic Landscapes heraus hinterfragt werden. Entlang eines Fallbeispiels wird untersucht, welche Komponenten dazu beitragen, umweltrelevante Sachverhalte öffentlich zu kommunizieren. Auch offene sprachtheoretische Modellierungen werden aufgegriffen, um dieser Frage nachzugehen, etwa Ansätze aus der visuellen Linguistik.

Es steht außer Frage, dass eine Abhandlung zum Thema Umwelt und Ökologie in Russland ein sehr weit angelegtes Forschungsfeld ist, welches eine Vielzahl an Faktoren an sich bindet, die zu berücksichtigen sind. Die vorliegende Studie fokussiert sich daher lediglich auf bestimmte Teilbereiche, die im ökologischen Diskurs als wesentliche Schnittmengen zwischen Sprache und einer Vielzahl von Diskursbeteiligten anzusehen sind. Diese Teilbereiche können in Anlehnung an die Terminologie von Warnke/Spitzmüller (2008: 8) unter den Kategorien *Handlungen von Diskursakteuren*, *Raumstrukturierung* und *visuelle Kommunikate* summiert werden. Innerhalb dieser Domänen lassen sich Prozesse verorten, die in der Russischen Föderation ablaufen und im Zusammenhang mit ökologischen Fragestellungen zu deuten sind.

Die vorliegende Studie greift einige Beispiele auf und beschreibt die konkrete Verwendung kommunikativer Mittel aus multiplen Perspektiven. Sie möchte ein bislang wenig erforschtes Themenfeld in den Fokus rücken, zu dessen Theoriebildung beitragen, dadurch als Inspiration für weitere Studien dienen und letztlich auch den ökologischen Diskurs als Gegenstand sprachwissenschaftlicher Untersuchungen bewerben.

12. Резюме на русском языке

Экологические вопросы все еще относительно редко становятся предметом лингвистических исследований, хотя в последние годы во многих сферах жизни общества наблюдается явная тенденция к актуальности таких тем, как окружающая среда, природа и климат. Это является предпосылкой для настоящего исследования, поскольку сфера экологических явлений выходит далеко за рамки научного знания и контекста. Социальные и культурные компоненты имеют большое значение когда, например, сельскохозяйственные угодья осваиваются в непосредственной близости от природоохранных зон и, с одной стороны, приносят рабочие места, а с другой – влекут за собой разрушение местных экосистем. В этом контексте можно в равной степени заметить, что язык используется специально, например, для выражения протеста или одобрения, но он также оказывает регулирующее воздействие на других уровнях, например, в экологически значимом законодательстве.

Настоящее исследование рассматривает особенности русского языка в экологическом дискурсе. Сегодня данный дискурс является одним из феноменов, которые играют все более важную роль в глобальном масштабе и которым придается все большее значение на международном уровне. Это подтверждается не только деятельностью активистов по защите климата, которые активно работают по всему миру, но и тем, что экологическая тематика является частью политической повестки дня во многих странах, в том числе и в России.

В монографии, с лингвистической точки зрения изучаются явления, которые имеют отношение к предмету природы и окружающей среде. Исследование разделено на следующие части:

1. Предисловие.
2. Методологический подход.
3. Экология, охрана окружающей среды и экологические проблемы в России.

Данные три главы представляют основную проблематику. Они дают обзор актуальной важности вопросов охраны окружающей среды в Российской Федерации.

4. Эколингвистика: язык как экосистема.

Эта часть работы изучает разные аспекты, связанные с лингвистическими вопросами в области экологии. В этом разделе обобщены выводы трудов из области эколингвистики.

5. Лингвистика дискурса: язык об экосистеме.

Эта глава представляет широкий спектр лингвистических анализов, в центре которых стоят проблемы окружающей среды. Анализируется как можно говорить об экологических явлениях и как оценивать их с лингвистической точки зрения.

6. Язык в различных дискурсах.

Часть работы посвящена анализу функций, которые выполняют участники дискурса на фоне экологической тематики. Анализируется, как разные субъекты включают вопросы экологии и окружающей среды в свои коммуникативные стратегии.

7. Юридическая лингвистика в Российской Федерации.
8. Международная юридическая лингвистика.

Главы 7 и 8 исследуют федеральные и международные законы, касающиеся природы, использования ресурсов и стратегий защиты окружающей среды в лингвистическом плане.

9. Грамматика конструкций.

Следующий раздел рассматривает грамматику конструкций на фоне теоретического и эмперического материалов. Представлен предмет грамматики конструкций, его теоретико-лингвистический подход и его связи с экологическим дискурсом.

10. Визуальная лингвистика.

Даный раздел посвящен визуальной лингвистике и его коммуникативной сфере. Здесь описывается взаимодействие текста и изображения. Рассматриваются компоненты, актуальные в контексте экологического дискурса, такие как изображения, тексты и знаки в общественных местах. Проанализированы их семантические и семиотические функции. Для описания нарративов в пространстве Российской Федерации, связанных с природой, используются различные теоретические лингвистические концепции.

11. Заключение: актуальные проблемы и перспективы.
12. Резюме на русском языке.

13. Список литературы.
14. Дополнительная литература.
15. Источники в интернете.
16. Указатель.

В этих главах представлены выводы и использованная литература.

Нет никаких сомнений в том, что изучение окружающей среды и экологии в России – это очень широкая область исследований, включающая весьма большое количество факторов. Таким образом, настоящее исследование фокусируется лишь на определенных подобластях, которые следует рассматривать в экологическом дискурсе как существенные пересечения между языком и большим количеством участников дискурса.

13. Literaturverzeichnis

Ajani, G. 1995. By Chance and Prestige. Legal Transplants in Russia and Eastern Europe. In: The American Journal of Comparative Law, 43/1, Winter 1995, S. 93–117.

Akmajian, A. et al. 2001. Linguistics. An Introduction to Language and Communication. Fifth Edition. London.

Albl-Mikasa, M. 2011. Das integrative Potenzial des kognitiv-konstruktivistischen Forschungsparadigmas für die Translationswissenschaft. In: Sandrini, P./Pöckl, W./Ohnheiser, I. (Hrsg.): Translation – Sprachvariation – Mehrsprachigkeit: Festschrift für Lew Zybatow zum 60. Geburtstag. Frankfurt, S. 157–178.

Antos, G./Missal, H. 2017. Rechtsverständlichkeit in der Sprachkritik der Öffentlichkeit. In: Felder, E./Vogel, F. (Hrsg.): Handbuch Sprache im Recht. Berlin (=HSW, 12), S. 329–346.

Araczewska, K. 2013. Uwagi o zrozumiałości dziennikarskich tekstów prawniczych. In: Acta Universitatis Lodziensis. Folia Litteraria Polonica, 20/2, S. 33–47.

Aristova, N. 2016. English Translations in the Urban Linguistic Landscape as a Marker of an Emerging Global City: The Case of Kazan, Russia. In: Procedia. Social and Behavioral Sciences, 231, 2016, S. 216–222.

Arnold, E. 2014. Nachhaltigkeit und interdisziplinärer Diskurs am Beispiel des Klimawandels. In: Schier, C./Schwinger, E. (Hrsg.): Interdisziplinarität und Transdisziplinarität als Herausforderung akademischer Bildung. Innovative Konzepte für die Lehre an Hochschulen und Universitäten. Bielefeld, S. 153–166.

Arntz, R. 2001. Fachbezogene Mehrsprachigkeit in Recht und Technik. Hildesheim, Zürich, New York (=Studien zu Sprache und Technik, 8).

Backhaus, P. 2007. Linguistic Landscapes: A Comparative Study of Urban Multilingualism in Tokyo. Toronto.

Bagłajewska-Miglus, E./Dudicz, J. 2019. Tłumaczenie prawne i prawnicze jako szczególny rodzaj tłumaczenia specjalistycznego. In: Kubicka, E./Zieliński, L./Żurowski, S. (pod red.): Język(i) w prawie. Zastosowania językoznawstwa i translatoryki w praktyce prawniczej. Toruń, S. 125–151.

Ballin, A. 2006. Die regionalen Medien in Russland, dargestellt am Beispiel der Regionen Krasnodar, Kaliningrad und Baschkortostan. Rostock. Online unter: http://rosdok.uni-rostock.de/file/rosdok_disshab_0000000094/rosdok_derivate_0000003620/Dissertation_Ballin_2006.pdf. (12.012.2019)

Barnetová, V. u.a. 1979. Russkaja grammatika. 1. Praha.

Barry, E. 2013. Journalist in Russia, Badly Beaten in 2008, Dies. URL: https://www.nytimes.com/2013/04/09/world/europe/mikhail-beketov-russian-journalist-beaten-in-2008-dies.html. (14.12.2018)

Bartmiński, J./Niebrzegowska Bartmińska, S. 2009. Tekstologia. Warszawa.

Basko, N. V. 2014. Razvitie russkogo jazyka v uslovijach globalizacii. In: Bitkeeva, A. N./Michal'čenko, V. Ju. (otv. red.): Jazykovaja politika i jazykovye konflikty v sovremennom mire: Meždunarodnaja konferencija. Moskva, 16–19 sentjabrja 2014. Moskva, S. 252–256.

Bauer, U. 2018. Fachsprache Tourismus. In: Roche, J./Drumm, S. (Hrsg.): Berufs-, Fach- und Wissenschaftssprachen. Tübingen (=Kompendium DaF/DaZ, 8), S. 289–300.

Beaver, A. 2005. A Dictionary of Travel and Tourism Terminology. Second Edition. Wallingford.

Bedall, P. 2014. Climate Justice vs. Klimaneoliberalismus? Klimadiskurse im Spannungsfeld von Hegemonie und Gegen-Hegemonie. Bielefeld.

Bekova, S. 1977. Semantiko-stilističeskij analiz slov so značeniem cveta. K probleme ideologičeskogo slovarja pisatelja. Praha (Acta Universitatis Carolinae – Philologica. Monographia, 64).

Belaj, B./Tanacković Faletar, G. 2014. Kognitivna gramatika hrvatskoga jezika. Knjiga prva. Imenska sintagma i sintaksa padeža. Zagreb.

Ben-Rafael, E./Shohamy, E./Amara, M. H./Trumper-Hecht, N. 2006. Linguistic Landscape as Symbolic Construction of the Public Space: The Case of Israel. In: International Journal of Multilingualism, 3/1, 2006, S. 7–30.

Ben-Rafael, E. 2009. A Sociological Approach to the Study of Linguistic Landscapes. In: E. Shohamy, E./Gorter, D. (eds.): Linguistic Landscapes: Expanding the Scenery. New York, S. 40–54.

Berkov, V. P./Mokienko, V. M./Šuležkova, S. G. 2000. Bol'šoj slovar' krylatych slov russkogo jazyka. Moskva.

Bessonovo, Ju. A. 2014. K voprosu o ponjatii naučnogo diskursa. Naučnyj al'manach. Science Almanac, 2/2, 2014, S. 240–245.

Bieling, H.-J. 2020. Klimakrise. Frankfurt (=Politikum. Analysen, Kontroversen, Bildung. Heft 2/2020).

Bierich, A. 2005. Russische Phraseologie des 18. Jahrhunderts. Entstehung, Semantik, Entwicklung. Frankfurt (=Heidelberger Publikationen zur Slavistik, 16).

Bjulleten' 2019. Bjulleten' o tekuščich tendencijach rossijskoj ėkonomiki, № 52, avgust 2019. Online unter: https://web.archive.org/web/20220209071612/https://ac.gov.ru/archive/files/publication/a/23713.pdf

Blackwood, R. 2015. LL Explorations and Methodological Challenges. Analysing France's Regional Languages. In: Linguistic Landscape, 1/1–2, 2015, S. 38–53.

Blagoeva, D. 2007. Neologizmite v săvremennija bălgarski ezik. In: Elektronno spisanie LiterNet, 87/2, 24.02.2007. Online abrufbar unter: https://liternet.bg/publish13/d_blagoeva/neologizmite.htm. (02.12.2018)

Blagoeva, D. 2013. Dinamika v konceptosferata „obštestvo i politika" v kraja na XX v.: vărchu bălgarski i češki ezikov material. In: Blagoeva, D./Kolkovska, S./Lišková, M. (eds.): Problemi na neologijata v slavjanskite ezici. Problems of Neology in Slavic Languages. Sofija, S. 277–319.

Blokov, I. P./Shuvalov, A. V. 2005. Russlands ökologische Probleme aus der Sicht von Greenpeace. In: Russland-Analysen, 63, S. 2–4.

Blommaert, J. 2016. The Conservative Turn in Linguistic Landscape Studies. Tilburg (=Tilburg Papers in Cultural Studies, 156).

Blumenthal, P. 1983. Semantische Dichte. Assoziativität in Poesie und Werbesprache. Tübingen (=Konzepte der Sprach- und Literaturwissenschaft, 30).

Bocquet, C. 2008. La traduction juridique: Fondement et méthode. Bruxelles (=Traducto).

Bogoljubova, N. M./Nikolaeva, Ju. V. 2018. Geopolitika sporta i osnovy sportyvnoj diplomatii. Učebnoe posobie dlja bakalavriata i magistratury. 2-e izdanie, ispravlenoe i dopolnennoe. Moskva.

Boguslawskij, M. M. 1997. Handels- und Unternehmensrecht in Rußland. In: Horn, N./Pleyer, K. (Hrsg.): Handelsrecht und Recht der Kreditsicherheiten in Osteuropa. Berlin (=R.I.Z.-Schriften, 5), S. 35–63.

Bond, A. R. 1992. Some observations on the Russian Federation environmental protection law. In: Post-Soviet Geography, 33/7, S. 463–474.

Bondarev, A. S. 2008. Juridičeskaja otvetstvennost' i bezotvetstvennost' – storony pravovoj kul'tury i antikul'tury sub"ektov prava. Sankt-Peterburg.

Brand, A. 2012. Medien – Diskurs – Weltpolitik. Wie Massenmedien die internationale Politik beeinflussen. Bielefeld.

Braun, C. 1993. Die Fach- und Berufssprache in der Tourismusbranche – Vorstellung des Sprachlehrfilms "Guten Tag, Sie wünschen bitte?" – Szenen aus Hotellerie, Gastronomie und Tourismus. In: Wolff, A. (Hrsg.): Deutsch als Fremdsprache im europäischen Binnenmarkt. Regensburg (=Materialien Deutsch als Fremdsprache, 33), S. 51–62.

Brinker, K./Cölfen, H./Pappert, S. 2014. Linguistische Textanalyse: Eine Einführung in Grundbegriffe und Methoden. 8., neu bearbeitete und erweiterte Auflage. Berlin (=Grundlagen der Germanistik, 29).

Bubenhofer, N. 2020. Visuelle Linguistik. Zur Genese, Funktion und Kategorisierung von Diagrammen in der Sprachwissenschaft. Berlin/Boston (=Linguistik – Impulse & Tendenzen, 90).

Busse, D. 1993. Juristische Semantik. Grundfragen der juristischen Interpretationstheorie in sprachwissenschaftlicher Sicht. Berlin (=Schriften zur Rechtstheorie, 157).

Busse, D. 2015. Juristisches Wissen als institutionelle Begriffsstrukturen. Analyseansätze aus Kognitionswissenschaften und wissensanalytischer Semantik (am Beispiel von Gesetzes-Begriffen). In: Archiv für Rechts- und Sozialphilosophie, 101/3, S. 354–385.

Busse, D. 2017. Semantik des Rechts: Bedeutungstheorien und deren Relevanz für Rechtstheorie und Rechtspraxis. In: Felder, E./Vogel, F. (Hrsg.): Handbuch Sprache im Recht. Berlin (=HSW, 12), S. 22–44.

Busygina, I./Filippow, M. 2013. Open Government – Partnerschaft in einem unfreien Regime? In: Russland-Analysen, 253, 08.03.2013, S. 10–13.

Butiurca, D. 2015. Lingvistică şi terminologie. Hermeneutica metaforei în limbajele de specialitate. Iaşi (=Seria Ştiinţele Limbajului. Colecţia Academica, 262).

Calvi, M. V. 2000. Il linguaggio spagnolo del turismo. Viareggio-Lucca.

Caney, S. 2020. Climate Justice. In: Stanford Encyclopedia of Philosophy. Online: https://plato.stanford.edu/entries/justice-climate/. (30.05.2020)

Cao, D. 2007. Translating Law. Clevedon.

Cenoz, J./Gorter, D. 2006. Linguistic Landscape and Minority Languages. In: International Journal of Multilingualism, 3/1, 2006, S. 67–80.

Čermák, F. 2014. Periferie jazyka. Slovník monokolokabilních slov. Praha.

Černych, D. V. 2014. Osobo ochranjaemye prirodnye territorii i osnovy territorial'noj ochrany prirody. Učebnoe posobie. Barnaul.

Černjavskaja, V. E. 2015. Lingvistika teksta. Lingvistika diskursa. Učebnoe posobie. 3-e izdanie, stereotipnoe. Moskva.

Chomsky, N. 1957. Syntactic Structures. The Hague/Paris.

Chrakovskij, V. S. 1989 (otv. red.): Tipologija interaktivnych konstrukcij. Leningrad.

Christensen, R./Lerch, K. D. 2005. Performanz. Die Kunst, Recht geschehen zu lassen. In: Lerch, K. D. (Hg.): Recht vermitteln. Strukturen, Formen und Medien der Kommunikation im Recht. Berlin/New York, S. 55–132.

Clauss, K. 1963. Semantik im Dienste des Rechts. In: Archiv für Rechts- und Sozialphilosophie, 49, S. 375–407.

Comati, S. 2009. Vom Leben mit der Differenz. In: Kalverkämper, H./Schippel, L. (Hrsg.): Translation zwischen Text und Welt – Translationswissenschaft als historische Disziplin zwischen Moderne und Zukunft. Berlin (=TransÜD. Arbeiten zur Theorie und Praxis des Übersetzens und Dolmetschens, 20), S. 479–490.

Cornu, G. 1981. Les définitions dans la loi. In: Collectif (eds.): Mélanges dédiés à Jean Vincent. Paris. Artikel ohne Angabe der Seitenzahlen online unter: https://www.meshs.fr/page/datas/files/docs/sem/cornu_les_definitions _dans_l a_loi.ppd. (21.01. 2020)

Cornu, G. 2004. Compréhension ou incompréhension du droit ? Sombre verdict. In: Lerch, K. D. (Hrsg.): Recht verstehen. Verständlichkeit, Missverständlichkeit und Unverständlichkeit von Recht. Berlin (=Die Sprache des Rechts. Studien der interdisziplinären Arbeitsgruppe Sprache des Rechts der Berlin-Brandenburgischen Akademie der Wissenschaften, 1), S. 63–68.

Coseriu, E. 1988. Einführung in die Allgemeine Sprachwissenschaft. Tübingen (=Uni-Taschenbücher, 1372).

Dauses, A. 1985. Grundbegriffe der Grammatik. Methoden und Prinzipien der grammatikalischen Beschreibung in Synchronie und Diachronie. Stuttgart.

De Beaugrande, R.-A./Dressler, W. 1981. Einführung in die Textlinguistik. Tübingen (=Konzepte der Sprach- und Literaturwissenschaft, 28).

Delabastita, D. 2019. Translation Studies. In: Darquennes, J./Salmons, J./Vandenbussche, W. (eds.): Language Contact: An International Handbook. Berlin (=Handbücher zur Sprach- und Kommunikationswissenschaft, 45), S. 789–801.

Deneš, F. 1970. Zur linguistischen Analyse der Textstruktur. In: Folia Linguistica, 4, S. 72–79.

Deppermann, A./unter Mitarbeit von Elstermann, M. 2008. Lexikalische Bedeutung oder Konstruktionsbedeutung? Eine Untersuchung am Beispiel von Konstruktionen mit *verstehen*. In: Stefanowitsch, A./Fischer, K. (Hrsg.): Konstruktionsgrammatik II. Von der Anwendung zur Theorie. Tübingen (=Stauffenburg Linguistik, 47), S. 103–133.

Deppermann, A. 2011. Konstruktionsgrammatik und Interaktionale Linguistik: Affinitäten, Komplementaritäten und Diskrepanzen. In: Lasch, A./Ziem, A. (Hrsg.): Konstruktionsgrammatik III. Aktuelle Fragen und Lösungsansätze. Tübingen (=Stauffenburg Linguistik, 58), S. 205–238.

Didier, E. 1991. La Common Law en français. Étude juridique et linguistique de la common law en français au Canada. In: Revue internationale de droit comparé, 43/1, S. 7–56.

Diewald, G. 2009. Konstruktionen und Paradigmen. In: Zeitschrift für germanistische Linguistik, 37, 2009, 445–468.

Dobrovol'skij, D./Piirainen, E. 2002. Symbole in Sprache und Kultur. Studien zur Phraseologie aus kultursemiotischer Perspektive. Unveränderte Neuauflage. Bochum (=Studien zur Phraseologie und Parömiologie, 8).

Dobrovol'skij, D. 2011. Phraseologie und Konstruktionsgrammatik. In: Lasch, A./Ziem, A. (Hrsg.): Konstruktionsgrammatik III. Aktuelle Fragen und Lösungsansätze. Tübingen (=Stauffenburg Linguistik, 58), S. 111–130.

Dobrovol'skij, D./Pöppel, L. 2015. Pragmatic Potential of Russian Discursive Units: A Constructional Approach. In: Zeitschrift für Slawistik, 60/4, 2015, S. 613–628.

Doff, N./Arkhipov, I./Fedorinova, Y. 2019. The Cold Calculus Behind Putin's Lukewarm Embrace of Paris Pact. In: Bloomberg, 22. September 2019. URL: https://www.bloomberg.com/news/articles/2019-09-22/the-cold-calculus-behind-putin-s-lukewarm-embrace-of-paris-pact. (02.03.2020)

Dolcini, D./Singh, R. P. B. 2015. Premessa. Turismo e interculturalità. In: Lingue Culture Mediazioni. Languages Cultures Mediation. Comunicazione turistica, rappresentazione e mediazione tra Est e Ovest. Tourism Communication, Representation and Mediation between East and West, 2/1, 2015, S. 5–7.

Dolník, J./Mlacek, J./Žigo, P. 2003. Princípy jazyka. Bratislava.

Draganovici, M. 2002. Zur Problematik der Fachtextübersetzung. Die Übersetzung technischer Texte. In: Stoean, C. Ş./Măgureanu, T./Constantinescu, L. (eds): Diversitatea Lingvistică şi Culturală – Factor al Dezvoltării Europene. Conferinţă internatională, Bucureşti, 26–27 octombrie 2001. Bucureşti 2002, S. 457–462.

Draganovici, M. 2012. Die Fachsprache der Technik – Schwierigkeiten der Lexik. In: Militaru, M./Răşcanu, I./Dima, V./Pătru, C./Ioncică, D. (Hrsg.): International Conference. The Synergy of Communication. Youth on the Move. Teaching Languages for International Study and Career-Building. 13–14 May 2011. Bucureşti, S. 305–311.

Dressler, W. 1973. Einführung in die Textlinguistik. 2., durchgesehene Auflage. Tübingen (=Konzepte der Sprach- und Literaturwissenschaft, 13).

Duchêne, A./I. Piller. 2011. Mehrsprachigkeit als Wirtschaftsgut: Sprachliche Ideologien und Praktiken in der Tourismusindustrie. In: Kreis, G.

(Hrsg.): Babylon Europa: Zur europäischen Sprachlandschaft. Basel, S. 135–157.

Ducrot, O./Todorov, T. 1975. Enzyklopädisches Wörterbuch der Sprachwissenschaften. Frankfurt a. M.

Ďuricová, A. 2009. Rechtstext als Objekt der Tätigkeit des Übersetzers. In: Kalverkämper, H./Schippel, L. (Hrsg.): Translation zwischen Text und Welt – Translationswissenschaft als historische Disziplin zwischen Moderne und Zukunft. Berlin (=TransÜD. Arbeiten zur Theorie und Praxis des Übersetzens und Dolmetschens, 20), S. 423–436.

Eckhardt, B. 2000. Fachsprache als Kommunikationsbarriere? Verständigungsprobleme zwischen Juristen und Laien. Mit einem Geleitwort von HDoz. Dr. Christine Römer. Wiesbaden (=DUV Sprachwissenschaft).

Ekardt, F. 2014. Jahrhundertaufgabe Energiewende. Ein Handbuch. Sonderausgabe der Landeszentralen für politische Bildung. Berlin.

Ėkologičeskij gid 2015. Ėkologičeskij gid po zelenym ugolkam Respubliki Tatarstan. Kazan'.

Erofeev, B. V. 2018. Ėkologičeskoe pravo Rossii. Tom 2. Osobennaja i special'naja časti. Učebnik akademičeskogo bakalavriata. 25-e izdanie, pererabotannoe i dopolnennoe. Pod naučnoj redakcii L. B. Bratkovskoj. Moskva.

Evans, V./Bergen, B. K./Zinken, J. 2007. The Cognitive Linguistics Enterprise: An Overview. In: Evans, V./Bergen, B. K./Zinken, J. (eds.): The Cognitive Linguistics Reader. London/Oakville (=Advances in Cognitive Linguistics), S. 2–36.

Faber, P. 2012. Introduction. In: Faber, P. (ed.): A Cognitive Linguistics View of Terminology and Specialized Language. Berlin/Boston (=Applications of Cognitive Linguistics, 20), S. 1–5.

Faber, P./López Rodríguez, C. I. 2012. Terminology and Specialized Language. In: Faber, P. (ed.): A Cognitive Linguistics View of Terminology and Specialized Language. Berlin/Boston (=Applications of Cognitive Linguistics, 20), S. 9–31.

Faber, P./Ureña Gómez-Moreno, J. M. 2012. Specialized Language Translation. In: Faber, P. (ed.): A Cognitive Linguistics View of Terminology and Specialized Language. Berlin/Boston (=Applications of Cognitive Linguistics, 20), S. 73–92.

Fedorova, L. L. 2019. Russkij jazyk v Armenii: Jazykovaja situacija i jazykovoj landšaft Erevana. In: Nikunlassi, A./Protassova, E. (eds.): Russian Language in the Multilingual World. Helsinki (=Slavica Helsingiensia, 52), S. 87–99.

Fedorova, N./Henzelmann, M. 2016. Frejmovaja semantika v zerkale ėkologičeskogo diskursa v russkom jazyke na primere tekstov o

Volžsko-Kamskom zapovednike. In: Filologija i kul'tura. Philology and Culture, 43/1, 2016, S. 158–163.

Felder, E. 2003. Juristische Textarbeit im Spiegel der Öffentlichkeit. Berlin/New York (=Studia Linguistica Germanica, 70).

Felder, E. 2017. Pragmatik des Rechts: Rechtshandeln mit und in Sprache. In: Felder, E./Vogel, F. (Hrsg.): Handbuch Sprache im Recht. Berlin (=HSW, 12), S. 45–66.

Fenster, M. 2006. The Opacity of Transparency. In: 91 Iowa Law Review, S. 885–949.

Figge, F. 2013. Öko-Rating: Ökologieorientierte Bewertung von Unternehmen. Berlin/Heidelberg (=Umweltnatur- & Umweltsozialwissenschaften).

Fill, A. 1993. Ökolinguistik: Eine Einführung. Tübingen (=Narr Studienbücher).

Fill, A. 2001. Ecolinguistics. State of Art 1998. In: Fill, A./Mühlhäusler, P. (eds.): The Ecolinguistics Reader: Language, Ecology and Environment. London/New York, S. 43–53.

Fillmore, C. J. 1976. Frame Semantics and the Nature of Language. In: Annals of the New York Academy of Sciences, 280, October 1976, Origins and Evolution of Language and Speech, S. 20–32.

Fórián, E. 2008. Kal'kirovanie kak sposob nominacii v russkom jazyke na perelome XX i XXI stoletij. In: Studia Slavica Academiae Scientiarum Hungaricae, 53/2, S. 319–335.

Francu, C. 2016. Curente, şcoli, direcţii şi tendinţe în lingvistica modernă. Iaşi.

Funke, O. 2005. Russian Environmental Security Issues: Competing Frameworks for the Future. In: International Journal of Environmental Technology and Management, 5, S. 246–275.

Gansel, C./Jürgens, F. 2007. Textlinguistik und Textgrammatik. Eine Einführung. 2., überarbeitete und ergänzte Auflage. Mit zahlreichen Abbildungen und Tabellen. Göttingen (=Studienbücher zur Linguistik, 6).

Gardt, A. 2012. Textsemantik. Methoden der Bedeutungserschließung. In: Bär, J. (Hg.): Geschichte der Sprache – Sprache der Geschichte: Probleme und Perspektiven der historischen Sprachwissenschaft des Deutschen. Oskar Reichmann zum 75. Geburtstag. Berlin (=Lingua historica germanica, 3), S. 61–82.

Garner, M. 2005. Language Ecology as Linguistic Theory. In: Kajian Linguistik dan Sastra, 17/33, S. 91–101.

Geisler, E. 2015. Rousseau als Denker der Ökonomie. In: Leopold, S./Poppenberg, G. (Hrsg.): Planet Rousseau. Zur heteronomen Genealogie der Moderne. Paderbron, S. 131–150.

Georgieva, S. 2011. Russkaja frazeologija v zerkale bolgarskogo jazyka. Sofija.

Georgieva, S. I./Šuležkova, S. G. 2020. Frazeologičeskie innovacii bolgarskogo i russkogo jazykov v uslovijach globalizacii (XX – načala XXI vv.). In: Henzelmann, M. (Hrsg.): Sprachwissenschaftliche Perspektiven der Bulgaristik. Standpunkte – Innovationen – Herausforderungen. Festschrift für Prof. Dr. Dr. h.c. Helmut Wilhelm Schaller anlässlich seines 80. Geburtstags. Berlin (=Slawistik, 8), S. 21–37.

Girnth, H. 2002. Sprache und Sprachverwendung in der Politik: Eine Einführung in die linguistische Analyse öffentlich-politischer Kommunikation. Tübingen (=Germanistische Arbeitshefte, 39).

Goldberg, A. E. 2006. Constructions at Work. The Nature of Generalization in Language. Oxford.

Gonçalves, K. 2012. Semiotic Landscapes and Discourses of Place within a Portuguese-Speaking Neighborhood. In: Interdisciplinary Journal of Portuguese Diaspora Studies, 1, S. 71–99.

Gorter, D. 2006a. Introduction: The Study of the Linguistic Landscape as a New Approach to Multilingualism. In: International Journal of Multilingualism, 3/1, S. 1–6.

Gorter, D. 2006b. Further Possibilities for Linguistic Landscape Research. In: Gorter, D. (ed.): Linguistic Landscape. A New Approach to Multilingualism. Clevedon et al., S. 81–89.

Gosudarstvennyj doklad 2017. Gosudarstvennyj doklad o sostojanii prirodnych resursov i ob ochrane okružajuščej sredy Respubliki Tatarstan v 2016 godu. Kazan'.

Gotti, M. 1991. I linguaggi specialistici. Caratteristiche linguistiche e criteri pragmatici. Firenze (=Orientamenti del sapere contemporaneo, 6).

Gotti, M. 2006. The Language of Tourism as Specialized Discourse. In: Palusci, O./Francesconi, S. (eds.): Translating Tourism: Linguistic/Cultural Representations. Trento, S. 15–34.

Grenoble, L. A. 2003. Language Policy in the Soviet Union. Dordrecht.

Gromova, A. 2011. Poterjannyj vozduch Kioto. Blagodarja dejstvujuščej v Rossii procedure torgovli kvotami upuščennaja pribyl' kompanij sostavit milliardy rublej. In: The Chemical Journal. Chimičeskij žurnal, Janvar'–Fevral' 2011, S. 28–31.

Große, F. 2011. Bild-Linguistik. Grundbegriffe und Methoden der linguistischen Bildanalyse in Text- und Diskursumgebungen. Frankfurt u.a. (=Germanistische Arbeiten zu Sprache und Kulturgeschichte, 50).

Guttke, M. 2010. Strategien der Persuasion in der schriftkonstituierten politischen Kommunikation. Dargestellt an Parteiprogrammen der Neuen Rechten in Polen. Frankfurt am Main u.a. (=Potsdam Linguistic Investigations. Potsdamer Linguistische Untersuchungen. Recherches Linguistiques à Potsdam, 5).

Gynne, A. 2016. Languaging and Social Positioning School Practices. Studies of Sweden Finnish Middle School Years. Västerås (=Mälardalen University Press Dissertations, No. 205; Mälardalen Studies in Educational Sciences, 26).

Haj Yahya, A. 2021. Multiculturalism as Reflected in the Linguistic and Semiotic Landscape of Arab Museums in Israel. In: Israel Studies Review, 36/1, Spring 2021, S. 68–91.

Hammad, M. 2013. La sémiotisation de l'espace. Esquisse d'une manière de faire. In: Actes sémiotiques, 116, S. 1–64.

Hammad, M. 2015. Sémiotiser l'espace, décrypter architecture et archéologie. Essais sémiotiques. Paris.

Heinmann-Grüder, A. 2018. Föderalismus in Russland. In: Bundeszentrale für politische Bildung, 26. März 2018. Online abrufbar unter: https://www.bpb.de/internationales/europa/russland/47962/foederalismus. (11.01.2019)

Heinz-Mohr, G. 1991. Lexikon der Symbole. Bilder und Zeichen der christlichen Kunst. Freiburg u.a.

Heller, M./Boutet, J. 2006. Vers de nouvelles formes de pouvoir langagier ? Langue(s) et identité dans la nouvelle économie. In: Langage et société, 118/4, 2006. Langues et nouvelle économie. Le cas du Canada, S. 5–16.

Henzelmann, M. 2018. Ėkologičeskij diskurs i cennosti v russkom jazyke v zerkale grammatiki konstrukcij. In: Kuße, H./Fattakhova, N. N. (Hg., unter Mitarbeit von Novosolova, M.): Kul'turovedčeskaja lingvistika i lingvokul'turologija. Drezdenskie i Kazanskie trudy po aksiologii. Kulturwissenschaftliche Linguistik und Sprachkulturologie. Dresdener und Kazaner Beiträge zur Axiologie. Berlin u.a. (=Specimina philologiae Slavicae, 194), S. 123–141.

Henzelmann, M. 2019. Beobachtungen zu Balkanismen in der europäischen Rechtsterminologie (mit Blick auf das Bulgarische und auf das Rumänische). In: Linguistique Balkanique, 58/1, 2019, S. 73–88.

Henzelmann, M. 2021a. Planinski regioni i njihov kulturnoantropološki semiotički pejsaž. In: Opera Slavica, 31/4, 2021, S. 29–43.

Henzelmann, M. 2021b. Semiotic Landscape im ökologischen Diskurs in Bulgarien. In: Bulgarica, 4. München, S. 223–240.

Henzelmann, M. 2021c. Zadači ėkologičeskogo diskursa v Rossii. In: Prochorenko, O. G. et al. (Hrsg.): Lingvistika, lingvodidaktika, lingvokul'turologija: aktual'nye voprosy i perspektivy razvitija. Materialy V Meždunarodnoj naučno-praktičeskoj konferencii. Minsk, 18–19 marta 2021 g. Minsk, S. 237–243.

Henzelmann, M. 2022a. Die semiotische Landschaft im Nationalpark Lovćen (Montenegro). In: Lingua Montenegrina, 15/1, 29, S. 43–73.

Henzelmann, M. 2022b. Scaling Linguistic and Semiotic Landscapes in Bulgaria's Mountains. In: Speech and Context, 14/1, 2022, 43–53.

Henzelmann, M. 2023. Urban Ecological Semiotics: Evidence from Novi Sad and Sofia. In: Journal of Urban Anthropology, 20, 2023, S. 199–212.

Henzelmann, T./Mehner, S./Zelt, T. 2007. Umweltpolitische Innovations- und Wachstumsmärkte aus Sicht der Unternehmen. Dessau/Berlin (=Umwelt, Innovation, Beschäftigung, 2/2007).

Henzelmann, T. 2010. Weltmarktführer beim Umweltschutz. In: Harvard-Business-Manager, Dezember 2010, Nachdruck Nummer 201012044, S. 2–4. Text online unter: https://heft.manager-magazin.de/EpubDelivery/manager-lounge/pdf/75188251. (05.08.2020)

Henzelmann, T. 2016. Klimaschutz – Chance oder Hemmschuh für Unternehmen? Würzburg 2016. (Öffentlicher Vortrag von Prof. Dr. Thorsten Henzelmann auf dem DBU-Symposium am 29.10.2016 zum Thema „Umsetzung des Klimaabkommens von Paris: Stimmt die Richtung?"). Materialien online unter https://www.dbu.de/708ibook77852_36957_2428.html. (23.11.2019)

Hill, P. M. 1970. Denotation of Colour in Russian and Bulgarian: Comparative Linguistic Analysis. Melbourne. (Unveröffentlichte Masterarbeit).

Hill, P. M. 1972. Die Farbwörter der russischen und bulgarischen Schriftsprache der Gegenwart: Versuch einer Klassifikation und einer strukturell-semantischen Analyse. Amsterdam (=Bibliotheca Slavonica, 6).

Hill, P. 2008. The Metaphorical Use of Colour Terms in the Slavonic Languages. In: Wells, D. N. (ed.): Themes and Variations in Slavic Languages and Cultures, Australia and New Zealand Slavists' Association. Perth, S. 62–83.

Hilpert, M. 2015. Kollaborative Insubordination in gesprochenem Englisch: Konstruktion oder Umgang mit Konstruktionen? In: Ziem, A./Lasch, A. (Hrsg.): Konstruktionsgrammatik IV. Konstruktionen als soziale Konventionen und kognitive Routinen. Tübingen (=Stauffenburg Linguistik, 76), S. 25–40.

Hirschl, B. 2008. Erneuerbare Energien-Politik: Eine Multi-Level Policy-Analyse mit Fokus auf den deutschen Strommarkt. Mit einem Geleitwort von PD Dr. Lutz Mez. Wiesbaden.

Hoffmann, T./Trousdale, G. 2013. Construction Grammar. Introduction. In: Hoffmann, T./Trousdale, G. (eds.): The Oxford Handbook of Construction Grammar. Oxford, S. 1–12.

Hogan-Brun, G./Ramonienė, M. 2005. Perspectives on language attitudes and use in Lithuania's multilingual setting. In: Journal of Multilingual and Multicultural Development, 26/5, S. 425-441.

Höhmann, D. 2007. Zur fachsprachlichen Konfiguration des Modalverbs sollen in juristischen Texten. In: Ehrlich, K./Heller, D. (Hrsg.): Studien zur Rechtskommunikation. Frankfurt am Main u.a. (=Linguistic Insights, 56), S. 153–182.

Holly, W. 1990. Politikersprache: Inszenierungen und Rollenkonflikte im informellen Sprachhandeln eines Bundestagsabgeordneten. Berlin/New York.

Hometkovski, L. 2012. Taxonomia paradigmatică şi sintagmatică în terminologia dreptului comunitar. Chişinău.

Huebner, T. 2016. Linguistic Landscape: History, Trajectory and Pedagogy. In: Manusya: Journal of Humanities, Special Issue, 22, 2016, S. 1–11.

Imo, W. 2015. Zwischen Construction Grammar und Interaktionaler Linguistik: Appositionen und appositionsähnliche Konstruktionen in der gesprochenen Sprache. In: Ziem, A./Lasch, A. (Hrsg.): Konstruktionsgrammatik IV. Konstruktionen als soziale Konventionen und kognitive Routinen. Tübingen (=Stauffenburg Linguistik, 76), S. 91–112.

Ionova, S. V. 2011. K voprosu o priznakach ėkologičnosti tekstovoj kommunikacii. In: Vestnik VGU, Serija 2: Jazykoznanie, 13/1, S. 190–197.

Jäger, L. 2002. Transkriptivität. Zur medialen Logik der kulturellen Semantik. In: Jäger, L./Stanitzek, G. (Hrsg.): Transkribieren. Medien/Lektüre. München, S. 19–41.

Jaworski, A./Thurlow, C. 2010. Introducing Semiotic Landscapes. In: Jaworski, A./Thurlow, C. (eds.): Semiotic Landscapes, Language, Image and Space. London, S. 1–40.

Jenkins, L. 2000. Biolinguistics. Exploring the Biology of Language. Cambridge.

Jørgensen, J. N. et al. 2011. Polylanguaging in Superdiversity. In: Diversities, 13/2, S. 23–38.

Jørgensen, J. N./Møller, J. S. 2014. Polylingualism and languaging. In: Leung, C./Street, B. (eds.): The Routledge Companion to English Studies. London, S. 67–83.

Joseph, J. E. 2006. Language and Politics. Edinburgh.

Juffermans, K. 2008. Local Emplacement and Global Identities in Signboard and Billboard Literacies in Urban Gambia. In: Simo Bobda, A. (ed.): Explorations into Language Use in Africa. Frankfurt a. M. u.a. (=DASK. Duisburger Arbeiten zur Sprach- und Kulturwissenschaft. Duisburg Papers on Research in Language and Culture, 70), S. 197–219.

Kalita, I. 2017. Očerki po komparativnoj frazeologii II. Cvetnaja palitra v nacional'nych kartinach mira russkich, belarusov, ukraincev i čechov. Ústí nad Labem.

Kalita, I./Načeva-Marvanová, M. 2021. Percepcija zelenogo spektra v bolgarskoj, russkoj, belarusskoj i češskoj frazeologii – lingvokul'turnye i strukturnye aspekty koloronimov. In: Bulgarica, 4. München, S. 185–221.

Kämper, H./Warnke, I. H. 2015. Diskursanalyse multidisziplinär. In: Kämper, H./Warnke, I. H. (Hrsg.): Diskurs – interdisziplinär: Zugänge, Gegenstände, Perspektiven. Berlin u.a. (=Diskursmuster, 6), S. 1–7.

Karabalić, V. 1994. Ohne Worte Dinge tun. Zu einer Theorie nonverbaler kommunikativer Akte. Göppingen (=Göppinger Arbeiten zur Germanistik, 608).

Karčaeva, S. Ch. 2010. Diskursivnost' naučnogo teksta. Avtoreferat. Nal'čik.

Karasik, V. 2004. Jazykovoj krug. Ličnost', koncepty, diskurs. Volgograd.

Karasik, V. 2018. Clouding of Speech Meaning as a Communicative Practice. In: Henzelmann, M. (Hg.): Linguistik als diskursive Schnittstelle zwischen Recht, Politik und Konflikt. Hamburg (=Studien zur Slavistik, 42), S. 277–289.

Karis, T. 2013. Mediendiskurs Islam. Narrative in der Berichterstattung der *Tagesthemen* 1979–2010. Wiesbaden (=Research).

Kesić, D. M. 2018. Illusiveness of Linguistic Signs in Culturally Incongruent Contexts – Translatorical Ramifications. In: Filolog, 17, S. 351–364.

Kettnerová, V. 2014. Lexikálně-sémantické konverze ve valenčním slovníku. Praha.

Kirilina, A. V./Kuptsova, G. I. 2019. Multilingualism in the Linguistic Landscape of Moscow Based on Inscriptions on Children's Toys. In: Proceedings of the 2019 International Conference on Pedagogy, Communication and Sociology (ICPCS 2019). Amsterdam (=Advances in Social Science, Education and Humanities Research, 315), S. 404–406.

Klaus, G. 1973. Semiotik und Erkenntnistheorie. 4., unveränderte Auflage. München/Salzburg.

Klemm, M./Stöckl, H. 2011. „Bildlinguistik" – Standortbestimmung, Überblick, Forschungsdesiderate. In: Diekmannshenke, H./Klemm, M./Stöckl,

H. (Hrsg.): Bildlinguistik. Theorien – Methoden – Fallbeispiele. Berlin (=Philologische Studien und Quellen, 228), S. 7–18.

Klevakin, A. A. et al. 2011. Biologičeskie osobennosti devjatiigloj koljuški pungitius pungitius (linnaeus, 1758) lokal'noj populjacii reki Ušakovka. In: Rossijskij Žurnal Biologičeskich Invazij, 2, 2011, S. 86–105.

Kocbek, A. 2015. The Decalogue of Legal Translation – Contracts in Intercultural Legal Communication. In: CLINA, 1/1, 2015, S. 71–86.

Kocbek, A. 2018. The Power of Legal Language – Legal Language as an Instrument of Power. In: Henzelmann, M. (Hrsg.): Linguistik als diskursive Schnittstelle zwischen Recht, Politik und Konflikt. Hamburg (=Studien zur Slavistik, 42), S. 15–33.

Kock, D. 2010. Medien-Diskurs im kulturellen Kontext: Versuch einer Zusammenführung von Luhmann, Habermas und Foucault. München.

Kor Chahine, I. 2009. Linguistique du texte: les rapports "Grammaire < > Texte" en russe moderne. Marseille. Onlineversion unter: https://tel.archives-ouvertes.fr/tel-00452551. (12.09.2019)

Kosilev, Ju. P./Žironkina, L. S./Guk, N. M. 2002. Delovoe obščenie. Učebnyj modul'. Dlja studentov zaočnoj formy obučenija. Kemerovo.

Krause, M. 2007. Epistemische Modalität. Zur Interaktion lexikalischer und prosodischer Marker. Wiesbaden (=Slavistische Studienbücher. Neue Folge, 7).

Kravcova, E. V. 2012. Naučnyj diskurs kak vid institucional'nogo tipa diskursa. In: Vestnik Južno-Ural'skogo gosudarstvennogo universiteta, 25, 2012. Seria „Lingvistika", 15, S. 130–131.

Kraže, S. G. 1989. Pragmatičeskij aspekt teorii teksta i implikacii. In: Agamdžanova, V. I. (pod red.): Kontekstual'no obuslovljennaja variantnost' edinic jazyka. Sbornik naučnych trudov. Riga, S. 82–87.

Kruskop, S. V. 2015. Zveri. Atlas-opredelitel' mlekopitajuščich srednej polosy Rossii. Moskva.

Kubicka, E./Zieliński, L./Żurowski, S. 2019 (eds.). Język(i) w prawie. Zastosowania językoznawstwa i translatoryki w praktyce prawniczej. Toruń.

Kul'kova, M. A. 2010. Rečevye akty, reprezentirujuščie kommunikativno-pragmatičeskij frejm „zapret" v russkich i nemeckich paremiologičeskich tekstach. In: Vestnik Voronežskogo gosudarstvennogo universita. Seria: Filologija. Žurnalistika, 1, 2010, S. 45–47.

Kuße, H. 2002. Werte als Prämissen. Beispiele aus dem politischen Diskurs (Havel, Gorbačev, Putin). In: Kuße, H./Unrath-Scharpenack, U. (Hrsg.): Kulturwissenschaftliche Linguistik. Beispiele aus der Slavistik. Bochum, S. 117–165.

Kuße, H. 2004. Interkulturelle Kommunikation und argumentative Wertorientierung. Interkulturní komunikace a argumentativní hodnotová orientace. In: Unternehmenskultur mit tschechischen Nachbarn erfolgreich gestalten. Beiträge zur interkulturellen Kommunikation und Kooperation. Hrsg. vom Bundesverband Deutscher Unternehmer in der Tschechischen Republik e.V./Goethe-Institut Prag/Wirtschaftsuniversität VŠE Prag. Dresden (=Unternehmenskultur & Unternehmenserfolg, 1), S. 183–214.

Kuße, H. 2007. Unternehmensphilosophien: McDonald's und IKEA (die russischen, tschechischen und polnischen Internetauftritte im Vergleich). In: Doleschal, U./Hoffmann, E./Reuther, T. (Hrsg.): Sprache und Diskurs in Wirtschaft und Gesellschaft: Slawistische Perspektiven. Wiener Slawistischer Almanach (Sonderband), 66, 2007, S. 155–178.

Kuße, H. 2012. Kulturwissenschaftliche Linguistik. Eine Einführung. Göttingen.

Kuße, H. 2018. Pis'mo studentu: Lev Tolstoj i diskurs prava. In: Henzelmann, M. (Hrsg.): Linguistik als diskursive Schnittstelle zwischen Recht, Politik und Konflikt. Hamburg (=Studien zur Slavistik, 42), S. 55–68.

Kutscher, T./Himmelspach, A. 2018. Die russische Medienlandschaft. Alles Propaganda?! In: Bundeszentrale für politische Bildung, 08. März 2018. Online unter: http://www.bpb.de/internationales/europa/russland/47996/medienlandschaft. (21.04.2020)

Lakoff, G./Johnson, M. 1980. Metaphors We Live By. Chicago.

Lakoff, G. 1991. Cognitive versus Generative Linguistics: How Commitments Influence Results. In: Language & Communication, 11/1–2, S. 53–62.

Lakoff, G. 2010. Why it Matters How We Frame the Environment. In: Environmental Communication. A Journal of Nature and Culture, 4/1, S. 70–81.

Landry, R./Bourhis, R. Y. 1997. Linguistic Landscape and Ethnolinguistic Vitality: An Empirical Study. In: Journal of Language and Social Psychology, 16/1, S. 23–49.

Langacker, R. W. 1988. A Usage-Based Model. In: Rudzka-Ostyn, B. (ed.): Topics in Cognitive Linguistics. Amsterdam/Philadelphia, S. 127–161.

Lasch, A. 2015. Gott ist ein Freund des Lebens. Die Konstruktion [[NP]+[[DET-$_{\text{GEN}}$]+[Lebens]]] als gestalthafte Routine im palliativmedizinischen Diskurs. In: Ziem, A./Lasch, A. (Hrsg.): Konstruktionsgrammatik IV. Konstruktionen als soziale Konventionen und kognitive Routinen. Tübingen (=Stauffenburg Linguistik), S. 133–154.

Lerch, K. D. 2008. Ultra posse nemo obligatur. Von der Verständlichkeit und ihren Grenzen. In: Eichhoff-Cyrus, K. M./Antos, G. (Hrsg.): Verständlichkeit als Bürgerrecht? Die Rechts- und Verwaltungssprache in der öffentlichen Diskussion. Mannheim u.a. (=Thema Deutsch, 9), S. 54–80.

Leuschner, T./Schröter, M. 2015. Von der Schlagwortforschung zur sozio-kognitiv orientierten Konstruktionsgrammatik – das Beispiel *Drang nach Osten*. In: Ziem, A./Lasch, A. (Hrsg.): Konstruktionsgrammatik IV. Konstruktionen als soziale Konventionen und kognitive Routinen. Tübingen (=Stauffenburg Linguistik, 76), S. 155–177.

Li, J. 2011. „Recht ist Streit". Eine rechtslinguistische Analyse des Sprachverhaltens in der deutschen Rechtsprechung. Berlin/New York (=Sprache und Wissen, 8).

Li, J. 2017. Diskurs- und textlinguistische Ansätze im Recht. In: Felder, E./Vogel, F. (Hrsg.): Handbuch Sprache im Recht. Berlin (=HSW, 12), S. 233–250.

Lichichan, O. 2011. Das Rechtssystem der Föderationssubjekte: Russland und die Bundesrepublik Deutschland im Vergleich. In: Trunk, A./Hoffmann, T. (Hrsg.): 50 Jahre Institut für Osteuropäisches Recht der Christian-Albrechts-Universität zu Kiel. Köln (=Kieler Schriften für Ostrecht, 1), S. 95–102.

Linke, A./Nussbaumer, M./Portmann, R. A. 2001. Studienbuch Linguistik. 4., unveränderte Auflage. Tübingen.

Ljutakova, R. 2018. Nova bălgarska i rumănska leksika sled 1989 g. Sofija.

Ljutakova, R. 2023. Promeni v bălgarskata i rumănskata leksika, svărzani s evropejskata integracija na Bălgarija i Rumănija. In: Bulgarica, 5. München, 2023, S. 131–154.

Lou, J. J. 2016. The Linguistic Landscape of Chinatown. Bristol.

Mälksoo, L. 2018. Analyse: Russland und das Völkerrecht: Einige Widersprüche. In: Bundeszentrale für politische Bildung. Russland und das Völkerrecht. Zustimmungsraten und Institutionenvertrauen. 16.11.2018. Online unter: https://www.bpb.de/internationales/europa/russland/analysen/280523/analyse-russland-und-das-voelkerrecht-einige-widersprueche. (04.12.2019)

Mar'in, E. V. 2018. Ėkologičeskoe pravo Rossii. Učebno-praktičeskoe posobie.

Mast, C. 2013. Unternehmenskommunikation. Ein Leitfaden mit einem Beitrag von Simone Huck-Sandhu. 5., überarbeitete Auflage. Konstanz/München.

Mečkovskaja, N. 2010. Kognitivnaja lingvistika v SNG: raznoobrazie programm i metodologičeskie kollizii. In: Norman, B./Anstatt, T. (Hrsg., unter Mitarbeit von Robilka, H.): Die slavischen Sprachen im Licht der kognitiven Linguistik. Slavjanskie jazyki v kognitivnom aspekte. Wiesbaden (=Slavistische Studienbücher. Neue Folge, 22), S. 13–36.

Mečkovskaja, N. B. 2011. Obščee jazykoznanie. Strukturnaja i social'naja tipologija jazykov. Učebnoe posobie. Dlja studentov filologičeskich i lingvističeskich special'nostej. 8-e izdanie. Moskva.

Meiwes, E. E. 2018. Sprache und Tourismus: Eine Analyse deutschsprachiger Hotelwebseiten für den interkulturellen DaF-Unterricht. Münster/New York (=Interkulturelle Perspektiven in der Sprachwissenschaft und ihrer Didaktik, 7).

Mengel, S. 2018. Processy zaimstvovanija v sovremennom russkom literaturnom jazyke (na primere sostojanija jazyka-standarta v periody nestabil'nych obščestvennych situacij). In: Witzlack-Makarevich, K. (Hrsg): Kalkierungs- und Entlehnungssprachen in der Slavia. Boris Unbegaun zum 120. Geburtstag. Mit einem Vorwort von George Thomas. Berlin (=Slawistik, 6), S. 147–163.

Merkulova, N. E. 2018. Ėkolingvistika: osnovnye napravlenija issledovanija i sovremennye podchody k analizu jazyka kak ėkosistemy. In: Teorija jazyka i mežkul'turnaja kommunikacija, 29/2, S. 58–66.

Minakova, E. A. 2011. Vvedenie. In: Minakova, E. A. (otv. red.): Respublika Tatarstan. Ustojčivoe razvitie. Opyt, problema, perspektivy. Moskva, S. 10–17.

Møhl, P. 1997. Village Voices: Coexistence and Communication in a Rural Community in Central France. Copenhagen.

Moïse, C./McLaughlin, M./Roy, S./White, C. 2006. Le tourisme patrimonial: la commercialisation de l'identité franco-canadienne et ses enjeux langagiers. In: Langage et société, 118/4, 2006. Langues et nouvelle économie. Le cas du Canada, S. 85–108.

Mommsen, M./Nußberger, A. 2007. Das System Putin. Gelenkte Demokratie und politische Justiz in Russland. München (=Beck'sche Reihe).

Morris, Ch. W. 1973. Zeichen, Sprache und Verhalten. Mit einer Einführung von Karl-Otto Apel. Düsseldorf (=Sprache und Lernen. Internationale Studien zur Anthropologie, 28).

Muckenhaupt, M. 1986. Text und Bild. Grundfragen der Beschreibung von Text-Bild-Kommunikationen aus sprachwissenschaftlicher Sicht. Tübingen (=Tübinger Beiträge zur Linguistik, 271).

Müller, A. 2021. Haben das Russische und das Belarussische in der Linguistic Landscape von Minsk unterschiedliche Funktionen? In: Ritter, N./Henzelmann, M. (Hrsg.): Linguistische Beiträge zur Slavistik. XXVIII. JungslavistInnen-Treffen, 18. bis 20. September 2019 an der Universität Hamburg. Berlin u.a. (=Specimina philologiae Slavicae, 206), S. 161–188.

Munteanu, E. 2005. Introducere în lingvistică. Iaşi/Bucureşti (=Collegium Litere).

Muravenko, E. V. 2014. Izmenenie upravlenija predloga *po* v russkom jazyke. In: Saj, S.S./Ovsjannikova, M. A./Oskol'skaja, S. A. (red.): Russkij jazyk: grammatika konstrukcij i leksiko-semantičeskie podchody. Sankt Peterburg (=Acta Linguistica Petropolitana. Trudy Instituta lingvističeskich issledovanij RAN, X/2), S. 643–672.

Muth, S. 2012a. Language, Power and Representation in Contested Urban Spaces: The Linguistic Landscapes of Chisinau and Vilnius. Greifswald. Online unter: https://epub.ub.uni-greifswald.de/frontdoor/deliver/index/docId/1062/file/diss_muth_sebastian.pdf. (04.10.2020)

Muth, S. 2012b. The Linguistic Landscapes of Chişinău and Vilnius: Linguistic Landscape and the Representation of Minority Languages in Two Post-Soviet Capitals. In: Gorter, D./Marten, H. F./Van Mensel, L. (eds.): Minority Languages in the Linguistic Landscape. London (=Palgrave Studies in Minority Languages and Communities), S. 204–224.

Nagel, C. 2019. Hartnäckig gegen Moskaus Müllpläne. Tagesschau vom 22.09.2019. Im Internet unter: https://www.tagesschau.de/ausland/schijes-muelldeponie-101.html. (14.01.2020)

Newell, J. P./Henry, L. A. 2017. The state of environmental protection in the Russian Federation: a review of the post-Soviet era, Eurasian Geography and Economics. In: Eurasian Geography and Economics, 57/6, S. 1–23.

New York Times 1993. Russians describe extensive dumping of nuclear waste. 27. April 1993, Section A, S. 1.

Nicodemus, G. R. 1998. Reale Optionswerte in der Umweltökonomie: Eine Analyse der umweltökonomischen Implikationen von Unsicherheit am Beispiel des Treibhauseffekts. Berlin u.a. (=Umwelt und Ökonomie, 24).

Nikolov, D. 2018. Strategien der Selbstdarstellung russischer Unternehmen auf ihren Webseiten. Berlin u.a. (=Specimina philologiae Slavicae, 193).

Nöth, W. 2000. Handbuch der Semiotik. 2., vollständig neu bearbeitete und erweiterte Auflage mit 89 Abbildungen. Stuttgart/Weimar.

Nöth, W. 2001. Ecosemiotics and the Semiotics of Nature. In: Sign Systems Studies, 29/1, 2001, S. 71–82.

Nowak, R. 1981. Grenzen der Sprachanalyse. Ein Beitrag zur Klärung des Verhältnisses von Philosophie und Sprachwissenschaft. Tübingen (=Tübinger Beiträge zur Linguistik, 156).

Nübler, N. 2016. Sprachwissenschaftliche Einführung: Die Fachsprache des Rechts aus linguistischer Sicht. In: Nübler, N./Trunk, A. (Hrsg., unter Mitarbeit von Lehrke, A./Flinsch, L./Rieckhof, S./Panych, N.): Einführung in die russisch-deutsche Rechtsterminologie. Zugleich eine vergleichende Einführung in das deutsche und russische Recht. Lehr- und Übungsbuch. Hamburg, S. 11–20.

Nussberger, A. 1998. Die Frage nach dem *tertium comparationis*. Zu den Schwierigkeiten einer rechtsvergleichenden Analyse des russischen Rechts. In: Recht in Ost und West, 3, S. 81–88.

Nußberger, A. 2008. Die slawischen Länder und das europäische Recht. In: Ressel, G./Stahl, H. (Hrsg.): Die Slaven und Europa. Frankfurt (=Trierer Abhandlungen zur Slavistik, 8), S. 211–228.

Omphalius, R./Azakli, M. 2008. Klimawandel. Würzburg (=Arena Bibliothek des Wissens Aktuell).

Önal, B. 2014. Exploring the Linguistic Landscape of North Cyprus and its Use in ELT Classrooms. Master Thesis. Güzelyurt.

Opiłowski, R. 2013a. Sprache und Bild als Forschungsgegenstand in linguistischen Disziplinen (Bild-, Text-, Medienlinguistik und Stilistik). In: Convivium. Germanistisches Jahrbuch Polen, 2013, S. 11–36.

Opiłowski, R. 2013b. Von der Textlinguistik zur Bildlinguistik. Sprache-Bild-Texte im neuen Forschungsparadigma. In: Czasopismo Stowarzyszenia Germanistów Polskich. Zeitschrift des Verbandes Polnischer Germanisten, 3/2, 2013, S. 217–225.

Orttung, R. W./Walker, C. 2013. Putin und Russlands gelähmte Medien. In: Russland-Analysen, 253, 08.03.2013, S. 2–6.

Pacsai, I. 2011. Obščie ėlementy jazykovoj kartiny mira v „russkoj kul'turnoj zone". In: Studia Slavica Hungarica, 56/2, 2011, S. 337–350.

Padrini, F./Lucheroni, M. T. 2021. Cromoterapia. Salute e benessere con i colori. Firenze/Milano.

Padučeva, E. V. 2008. Diskursivnye slova i kategorii: režimy interpretacii. In: Plungjan, V. A. (otv. red.)/Gusev, V. Ju./Urmančieva, A. Ju. (red.): Grammatičeskie kategorii v diskurse. Moskva (=Issledovanija po teorii grammatiki, 4), S. 56–86.

Pajarín Canales, A. 2018. Reconstrucción del nacimiento de la cabina española en la Unión Europea: Un proceso de profesionalización. In: CLINA, 4/1, 2018, S. 39–64.

Panin, V. N. 2008. Sovremennoe sostojanie geopolitičeskogo processa na Kavkaze. In: Tiškov, V. A. (pod red.): Severnyj Kavkaz v nacional'noj strategii Rossii. Moskva, S. 53–59.

Pape-Müller, S. 1980. Textfunktionen des Passivs. Untersuchungen zur Verwendung von grammatisch-lexikalischen Passivformen. Tübingen (=Reihe Germanistische Linguistik, 29).

Pavlenko, A. 2012. Transgression as the Norm: Russian in Linguistic Landscape of Kyiv, Ukraine. In: Gorter, D./Marten, H./Van Mensel, L. (eds.): Minority Languages in the Linguistic Landscape. Basingstoke, S. 36–56.

Pavlenko, A. 2017. Jazykovye landšafty i drugie sociolingvističeskie metody issledovanija russkogo jazyka za rubežom. In: Russian Journal of Linguistics, 21/3, S. 493–514.

Pavlenko, V. B. 2017. Parižskoe soglašenie kak ugroza nacional'noj bezopasnosti Rossii. In: Astrachanskij vestnik ėkologičeskogo obrazovanija, 42/4, S. 25–40.

Perotto, M. 2015. The presence of the Italian Language in the Linguistic Landscapes of Moscow. In: Laitinen, M./Zabrodskaja, A. (eds.): Dimensions of Sociolinguistic Landscapes in Europe. Materials and methodological Solutions. Berlin u.a. (=Sprachkönnen und Sprachbewusstheit in Europa. Language Competence and Language Awareness in Europe, 7), S. 263–282.

Petru, S. 2006. Red, Black or White. The Dawn of Colour Symbolism. In: Documenta Praehistorica, 33, S. 203–208.

Piper, P. 2016. O socijalnim femininativima u srpskom i drugim slovenskim jezicima. In: Južnoslovenski filolog, 72/3–4, 2016, S. 35–65.

Pleines, H./Schröder, H.-H. 2005. Umweltverschmutzung und Umweltschutz. In: Russland-Analysen, 63, S. 5–9.

Plöger, S./Böttcher, F. 2015. Klimafakten. Frankfurt am Main.

Plotnikov, N. (Hrsg.). 2019. Gerechtigkeit in Russland. Sprachen, Konzepte, Praktiken. Paderborn (=Kulturen der Gerechtigkeit, 1).

Ponomareva, O. N./Vasina, O. N./Kolesova, E. V. 2017. Ėkologija. Učebno-metodičeskoe posobie dlja prepodavatelej. Penza.

Pöppel, L. 2018. The Construction *возьми и* + V_{imp}: A Corpus-Based Study. In: Zeitschrift für Slawistik, 63/1, 2018, S. 111–119.

Primaczenko, V. 2010. Treuhänderische Vermögensverwaltung nach russischem Recht. Tübingen (=Studien zum ausländischen und internationalen Privatrecht, 244).

Prokof'ev, A. V. 2011. Klimatičeskaja spravedlivost'. Rossijskij kontekst. In: Ėtičeskaja mysl'. Vypusk 11, S. 140–163.

Quiring, M. 2008. Russland. Orientierung im Riesenreich. Berlin.

Quiring, M. 2017. Putins russische Welt. Wie der Kreml Europa spaltet. Berlin.

Rachilina, E. V. 2010. Konstrukcija s russkim roditel'nym i ee formal'naja interpretacija. In: Rachilina, E. V. (otv. red.): Lingvistika konstrukcij. Moskva, S. 247–286.

Rachilina, E. V./Kuznecova, Ju. L. 2010. Vvedenie. Grammatika konstrukcij: teorii, storonniki, blizkie idei. In: Rachilina, E. V. (otv. red.): Lingvistika konstrukcij. Moskva, S. 18–79.

Radford, A./Atkinson, M./Britain, D./Clahsen, H./Spencer, A. 1999. Linguistics. An Introduction. Cambridge.

Rahmstorf, S./Schellnhuber, H. J. 2019. Der Klimawandel. Diagnose, Prognose, Therapie. 9. Auflage. München (=C. H. Beck Wissen).

Rajewska, E. 2018. Przetłumaczyć świat. Socjotranslatologija według Alicji Iwańskiej. In: Przekładaniec. A Journal of Translation Studies. Historia przekładu literackiego, 37/2, 2018, S. 7–18.

Rathmayr, R. 2011. „Russischer Gesprächsstil" in russischen Bewerbungsgesprächen. Annahmen und Evidenz. In: Rösch, O. (Hg.): Interkulturelle Studien zum Osteuropäischen Sprach- und Kulturraum. Berlin (=Wildauer Schriftenreihe Interkulturelle Kommunikation, 7), S. 11–25.

Rathmayr, R. 2012. Betriebswirtschaftlicher Diskurs (managerialist discourse) in der russischen Wirtschaftskommunikation? In: Wiener Slawistischer Almanach, 70, 2012, S. 295–323.

Rathmayr, R. 2013. Russkaja reč' i rynok. Tradicii i innovacii v delovom i povsednevnom obščenii. Moskva (=Studia philologica).

Reimerink, A./García de Quesada, M./Montero Martínez, S. 2012. Contextual Selection for Term Entries. In: Faber, P. (ed.): A Cognitive Linguistics View of Terminology and Specialized Language. Berlin/Boston (=Applications of Cognitive Linguistics, 20), S. 207–223.

Reinhardt, W./Neubert, G. 1984. Das deutsche Fachwort der Technik. Bildungselemente und Muster. Leipzig.

Richter, N./Thielemann, N. (eds.). 2019. Urban Voices: The Sociolinguistics, Grammar and Pragmatics of Spoken Russian. (=Potsdam Linguistic Investigations, 25). Berlin et al.

Ruck, I. 2020. Umweltskandal in Sibirien: Giftige Brühe in der Tundra. Online: https://www.tagesschau.de/ausland/russland-sibirien-umweltskandal-101.html (17.07.2020).

Šachovskij, V. I./Šteba, A. A. 2013. Ėkologija, valeologija, lingvistika – tri istočnika lingvoėkologii. In: Pančenko, N. N. (otv. red.): Ėmotivnaja lingvoėkologija v sovremennom kommunikativnom prostranstve. Volgograd, S. 8–23.

Šadže, A. E./Sirotjuk, Ė. A./Šadže, A. I. 2016. Slovar' terminov po ėkologii. Majkop.

Sapir, E. 2001. Language and Environment. In: Fill, A./Mühlhäusler, P. (eds.): The Ecolinguistics Reader: Language, Ecology and Environment. London/New York, S. 13–23.

Šarčević, S. 1997. New Approach to Legal Translation. The Hague/Boston.

Schäfer, A. 1997. Praktische Aspekte der Analyse russischer Medientexte. In: Kantorczyk, U. (Hg.): Text als Gegenstand der Forschung und Lehre. Rostock (=Rostocker Beiträge zur Sprachwissenschaft, 4), S. 155–162.

Schiemann, G. 2011. Natur – Kultur und ihr Anderes. In: Jaeger, F./Liebsch, B. (Hrsg.): Handbuch der Kulturwissenschaften. Grundlagen und Schlüsselbegriffe. Stuttgart/Weimar, S. 60–75.

Schmidt, F. 2019. Die unbändige Wut der Provinz. In: FAZ vom 18.11.2019. Online: https://www.faz.net/aktuell/politik/ausland/eine-muelldeponie-sorgt-in-russland-fuer-proteste-16491812.html. (04.10.2020)

Schmitz, U. 2015. Text-Bild-Gefüge analysieren und verstehen. In: Weiterbildung. Zeitschrift für Grundlagen, Praxis und Trends, 3, 2015, S. 9–13.

Schröder, T. 2003. Die Handlungsstruktur von Texten. Ein integrativer Beitrag zur Texttheorie. Tübingen.

Schröter, M./Carius, B. 2009. Vom politischen Gebrauch der Sprache. Wort, Text, Diskurs. Frankfurt a.M.

Schröter, M. 2015. Besondere Wörter III: Schlagwörter in der öffentlich-politischen Auseinandersetzung. In: Haß, U./Storjohann, P. (Hrsg.): Handbuch Wort und Wortschatz. Berlin (=Handbücher Sprachwissen, 3), S. 394–412.

Schubert, G. 1989. Farbsymbolik auf dem Balkan (bei Türken und Südslawen). In: Sagaster, K./Eimer, H. (eds.): Religious and Lay Symbolism in the Altaic World and Other Papers. Proceedings of the 27th Meeting of the PIAC Walberberg (June 12th to 17th, 1984). Wiesbaden, S. 341–360.

Schulze, I. 2018. Perspektiven der Linguistic Landscape-Forschung. In: Slowakische Zeitschrift für Germanistik, 10, 2018, Heft 2, S. 4–17.

Schüring, R. 1996. Die Natur selbst ist das Konkrete. Von der diskursiven Verfertigung des Wissens in der ökologischen Kommunikation. Konzeption einer politikwissenschaftlichen Diskursanalyse und ihre Anwendung. Hamburg.

Seibert, T.-M. 2017. Semiotik im Recht. In: Felder, E./Vogel, F. (Hrsg.): Handbuch Sprache im Recht. Berlin (=HSW, 12), S. 3–21.

Sharafutdinov, I. S. 2018. The Role of English in the Linguistic Landscape of Kazan. In: Istoričeskaja ėtnologija, 2, 2018, S. 234–251.

Siewert, K. 2013. Festigung und Ausbau der Kompetenz in der Fachtextproduktion am Beispiel juristischer Phraseologie. In: Bartoszewicz, I./Małgorzewicz,

A. (Hrsg.): Studia Translatorica 4. Kompetenzen des Translators. Theorie – Praxis – Didaktik. Dresden, S. 55–68.

Šipka, M. 2011. Kultura govora. Peto izdanje. Novi Sad (=Priručnici, 1).

Široká, D. 2012. Expresivita v jazyku na pozadí kultúrnych a biologických vplyvov. In: Bohunická, A. (ed.): Jazykoveda v pohybe. Autorky a autori venujú k životnému jubileu Prof. PhDr. Oľge Orgoňovej, CSc. a Prof. PhDr. Jurajovi Dolníkovi, DrSc. Bratislava, S. 166–172.

Sloboda, M. 2009. State Ideology and Linguistic Landscape: A Comparative Analysis of (Post)Communist Belarus, Czech Republic and Slovakia. In: Shohamy, E./Gorter, D. (eds.): Linguistic Landscape: Expanding the Scenery. London, S. 173–188.

Sobolev, N. A. 2004. Sostojanie regional'nych sistem ochranjaemych prirodnych territorij. In: Zapovedniki i nacional'nye parki. Bjulleten', 45, 2004, S. 15–19. Auch im Internet abrufbar auf der Homepage: http://www.biodiversity.ru/publications/zpnp/archive/n45/st12.html. (09.05.2020)

Solnyshkina, M. I./Ismagilova, A. R. 2015. Linguistic Landscape Westernization and Glocalization: The Case of Kazan, Republic of Tatarstan. In: XLinguae, 8/2, S. 36–53.

Sorescu-Marinković, A./Salamurović, A. 2022. The rural linguistic landscape of Banat. In: Eastern European Countryside, 28/1, S. 51–79.

Špenjuk, I. E. 2016. Naučno-akademičeskij diskurs kak institucional'nyj tip diskursa. In: Izvestija Gomel'skogo gosudarstvennogo universiteta imeni F. Skoriny, 4, 2016, 97, S. 132–137.

Sproede, A. 2006. Staatspolitische Hausväterliteratur für das neue Rußland? Ivan Il'ins Rechtslehre, Aspekte ihrer Gegenwartsrezeption und ihre ursprünglichen Kontexte. In: Symanik, B. (Hg.): Studia Philologica Slavica. Festschrift für Gerhard Birkfellner zum 65. Geburtstag gewidmet von Freunden, Kollegen und Schülern. Berlin/Münster (=Münstersche Texte zur Slavistik, 4/2), S. 655–682.

Stanišić, V. 2019. Pismo između jezika i kulture. Beograd.

Steen, G. 2005. Basic discourse acts: Towards a psychological theory of discourse segmentation. In: de Mendoza Ibanez, F. R./Pena Cervel, M. S. (eds.): Cognitive linguistics: Internal dynamics and interdisciplinary interaction. Berlin (=Cognitive Linguistics Research, 32), S. 283–312.

Stein, D. 2017. Sprachwissenschaftliche Aspekte rechtstheoretischer Ansätze im Überblick. In: Felder, E./Vogel, F. (Hrsg.): Handbuch Sprache im Recht. Berlin (=HSW, 12), S. 142–154.

Štícha, F. 1984. Utváření a hierarchizace větného znaku. Praha.

Stöckl, H. 2011. Sprache-Bild-Texte lesen. Bausteine zur Methodik einer Grundkompetenz. In: Diekmannshenke, H./Klemm, M./Stöckl, H. (Hrsg.): Bildlinguistik. Theorien – Methoden – Fallbeispiele. Berlin (=Philologische Studien und Quellen, 228), S. 45–70.

Stolze, R. 2014. Praxishandbuch Urkundenübersetzung. Fertigkeiten, Terminologie, Rechtssprache. Tübingen.

Stolze, R. 2015. Hermeneutische Übersetzungskompetenz: Grundlagen und Didaktik. Berlin.

Stolze, R. 2018. Kulturspezifische Phänomenologie in der politischen und juristischen Übersetzung. In: Henzelmann, M. (Hrsg.): Linguistik als diskursive Schnittstelle zwischen Recht, Politik und Konflikt. Hamburg (=Studien zur Slavistik, 42), S. 201–218.

Sussex, R./Cubberley, P. 2006. The Slavic Languages. Cambridge (=Cambridge Language Surveys).

Szczęk, J. 2018. „Der Raum spricht". Zu den Ansätzen der Landscape Linguistic-Forschung (am Beispiel des deutschen und polnischen akademischen Raums). In: Bartoszewicz, I./Szczęk, J./Tworek, A. (Hrsg.): Grenzen der Sprache – Grenzen der Sprachwissenschaft. II. Wrocław/Dresden (=Linguistische Treffen in Wrocław, 14), S. 149–158.

Tarasov, E./Dronov, V./Oščepkova, E. 2017. Učebnyj associativnyj slovar' russkogo jazyka. Sankt-Peterburg.

Tennhardt, T. 1997. Naturschutz in Russland: Mit einer Übersicht über Naturschutzgebiete und UNESCO-Weltnaturerbegebiete. Diplomarbeit. Hamburg.

Tercedor Sánchez, M. u.a. 2012. Metaphor and metonymy in specialized language. In: Faber, P. (ed.): A Cognitive Linguistics View of Terminology and Specialized Language. Berlin/Boston (=Applications of Cognitive Linguistics, 20), S. 33–72.

Thielemann, N. 2019. Constructional patterns emerging in talk-in-interaction. Some observations of the grammar of govorit' in colloquial Russian. In: Thielemann, N./Richter, N. (eds.): Urban Voices. Studies in the Sociolinguistics, Grammar and Pragmatics of Spoken Russian. Frankfurt/Main, S. 63–90.

Troshina, N. 2007. Werbung als Medium der interkulturellen Kommunikation. In: Doleschal, U./Hoffmann, E./Reuther, T. (Hrsg.): Sprache und Diskurs in Wirtschaft und Gesellschaft: Slawistische Perspektiven. Wiener Slawistischer Almanach (Sonderband), 66, 2007, S. 299–303.

Trunk, A. 2016. Rechtswissenschaftliche Einführung: Sprache als Grundlage deutsch-russischer Rechtsvergleichung. In: Nübler, N./Trunk, A. (Hrsg., unter Mitarbeit von Lehrke, A./Flinsch, L./Rieckhof, S./Panych, N.): Einführung in die russisch-deutsche Rechtsterminologie. Zugleich eine vergleichende Einführung in das deutsche und russische Recht. Lehr- und Übungsbuch. Hamburg, S. 21–24.

Ulrich, W. 2005. Linguistische Grundbegriffe. 5., völlig neu bearbeitete Auflage. Berlin.

Van Dijk, T. A. 1997. What is Political Discourse Analysis? In: Blommaert, J./Bulcaen, C. (eds.): Belgian Journal of Linguistics, 11. Political Linguistics, S. 11–52.

Van Dijk, T. A. 1998. Ideology: A multidisciplinary approach. London.

Van Dijk, T. A. 2003a. Knowledge in parliamentary debates. In: Journal of Language and Politics, 2/1, 2003, S. 93–129.

Van Dijk, T. A. 2003b. Political discourse and ideology. In: Doxa Comunicación. Revista interdisciplinar de estudios de comunicación y ciencias sociales, S. 207–225.

Van Mensel, L./Vandenbroucke, M./Blackwood, R. 2016. Linguistic Landscapes. In: García, O./Flores, N./Spotti, M. (eds.): Oxford Handbook of Language and Society. Oxford, S. 423–449.

Varwick, J. (Hrsg.). 2013. Streitthema Energiewende. Nachhaltigkeit, Energieeffizienz und ökonomische Aspekte. Schwalbach/Taunus (=uni studien politik).

Vasil'cov, V. S./Jašalova, N. N. 2018. Klimatičeskaja politika v innovacionnoj ėkonomike: nacional'nyj i meždunarodnyj aspekty. In: Ars Administrandi. Iskusstvo upravlenija, 10/1, S. 38–63.

Vater, H. 1992. Einführung in die Textlinguistik. Struktur, Thema und Referenz in Texten. München (=UTB für Wissenschaft. Uni-Taschenbücher, 1660).

Vogel, F. 2017. Sprache im Gesetzgebungsverfahren und der Normgenese. In: Felder, E./Vogel, F. (Hrsg.): Handbuch Sprache im Recht. Berlin (=HSW, 12), S. 349–366.

Vogel, P. M. 2006. Das unpersönliche Passiv: Eine funktionale Untersuchung unter besonderer Berücksichtigung des Deutschen und seiner historischen Entwicklung. Berlin.

Vorobyev, D. 2005. Die russische Umweltbewegung. Zwischen Opposition und Kooperation. In: Russland-Analysen, 63, S. 10–11.

Wagner, H.-J. 2010. Was sind die Energien des 21. Jahrhunderts? Der Wettlauf um die Lagerstätten. 4., aktualisierte, überarbeitete Auflage. Frankfurt am Main (=Forum für Verantwortung).

Warnke, I. H./Spitzmüller, J. 2008. Methoden und Methodologie der Diskurslinguistik: Grundlagen und Verfahren einer Sprachwissenschaft jenseits textueller Grenzen. In: Warnke, I. H./Spitzmüller, J. (Hrsg.): Methoden der Diskurslinguistik: Sprachwissenschaftliche Zugänge zur transtextuellen Ebene. Berlin/New York, S. 3–54.

Wasserscheidt, P. 2016. Bilinguales Sprechen. Ein konstruktionsgrammatischer Ansatz. Berlin. Online: https://refubium.fu-berlin.de/handle/fub188/8508. (10.10.2018)

Wedde, R. 2006. Der Insolvenzverwalter im russischen und deutschen Recht. Bestellung, Befugnisse, Bezahlung. Berlin (=Schriftenreihe zum Osteuropäischen Recht, 4).

Weiss, D. 2000. Der posttotalitäre politische Diskurs im heutigen Russland. In: Zybatow, L. (Hg.): Sprachwandel in der Slavia. Die slavischen Sprachen an der Schwelle zum 21. Jahrhundert. Ein internationales Handbuch. Teilband 1. Frankfurt a.M. (=Linguistik International, 4), S. 209–246.

Wesel, U. 2001. Geschichte des Rechts: Von den Frühformen bis zur Gegenwart. München.

Wiesmann, E. 2004. Rechtsübersetzung und Hilfsmittel zur Translation. Wissenschaftliche Grundlagen und computergestützte Umsetzung eines lexikographischen Konzepts. Tübingen (=Forum für Fremdsprachenforschungen).

Wodak, R./Menz, F. 1990 (Hrsg.). Sprache in der Politik – Politik in der Sprache. Analysen zum öffentlichen Sprachgebrauch. Klagenfurt.

Woldt, C. 2013. Normativität als linguistische Schnittstelle. Untersuchungen zum russischen Gerechtigkeitsdiskurs. München (=Kulturen der Gerechtigkeit, 3).

Wonisch, A. 2018. Moć boja u kontekstu fudbala/nogometa. In: Milašin, G./Dojčinović, D. (eds.): Multimedijalna stilistika. Banja Luka (=Slovenska stilistika/Slavic Stylistics, 1), S. 19–37.

Wotjak, G. 2011. Sprache und Kultur – Wie spiegelt sich Kulturelles in der Sprache? In: Sandrini, P./Pöckl, W./Ohnheiser, I. (Hrsg.): Translation – Sprachvariation – Mehrsprachigkeit: Festschrift für Lew Zybatow zum 60. Geburtstag. Frankfurt, S. 157–178.

Wullenweber, K. 2004. Der ökologische Diskurs in Bulgarien nach 1990. München (=Specimina philologiae Slavicae, 74).

Žagar-Šoštarić, P./Bolf, A. 2019. Die Regeln der Freiheit einer künstlerischen Gestaltung: Literaturübersetzung. In: Schlamberger Brezar, M./Gruntar Jermol, A. (ur.): Norms in language, norms in translation. Normes en langue, normes en traduction. Sprach- und Übersetzungsnormen. Ljubljana (=Prevodoslovje in uporabno jezikoslovje), S. 180–197.

Železnova, E. G. 2016. K voprosu ob ėkologii jazyka i ėkologičeskoj lingvistike. In: Naučnyj vestnik JUIM, S. 70–73.

Zemskaja, E. A. 2004. Jazyk kak dejatel'nost. Morfema. Slovo. Reč'. Moskva (=Studia philologica).

Zhao, J. 2018. Wissenschaftsdiskurse kontrastiv. Kulturalität als Textualitätsmerkmal im deutsch-chinesischen Vergleich. Berlin (=Diskursmuster – Discourse Patterns, 18).

Ziem, A./Lasch, A. 2013. Konstruktionsgrammatik. Konzepte und Grundlagen gebrauchbasierter Ansätze. Berlin/Boston (=Germanistische Arbeitshefte, 44).

Ziem, A. 2014. Konstruktionsgrammatische Konzepte eines Konstruktikons. In: Lasch, A./Ziem, A. (Hrsg.): Grammatik als Netzwerk von Konstruktionen. Sprachwissen im Fokus der Konstruktionsgrammatik. Berlin/Boston (=Sprache und Wissen (SuW), 15), S. 15–36.

Ziem, A. 2018. Diskurslinguistik und (Berkeley) Construction Grammar. In: Warnke, I. H. (Hrsg.): Handbuch Diskurs. Berlin/Boston (=Handbücher Sprachwissen (HSW), 6), S. 104–133.

Změlík, R. 2019. Konceptualizace barev v narativní fikci na pozadí kvantitativních modelů. Olomouc.

Zoljan, S. T. 2020. Jurij Lotman o smysle, tekste, istorii. Temy i variacii, 2-e izdanie. Moskva (=Studia philologica).

Zybatow, L. 2004. Quo vadis, Translationswissenschaft? Oder: Auf der Suche nach kleinen und großen translatologischen Wahrheiten. In: Fleischmann, E./Schmitt, P. A./Wotjak, G. (Hrsg.): Translationskompetenz. Tübingen (=Studien zur Translation, 14), S. 287–308.

Zybatow, L. 2005 (Hrsg.). Translatologie – neue Ideen und Ansätze. Innsbrucker Ringvorlesungen zur Translationswissenschaft IV. Frankfurt u.a. (=Forum Translationswissenschaft, 5).

Zybatow, L. 2006. Translationswissenschaft: Gegenstand – Methodologie – Theoriebildung. In: Heine, C./Schubert, K./Gerzymisch-Arbogast, H. (eds.): Translation Theory and Methodology. Tübingen (=Jahrbuch Übersetzen und Dolmetschen, 6), S. 149–172.

14. Weiterführende Literatur zu einzelnen Themenkomplexen

14.1 Sprachwissenschaft

Alefirenko, N. F. 2014. Lingvokul'turologija. Cennostno-smyslovoe prostranstvo jazyka. Učebnoe posobie. 4-e izdanie, stereotipnoe. Moskva.

Brutjan, L. 2021. Očerki teorii mežkul'turnoj kommunikacii. Erevan.

Chves'ko, T. V. 2019. Nominacija geografičeskih ob"ektov. Monografija. Moskva.

Crystal, D. 2004. Language and the Internet. Cambridge.

Dalewska-Greń, H. 1997. Języki słowiańskie. Warszawa.

Danilenko, V. P. 2009. Istorija russkogo jazykoznanija. Kurs lekcij. Moskva.

Fischer, K./Stefanowitsch, A. 2007. Konstruktionsgrammatik: Ein Überblick. In: Fischer, K./Stefanowitsch, A. (Hrsg.): Konstruktionsgrammatik. Von der Anwendung zur Theorie. Tübingen (=Stauffenburg Linguistik, 40), S. 3–17.

Gazda, J. 2020. Příspěvky k aktuálním otázkám jazykovědné rusistiky (5): pragmatika – syntax – sémantika. Sborník příspěvků z kolokvia Aktuální otázky současné jazykovědné rusistiky VI: pragmatika – syntax – sémantika konaného v Brně 10. května 2019. Brno.

Grdzeljan, R. R. 2021. Leksikologija sovremennogo russkogo jazyka. Učebnoe posobie. Erevan.

Klaus, G. 1971. Sprache der Politik. Berlin.

Kocbek, A. 2011. Prevajanje pravnih besedil: pasti in strategije v prevodih pogodb. Koper (=Znanstvene monografije Fakultete za management Koper).

Kocbek, A. 2017. Deset smernic za prevajanje pravnih besedil. In: Vestnik za tuje jezike, 9/1, S. 107–124.

Kohls, S. 2000. Langenscheidts Standardgrammatik Russisch. Von Siegfried Kohls unter Mitarbeit von Diethelm Schulz und Dietmar Steidel. Berlin u.a.

Koller, W. 2011. Einführung in die Übersetzungswissenschaft. 8., neubearbeitete Auflage, unter Mitarbeit von Kjetil Berg Henjum. Tübingen/Basel (=UTB, 3520).

Ković, V. 2017. Jezički simbolizam. Beograd (=Albatros Biblioteka).

Krejdlin, G. E./Krongauz, M. A. 2022. Semiotika ili Azbuka obščenija. Učebnoe posobie. 10-e izdanie, stereotipnoe. Moskva.

Lendvai, Ė. 1998. Leksičeskaja semantika russkogo jazyka. Budapest.

Lewandowski, T. 1990. Linguistisches Wörterbuch 1. 5., überarbeitete Auflage. Heidelberg (=UTB für Wissenschaft. Linguistik, 1518).

Ljašenko, D. N. 2015. Semiotičeskoe modelirovanie real'nosti. Odessa.

Maslova, V. A. 2016. Vvedenie v kognitivnuju lingvistiku. Učebnoe posobie. Dlja filologov. 6-e izdanie, stereotipnoe. Moskva.

Mečkovskaja, N. B. 2007. Semiotika. Jazyk. Priroda. Kul'tura. Kurs lekcij. 2-e izdanie, ispravlennoe. Moskva.

Panzer, B. 1975. Strukturen des Russischen. Eine Einführung in die Methoden und Ergebnisse der deskriptiven Grammatik. München.

Panzer, B. 1995. Das Russische im Lichte linguistischer Forschung. München (=UTB für Wissenschaft, 1836).

Pete, I. 1991. Sintaksis russkogo jazyka dlja vengerskih studentov-rusistov. Budapest.

Piper, P. 2008. Uvod u slavistiku. 1. 2., prerađeno izdanje. Beograd.

Prunč, Ė. 2015. Puti razvitija zapadnogo perevodovedenija. Ot jazykovoj asimmetrii k političeskoj. Perevod s nemeckogo jazyka. Moskva.

Šelestjuk, E. V. 2006. Semiotika. Učebnoe posobie. Čeljabinsk.

Thome, G. 2012. Übersetzen als interlinguales und interkulturelles Sprachhandeln. Theorien – Methodologie – Ausbildung. Berlin.

Titzmann, M. 1989. Strukturale Textanalyse. Theorie und Praxis der Interpretation. 2. unveränderte Auflage. München (=UTB für Wissenschaft, 582).

Vasil'ev, A. D. 2018. Očerki političeskoj lingvistiki. Monografija. Moskva.

Zwoliński, A. 2022. Słowo w relacjach społecznych. Kraków.

14.2 Kulturwissenschaft

Bartel, S. 2003. Farben im Webdesign. Symbolik, Farbpsychologie, Gestaltung. 112 Abbildungen. Berlin/Heidelberg.

Kraft, S. 2010. Werbung in Russland: Der Einfluss der russischen Kultur auf die Vermarktung von Finanzdienstleistungen. Hamburg.

Lindström, K./Kull, K./Palang, H. 2014. Landscape Semiotics: Contribution to Culture Theory. In: Lang, V./Kull, K. (eds): Estonian Approaches to Culture Theory. Tartu (=Approaches to Culture Theory, 4), S. 110–132.

Nünning, A./ Nünning, V. (Hrsg.) 2003. Konzepte der Kulturwissenschaften: Theoretische Grundlagen – Ansätze – Perspektiven. 1. Auflage. Stuttgart/Weimar.

Salevsky, H./Müller, I. (Hrsg.) 2009. Die russische Kultur und ihre Vermittlung. Frankfurt a.M. u.a.

Vollmar, K. 2017. Farben: Was sie bedeuten und wie sie wirken. 2. Auflage. München.

Yaffa, J. 2021. Die Überlebenskünstler. Menschen in Putins Russland zwischen Wahrheit, Selbtsbetrug und Kompromissen. Aus dem Amerikanischen von Anselm Bühling. Berlin.

14.3 Politik- und Rechtswissenschaft

Aust, M. 2019. Im Schatten des Imperiums. Russland seit 1991. München.

Golosov, G. V. 2011. The Roots of Electoral Authoritarianism in Russia. In: Europe-Asia Studies, 63/4, 2011, S. 623–639.

Gračev, M. A. 2019. Sudebno-lingvističeskaja ėkspertiza. Učebnik. 3-e izdanie, stereotipnoe. Moskva.

Heinemann-Grüder, A. 2000. Der heterogene Staat. Föderalismus und regionale Vielfalt in Russland. Berlin.

Mančenko, P. A. o. J. Transparentnost' (otkrytost') dejatel'nosti gosudarstvennoj vlasti i mestnogo samoupravlenija v Rossijskoj Federacii i gosudarstvach Evropy. Stat'i po predmetu Municipal'noe pravo. Online unter: https://justicemaker.ru/view-article.php?id=13&art=3431. (30.04.2020)

Petrov, N. 2012. Föderales Pendel. Zentrum und Regionen in Russland. In: Osteuropa, 6–8, 2012, S. 251–262.

Quiring, M. 2000. Russland – Auferstehung einer Weltmacht? Berlin.

Quiring, M. 2022. Russland. Ukrainekrieg und Weltmachtträume. Aktualisierte und erweiterte Neuausgabe.

Reitschuster, B. 2016. Putins verdeckter Krieg: Wie Moskau den Westen destabilisiert. Berlin.

Rupold, H. 2021. Supermacht Russland – Die russische Weltmacht verstehen. Geschichte, Politik, Wirtschaft und Militär der ehemaligen Sowjetunion. Tübingen.

Zubarevič, N. 2012. Russlands Parallelwelten. Dynamische Zentren, stagnierende Peripherie. In: Osteuropa, 6–8, 2012, S. 263–278.

14.4 Ökologie

Vagner, B. B./Klevkova, I. V. 2003. Reki Moskovskogo regiona. Učebno-spravočnoe posobie po kursu „Geografija i ėkologija Moskovskogo regiona". Moskva.

Vonokurov, Ju. I./Puzanov, A. V./Bezmaternych, D. M. (otv. red.) 2012. Sovremennoe sostojanie vodnych resursov i funkcionirovanie vodochozjajstvennogo kompleksa bassejna Obi i Irtyša. Novosibirsk.

15. Internetquellen

Stand: 18. Dezember 2022. Einige der Einträge sind in der Zwischenzeit möglicherweise nicht mehr verfügbar oder vom Netz genommen. Man kann ihre Inhalte aber weitestgehend einsehen, indem man den entsprechenden Link kopiert und im Internetarchiv unter https://web.archive.org/ aufruft.

15.1 Behörden, Ministerien und Politik in der Russischen Föderation

Die Allianz der Grünen: http://russian-greens.ru/node/5910

Die Grünen: http://rus-green.ru/

Ministerium für Ökologie und natürliche Ressourcen: http://www.mnr.gov.ru/

Statistikbehörde der RF: https://www.gks.ru/

15.2 Besondere Ereignisse

Bericht zum Fall Evgenija Čikirova: https://republic.ru/posts/50637

Bericht zum Ort Krasnaja Poljana: https://www.badische-zeitung.de/olympische-spiele/totentanz-in-sotschi--80486048.html

Bericht zum Umweltaktivisten Evgenij Vitiško (FAZ): https://www.faz.net/aktuell/sport/sportpolitik/olympiakritiker-jewgeni-witischko-ist-aus-der-haft-entlassen-worden-13981465.html

Bericht zum Umweltaktivisten Evgenij Vitiško (NZZ): https://www.nzz.ch/haftstrafe-fuer-olympiakritiker-in-russland-1.18242050

Brief des WWF an das Olympische Komitee: https://wwf.ru/resources/news/unesko/mok-dolzhen-otvetit-za-ekologicheskie-posledstviya-olimpiady-v-sochi/

Die Vorsitzende des Staatsrats Valentina Mitvienko auf dem VIII. Internationalen ökologischen Neva-Kongress in Sankt-Petersburg im Mai 2017: http://council.gov.ru/events/news/80595/

Gründung der Allianz der Grünen: https://lenta.ru/news/2012/05/29/mitvol/

Interview mit Aršak Makičjan: https://www.zeit.de/campus/2019-09/klimaschutz-russland-streik-greta-thunberg-aktivismus-angst

Interview mit dem Minister für natürliche Ressourcen und Umwelt Dmitrij Kobylkin: http://www.mnr.gov.ru/press/publication/glava_minprirody_rossii_dmitriy_kobylkin_v_intervyu_agentstvu_tass_rasskazal_o_perestanovkakh_v_mini/

Mini-Kompromiss des Welt-Klimagipfels von Doha: https://www.faz.net/aktuell/wirtschaft/kyoto-protokoll-verlaengert-mini-kompromiss-beim-welt-klimagipfel-11986836.html

Rajonnyj sud 2010: http://kuybcourt.oms.sudrf.ru/modules.php?id=1583&name=docum_sud

Sergej Lavrov in Ria Novosti zur russischen Übererfüllung des Kyoto-Protokolls: https://ria.ru/20150927/1285988505.html

Šies: https://www.znak.com/2020-06-09/arhangelskie_vlasti_obyavili_o_zakrytii_proekta_musornogo_poligona_na_shiese

Staatsratssitzung zu Fragen der Ökologie und des Umweltschutzes: http://kremlin.ru/events/president/news/53602

Vladimir Putin und das Ökomonitoring: https://rg.ru/2020/01/15/putin-v-rossii-nuzhno-sformirovat-sistemu-ekologicheskogo-monitoringa.html

Vladimir Putin und sein ökologisches Programm vom 01. März 2018, abrufbar unter https://www.ridus.ru/news/271840

Zwangsumsiedlungen in Soči: https://www.zeit.de/sport/2009-10/olympia-sotschi-zwangsumsiedlung

15.3 Fuzzy Cognitive Mapping

http://www.fcmappers.net/joomla/index.php?option=com_content&view=article&id=72:peyresq-2009-alter-net-summer-school&catid=38:past-projects&Itemid=37

15.4 Informationen zur Tourismusbranche

Hotel Žemčužina: http://www.zhem.ru/

Marins Park Hotel: https://www.parkhotel-sochi.ru/otdih/solohaul-park/

Rodina Grand Hotel & Spa: https://grandhotelrodina.ru/about/

Urlaubskonzepte: www.aktiv-ural.ru/stati/64-passivnyj-i-aktivnyj-otdykh-kakoj-otdykh-vybrat.html

15.5 Beispielsätze und Konstruktionen

https://gazeta-n1.ru/stock/eda-i-napitki/53505/

https://fedpress.ru/news/52/society/2491204

https://www.zakon.kz/4677201-s-centralnykh-ulic-almaty-stali.html

https://rybalka.com/

http://photolime.ru/articles/item/foto-videosyomka-zaprety.html

https://www.svetoznak.ru/catalog/zapreshchayushchie_znaki_iso/p022_eda_i_napitki_zapreshcheny_no_eating_or_drinking/

15.6 Ökologie und Naturschutzgebiete

Bundesministerium für Umwelt, Naturschutz und Reaktorsicherheit zum russichen Emissionshandel: https://web.archive.org/web/20121105141317/http://www.bmu.de/klimaschutz/internationale_klimapolitik/glossar/doc/2902.php#gruppe

Lage Tatarstan in Russland: https://commons.wikimedia.org/wiki/File:Outline_Map_of_Tatarstan_(with_position_on_the_map_of_Russia).svg

Volga-Kama-Biosphärenreservat: https://vkgz.ru/ru

Volga-Kama-Biosphärenreservat Landkarte:

https://ru.wikipedia.org/wiki/%D0%A8%D0%B0%D0%B1%D0%BB%D0%BE%D0%BD:%D0%9F%D0%BE%D0%B7%D0%9A%D0%B0%D1%80%D1%82%D0%B0_%D0%A0%D0%BE%D1%81%D1%81%D0%B8%D1%8F_%D0%A2%D0%B0%D1%82%D0%B0%D1%80%D1%81%D1%82%D0%B0%D0%BD#/media/%D0%A4%D0%B0%D0%B9%D0%BB:Relief_Map_of_Tatarstan.png

15.7 Rechtsdokumente

Aarhus-Konvention: http://www.unece.org/env/pp/treatytext.html

Allgemeines zur Agenda 21: https://sustainabledevelopment.un.org/outcomedocuments/agenda21

Agenda 21 in deutscher Sprache: https://www.un.org/Depts/german/conf/agenda21/agenda_21.pdf

Agenda 21 in englischer Sprache: https://sustainabledevelopment.un.org/content/documents/Agenda21.pdf

Agenda 21 in russischer Sprache: https://www.un.org/ru/documents/decl_conv/conventions/pdf/agenda21.pdf

Deutsche Version des Übereinkommens von Paris: https://www.bmu.de/fileadmin/Daten_BMU/Download_PDF/Klimaschutz/paris_abkommen_bf.pdf.

Ecolex: https://www.ecolex.org/

Englische Originalversion des Übereinkommens von Paris: http://unfccc.int/resource/docs/2015/cop21/eng/l09r01.pdf

Erlass der Regierung der Russischen Föderation über das Pariser Übereinkommen vom 21. September 2019, № 1228: http://government.ru/docs/37917/

Konstitution der Russischen Föderation: http://www.constitution.ru/10003000/10003000-4.htm

Kyoto-Protokoll auf Deutsch und Englisch auf der Homepage des Bundesministeriums für Wirtschaft und Energie: https://www.bmwi.de/Redaktion/DE/Artikel/Industrie/klimaschutz-kyoto-protokoll.html

Kyoto-Protokoll auf Französisch: https://unfccc.int/cop3/resource/docs/cop3/kpfrench.pdf

Kyoto-Protokoll auf Russisch: https://www.un.org/ru/documents/decl_conv/conventions/pdf/kyoto.pdf

Kyoto-Protokoll auf Spanisch: https://unfccc.int/resource/docs/convkp/kpspan.pdf

Russische Version des Übereinkommens von Paris: http://unfccc.int/resource/docs/2015/cop21/rus/l09r.pdf

Umweltkodex der Republik Baschkortistan: http://docs.cntd.ru/document/935106450

Umweltkodex der Republik Tatarstan: https://eco.tatarstan.ru/rus/zakonodatelstvo-prirodopolzovatelyam.htm?page=2

15.8 Relevante Organisationen

Greenpeace Russland: https://greenpeace.ru/

Informationsplattform Humanrights: https://www.humanrights.ch/de/internationale-menschenrechte/nachrichten/mrv/russland-ngos

Ökoverteidigung!: https://ecodefense.ru/

Reporter ohne Grenzen: https://www.reporter-ohne-grenzen.de/rangliste/rangliste-2020/ueberblick/

WWF: https://wwf.ru/about/positions/sochi2014/

15.9 Terminologie und Wörterbücher

Assoziatives Wörterbuch des Russischen: http://www.tesaurus.ru/dict/

Bol'šoj juridičeskij slovar': http://www.info-law.ru/dic/1/

Cambridge Dictionary, Eintrag zu *justice*: https://dictionary.cambridge.org/de/worterbuch/englisch/justice

Duden Wörterbuch, Eintrag zu *Akteur*: https://www.duden.de/rechtschreibung/Akteur

Einführung in die Methoden der Terminologiearbeit auf der Homepage der Schweizerischen Bundeskanzlei, Sektion Terminologie: https://www.bk.admin.ch/bk/de/home/dokumentation/sprachen/publikationen-zur-terminologie.html

Langenscheidt Online Wörterbuch Deutsch-Russisch: https://de.langenscheidt.com/deutsch-russisch/

Novyj slovar' russkogo jazyka: http://www.rubricon.com/

15.10 Weitere themenbezogene Adressen

Fehlende Lösungsansätze zu aktuellen Problemen: https://russian.eurasianet.org/%D1%80%D0%BE%D1%81%D1%81%D0%B8%D1%8F-%D1%8D%D0%BA%D0%BE%D0%BB%D0%BE%D0%B3%D0%B8%D1%87%D0%B5%D1%81%D0%BA%D0%B8%D0%B5-%D0%BF%D1%80%D0%BE%D0%B1%D0%BB%D0%B5%D0%BC%D1%8B-%D0%BD%D0%B5-%D0%BD%D0%B0%D1%85%D0%BE%D0%B4%D1%8F%D1%82-%D1%80%D0%B5%D1%88%D0%B5%D0%BD%D0%B8%D1%8F. (Link in der Form nicht mehr verfügbar. Nähere Informationen unter https://eur02.safelinks.protection.outlook.com/?url=https%3A%2F%2Frussian.eurasianet.org%2F&data=05%7C02%7Cz.madhukar%40peterlang.com%7C7920c48feb344e4b6bf108dc8ec8af2f%7C98cbb5435ebe4c6fad51e5e724b8ec6b%7C0%7C0%7C638542239827318884%7CUnknown%7CTWFpbGZsb3d8eyJWIjoiMC4wLjAwMDAiLCJQIjoiV2luMzIiLCJBTiI6Ik1haWwiLCJXVCI6Mn0%3D%7C0%7C%7C%7C&sdata=N28NXxzcGTNGSJMcC9oSf34J599ypNCEuYMaofzrqeA%3D&reserved=0)

Greta Thunbergs Aufruf zum Klimaprotest: https://mr-7.ru/articles/213482/

Müllprobleme in Russland: https://rg.ru/2020/10/20/reg-ufo/nazvany-lidiruiushchie-po-kolichestvu-musora-regiony-rossii.html

Ökologische Schwierigkeiten und Herausforderungen in Russland: http://greenparty.ru/news/1768/

Überblick zu FFF: https://te-st.ru/reports/meetup-fridays-for-future/

Vladimir Putin über Greta Thunberg: https://ria.ru/20191002/1559361417.html

Vuzoteka mit russischen Studiengängen: https://vuzoteka.ru/%D0%B2%D1%83%D0%B7%D1%8B/%D1%81%D0%BF%D0%B5%D1%86%D0%B8%D0%B0%D0%BB%D1%8C%D0%BD%D0%BE%D1%81%D1%82%D0%B8. (Link in der Form nicht mehr verfügbar. Nähere Informationen unter https://eur02.safelinks.protection.outlook.com/?url=https%3A%2F%2Fvuzoteka.ru%2F&data=05%7C02%7Cz.madhukar%40peterlang.com%7C7920c48feb344e4b6bf108dc8ec8af2f%7C98cbb5435ebe4c6fad51e5e724b8ec6b%7C0%7C0%7C638542239827331213%7CUnknown%7CTWFpbGZsb3d8eyJWIjoiMC4wLjAwMDAiLCJQIjoiV2luMzIiLCJBTiI6Ik1haWwiLCJXVCI6Mn0%3D%7C0%7C%7C%7C&sdata=m0DmePVG1XK7tZHgpj2CbBoklzmFtg2MhCvE5%2BCmIPA%3D&reserved=0)

15.11 Zusammenhänge zwischen Ökonomie und Ökologie

Internationaler Warschau-Mechanismus (WIM): https://www.deutscheklimafinanzierung.de/blog/2017/07/die-finanzierung-von-klimawandelbedingten-schaeden-und-verlusten-ein-blick-auf-regelungssystem-und-umsetzungsoptionen/

15.12 FrameNet

https://framenet.icsi.berkeley.edu/fndrupal/https://framenet2.icsi.berkeley.edu/fnReports/data/frameIndex.xml?frame=Natural_featuresS

16. Sach- und Ortsregister

SYMBOLAE SLAVICAE

Begründet von Wolfgang Gesemann und Helmut Schaller.
Herausgegeben von Thede Kahl und Helmut Schaller.

Band 1 Erwin Koschmieder und Helmut Schaller: Bibliographie zur slavischen Sprachwissenschaft. Eine Einführung. 1977. 2., überarbeitete und ergänzte Auflage. 2003.

Band 2 Winfried Baumann: Die Repliken im dramatischen Text. Dargestellt an den „Deutschen" von Leon Kruczkowski. 1977.

Band 3 Erwin Koschmieder: Das Russische. Ein Handbuch für Studierende. 1978.

Band 4 Winfried Baumann: Ästhetisches Urteil und russische Tanzkritik. Von Puškin bis Saltykov-Ščedrin. 1978.

Band 5 Helmut W. Schaller: Das direkte Objekt in verneinten Sätzen des Russischen. 1978.

Band 6 Günter Kratzel: Das Thorner Kantional von 1587 und seine deutschen Vorlagen. 1979.

Band 7 Gerhard Gesemann: Germanoslavica: 'Geschichten aus dem Hinterhalt'. Fünf balkanische und eine Prager Novelle aus dem Nachlaß. Kommentar, Lebensabriß und Schriftenverzeichnis, erstellt von Wolfgang Gesemann. 1979.

Band 8 Helmut Wilhelm Schaller: Bibliographie zur russischen Sprache. 1979.

Band 9 Wolfgang Schwarz. Drama der russischen und tschechischen Avantgarde als szenischer Text. Zur Theorie und Praxis des epischen und lyrischen Dramas bei Vladimir Majakovskij und Vítězslav Nezval. 1980.

Band 10 Cantional Albo Piesni Duchowne, Thorn 1587. Nachdruck mit ausführlicher Einleitung, herausgegeben von Günter Kratzel. 1980.

Band 11 Winfried Baumann: Die Zukunftsperspektiven des Fürsten V.F. Odoevskij. Literatur, Futurologie und Utopie. 1980.

Band 12 Horst Röhling: Slavica – Bibliotheca – Ecclesia orientalis. Aufsätze und Rezensionen aus den Jahren 1963–1979. 1981.

Band 13 Heinz Geyr: Sprichwörter und sprichwortnahe Bildungen im dreisprachigen Petersburger Lexikon von 1731. 1981.

Band 14 Ryszard Ergetowski: Universitätsbibliotheken und Bibliotheken der Akademie der Wissenschaften in Polen. Abriß der Geschichte. 1982.

Band 15 Helmut Wilhelm Schaller: Bibliographie der Bibliographien zur slavischen Sprachwissenschaft. 1982.

Band 16 Karel Diviš: Kommunikative Strukturen im tschechischen Drama der 60er Jahre. 1983.

Band 17 Horst Röhling: Drei Bulgaro-Germanica. 1983.

Band 18 Christa Glatz: Analyse der Personendarstellung Borisav Stankovićs. 1983.

Band 19 Ljubomir Stoimenoff: Grundlagen und Verfahren des sprachlichen Experiments im Frühwerk von Daniil I. Charms. Ein Beitrag zur Definition der „oberiutischen" Ästhetik. 1984.

Band 20 Richard Huber: Mychajlo Staryc'kyj. Leben und Werk, mit Schwerpunkt auf seiner Dramatik. 1984.

Band 21 Elisabeth Cheauré: Die Künstlererzählung im russischen Realismus. Mit einem Verzeichnis russischer Künstlerromane und Künstlererzählungen im 19. und 20. Jahrhundert. 1986.

Band 22 Klaus Holtmeier: Religiöse Elemente in der sowjetrussischen Gegenwartsliteratur. Studien zu V. Rasputin, V. Šukšin und V. Tendrjakov. 1986.

Band 23 Ivo Andrić: Ex Ponto / Unruhen. Aus dem Serbokroatischen übersetzt, eingeleitet und mit Übersichten zu Leben und Werk des Autors versehen von Leonore Scheffler. 1988.

Band 24 Mak Dizdar: Der steinerne Schläfer. Aus dem Serbokroatischen übersetzt und mit einer kommentierenden Einleitung versehen von Leonore Scheffler. 1995.

Band 25 Siegfried Ulbrecht: Die Dramatik des jungen Vladimir Majakovskij und des jungen Bertolt Brecht. Eine kontrastive Analyse unter besonderer Berücksichtigung des Verfremdungsverfahrens und der Montagetechnik. 1996.

Band 26 Stjepan Pantelić: Die Urheimat der Kroaten in Pannonien und Dalmatien. 1997.

Band 27 Helmut Wilhelm Schaller: Erich Berneker. Leben und Werk. 1999.

Band 28 Helmut Wilhelm Schaller: Geschichte der Slawischen und Baltischen Philologie an der Universität Königsberg. 2009.

Band 29 Helmut Wilhelm Schaller: Die „Reichsuniversität Posen" 1941–1945. Vorgeschichte, nationalsozialistische Gründung, Widerstand und polnischer Neubeginn. 2010.

Band 30 Helmut Wilhelm Schaller: Ukrainistik in Europa. Historische Entwicklung und gegenwärtiger Stand. 2013.

Band 31 Thede Kahl / Aleksandra Salamurović (Hrsg./eds.): Das Erbe der Slawenapostel im 21. Jahrhundert / The Legacy of the Apostles of the Slavs in the 21st Century. Nationale und europäische Perspektiven / National and European Perspectives. 2015.

Band 32 Sanja Crnogorac: Linguistic, Linguo-stylistic and Narratological Aspects of Early Montenegrin Short Stories. 2018.

Band 33 Helmut Schaller (Hrsg.): Wissenschaftliche Kontakte von Slawisten slawischer und nichtslawischer Länder. Tagung der Internationalen Kommission für Geschichte der Slawistik in Marburg/Bayreuth 1990. 2018.

Band 34 Agatha Frischmuth / Therese Hoy / Christina Färber (Hrsg.): Erinnerungsraum Osteuropa. Zur Poetik der Migration, Erinnerung und Geschichte in der slavischen Literatur des 20. und 21. Jahrhunderts. 2019.

Band 35 Milica Grujičić: Autoren südosteuropäischer Herkunft im transkulturellen Kontext. 2019.

Band 36 Katarzyna Adamczak / Clemens Günther / Ina Hartmann / Ina Sdanevitsch (Hrsg.): Zwischenzeiten, Zwischenräume, Zwischenspiele. Ergebnisse des Arbeitstreffens des Jungen Forums Slavistische Literaturwissenschaft 2017 in Hamburg. 2019.

Band 37 Helmut Schaller: Slawische Kulturgeschichte. Entwicklungen, Tatsachen und Persönlichkeiten. 2020.

Band 38 Sanja Crnograc: The Lexis of the Bay of Kotor: The Northwestern and the Southeastern Area. The Language of the Boka Bay. 2020.

Band 39 Martin Henzelmann: Linguistik des ökologischen Diskurses. Untersuchungen zu Kommunikationsformen in Ökologie und Umweltschutz in der Russischen Föderation. 2024.

www.peterlang.com

www.ingramcontent.com/pod-product-compliance
Ingram Content Group UK Ltd.
Pitfield, Milton Keynes, MK11 3LW, UK
UKHW021821290926
8980IPUK00004B/201

9 783631 901182